多重比較の系統図

このようにまとめれば多重比較の構造・分類も分かりやすい。
学習心理学でいう「体制化」された情報となりますね。

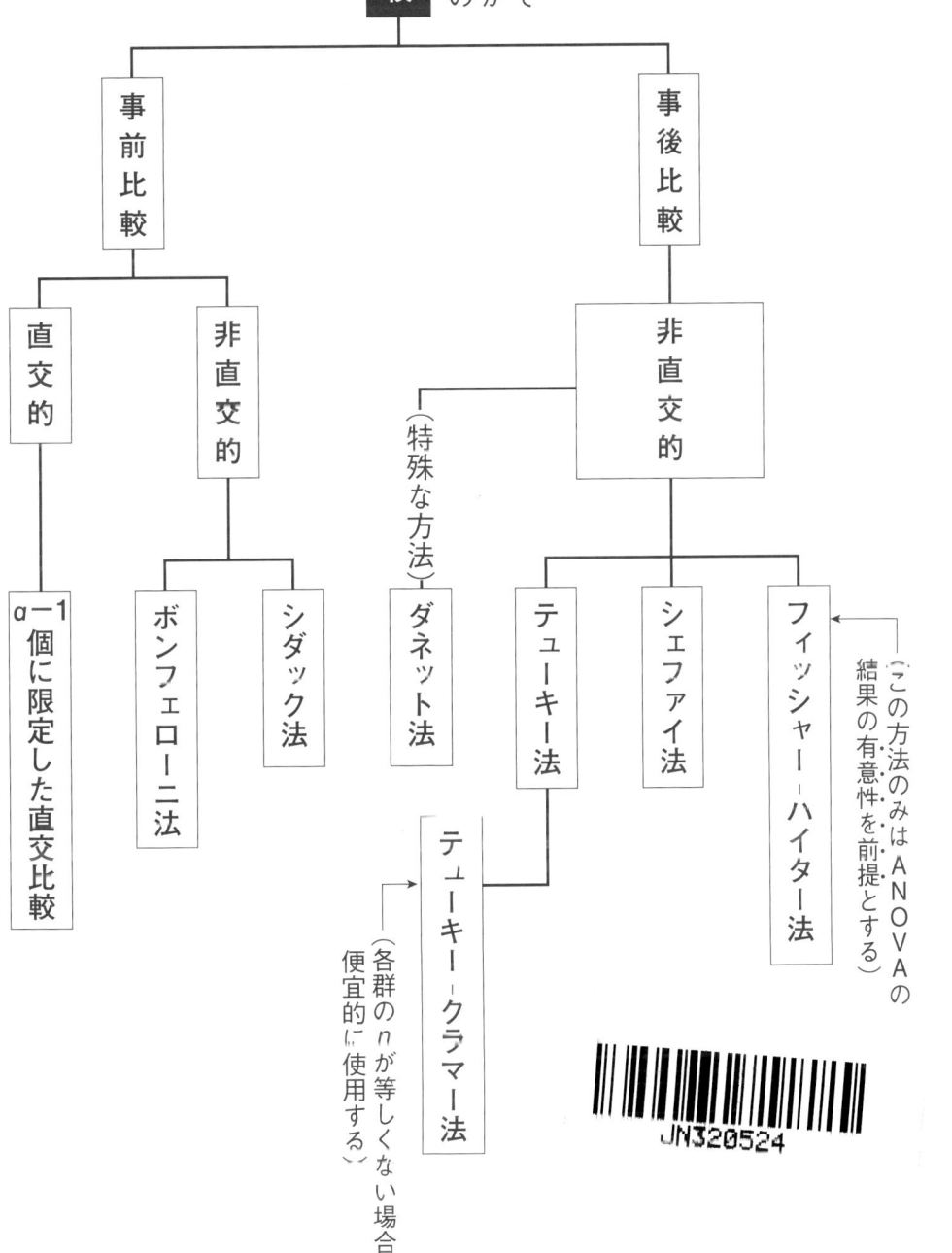

本書では、原則として各群の n が等しい場合の **多重比較**

- 事前比較
  - 直交的
    - $a-1$ 個に限定した直交比較
  - 非直交的
    - ボンフェローニ法
    - シダック法
- 事後比較
  - 非直交的
    - （特殊な方法）ダネット法
    - テューキー法
      - テューキー-クラマー法（各群の n が等しくない場合便宜的に使用する）
    - シェファイ法
    - フィッシャー-ハイター法（この方法のみはANOVAの結果の有意性を前提とする）

（詳細については，本書3.7節，p.75-90を参照されたい。）

心理・教育のための

分散分析と多重比較

エクセル・SPSS解説付き

山内光哉著

サイエンス社

本書に記載している製品名は各社の登録商標または商標です。
本書では ® と ™ は明記しておりません。

序　文

　心理・教育の分野で今日，実験・調査研究において，多用されている統計的方法の一つは，分散分析であろう。実際，今日の我が国の代表的な研究誌である，「心理学研究」「教育心理学研究」および "*Psychological Research*" の最近の巻を見ても，約半数以上の論文が，この分散分析を使用し，かつその数の衰えることを知らない（この点については，Omi・Komata（2005）の集計を参照されたい）。また，外国の論文においても多くの実験研究が，結果の分析に分散分析を使用していることは周知の事実である。

　私たちは分散分析を絶対化・物神化してはならないであろうが，この分析法の長所と短所を十分に知った上で活用するならば極めて有力な方法となるであろう。このような現状であるから，実験に関与する研究論文を読み書きする者，そしてまた論文を適切に評価する者にとって，分散分析の理解・知識は必要と言えよう。

　本書は，これらの学習者・研究者が実際に分散分析を使用するために書かれたものである。原則として，難しい高等数学は用いないで，ほとんど「さんすう」と高校数Ⅰのはしり，といった感じの初等数学の範囲でしたためた。一見難解なように見えるかもしれないが，臆することなくお読みいただきたいと願っている。

　かねがね筆者は，多くの研究者から分散分析が分からないで困るといった声を耳にした。そして，分かりやすい解説書を書いてほしいとの要望が寄せられていた。そこで書き始めたのが本書である。元々このような分散分析の書物を書きたいとも意図していた。現役時代の20年以上にわたって学生・院生に教え，そしてディスカッションした間，筆者は彼らの眼差しにも注意した。そして，どこが分かりにくいか，どうすれば分かるようになるか，多少なりとも了解したつもりである。いいかえれば，分かりにくいところを中心に，鍵となる重要な個所を特に力点を置いて説明した。その意図が実現していればよいがと願っている。

　出版社に本書執筆のお約束をしたのが1989年であるから19年の星霜が流れたことになる。いや，筆者の不徳で流したといわれても仕方がない。申し訳ないことである。しかし，この間をおいたことで一つだけよかったことがある。実はこの間，分散分析の本体についてはそれほど大きな変動はなかったものの，多重比較については熾烈なディスカッションが行われ，その分改廃も多かったからである。本書では，そうした事情も踏まえ信頼のおける多重比較を選んで掲載した。

　ところで，言うまでもなく，情報処理技術のかくもすすんだ今日のことである。本書を手にす

る読者の方々も，すでに一，二のソフトを体験するか，お持ちかと思う。中には，パソコンがやってくれるから統計学を学ばないでもよい，と豪語する者さえ現れる始末であるが，いかがなものであろうか。統計法の本質を知らないでパソコンをブラインドで使用すると，たとえば，分散分析のために必要な前提を充たしていない場合でも平気で使用するなどの過ちを犯す。またソフト自体が作成者の一定の統計観の反映であり，統計学の理論が微妙に進化しても，それを取り入れていないということもあるかもしれない。ゆえに，心ある統計書は，たとえソフトを使ってもブラインドで使用してはならないと注意している。

本書では，ソフトとして著名なウィンドウズ版のエクセルとSPSSを採用し，その入力・出力の仕方を紹介した。しかし，主要なところは，常に手計算とすり合わせながら提示した。少なくとも，2要因までの解析はそのようにした。3要因の場合は，2要因の自然な展開であるから，自明のものとして，SPSSから直接アプローチした。そうした場合でも手計算の一般的な分散分析の表を作り，最後にとりまとめてみた。エクセルでは，t検定を含め，2要因被験者間分散分析までと限られてくる。SPSSを使用すれば何要因まででも分析可能であるが，せいぜい3要因までが実際的であろう。人間の空間表象が3次元までに限られているように，明確な解釈もそれを過ぎると実際的でなくなる。本書の至るところで取り上げた単純効果の分析も3要因までである。

浅学非才な筆者のことである，他の仕事もあったものの，本書の執筆に5年を要した。しかし，もとより人間の仕事である。至らぬ点もあろうかと思う。諸賢のご指摘・ご指導を仰ぎたいと念じている。

分散分析を少しでも「分かった」と感じる読者がおられるならば，筆者の幸せそれに過ぎるものはない。

謝辞

筆者は，本書を独学で書いた。しかし，本書を公にするにあたって，多くの方々の多大なご支援を受けたことを忘れることができない。

大阪経済大学の光田基郎先生には，本書の成立において，精神的・物質的の両面から力強いご支援を頂いた。畏友，放送大学教授（元九州大学教授）の住田正樹兄，および九州大学の遠矢浩一兄には，情報処理に関することについて格別の便宜を与えられた。広島大学名誉教授の利島保兄からは，実験に関する情報を頂いた。九州女子大学の山口快生兄からは，ソフトのことについて教えて頂いた。さらに，かつて九州大学にあって，筆者のゼミナールで実験計画について行った学生たちとのディスカッションも脳裏に去来し，筆の進むのを助けた。かつて，カーク教授を九大に招いて分散分析の講義を聞いたことは，筆者がこの領域に関心を寄せる一層の機会ともなり，以来教授の大著，『実験計画』（*Experimental design*）は，初版以来（現在は3版）愛読してきて，大きな影響を受けた。巻内の写真については，森岡仁志君をわずらわせた。

そして，なによりもサイエンス社の森平勇三会長に，執筆の機会を与えて頂いたことを感謝したい。また，常に筆者を励まし，辛抱強く拙稿を待って頂き，拙稿の成立を強く支えて頂いた担当

の優れた編集者である清水匡太氏，および編集部の方々には，深甚の謝意を表したい。また，ビーカムの佐藤　亨氏は，難しい組版にあたって格別の力量を示された。

　以上の方々のご支援がなかったなら，本書は成立していなかったかもしれない。

献辞

　最後になって失礼であるが，本書を，筆者の命の恩人であり，優れた国手であられる，九州大学医学部の古藤和浩先生に捧げるものである。

西暦 2008 年春

福間海岸の「サーフサイドクラブ」にて
山内光哉しるす

この本を読む方のために（必ず目を通して下さい）

○本書は，最も基本的なことから説明しているので，最初から読んでも分かるが，出来れば拙書『心理・教育のための統計法〈第3版〉』の8〜11章くらいの初歩の事柄を理解していることが望ましい。なお，本書の頁の端に「拙書'09」と書いてあるのは，この本のことである。

○本書の例題に掲げた実験の多くは仮想的なものである。実際に行われた実験を例に取ってある場合は，その旨ことわってある。しかし，その場合でも，数値は理解しやすいように変えてある。

○例題の被験者数は，計算過程が分かりやすくなるよう少ない場合が多い。しかし，実際の実験では，検出力を高めるためにも，もっと多くの被験者が必要な場合が多い。

○本書では，「被験者」という言葉を使った。今日の行動科学では，「参加者」または「実験協力者」（participant）という言い方のほうが適切であるとされている。しかし，かえって分かりにくいかもしれないので，あえて被験者という言葉を使用した。

○本書に掲げたような実験を，実験倫理の考慮なくして行ってはならない。仮に行うにしても，各学会の倫理規定などを参照した上で，十分な倫理的な配慮を持って施行すべきである（たとえば，Eysenck, 2000 の29章）。

○本書の主な内容は分散分析であるが，1章に t 検定も掲げた。これは，検定ということの概念への導入のためでもあり，後の章でも t 型の統計量を使用するからである。なお，t の計算にはSPSSも使用できるが，手軽に使用できるエクセルのみとした。

○本書では，特に断らない場合，5％水準で検定している。しかし，本文にも記したように，5％を絶対基準と考えてはならない。実際，8章および12章では，1％で検定してある。

○本書で使用するソフトはウィンドウズ版，エクセル2003，SPSSはVer.14である。本書に掲げたSPSSを使用するには，基本ソフトの他にソフトAdvanced models*が必要である。

○本書では，ソフトの使用範囲は，いわゆるデフォルト（特別のシンタックスを使用しない範囲でのソフトの設定した規定値）にとどめた。実際，それでも初学者には大変であろうから，そのようにすることが実際的と考える。シンタックスに命令を下せば，もっと深く掘り下げることもできようが（たとえば，Page et al., 2003），かなり難解なものになる。

○ソフトへの数字入力の部分は，「日本語入力オフ」として行うこと。「ひらがな入力」で行うと，パソコンは拒否反応をおこしパニックになる。

○本書に掲げた，単純効果，多重比較の全部が，デフォルトで行えるものではない。本書では，ソフトにもない重要な部分をも含めそれらの説明を行ったが，この部分は手計算のみによっている。

---

*SPSSのAdvanced modelsは，Version17.0からは，SPSS Advanced Statistics というように改称されている。なお，分散分析については，根本的に大きな差は見られない。

目　　次

序　　文 …………………………………………………………………………… i
この本を読む方のために ………………………………………………………… iv

1章　序　　論——基本的統計量と分散分析の意味とその種類 …… 1

1.1　分散分析——実験の計画と分析　1
1.2　平均値，分散，標準偏差の概念と計算法　3
1.3　エクセルによる基本的な統計量の求め方　6
1.4　2つの平均値の差の検定の基本的な考え方　14
1.5　t 検定の例題——独立した標本の場合　18
1.6　t 検定の例題——関連した標本の場合　22
1.7　分散分析（計画法）の種類　26
1.8　「無作為化」ということ　33
1.9　分類変数による計画——準実験　35

2章　1要因の被験者間分散分析 …………………………………………… 37

2.1　はじめに——1要因被験者間分散分析の構成　37
2.2　分散分析の基本的概念——各群の観測値数が等しい場合の1要因被験者間分散分析　38
2.3　第1種と第2種の誤り，そして検出力の概念　48
2.4　1要因被験者間計画のモデルと仮定　51
2.5　変数の変換　57
2.6　エクセルによるデータ処理　59
2.7　SPSS によるデータ処理——各群の観測値数が等しい場合　60
2.8　各群の観測値数の等しくない場合の分散分析と SPSS による処理　65
2.9　実際的有意性——効果の大きさの問題　68

3章　多　重　比　較 ………………………………………………………… 71

3.1　多重比較の意味　71
3.2　比較係数　73
3.3　事前比較と事後比較を区別する　74

vi　　　　　　　　　　　　　　目　次

　　3.4　事前比較（その1）――直交比較　75
　　3.5　多重比較に伴う確率事態の問題　79
　　3.6　事前比較（その2）――非直交比較　80
　　3.7　事 後 比 較　85
　　3.8　SPSSによるアプローチと若干のコメント　96

4章　2要因被験者間分散分析　101

　　4.1　2要因被験者間分散分析の仕組み　101
　　4.2　2要因被験者間分散分析のモデル　102
　　4.3　2要因被験者間計画の用例　104
　　4.4　単純効果の検定と多重比較　112
　　4.5　エクセルによるデータ処理　116
　　4.6　SPSSによるデータ処理　119
　　4.7　マス内の観測値数が不揃いの場合の分析――重みづけられない平均値分析法　125
　　4.8　被験者間2要因計画の仮定　130
　　4.9　本計画における実際的有意性　131

5章　3要因被験者間分散分析　133

　　5.1　3要因被験者間分散分析のモデルと計画　133
　　5.2　3要因被験者間分散分析の用例とSPSSによるデータ処理　135
　　5.3　単純効果の検定と多重比較　144
　　5.4　3要因のすべての単純効果についての検定　153
　　5.5　被験者間3要因分散分析の仮定　159

6章　1要因被験者内分散分析　160

　　6.1　「被験者内」ということ　160
　　6.2　1要因被験者内計画の構造モデルと分散比　161
　　6.3　1要因被験者内計画の実例　163
　　6.4　多重比較の手順　166
　　6.5　マッチングによるブロックの作成　167
　　6.6　1要因被験者内計画の仮定　168
　　6.7　1要因被験者内計画の多変量分散分析　174
　　6.8　SPSSによるデータ処理　174
　　6.9　本計画における実質的有意性　179

7章　2要因被験者内分散分析 …………………………………… 181

- 7.1　2要因被験者内計画のモデル　　181
- 7.2　2要因被験者内計画の用例　　184
- 7.3　単純効果の分析と多重比較　　188
- 7.4　SPSSによるデータ処理　　191
- 7.5　2要因被験者内分散分析の仮定　　196

8章　3要因被験者内分散分析 …………………………………… 197

- 8.1　3要因被験者内計画の構成　　197
- 8.2　3要因被験者内計画の用例とSPSSによるデータ処理　　199
- 8.3　単純効果の検定　　207
- 8.4　3要因被験者内分散分析の仮定　　212

9章　1要因が被験者間，他の1要因が被験者内の分散分析 ——（混合 $a \cdot b$ 計画） ……………………… 213

- 9.1　混合 $a \cdot b$ 計画の意味と構成　　213
- 9.2　混合計画（$a \cdot b$）の用例　　215
- 9.3　単純効果の検定と多重比較　　218
- 9.4　SPSSによるデータ処理　　221
- 9.5　各群の観測値数が不揃いの場合の重みづけられない平均値分析法　　227
- 9.6　混合（$a \cdot b$）計画の仮定　　229
- 9.7　$a \cdot b$ 計画における実際的有意性　　230

10章　2要因が被験者間，他の1要因が被験者内の分散分析 ——（混合 $ab \cdot c$ 計画） ……………………… 232

- 10.1　混合 $ab \cdot c$ 計画の構成　　232
- 10.2　混合 $ab \cdot c$ 計画の用例とSPSSによるデータ処理　　233
- 10.3　単純効果の検定と多重比較　　239

11章　1要因が被験者間，他の2要因が被験者内の分散分析 ——（混合 $a \cdot bc$ 計画） ……………………… 243

- 11.1　混合 $a \cdot bc$ 計画の構成　　243
- 11.2　混合 $a \cdot bc$ 計画の用例とSPSSによるデータ処理　　245
- 11.3　単純効果の検定と多重比較　　252

12章 傾向分析 ……………………………………………………………… 255

12.1 傾向分析とは何か――その概念　255
12.2 被験者間1要因の場合の傾向分析の実例　258
12.3 被験者内要因の場合の傾向分析――SPSSの用例　265
12.4 傾向分析の若干の問題点　265

付　表 ………………………………………………………………………… 269
引用文献 ……………………………………………………………………… 287
索　引 ………………………………………………………………………… 289

序　　論
——基本的統計量と分散分析の意味とその種類

1.1　分散分析——実験の計画と分析

　本書は，実験を計画したり，その結果を分析したりする大切な方法である分散分析（analysis of variance）を説明するものである。加えて，分散分析と密接に関連する多重比較（multiple comparison）も解説する。

　分散分析（その頭文字をとって ANOVA（アノーヴァ）と短縮していうことがある）は，もともとロナルド・エルマー・フィッシャー卿（Sir Ronald Aylmer Fisher）（前見返し参照，英国人）によって，農事試験場の実験を計画・分析する統計的方法として開発されたとされる。だが今は，ひとり農学の一方法にとどまらず，多くの自然科学的実験，そしてさらには社会・人文科学，そして私たちの研究する心理・教育学の実験においても，多用され，研究されてその妥当性が吟味され，もっとも標準的な統計的方法の一つとなっている。

　それでは，まず実験という，大切な科学研究法の営みについて考えてみよう。

　たとえば，3つの教授法 a_1, a_2, a_3 があるとする。そのどれかが，学習者の文章理解にとって，より有効かということを調べてみるとしよう。1組の独立した（つまり相互に関係のない）被験者を無作為に3つの群に分けて，それぞれ a_1, a_2, a_3 の教授法で教えてみる。そして，そのもとでの学習者の成績を確実な方法で調べてみるとしよう（無作為ということは，およそ実験計画上重要な概念であるから，後にもっと詳しく説明する）。

　この場合，教授法（Aで表すとしよう）は，独立変数（independent variable）とよばれ，実験者が理解得点に影響を及ぼすであろうと推論して実施する要因（factor）である。要因を定めて実験を行うことは，実験計画の用語では処理（treatment）とよばれる。そして，要因内の変えられた価を水準（level）とよぶ。上の実験では，要因はAという質的な変数である。そして処理の効果を吟味するために，3つの水準，a_1, a_2, a_3 が設定されたことになる。

　しかしながら，操作される変数は必ずしも上で述べたような質的な性質を持つものばかりではない。量的な変数である場合もある。

　たとえば，ネズミの活性度が，放射能物質によって影響される度合いを調べるとしよう。与えられる放射能（A）の水準，たとえば，1,500（a_1），2,000（a_2），2,500（a_3）マイクロワットは，量的な変数の水準に対応するものであり，むしろネズミの活性度と放射能の量の関数関係に興味が持たれる場合も少なくない。また，放射能を受けなかった，いわゆる統制群（control group）

と，これらの放射能を受けた3群の**実験群**（experimental group）の行動の差異にも着目するであろう。

おしなべて，以上の要因内の水準をどのように設定するかということは，理論的な関心や過去の経験，などによって決められるであろうし，必要な場合は，小さな標本（群内の被験者数）について先行研究（pilot study）を試みて大体の見当をつけることも一案である。

上のような一定の独立変数に関する処理の下で得られる量的な変数は，**従属変数**（dependent variable）とよばれる。分散分析ではこの変数は原則的に量的変数である。質的な教授法の下でも理解度は，テスト得点という量的変数としてとらえられるだろうし，量的に与えられた放射能の量の下でのネズミの活性度もまた，単位時間における活動量として測定されるであろう（なお，測定の尺度の分類は，下で述べる）。

従属変数としては，敏感な測定値を選ばなけれならないが，それはまた安定したものでなければならない。行動科学，とくに心理・教育の場合，不安定で脆弱な測定値が少なくない。たとえば，いわゆる評定値なるものは，間隔尺度（数値間の差が等しい）の性質を持っているであろうか（後で問題を提起する）。上掲の実験でいえば，文章の理解度は何人かの評定者が，評定するわけだが，得点の散らばりも大きくでることも少なくない。そこで，たとえば5人の人が評定したならば，最高の得点と最低の得点を捨てて，中の3人の得点の平均値を採るといった工夫も必要になるであろう。ただし，km や cm で測定される場合は，比例尺度であって，測定誤差が生じることがあっても，比較的ぶれにくい尺度である。

心理・教育の分野では，**表1.1**のように変数の尺度を分類している。分散分析の対象になる尺度は，本質的には**間隔尺度・比例尺度**であるが，**順序尺度**と間隔尺度についての分類が本当に截然と行えるかどうかの問題については，なお疑問がある。たとえば，心理学では，IQ を変数とし

表1.1　尺度の分類と名称とその性質

	名称	特性	許される演算
質的変数	名義尺度 (nominal)	データ間の差異だけを区別するラベルまたはカテゴリー。男・女，日本人・外国人，等。	属性の変換はたいていの場合許される。A，Bと分けたものをB，Aと呼び方を変えることができる。
質的変数	順序尺度 (ordinal)	1位，2位，3位，……，優，良，可といった順位に関する値。しかし，間隔の等質性は保証されない。	優，良，可を1位，2位，3位というように読みかえることはできるが，順序の上下は変えられない。
量的変数	間隔尺度 (interval)	年号や通常の温度（摂氏など）のように，間隔は等質であるが，絶対的0点は保証されない。	$X' = a + bX$ というように1次変換は可能。順序も保証されているし，間隔も等質である。同一尺度内での数的演算は許される。
量的変数	比例尺度 (ratio)	体重（cm），身長（gr）のように，絶対的0点は存在する。	以上の演算は可能であるし，もっとも確実に数的処理が可能。

て，その平均値や標準偏差を計算して分析を行っているが，それは厳密な意味での間隔尺度であろうか。おそらく，順序尺度と間隔尺度の間くらいのものであろう。そう考えると，一応量的変数を前提としている統計法である分散分析を行うことは，あやしいという批判もおきてこようというものである。しかし，ほとんどの場合，IQ を間隔尺度によるものとして，四則演算を行い，平均値や分散を出して分散分析に付している。上述した評定値もそうしていることも多い。しかし，心理学の研究法では，そのことを許容している様子である（山内，2009，p.9 参照）。

統計法と尺度の関係はなかなかむずかしい。いまだに結論が出ていない，といわざるを得ない。しかし私たちは，上のような考えもあることを知った上で，分散分析で結果を分析をしていることを了承したいと思う（この件については，カーク，Kirk，1972 に文献の集成がある）。

それでは，分散分析（法）とはどういうものであろうか。色々なテキスト，辞典類を調べてみると，実にさまざまな定義が出てくるので，面くらうことであろう。とりあえず言えることは，分散分析とは，実験計画（experimental design）と，実験結果の分析にかかわる科学の一分野であるということである*。もちろん，それに付随してモデルの作成，前提の吟味，等のこともあるのだが，それらの実際については，本書を読み進んでいくうちに理解されていくと思う。

1.2 平均値，分散，標準偏差の概念と計算法

本書の主要テーマは分散分析である。私たちは，以下の章において，一定の分散（variance）が，誠に単純にいくつかの分散に分かれ，それにもとづいていくつかの平均値（mean）の差の検定が行われることを知るであろう。

また，ある検定においては，共分散（covariance）という概念が，分散分析の仮定を理解するために必要であるから，次節でまず学んでおこうと思う。

これらの概念は，初歩の心理・教育統計法において必ず出てくる大切な概念であるから，本書の読者の方々はすでに覚えておられるかと思う。したがって，これらの方々はお読みにならなくてもよいが，復習のために一読されてもよいかと思う（ちなみに，拙書（2009）p.27-29，42-44，65-66 にも詳述してある）。

近代統計学では，母集団（population）と標本（sample）の区別をはっきりさせること，いいかえれば，私たちが得た実際の平均値や分散といった統計量は，母集団のそれら（パラメータ）を推定したり，また検定したりする上で重要であることを学ばれたことと思う。しかし，ここで一応復習しておくこととする。まず標本の平均値と分散の出し方を確認しておこう。

標本の平均値，$\overline{X}$ は，次式によって得られる。

---

* 分散分析と実験計画をほぼ同義としている本もあるし，実験計画を分散分析の上位概念としている文献もある。

$$\overline{X} = \frac{\Sigma X}{n} \tag{1.2.1}$$

Σ（シグマ）は，ギリシャ文字で，統計学の世界では一般的に集めるという場合に使用される。n はデータの個数である（母集団の個数は大文字の N で示す）。

したがって，いま 8，7，6，5，5，4，4，3，2，1 というデータについて平均を求めると次のようになる。

$$\overline{X} = \frac{\Sigma X}{n} = \frac{8+7+6+5+5+4+4+3+2+1}{10}$$
$$= \frac{45}{10} = 4.500$$

表 1.2（p.5 参照）に示すように，母集団の平均（つまり母平均）μ（ミュー）は，計算上標本のそれと同一の形になる。

標本の分散，S^2 は，次式によって与えられる。

$$S^2 = \frac{\Sigma (X - \overline{X})^2}{n-1} \tag{1.2.2a}$$

上例の場合では，

$$S^2 = \frac{\Sigma (X - \overline{X})^2}{n-1} = \frac{(8-4.50)^2 + (7-4.50)^2 + \cdots\cdots + (2-4.50)^2 + (1-4.50)^2}{10-1}$$
$$= \frac{(3.5)^2 + (2.5)^2 + \cdots\cdots + (-2.50)^2 + (-3.50)^2}{9}$$
$$= 4.722$$

しかしながら，この式によらなくても，次のような簡便な式によっても求められる。

$$S^2 = \frac{\Sigma X^2 - \dfrac{(\Sigma X)^2}{n}}{n-1} \tag{1.2.2b}$$

上例の場合は，

$$\Sigma X^2 = 8^2 + 7^2 + \cdots\cdots + 2^2 + 1^2 = 245$$
$$(\Sigma X)^2 = (45)^2 = 2{,}025$$

これらの値を式（1.2.2b）に代入すると，次のようになる。

$$= \frac{245 - \dfrac{2{,}025}{10}}{10-1} = \frac{245 - 202.50}{9} = 4.722$$

なお，式（1.2.2a）における分子中，$(X - \overline{X})$ を集計したものは必ず 0 になることに注意していただきたい。つまり，

$$\Sigma (X - \overline{X}) = 0 \tag{1.2.3}$$

1.2 平均値，分散，標準偏差の概念と計算法

上例では，

$$(8 - 4.50) + (7 - 4.50) + \cdots\cdots + (2 - 4.50) + (1 - 4.50) = 0$$

分散の場合，分子は $\Sigma(X - \overline{X})^2$ である。このように 2 乗することを忘れないでいただきたい。したがって，分子がマイナスになることはなく，それを $n-1$ で割った分散もマイナスになることはない。

標本分散の場合，$n-1$ で割るが，なぜであろうか。

もともと，母集団の分散 σ^2（シグマ 2 乗）は，

$$\sigma^2 = \frac{\Sigma(X - \mu)^2}{n} \tag{1.2.4}$$

となっているが，標本の場合，$n-1$ で割ったほうが，母集団の分散つまり母分散 σ^2 の推定値としては偏らないからである。それゆえ $S^2 = [\Sigma(X - \overline{X})^2]/(N-1)$ は，しばしば，「不偏分散」ともよばれて，後で述べる分散分析でも，もっぱら使用されるのである。テキストによっては，S^2 を，$\hat{\sigma}^2$ と帽子付きで示されることがあるが，本書では，一般にギリシャ文字を母集団の特性値（パラメータ，parameter），ラテン文字を標本の特性値（統計量，statistic）とするので，S^2 を使用することにしている。

平均値の場合では，母集団の平均値 μ は，標本の平均値 $\overline{X}$ と計算の上で違いがない。

なお，いわゆる**標準偏差**（standard deviation）は，母集団については $\sqrt{\sigma^2}$ つまり母分散の平方根であり，標本の標準偏差は $\sqrt{S^2}$ となるので，それぞれ，σ と S となる。統計量では，上例の標本の場合，

$$S = \sqrt{S^2} = \sqrt{\frac{\Sigma(X - \overline{X})^2}{n-1}} \tag{1.2.5}$$

$$= \sqrt{4.722}$$

$$= 2.173$$

となる。

表1.2 平均値，分散，標準偏差の名称と公式

	母集団のパラメータ（母数）			標本の統計量		
	記号	読み方	公式	記号	読み方	公式
平均値	μ	ミュー	$\dfrac{\Sigma X}{n}$	$\overline{X}$	エックス・バー	$\dfrac{\Sigma X}{n}$
分　散	σ^2	シグマ 2 乗	$\dfrac{\Sigma(X-\mu)^2}{n}$	S^2	エス 2 乗	$\dfrac{\Sigma(X-\overline{X})^2}{n-1}$
標準偏差	σ	シグマ	$\sqrt{\dfrac{\Sigma(X-\mu)^2}{n}}$	S	エス	$\sqrt{\dfrac{\Sigma(X-\overline{X})^2}{n-1}}$

なお，表1.2に，一括して平均値，分散，標準偏差の名称と公式を示した。
また，心理・教育の学会誌では，$\overline{X}$ を M，S を SD と示していることが多い。

1.3 エクセルによる基本的な統計量の求め方

● エクセル関数の活用

読者もご存じのように，基本的な統計量の算出には，少し高度な電卓で用が足りるのだが，まず記録を取っておいて，後でさまざまに加工するということができないのは不便である。また，記入が正確かどうかの確認もできにくいことが多い。その点たいていのパソコンに入っているエクセル（本書ではウィンドウズのそれを使用）は，さまざまな計算機能や関数を有し，広く用いられていることは言うまでもない。本書でも随所に用いられる基本的統計量の算出について簡単に解説しておきたい。

まず，合計（関数名は SUM）は，たえず使用されるので，すぐに出るよう図面のツールバーに Σ▾ のようなボタンが表示されている（なお，エクセル場面の名称は**ボックス1.1** 参照）。**図1.3**では，これを用いて合計を出す手順を示す。いま，B2 から B11 まで 10 個の得点データを合計する場合，B12 のところを黒枠のアクティヴセル □ にしておき，Σ▾ ボタンをクリックすると，図左のように鎖線が点滅するので，Enter を押して確定する。するとすぐに，右のように 45 という答えが出てくる。この場合，上から 5 行目の f_x （関数）のところに計算の仕方が示されており，かつまた 12B にも計算の一部が示されていることに注意されたい（**ボックス1.1** も参照）。

ボックス1.1 エクセル小入門（シートの構造と ΣX^2 の求め方）

統計的計算のために，たいていのパソコンで手軽に使用できるエクセルを用いることは，とても賢いことである。手でやれば，莫大なエネルギーが必要な計算もあっという間にやってしまう。

エクセルを開けば，次のような形式の「シート」が出てくる。行は数，列は英字の 2 次元形式の「セル」から形成されており，エクセルの内蔵する「関数」f_x により，かなりの情報処理を行ってくれる。

いま A1〜A5 まで，5 個の得点があるとし，それを集計・加工する場合のことを例示しよう。なお，エクセルの各部の名称は，**図1.1** に示す通りである。

本文に示したように，8＋6＋2＋4＋7 を，Σ▾ を使い =SUM(A1：A5) で一発で算出するので，とても便利である。

それだけではなく，エクセルは式の複写機能を持っている。小さな少し高度な電卓ならば，統計計算に必要な ΣX や ΣX^2 はすぐに出せるのだが，データを保存（プリントも使用）して，後で見

1.3 エクセルによる基本的な統計量の求め方

図1.1 エクセルのシート

図中の注釈:
- メニューバー。ファイルを開いたり，印刷する。
- 書式設定用のツールバー。シートの見た目に関するバーであるが，桁の上下に関するものなどが含まれている。
- 標準的なツールバー。ウィンドウズの中でよく使用されるものがボタンで示されている。
- 数式を示すバー
- 列
- データ
- ＝SUM(A1:A5)
- 計算を行う場合は必ず＝（引数という）をつける。上の"＝"をクリックすれば，自動的に入力される。
- 関数の名称，この場合は合計することを示している。
- コロン：はA1からA5までの数値に関与することを示す。
- 黒い囲みはアクティヴセルという。右上の関数計算により合計の結果が出ている。
- 行

るといった場合は，エクセルがおすすめである。表では，左に SUM で ΣX を出していることになるが，ΣX^2 は次のように出す。まず =A1^2 を B1 に示しておく（数式バーにも出る）。なお，^はベキを示す記号（ Enter の左上あたりにある）である。このままで Enter を押すと A1 にある 8 の 2 乗である 64 が出てくる（図 1.2 上参照）。このままで図のように ＋ を B1 のセルの右下にクリックして出す。つまり 64 のようになる。押したまま下に下げ B5 までくると自動的に得点の 2 乗が図 1.2 中図のように青色で出るので，クリックを離して確定する。ΣX^2 を出すには，B6 をアクティヴにして， Σ▼ を押せばよい。この例では 169 になる（図 1.2 下図）。

この機能は，相対的参照（relative reference）という機能であるが，数式を多くの数値に同時に適用するのでとても便利である。

なお，相対参照とは別に，絶対参照（absolute reference）という機能がある。これは，移動しても当のセルの値を変えずに参照する機能で，セルの先に＄印をつけておいて移動させる。詳しくは初歩の参考書を参照されたい。

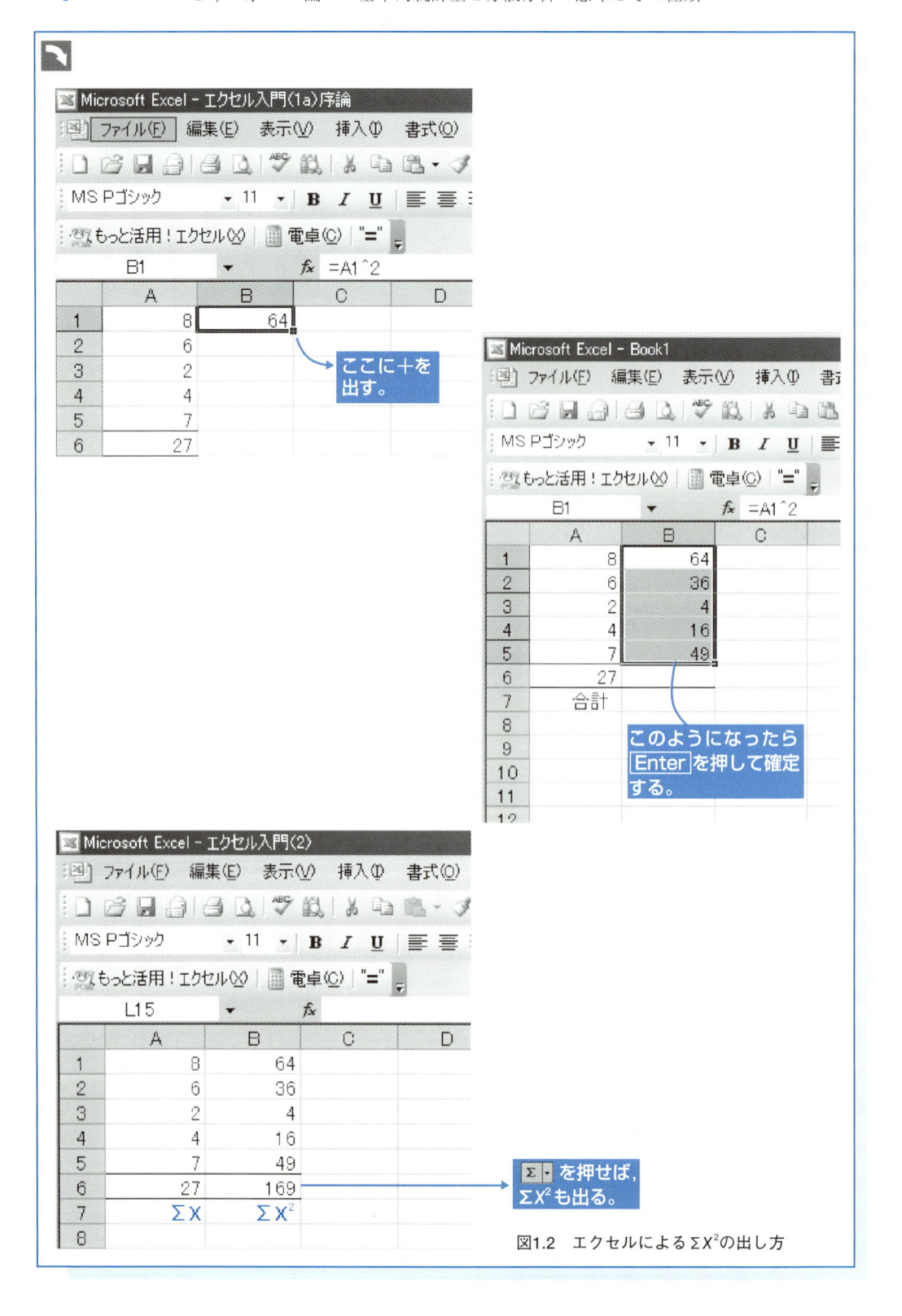

図1.2　エクセルによるΣX²の出し方

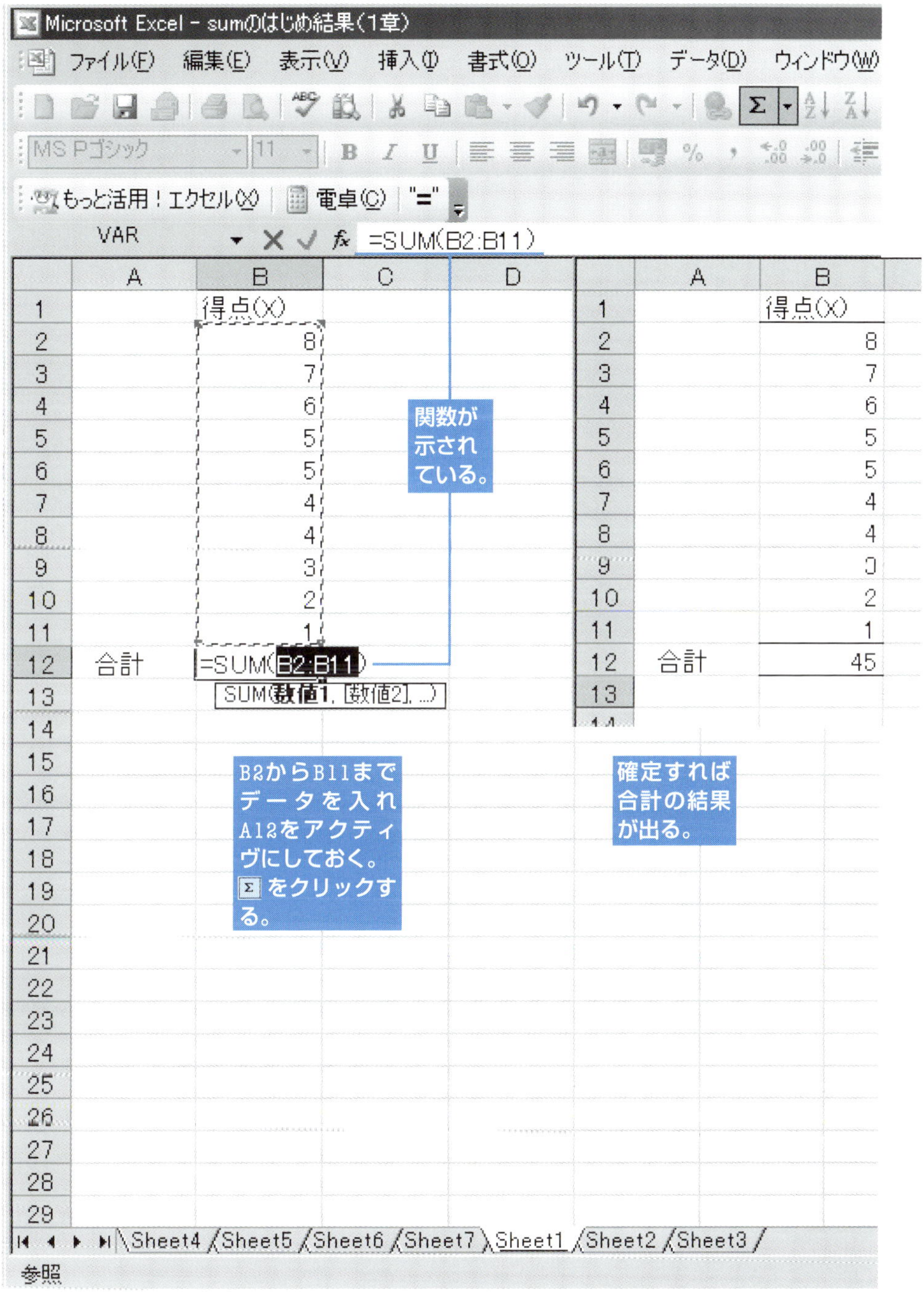

1.3 エクセルによる基本的な統計量の求め方

図1.3 エクセルにより合計を求める場合

　統計計算では，合計と並んで平均値も必要であるが，最近のエクセル版では自動化されているので便利である．Σ▼ボタン右の▼をクリックすると，すでに2行目に「平均（A）」が出ているので，SUMと同様な仕方で使用することができる．この場合も，あらかじめ平均値を出すセル

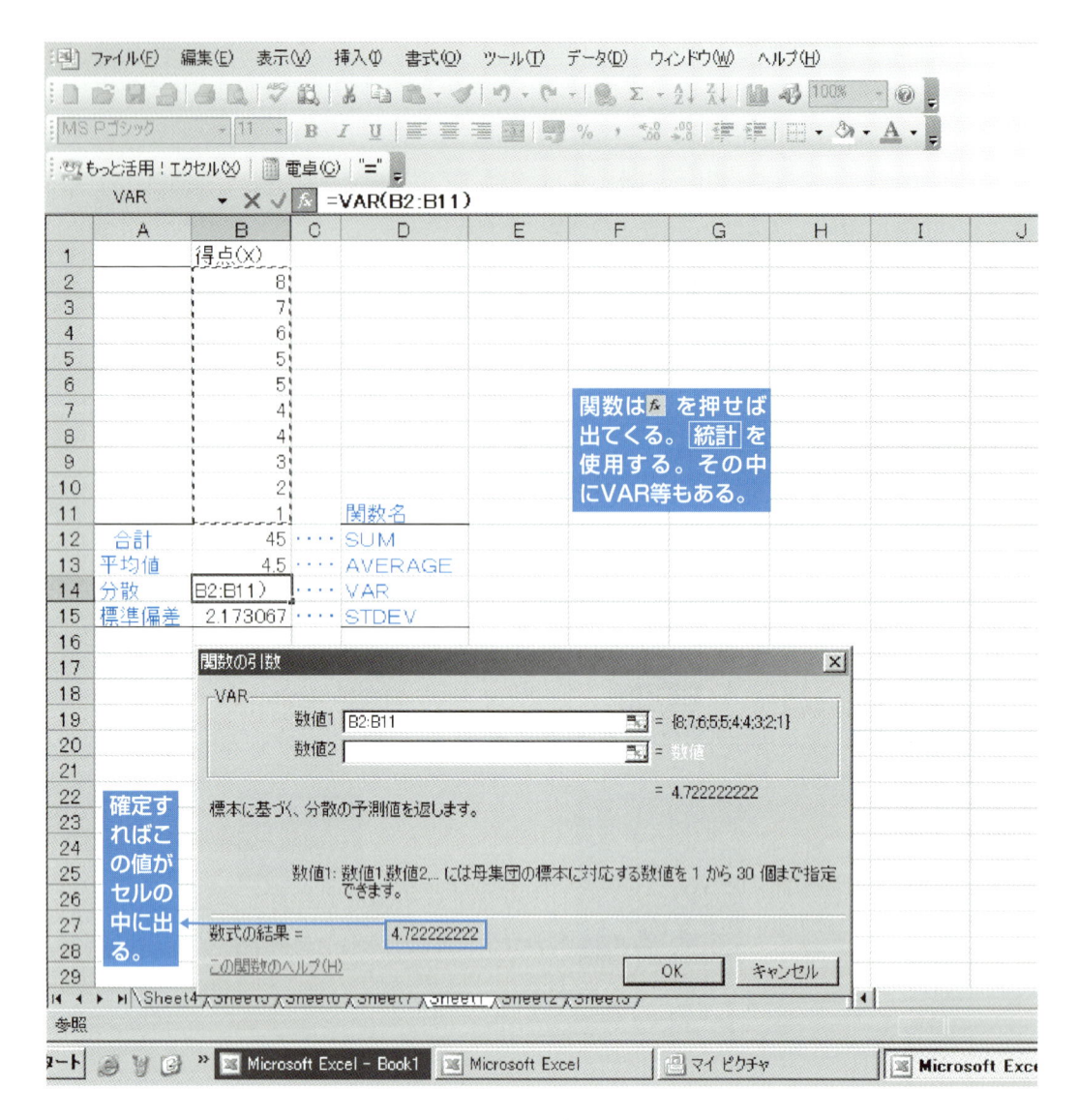

10 　　　1章　序　　論——基本的統計量と分散分析の意味とその種類

図1.4　エクセルによる諸統計量の出し方（いま標本の分散VARを出している）
　　　　本文の説明参照。

をアクティヴにしておくこと，そしてクリックしてデータを図のように鎖線で囲んで点滅させること．式が正しければ確定すると4.5という平均値が出てくる，しかしながら，分散と標準偏差については，*fx* を押して統計関数を探さなければならない．図1.4のようにB14をアクティヴにしておき，「関数の分類」の「統計」より，VAR（標本の分散）を求め，マウスでB2からB11までなぞると鎖線のように「数値1」の系列にデータが入力され，また結果はすでに下部に4.722……と示される．確定すればその値がB14に現れる．標本の標準偏差も統計リストの中のSTDEVにより求められるので，やってみていただきたい．

1.3 エクセルによる基本的な統計量の求め方

● 基本統計量の算出

これまでに述べた統計量は，ごく一般的なものであるが，エクセルではそれとは別に基本的統計量として，重要な測度を一括して出す方法がある。ではその方法を示してみよう。

それは，次の「基本統計量」を利用することである。まず，ツールバーから「分析ツール」を

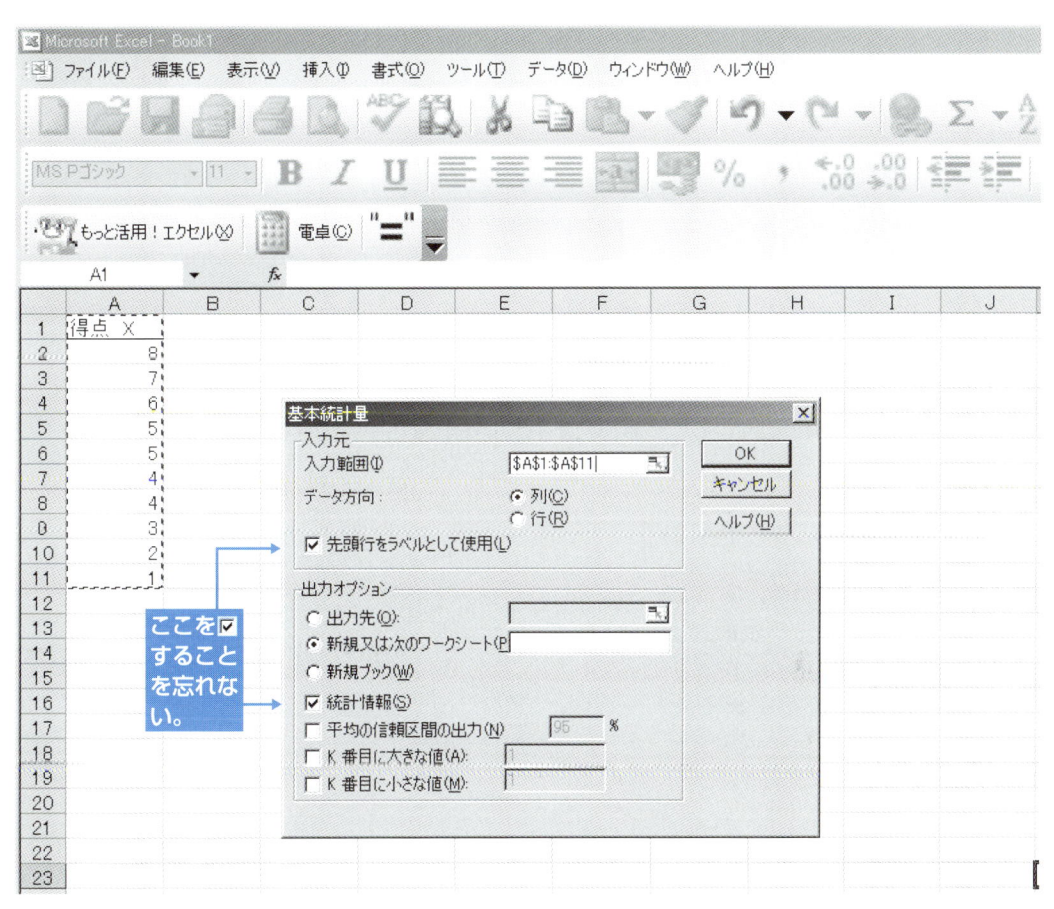

	得点(X)
平均	4.5
標準誤差	0.687184
中央値（メジアン）	4.5
最頻値（モード）	5
標準偏差	2.173067
分散	4.722222
尖度	−0.33384
歪度	0
範囲	7
最小	1
最大	8
合計	45
標本数	10

図1.5 エクセルによる基本統計量の算出とその結果

出したところでクリックすると「データ分析」が現れる。その窓の中の「基本統計量」を選択し「OK」をクリックすると，ダイアログボックスが出るので，図のように必要な項目を☑する。そしてB1からB11までをなぞって鎖線で囲って点滅させると，範囲が決まる（この場合は，先頭ラベルも入れている）ので「OK」を入れると，図1.5のような諸々の基本統計量が出てくる。もちろん，また，S，S^2も含まれている。

他の統計量（中央値，最頻値，尖度，歪度，等）については，いまは問題にしないが，その意味については拙書（2009）等を参照されたい。

拙書'09,
p.30–p.33,
p.56–p.57.

● 共分散の算出

関連した2系列の得点が与えられたとき，それらの共分散（covariance）を算出することがある。いま，表1.3のような相関が予定されるXとYの2つの系列について説明しよう。

ここでは同一人の国語と算数のデータが表1.3のように10対あるとする。被験者（参加者）は$n = 10$（人）とする。

表1.3　共分散の計算過程

参加者	X（国語）	Y（算数）	X^2	Y^2	XY
国枝	8	8	64	64	64
田中	7	6	49	36	42
山口	6	5	36	25	30
岸田	5	6	25	36	30
村山	5	4	25	16	20
篠原	4	5	16	25	20
弓野	4	4	16	16	16
鈴木	3	4	9	16	12
金子	2	3	4	9	6
木田	1	1	1	1	1
計	45	46	245	244	241

標本の共分散の原式は，

$$cov_{x\cdot y} = \frac{\Sigma(X-\overline{X})(Y-\overline{Y})}{n-1} \tag{1.3.1a}$$

であるが，簡便式は次のようである。

$$cov_{x\cdot y} = \frac{\Sigma XY - \frac{\Sigma X \Sigma Y}{n}}{n-1} \tag{1.3.1b}$$

表1.3のデータの場合は，

1.3 エクセルによる基本的な統計量の求め方

$$cov_{x.y} = \frac{241 - \frac{45(46)}{10}}{10 - 1}$$

$$= \frac{241 - 207}{9} = 3.778$$

共分散もまた，図 1.6 のようにエクセルで出せないことはないが，エクセルの場合，分母を N で割った値を出している。上のケースでは 3.400 となっているが，気をつけなければならない。$N-1$ で割った標本の値に直すには，上例では，$3.400(10)/9 = 3.778$ とする。こうして，手計算の場合と同一の標本の共分散が得られる。

共分散は，後に 6 章においても使用するので，ここで出し方を説明しておいた。ただしそこでは，共分散は $S_{x.y}$ の形（2 乗はつけない）で示している。

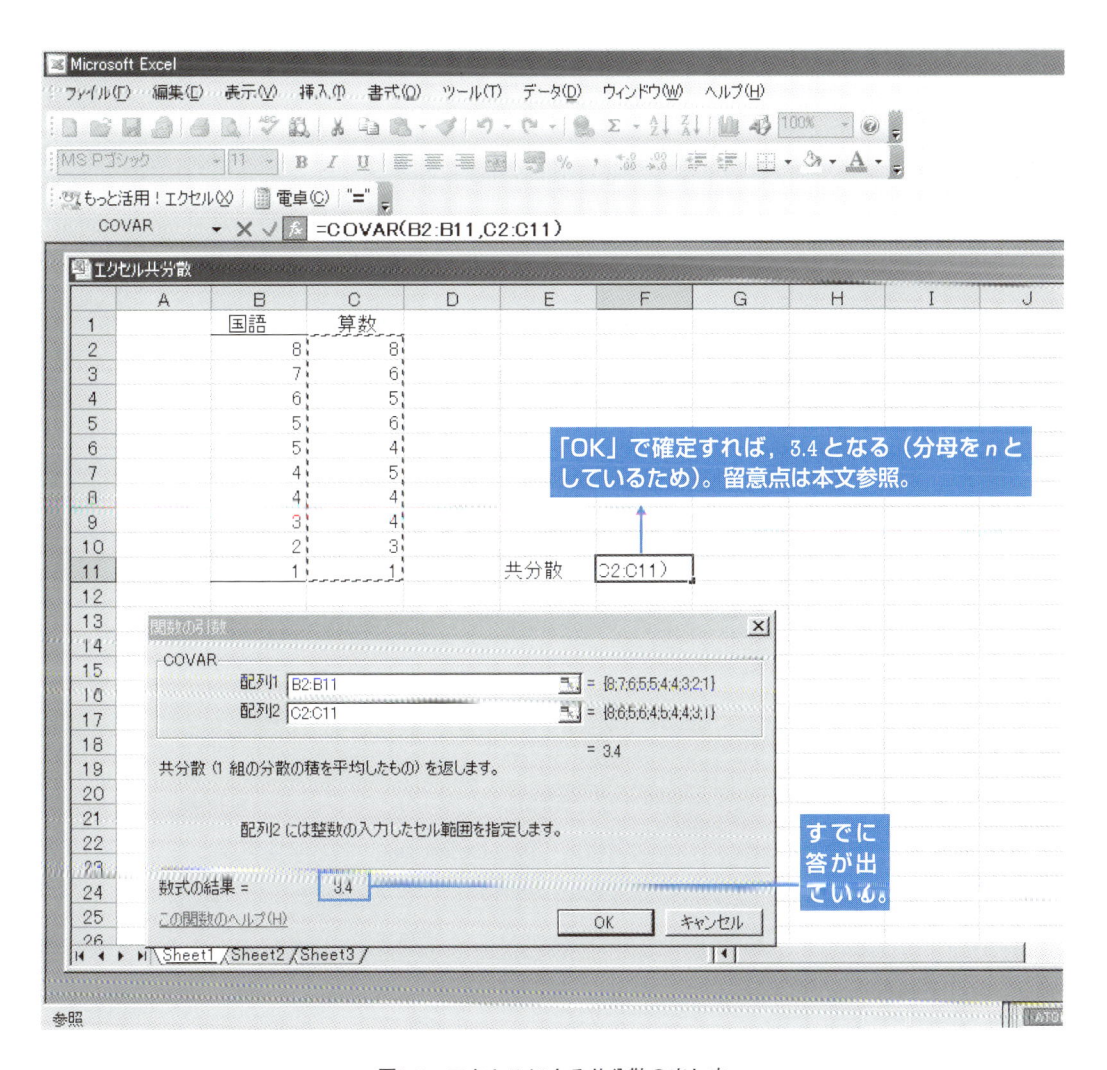

図1.6 エクセルによる共分散の出し方

まず国語を鎖線で囲んで点滅させる。すると「配列1」にB2：B11 とデータが入る。次に「配列2」にカーソルを置き，同様にデータを入れる。確定すればアクティヴセルに 3.4 と出てくる。

1.4 2つの平均値の差の検定の基本的な考え方

本書の読者は，2つの平均値に本当に有意な差があるかどうかということを吟味する t 検定（あるいは，「ステューデント」の t 検定）をすでに学ばれたことと思う。これを例にして統計的仮説の検定を説明しよう。

拙書 '09, p.111–122.

t 検定，すなわち2つの平均値の差の検定は，得られた2つの標本の平均値が（見かけは差があるように思えても）標本の平均と分散にてらして後で述べる t_0 値を計算してみて，母集団において差があるかどうかを吟味するものであった。そのために，2つの母集団の平均値には差がないというきわめて大胆な仮説（帰無仮説，null hypothesis, H_0）すなわち $\mu_1 = \mu_2$ を立て，その下での t の分布，あるいはステューデントの t 分布（図1.8 参照）を考え，H_0 の下での分布の t 値の極端な一定の値（臨界値）を決め，得られた標本の差，$\overline{X}_1 - \overline{X}_2$ の誤差分布を考慮して t_0 を算出し，$|t_0|$ が t の臨界値（t の表値（付表C）から求める）に等しいか，あるいは大きいか小さいかを決定し H_0 を棄却するかしない（保持する）かを判断することであった。ここで，臨界値に等しいか，より極端な値の生じる確率は，α（アルファ）で示す。

t 分布は，自由度（df）というパラメータによって異なってくるという点が，正規分布とは違っている。図1.7 は，種々の df をもつ t 分布を描いてみたものである。

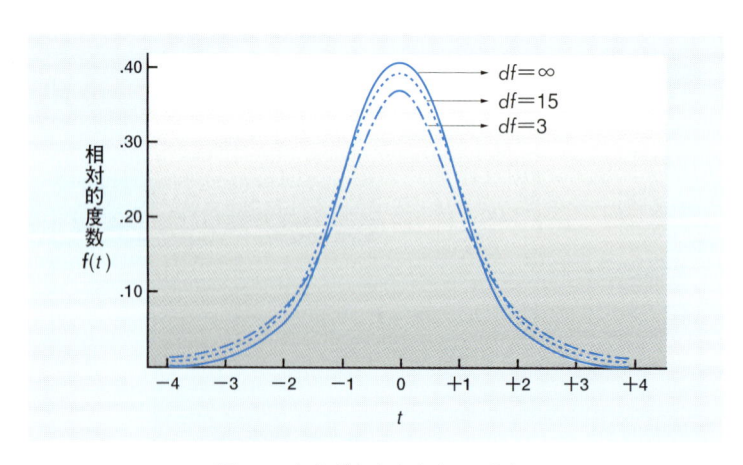

図1.7　さまざまな自由度の t 分布

ここで，注意すべきは，たとえば新しい教科書が開発されたとし，旧来の教科書と教育効果がすぐれているか，いないかを吟味する両側検定（two-tailed test）（方向性を問わない検定）と，片側検定（one-tailed test）（方向性を問う検定）の2種類があることである。実験で，新しい教科書を使用する「実験群」(1) と旧来のものを使用する「統制群」(2) の2つの群を設定し，被験者を無作為に配置して，実験後テスト得点が得られるものとする。この場合の帰無仮説は，μ（ミュー）を母集団の平均値を示すとすれば，

$$H_0 : \mu_1 = \mu_2$$

と書ける。ここで，μ_1 は実験群の母平均値，μ_2 は統制群の母平均値である。そして，方向性を問わ

ない両側検定では，いずれかの方向の差があるかもしれないとするので対立仮説，H_1 (alternative hypothesis) として，

$$H_1 : \mu_1 \neq \mu_2$$

を立てておく。

　もし得られた t_0 が臨界値（$-t$）に等しいかそれ以下，あるいは臨界値（$+t$）に等しいかそれ以上であれば，H_1 を支持して H_0 を棄却することになる（図 1.8（a）参照）。

　ここで注意しなければならないのは，両側検定の場合，確率 0.05 つまり 5％水準で決定するにしても，色アミの部分（棄却域，rejection region）が分布の左右に等しく，0.05/2 というように分かれていることである。通常，私たちが両側 5％で統計学的に検定を行う場合は，「上側 0.025 をとる」というように述べ，表値は常に $\alpha/2$ に対応する $|t|$ 値を基に検定を行う（図 1.8（a））（検定の実際については後の節で説明する）。

　なお，図 1.8 において，α と書かれたのは，2 章でも述べる「第 1 種の過りの確率」すなわち，母集団において 2 群間に差がないにもかかわらず，対立仮説を支持して誤って H_0 を棄却してしまう確率のことを示している。統計学の本では，「危険率」とも示すが，心理統計学の文献では単に α と示していることが多い。

　これに対し，片側検定では，H_0 と H_1 はそれぞれ次のような 2 つのケースがある。

（ケース 1）　　　　　　　$H_0 : \mu_1 \leq \mu_2$　　$H_1 : \mu_1 > \mu_2$

（ケース 2）　　　　　　　$H_0 : \mu_1 \geq \mu_2$　　$H_1 : \mu_1 < \mu_2$

最初のケース 1 では，μ_1 が μ_2 より大きいという実験仮説に従って立てられた H_0 と H_1 である。ケース 2 では，μ_1 は μ_2 より小さいとして立てられたものである。

　もし実験群 (1) の場合が統制群 (2) よりも効果が高いと予想するならば，ケース 1 をもって検定を行うことになる。5％水準で検定するならば，図 1.8（b1）の高いほうの色アミの部分の $\alpha = 0.05$ に対応する臨界値 t に，t_0 が等しいかまたは大きければ，帰無仮説の下での分布に参照して起こりにくい値なので H_1 を支持して（理にかなったものとして），英語でいえば in favor of （または reasonable）として H_0 を棄却する。この場合は，片側検定を行ったことになる。

　これまで，「支持して」と書いたことにご注意いただきたい。H_0 を棄却することは，即 H_1 を採択したことになると言ってはならない。実際，古典的統計学の理論では，H_0 を棄却するか，あるいは棄却しない（保持する）ことが決定されるだけであって，決定はあくまで H_0 に関して行われるものであることに注意していただきたい。

　さらに，もし逆に μ_2 が大と予想するならば，ケース 2 のようになる。この場合図 1.8（b2）のようになる。

　α が左にあるか右にあるかは，仮説の性質と測定値のあり方によっているのであって，片側検定の場合も，上側確率をとって，つまり $|t|$ 値の臨界値を用いて検定を行うのである。したがって，t 検定表（付表 C）には t のプラス値だけが示されている。

(a) 両側検定の場合（方向性を問わない）

(b1)

(b2)

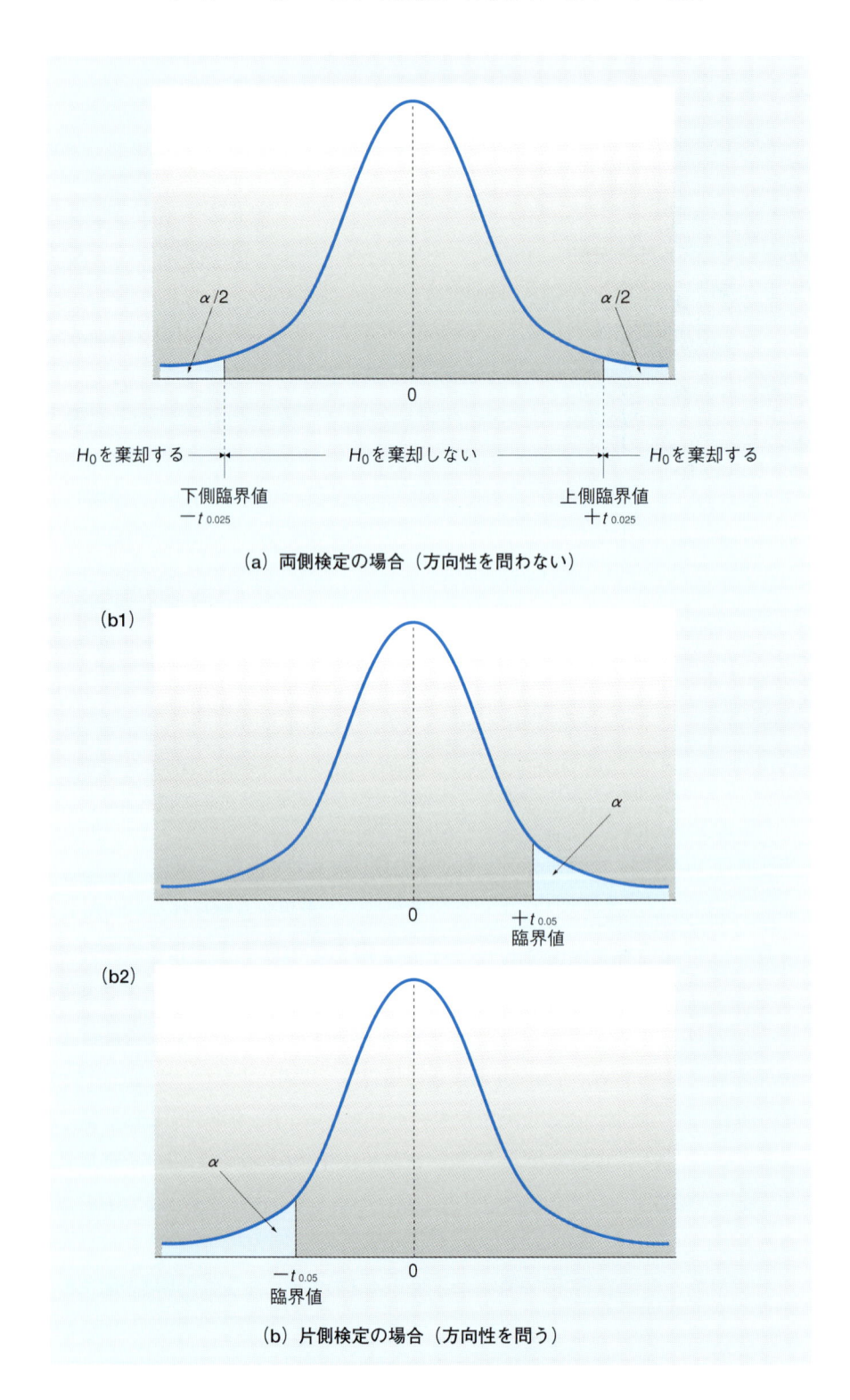

(b) 片側検定の場合（方向性を問う）

図1.8　t分布とH_0棄却の関係
色アミの部分がα値を示す（5％で検定する場合）。

ボックス 1.2　ウィリアム・S・ゴセットあるいは「ステューデント」（1876–1937，アイルランド人）

t 分布は「ステューデント」（学生，学徒）というペンネームで執筆したウィリアム・S・ゴセット（William S.Gosset）の発見による統計上大切な分布である。

ゴセットは，オックスフォード大学を卒業して，アイルランドの有名なビール会社，ギネス社に就職しビールの醸造にたずさわった。彼はすぐに醸造過程における諸々の変化の実験にかかわり，そのデータを分析するための統計法の開発に没頭するようになった。

ゴセットは，これらの実験で得られたデータは大きい母集団（population）からの「標本」（sample）であることに気づき，標本の分布は，大きな母集団のいわゆる正規分布とは微妙に異なっていることを発見し，その成果を統計学の専門誌，*Biometrika* に発表した。

やがて彼は醸造部門の監督になるが，この新しい分布の臨界値を計算して表にした。ギネス社は，ゴセットの成果により，ビール醸造の効果をあげることになる。ギネス社は彼の諸発見を公にすることを許したが，彼自身の名前ではそうさせなかった。そこでゴセットは「ステューデント」というペンネームで彼の研究を発表することになる。

ゴセットの仕事は，近代推測統計学の端緒を開いたという意味で，その意義は大きい。英国の大統計学者，エゴン・S・ピアスン（Egon S.Pearson）も，後に分散分析法を開発したフィッシャーもまた，彼の仕事に賛辞を述べている。そして，ピアスンによれば，「ステューデントの t」は，一種のロマンティックな響きを持って聞こえるという（蓑谷，1988）。彼のことに言及するとき，統計学者は，愛と尊敬をこめて，「ステューデントの t 分布」と言う。本書の後のほうでも，私たちは，またその分布と数表を使用することになる。

気のせいか，ゴセットの顔写真の表情もおだやかに見える。筆者は今夜も好きなギネスの黒ビールを飲みながら，彼のことに思いを馳せている。

ウィリアム・S・ゴセット

1.5 t 検定の例題——独立した標本の場合

例題 無作為に選ばれた被験者の 2 群中 1 群には，有効と思われる教授法が導入された（実験群）。他の 1 群は通常の教授法の下で教えられた（統制群）。各群の成績が調べられて，表 1.4 のようになった。新しい教授法が有効かそうでないか，t_0 値を算出して検定せよ。両側検定，5 % 水準で行うこととする。

表 1.4　独立した 2 要因のデータと平均値と分散

	実験群	統制群
	60	38
	36	9
	54	43
	77	24
	31	57
	49	49
	41	21
	48	42
	51	30
	74	10
平均値	52.1	32.3
分　散	224.54	263.57

解 実験群を 1，統制群を 2 のコードで示すと，H_0, H_1 は次のようになる。

$$H_0 : \mu_1 = \mu_2$$

$$H_1 : \mu_1 \neq \mu_2$$

両群の被験者数 n が等しい場合は[*]，t 検定量 t_0 は，次のように簡単になる。

$$t_0 = \frac{\overline{X}_1 - \overline{X}_2}{\sqrt{\dfrac{S_1^2 + S_2^2}{n}}}, \quad \text{自由度}^{\dagger}\ df = n_1 + n_2 - 2 \qquad (1.5.1)$$
$$= 2n - 2$$

---

[*] 本例では両群の n が等しい場合であるが，n が両群で異なる場合は，次式を使用する。

$$t_0 = \frac{\overline{X}_1 - \overline{X}_2}{\sqrt{(S^2 \text{の重みづけられた平均値})\left(\dfrac{1}{n_1} + \dfrac{1}{n_2}\right)}}$$

$$df = n_1 + n_2 - 2$$

ここで，

$$S^2 \text{の重みづけられた平均値} = \frac{(n_1 - 1)S_1^2 + (n_2 - 1)S_2^2}{n_1 + n_2 - 2}$$

[†] 自由度の概念については，ボックス 1.4 で説明する。

ゆえに，
$$t_0 = \frac{52.10 - 32.30}{\sqrt{\dfrac{224.54 + 263.57}{10}}}, \quad df = 2(10) - 2 = 18$$
$$= \frac{19.80}{6.986} = 2.83$$

研究の性質上，両側検定とする。付表 C より両側 5 ％つまり 0.05/2 で $df = 18$ の α 値に対応する値は 2.101。t_0 はこの値より大きいので，H_0 を棄却する。実際，実験群の平均値のほうが大きい値になっている。ボックス 1.3 に手順を要約してある。

合併した自由度は，18 となっているが，これは両群の n が等しいので $(n_1 - 1) + (n_2 - 1) = 2n - 2 = 18$ という意味である。なお，自由度の概念はこれからも出てくるので，ボックス 1.4 に説明しておいた。

なお，この検定法の前提としては，次の2つの事柄が要請される。

(1) 標本は相互に独立したものである。すなわち，1 つの標本を採取したことが他の標本に影響しないこと。

(2) 当の 2 つの標本の元の母集団が同一の分散の正規分布をすることである。

とくに分散の等質性は厳しく問われる。

元の母集団の分散は，たいていの場合分からない。そこで標本の分散から等質か否かを推定せざるを得ない。この節の用例では，標本の分散（母分散の推定値）をみると，224.54 と 263.57 となっており，母分散はほぼ等しいと考えてもよい。なお，分散の等質性，等の問題は後の章でより厳密に述べる。

ボックス 1.3　2 つの独立した平均値（実験群と統制群）の差の検定手順

仮説　$H_0: \mu_1 = \mu_2$

　　　　$H_1: \mu_1 \neq \mu_2$

仮定　1. 両群は，独立であり，各群の被験者は，独立かつ無作為に抽出されたものである。

　　　　2. 母分散は等質であり，$(\overline{X}_1 - \overline{X}_2)$ の母集団の分布は，正規である。

有意水準　無方向性。両側 5 ％。

決定のルール　付表 C より，$df = n_1 + n_2 - 2 = 2n - 2 = 18$ のときの t は，± 2.101。

　　　したがって，

　　　　　　$-2.101 < t_0 < +2.101$ ならば，H_0 を棄却せず，

　　　　　$t_0 \leq -2.101$ または $t_0 \geq +2.101$ ならば，H_0 を棄却する。

　　　　　　（$|t_0| \geq 2.101$ ならば，H_0 を棄却する，と書いてもよい。）

計算　$t_0 = 2.831$ である。

決定　H_0 を棄却する。

20　　　　　1章　序　　論——基本的統計量と分散分析の意味とその種類

● **エクセルによるアプローチ**

本書 p.13.　データの入れ方は，2系列であるからすでに述べた共分散のデータの入れ方と同様である。すなわち，AとCそれぞれにデータを入力し，

$$\boxed{ツール（T）} → \boxed{分析ツール（D）} → \boxed{分析ツール（A）}$$

の中からさがし→ $\boxed{等分散を仮定した2標本による検定}$ で「OK」をクリックするとボックスが出る。図1.9に示すように，変数1（ここでは実験群）の箱の左にカーソルを当てておき，変数1

ボックス1.4　自由度の概念

t の表を引くとき，必ず一定の自由度（degree of freedom, df）をもって表を見る。自由度は，t検定のみならず他の検定を行う場合でも，しばしば出てくるので，その意味を説明しておきたい。

たとえば，標本の分散を算出する場合，$S_x^2 = \Sigma(X - \overline{X})^2/(n-1)$ のように，分母には自由度を置いて計算した。いま，測定値数が3で，X_1, X_2, X_3 だとすると，$\overline{X}$ が分かっている場合，$(X_1 - \overline{X}), (X_2 - \overline{X}), (X_3 - \overline{X})$ を求めるが，X_1 と X_2 が決まれば，X_3 は一義的に決定されてしまう。なぜなら，式1.2.3で述べたように，$\Sigma(X - \overline{X}) = 0$ であるからである。したがって，$n - 1$ 個の $(X - \overline{X})$ は自由な値をとりうるが，残りの1個は一義的に決まってしまうのである。この場合は n は3だから，$df = n - 1 = 3 - 1 = 2$ となる。

実例として，Xが $+2, +5, +8$ の3個の n だとすると，$\overline{X} = 5$ となる。偏差としては，3つを計算しなければならない。

X	$\overline{X}$	$(X - \overline{X})$
+2	+5	−3
+5	+5	0
+8	+5	⟶ ここは，+3とならざるをえない
	計	0

2つの偏差は，上のように $-3, 0$ となったとしよう。そうすると偏差の和は0であるから必然的に，最後の偏差は $+3$ とならざるをえないであろう。こうして，自由度 df が $n - 1 = 2$ であることがわかる。つまり，他の2個の値は，自由に変わりえても，残りの1個は一義的に決定され変わることができないのである。

　自由度（df）とは，ある統計量において自由に変わりうる要素の数のことである。

本文での検定で使用した t の式内の1つの S_x^2 は $n - 1$ と関連している。したがって，t の自由度は2つの自由度の和つまり，$(n - 1) + (n - 1) = 2n - 2$ の自由度に等しい。t を使用する場合，必ず df を求めなければならない。

あらゆる統計量の自由度が同一であるわけではない。次章以降から分かるように，F やその他の統計量では，異なった自由度が要求されその都度説明はしないが，基本的な考え方は，上に述べた論理にならうものである。

の入力範囲を点滅する鎖線で囲み入力すれば，

$$\$A\$1：\$A\$11$$

これで，実験群のラベルとデータが入る。

次に，同様に変数2に統制群のデータを入力する。

$$\$C\$1：\$C\$11$$

「ラベル」をチェックすること，そして，「α(A)」は0.05としている。すなわち，5％水準で検定を行うことになる。次に示すように，標本から両群はほぼ等分散と考えてよい。

「OK」をクリックすれば，図の下の結果が別ページに出る。　　　で示した部分が，この検定で関係するので，手計算の場合と一致することを確かめられたい。Pは両側の正確確率（すなわち，

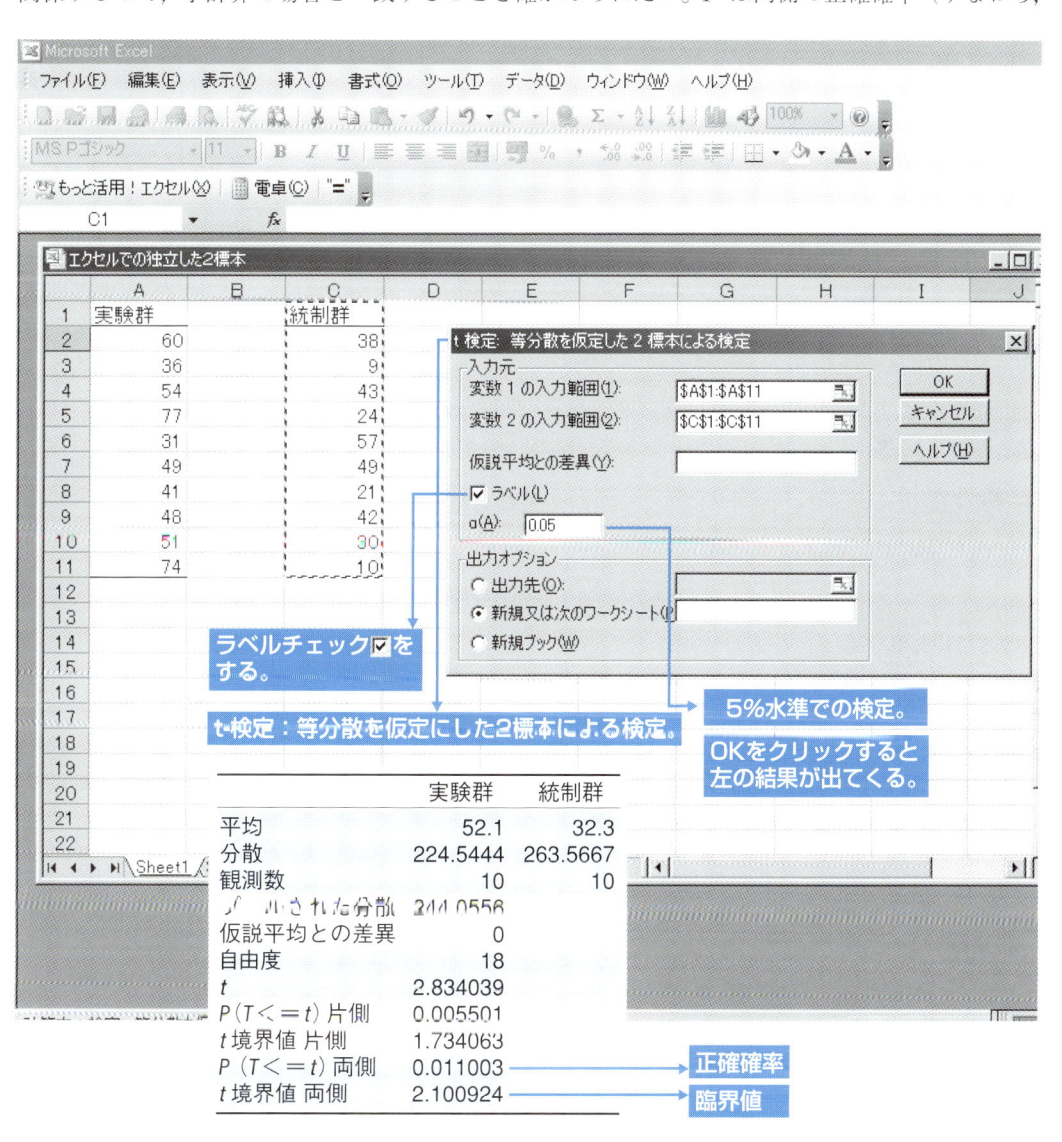

図1.9　エクセルによる独立したデータについてのt検定

実際の t_0 に対応する確率値）を示しているが，これは 0.05 以下であるので，H_0 は棄却される。

1.6　t 検定の例題——関連した標本の場合

　いままで述べた 2 つの平均値は，それぞれの群が独立の被験者によるものであった。しかし，心理・教育学や他の行動科学の場合，標本は独立ではなく，依存，あるいは関連している場合がある。そればかりでなく，関連している場合のほうが，標準誤差，すなわち t_0 の分母が小さくなることが分かっているので，有意差を検出する目的では，可能であれば，関連のある標本について実験を施行したいと思うであろう。

　関連のある標本は，次のような手順のいずれかによって得られる。

1a. 同一の被験者を，実験と統制の両条件下で観測する。すなわち，同一の被験者について，繰り返して観測するが，順序は無作為とする。
1b. 同一の被験者を，繰返し観察して，その変化を吟味する。学習実験のように反復効果が問題である場合がそれである。
2. 1 対の被験者が調べようとする変数に関して同一であるようにする。**被験者マッチング**（対応づけ）の方法である。そして，2 つの条件にそれぞれ割り当てる。
3. 1 対の 1 卵性双生児，または，同一の親の腹から生まれた動物を使用する。そして，1 対のうちの 1 人（1 匹）の被験者（体）を実験群に割り当て，他の 1 人（1 匹）を統制群に割り当てる。
4. 相互選択によるマッチングによって 1 対の被験者を得る。たとえば，同じ職種の 2 人の同僚，夫と妻の対，など。

　1a，1b と 2 がもっともよく使用される方法である。1a では，同一の被験者が，2 つの知覚条件で比較されるといった場合だが，1 つの条件から他の条件へと，いわゆる**持ち越し**（carry over）**効果**があると，条件の効果なのか，繰返しの効果なのか，分離できなくなる（いわゆる，**交絡**；confounding）。そのことを防ぐため，たとえば，2 つの条件のどちらを先にやるか，被験者ごとに無作為にする方法がとられる。1b では，通常の学習実験のように，回を重ねるとどうなるかが問題であり，繰返しの効果そのものが問題である。

　2 では，何でもマッチングすればよいというわけではない。調べようとする依存変数に直接関係する変数に関して行う。たとえば，言語に関する実験では言語学習能力は，言語 IQ と関連することが分かっているので，この IQ の等しい被験者を 1 対にするようにしなければなるまい。

　関連のある標本の場合も，仮説の立て方は，独立した場合と同一である。しかし，使用する検定のための式は異なる。

$$S_{\overline{D}} = \frac{S_D}{\sqrt{n}} = \frac{\sqrt{\frac{\Sigma(D-\overline{D})^2}{n-1}}}{\sqrt{n}} \tag{1.6.1a}$$

$$S_{\overline{D}} = \sqrt{\frac{\Sigma(D-\overline{D})^2}{n(n-1)}} = \sqrt{\frac{n\Sigma D^2 - (\Sigma D)^2}{n^2(n-1)}} \tag{1.6.1b}$$

ここで，$D = (X_1 - X_2)$，　すなわち対になった測定値の差

$\overline{D} = $ その平均値

$n = $ 対の測定値数

$S_{\overline{D}} = $ 対になった測定値の差の標準誤差の推定値

次式が，$df = n-1$でt分布することを利用して検定する。

標本の平均値間の差を分子において，$S_{\overline{D}}$でわって，t_0を求める。

$$t_0 = \frac{\overline{D}}{S_{\overline{D}}} = \frac{\Sigma D/n}{\sqrt{\frac{n\Sigma D^2 - (\Sigma D)^2}{n^2(n-1)}}} \tag{1.6.2a}$$

あるいは，同じことだが

$$t_0 = \frac{\Sigma D}{\sqrt{\frac{n\Sigma D^2 - (\Sigma D)^2}{n-1}}} \tag{1.6.2b}$$

次にこのマッチングの手順の下での，関連した標本についての検定の例をあげてみよう。

例題　各対の被験者の，言語IQ能力が等しいように，10対の被験者を選び，文章理解の実験を行った。実験条件では，読解に先立って，あらかじめ当の文章の要約を与えておいたが，統制条件では，特に与えなかった。後で，その文章の内容についての質問を行い，60点満点で理解度を調べた。実験条件が統制条件よりすぐれているか，5％水準で検定せよ。

解　データはボックス1.5に示してあるようである。予測しているので片側検定である。すなわち，

$$H_0 : \mu_1 \leq \mu_2$$

$$H_1 : \mu_1 > \mu_2$$

ここで，μ_1，μ_2はそれぞれ，実験条件，統制条件の母平均値である。ここで，対になった被験者は，無作為に実験条件および統制条件に付されたものであると仮定されている。また，Dの母集団における分布は正規であるとする。付表の片側5％，$df=9$つまり，$t_{0.05,9} = 1.833$。得られた$t_0 = 2.40$は，1.833を超えているので要約文を与えた実験条件のほうが，理解度の成績においてすぐれているといえよう。なお，ボックス1.5に手順を要約して示した。

2つの標本に関する統計的仮説の検定の場合の，H_0 と H_1 をここで対比して要約しておこう。まず，方向性のない（両側）検定では，

$$H_0 : \mu_1 = \mu_2$$

$$H_1 : \mu_1 \neq \mu_2$$

方向性のある（片側）検定では，次の 2 つの場合がある。

ボックス 1.5　関連した群についての平均値の差の検定

仮説　$H_0 : \mu_1 \leq \mu_2$　　（片側検定の場合）

　　　　$H_1 : \mu_1 > \mu_2$

仮定 1. 対になった被験者は，<u>無作為</u>に実験条件および統制条件に付される。

　　　 2. （当然のことだが）両条件の得点は相関している。

　　　 3. D の母集団の分布は<u>正規</u>である。

有意水準　片側 5 %　$df = n - 1 = 10 - 1 = 9$

決定のルール　$t_0 < 1.833$ ならば H_0 を棄却せず，

　　　　　　　$t_0 \geq 1.833$ ならば H_0 を棄却する。

計算

被験者の対	実験条件	統制条件	D	D^2
1	44	39	5	25
2	33	30	3	9
3	38	31	7	49
4	46	41	5	25
5	54	51	3	9
6	34	36	−2	4
7	48	48	0	0
8	54	55	−1	1
9	30	31	−1	1
10	37	32	5	25
計 $n = 10$	418	394	24	148

被験者の対

$$t_0 = \frac{\overline{D}}{S_{\overline{D}}} = \frac{\Sigma D / n}{\sqrt{\dfrac{n \Sigma D^2 - (\Sigma D)^2}{n^2 (n - 1)}}} = \frac{24/10}{\sqrt{\dfrac{10(148) - (24)^2}{10^2 (10 - 1)}}} = \frac{2.400}{1.002} = 2.40$$

$$t_0 = \frac{\Sigma D}{\sqrt{\dfrac{n \Sigma D^2 - (\Sigma D)^2}{n - 1}}} = \frac{24}{\sqrt{\dfrac{10(148) - (24)^2}{10 - 1}}} = 2.40$$

決定　H_0 を棄却する。

1.6 t検定の例題——関連した標本の場合

$$H_0:\mu_1 \leq \mu_2 \quad H_1:\mu_1 > \mu_2 \quad (上例の場合)$$
$$H_0:\mu_1 \geq \mu_2 \quad H_1:\mu_1 < \mu_2$$

● エクセルによるアプローチ

実験と統制の2条件のデータを，図1.10の左上のように入れる。次いで，独立した標本と同じように ツール → 分析ツール（D）→ 分析ツール（D）の中の t検定：一対の標本による平均の比較 と進めて，「ラベル」を含めた変数1と2の範囲を入力する。「ラベル」をチェック☑する。そして，「OK」する。片側なので， の部分がテキストと対応していることを確認して頂きたい。

以上，統計的仮説の検定ということを，2群，2条件を例にとって解説してきた。すなわち，たとえば両側の場合2つの平均値の差が0とする H_0 を棄却するケースについて検討した。しかし，

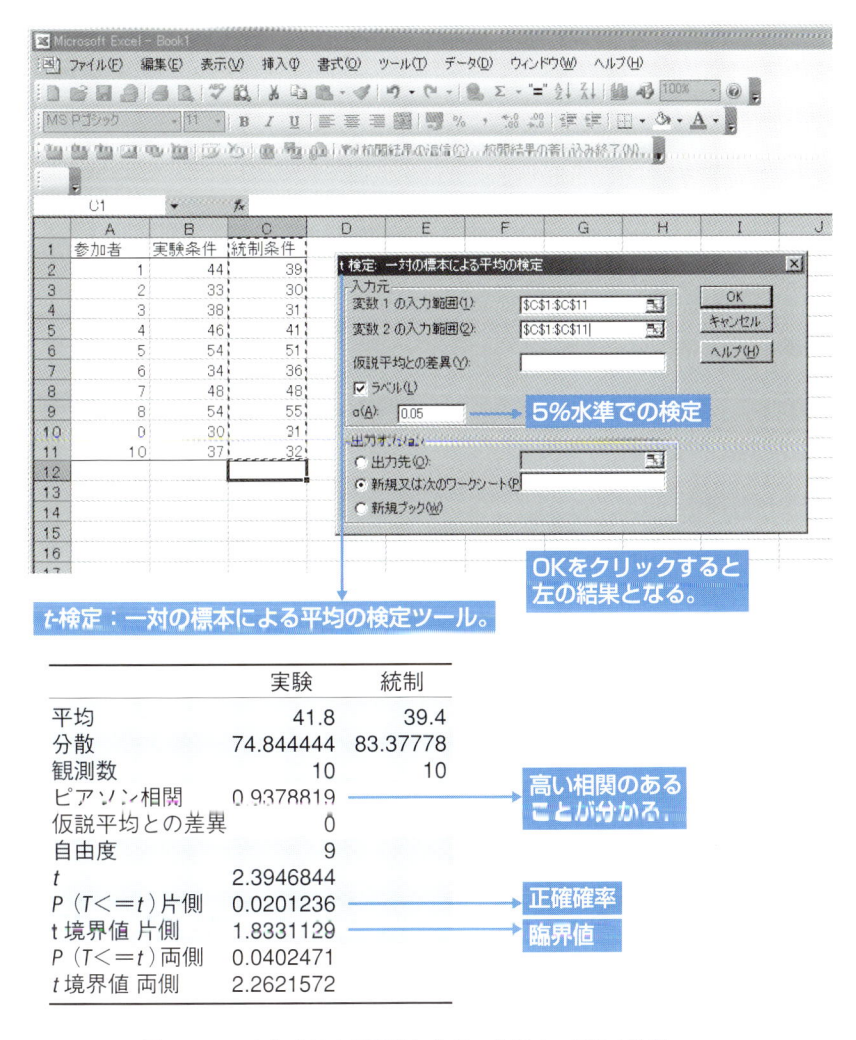

図1.10 エクセルによる関連したデータについての t 検定

さらにつっこんだ分析としては，本当は差があるという場合に，H_0 が棄却されると，生じてくる大切な問題，すなわち，差があるのに誤って差がないとする誤りの確率，つまり第2種の誤りを犯す確率（β），差が存在する場合正しくそれを肯定する確率（$1-\beta$），すなわち**検出力**（power）については，拙書（2009, p.102-104）において述べたが，この問題は後の章で，分散分析を行う場合に再び説明したいと思う。

1.7 分散分析（計画法）の種類

● 1 要因被験者間分散分析

ここではまず，2水準またはそれ以上の水準からなる1要因の実験について述べよう。

たいていの初歩の統計法を学ばれた読者は，すでに本書でも述べたが1要因の t 検定について学ばれたことと思う。1要因が複数の水準からなる場合，たとえば，薬物 a_1 と薬物 a_2 が，動物の行動を活性化するかどうかを調べる場合，独立した標本の t 検定を使用する実験計画が選ばれることが多い。t 検定は2水準の場合にふさわしい実験計画に使用されたことを思い出すであろう。今の例では，被験体の1群を，無作為に n 個体からなる2つの群に分け，一つの群では薬物 a_1 を，他の群には薬物 a_2 を投与した後で，各群の活性度を測定し，その平均値を算出してこれら両群の平均値の間に有意な差があるかどうかを検定する（表1.5）。t 検定の場合は，両側検定（単に両者の間に差があるかどうかを問う場合）と片側検定（どちらかの群の平均値のほうが大きい，または小さいと仮定する場合）があったが，いまは方向性を問わない両側検定だとする。そして，データから観測された $|t_0|$ 値が，差がないという「帰無仮説」の下での分布（t の表）の臨界値と同等もしくは大きければ，帰無仮説を棄却し，有意な差があるとして，結果を解釈したのである。

拙書 '09, p.111–119.

本書 p.14–20.

表1.5　1要因2水準の実験計画の例
（ここでは，両群の被験体数が同じとしてある）

A（薬物）	
a_1（薬物 a_1）	a_2（薬物 a_2）
n	n

しかしながら，1要因の実験でも3水準またはそれ以上になると，上記のような t 検定では，平均値の差を検定することはできない。

たとえば，動物を使い a_1, a_2, a_3, a_4 といった4種類の薬物の効果を同時に比較するとしよう。すると，表1.6のような配置になるであろう。n 個の独立した（つまり相互に関係のない）被験体を各群に配置するものとする。今度は，4つの平均値間に有意な差があるかどうかを吟味する。そこでいよいよ分散分析，この例では **1 要因の被験者間分散分析**（single-factor between-subjects

1.7 分散分析（計画法）の種類

表 1.6　1 要因 4 水準の完全に無作為化された計画の例

A（薬物）			
a_1（薬物a_1）	a_2（薬物a_2）	a_3（薬物a_3）	a_4（薬物a_4）
n	n	n	n

analysis of variance）が必要になる．この計画は，実験計画の歴史の上で，**1 要因の完全無作為化分散分析**（completely randomized analysis of variance）とよばれてきたもので，他の科学の文献において，そのように記されていることに気付かれるであろう．あるいは，1 要因の分析であることから，**1 元配置法**（one-way layout）とも称されている．

■ 多要因被験者間分散分析

フィッシャーによって考案された分散分析の方法は，上述の 1 要因のそれにとどまらない．さらに 2 要因またそれ以上の分散分析をも考案された．1 要因に対し，2 要因またはそれ以上の場合の計画と分析の方法は**（多）要因計画**（factorial design）とよぶ（1 要因の場合は，そのようによばない）．

ここでは，表 1.6 の 1 要因にさらに 1 要因を付加した，**2 要因の被験者間分散分析**について概略を説明してみる．

表 1.6 の薬物の効き目は，投与の方法，たとえば食前とか食後によって左右されるものと想定される．すると，要因 A に加えて食事時間という要因 B が付加されて，2 つの要因（処理）について分析が行われることになる（表 1.7）．こうして，分析は 1 群 n 個体からなる 2×3 の要因計画となる（要因計画の水準を示すためには，このように 2×3，一般的には $A \times B$, $r \times c$ などの表記が使用されることが多い）．この例の場合は，2 要因被験者間分散分析を行う配置となっており，各**マス**（cell，細胞とも訳す）内の被験体数は，等しくなっている．ちなみに要因計画の場合，n の大きさが各マスで異なると，分析が著しく難しくなることがあるので，本書では基本的には n が等しい場合を中心に学ぶこととする．

表 1.7　2 要因（2×3）の被験体（者）間計画の例

	a_1（薬物a_1）	a_2（薬物a_2）	a_3（薬物a_3）
b_1（食前）	n	n	n
b_2（食後）	n	n	n

いままではっきりいわなかったが，得られたデータの分析においては，いうまでもなく各マス内の被験者（体）のパフォーマンスの平均値を求め，また大切なことはそれらの分散を求めることである．本書においてもいうまでもなく，そういった営みが数多く出てくるであろう．実際，平均値と分散こそが，分散分析の手法において決定的な**鍵概念**であることを，とりわけ強調しておかなければならない（たいていの統計法のテキストでもそのようにしている）．この点 t 検定でも

同様で，詳しくそのことを示したつもりである。

さらに人間を被験者とした実験例をあげよう。いま言語強化（A）の実験を行ったとし，それと単純な問題と複雑な問題といった問題の性質（B）との関係を見ようとしたとする。なお言語強化のほうは，出された問題解決の結果に対して被験者を賞讃すること（a_1）と批判すること（a_2）であり，問題の水準は，単純なもの（b_1）と複雑なもの（b_2）であったとしよう。つまり，$A \times B$は2×2の独立した2要因実験計画であったことになる。

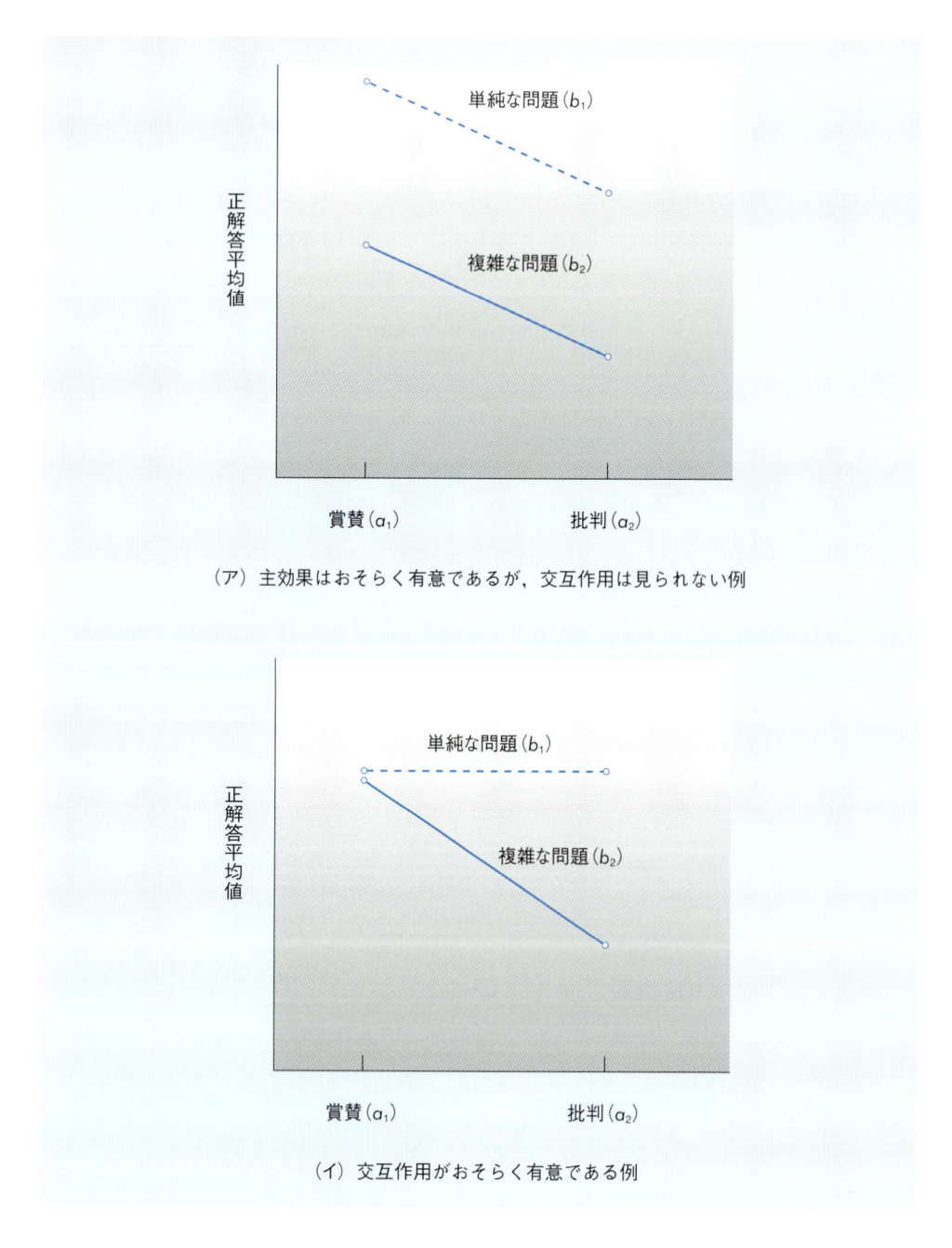

（ア）主効果はおそらく有意であるが，交互作用は見られない例

（イ）交互作用がおそらく有意である例

図1.11 交互作用が見られない例（ア）と，見られる可能性のある例（イ）

以上，$A \times B$ の 2 要因の実験計画について例示したが，それ以上の要因からなる多要因計画も可能である。ここでは例示しないが，5 章に，$A \times B \times C$ の 3 要因の実例を示してある。

多要因計画の大きな特色は，いわゆる**交互作用**（interaction）が吟味されるということである。図 1.11 に 2 要因についての，2 つの仮想例の結果を示した。（ア）には賞讃（a_1）と批判（a_2）について，問題の難易度はほぼ並行的な効果をもたらしているが，（イ）では賞讃（a_1）では問題間の差は見られない。だが，批判（a_2）を行った場合，単純な問題（b_1）の成績は差はないが，複雑な問題（b_2）下ではパフォーマンスは，大きく落ち込んでいる。こういった場合，検定上有意な効果，交互作用が統計学上有意となる場合が多い。

交互作用の存否は，心理学の研究上重要な意味があり，後の章でも 2 要因と 3 要因の交互作用の諸ケースについてさらに詳しく述べることとする。

■ 1 要因被験者内分散分析

これまで述べた計画は，被験が完全に独立した 1 要因の被験者間分散分析の配置であった。たとえば表 1.6 に示したように，被験者（体）は，a_1 から a_4 までのどれかのセルの中に入っており他のセルの中に参加することはない。しかし，同一の被験者が，a_1 から a_4 までの処理を受けるという実験——関連した実験計画を組むことも可能である。この場合，n 人の被験者に処理するとしても，順序の効果が入らないよう，各被験者に与えられる順序は無作為にしなければならない。たとえば，表 1.8 に示すように，田中は，1 回目は a_2 を，2 回目は a_4 を，3 回目は a_1 を 4 回目は a_3 をと与え，他の者の順序はまた，それぞれランダムに処理されていることに注意しよう。無作為（ランダム）ということは，ここでも重要なことである。もし同一の順序で同一の薬物を与えられるならば，後で集計してみて薬物の効果なのか，順序の効果にすぎないか判定しがたいことになる。

表 1.8　1 要因被験者内計画の例
（表中の数は実施順序を示す）

被験者	a_1	a_2	a_3	a_4
田中	3	1	4	2
金子	2	4	2	1
吉田	1	2	3	4
村山	3	2	1	4
↓	↓	↓	↓	↓

ただし，学習や発達の研究では，学習回数や年月が関心のある要因であるから，同一の順序で測定することになる。

このような実験の下での分散分析は，**反復測定計画**（repeated-measurements design）とよばれ，あるいはまた **1 要因被験者（体）内分散分析**（single-factor within-subjects analysis of variance）ともよばれる。

なお，この計画は，フィッシャーの圃場実験における，いわゆる乱塊法（randomized blocks design）に由来するものである。たとえば，「ブロック」とは同質な地味を持つ1つの土地のようなものである。心理教育の場合では，処理を受ける単に1人の人，あるいは，対応づけられた1群の同質の被験者（体）のことである。これらの実験法については，6章～8章で詳しく述べる。

なお，カーク（1995, 2003a）の書物では，フィッシャーの用語を踏襲し，上記の乱塊法，という用語をそのまま用いている。

● 多要因被験者内分散分析

上に述べた被験者内の分散分析においても，2要因またはそれ以上の多要因分散分析を立てることができる。ここでは，2要因の被験者内要因分散分析の配置について例を見てみよう。

いま，温度が何らかの学習活動に影響すると仮定する。温度（A）は2水準，学習（B）は3回行われることとする。すると，A(2)×B(3) の分散分析が行われることになる（表1.9）。

表1.9　2要因被験者内要因分散分析の配置

試行数		a_1(低温)			a_2(適温)	
	b_1	b_2	b_3	b_1	b_2	b_3
山田(S_1)						
$n=3$　狩野(S_2)						
島田(S_3)						

変数（A）は温度，変数（B）は学習回数だとする。
$n=3$ の場合の配置。

もちろん，それぞれの要因の効果だけではなく，被験者間計画の場合と同じくこれらA，B間の交互作用も予想される。ここでは，図示しないが，たとえば，適温では，b_1〜b_3 まで学習量は増加するものの，低温では，かえって低下する結果になると，分散分析の結果，そこに交互作用が見られるというケースが予想される。

この配置法で大切なことは，どの被験者が $a_1 \to a_2$ の順序か，$a_1 \to a_2$ の順序なのかということは，無作為に行わなくてはならないということである。ただし，Bの水準系列は学習効果そのものを吟味するのだから，必ず b_1, b_2, b_3 の順序になるのは，いうまでもない。詳しくは，6章で論じることにする。

● 混合計画

混合計画（mixed design）とは，2要因またはそれ以上の多要因計画であり，かつ少なくとも1要因が被験者間要因であり，また少なくとも1要因が被験者内要因を含んでいる計画を意味する。

いまもっとも簡単な2要因計画を示すと，被験者間要因（A）×被験者内要因（B）であり，表1.10のような形式になる。この場合，Aは2水準，Bは3水準の混合計画である。この計画は混合 $a \cdot b$ 計画と記すことにする。点の前後に a は独立した水準，b は関連のある水準を意味する。

1.7 分散分析（計画法）の種類

表1.10 混合計画 ($a \cdot b$) の一例

A	被験者	b_1	b_2	b_3
$n=5$　a_1	村田			
	園田			
	中村			
	井上			
	鈴木			
$n=5$　a_2	木田			
	田中			
	村山			
	四元			
	沖村			

　この表の中の10人の被験者は，無作為に2群に分けられ，各群の被験者数はn人になる。すべて$n=5$と同じになっているが，nの大きさが各群で異なる場合，その分析は非常に難しいものになるので，9章の場合を例外としてすべて各群のnは等しい計画を説明することとする。

　2要因A(2)，B(3)の計画を，実験臨床的研究に例をとり図示してみよう。$2n$の大きさの被験者を無作為に2群に振り分け，一方の群には覚醒度を高め（a_1），他方の群にはそれを低くする（a_2）操作が行われたとする。

　他方，バイオフィードバックを強く与えてみる条件（b_1）と，弱く与える場合を（b_2）とし，それに統制条件（b_3）としてまったく与えないこととした。結果を図示すると，図1.12のようになったとする。ただし，b_1〜b_3の3条件に被験者を付する順序は無作為にする（いうまでもなく，ここでは順序の効果は問題ではなく，それを無作為化したのである）。そして，一定の被験者の反

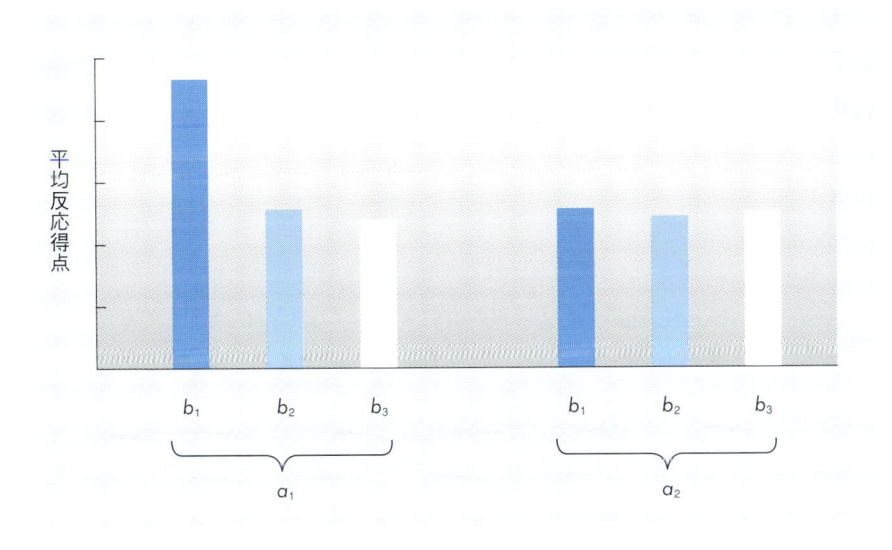

図1.12　異なった覚醒度（A）の下での，フィードバック（B）の効果を得点で示した仮想例

応を吟味した。

　実際は分散分析を行い，有意性の検定を行うものだが，ここでは，図から見る限りにおいては，覚醒度の高い条件の得点が，他の条件のそれよりも著しく高く，低い場合と統制条件の差が見られない。なお，覚醒度の低い群では，いずれの場合も統制条件との差は見られない。このことから，AとBの2要因間には，1次の（2要因の）交互作用が見られるように思われる。

　なお，本書では他の3要因の混合計画についても，説明する。すなわち，

　（ア）2要因が被験者間，1要因が被験者内（10章）

　（イ）1要因が被験者間，2要因が被験者内（11章）

の場合である。これらの配置は，いずれも3要因混合計画といえるが，それぞれ，次のように簡単によぶことにする。

　（ア）混合 $ab \cdot c$ 計画

　（イ）混合 $a \cdot bc$ 計画

● 多 重 比 較

　これまでの説明では，それぞれの要因について一定の有意水準を設定して，その効果を吟味したのであるが，各水準間の効果を吟味することについてはふれなかった。しかしながら，心理・教育の実験研究では，各実験計画においての，水準間の検討，たとえば，3水準ではa_1とa_2，a_1とa_3，a_2とa_3間の差の検討も重要である。すなわち，今日いわゆる多重比較（multiple comparison）は，統計的解析において重要な意味を持っている。そして，統計学者の間にも色々な論議があり，中には難問と思われるものも少なくない。私たちは，3章において，この問題と方法を理解していこうと思う。また各章においても多重比較についてふれる。

● 傾 向 分 析

　独立変数が名義的である場合，分析は通常の分散分析にとどまるか，平均値の間の分析を行うかにとどまる。しかしながら，独立変数が定量的，すなわち間隔尺度・比例尺度である場合，それにとどまらない。

　たとえば，発達や学習に関する一系列のデータ，薬物投与の量，などの場合，処理変数と得られた数量的データの間にどういった傾向があるかという判定にも分析が及ぶ場合が少なくないであろう。例をあげれば，ある記憶の量は学年と共に線形（1次的）に増加していく。

　あるいはまた，ある錯視量は線形というより，加齢と共に一義的に増加あるいは減少するのではなく，次第に減少しそして次に増加するのではないか，いいかえればU字型を示すのではないかといったことを吟味しなければならないであろう。後者の場合は，2次の傾向が想定される（図1.13）。また，あまり多くの場合はないが，3次の関数になることもある。すなわち，たとえば⌒⌣のようになるデータも見られなくはない。

　より進んだ分散分析においては，このように，1次または2次以上の傾向の成分が含まれてい

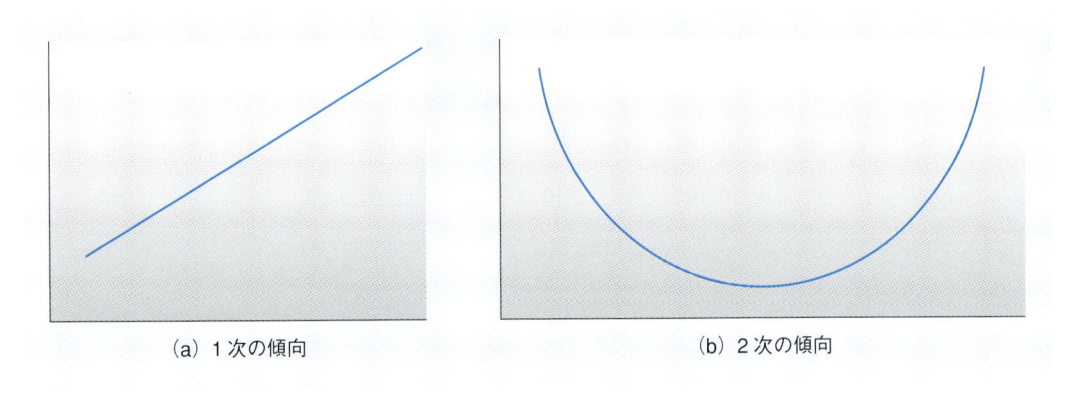

図1.13 心理学のデータによく見られる1次の傾向(a)と2次の傾向(b)

るかどうかを問う傾向分析（trend analysis）も行われる。しかしながら，何次までの傾向が分析できるかは，12章で分かるように処理変数の平均値数によっている。

本書で述べるのは，独立処理変数の水準が，等間隔である場合である。傾向分析は，必ずしも等間隔を前提としてはいないが，等間隔の場合が処理が簡単であるので，その場合について12章で例示したい。

「無作為化」ということ

これまで，実験においては標本を無作為に選ぶ，あるいはそのように選ばれた標本を各群に配置するというように考えてきた。無作為化，つまりランダマイゼーション（randomization）ということは，実験計画においては，特に重要な概念であり，推測統計学においてはとりわけ強く説かれてきた。

無作為ということと，デタラメという言葉は，しばしば同意とされるきらいがあるが，両者は区別して考えるほうがよいと思う。

たとえば，3種類の教授法がありどの方法が有効か調べたいとする。そこで15名の被験者を無作為に3群に分けようとする。実験当日，初めに来た5名を教授法 a_1 に，次の5名を教授法 a_2 に，最後に来た5名を教授法 a_3 に割り当てたとしよう。後のテストの結果，a_1 群がもっとも成績が良く，次いで a_2，a_3 となったとしよう。これは本当に教授法の効果を吟味する実験になっているであろうか。おそらく，早く来た被験者ほど，好奇心も強く，熱心であり，かつまじめであるのではなかろうか。したがって，この場合は本当に3種類の教授法の効果を調べた実験ではなく，被験者をデタラメに配置したにすぎず，その結果，教授効果と人格的・知的特性が適切に分離されていない（実験計画の用語では，両者が交絡してしまっている）ことになる。

無作為ということは，等確率ということを意味している。つまり，どの被験者もどれかの群に入る確率が等しいということに他ならない。では，実際に無作為に配置するには，どうすればよいであろうか。上の実験の場合を例にとり，簡単な方法を使ってみよう。各群の n は5（人）と

表1.11 15人の被験者を無作為に3群に分ける方法

被験者	無作為配置
S_1	3
S_2	1
S_3	3
S_4	3
S_5	2
S_6	1
S_7	2
S_8	2
S_9	3
S_{10}	3
S_{11}	1
S_{12}	2
S_{13}	2
S_{14}	1
S_{15}	1

教授法	コード
a_1	1
a_2	2
a_3	3

処理に割り当てられた被験者

教授法		
a_1	a_2	a_3
S_2	S_5	S_1
S_6	S_7	S_3
S_{11}	S_8	S_4
S_{14}	S_{12}	S_9
S_{15}	S_{13}	S_{10}

する。

　まず，教授法 a_1 を1，a_2 を2，a_3 を3というコードをつけておく。そして，偏りのないサイコロを振って，4，5，6の面を無視して，1，2，3の面だけを採る。被験者を，表の左のように並べておく。そしてサイコロを振り，1～3のコードをつけていく。それを表1.11の左に示し，結果を右下のように群分けした。この場合，S_{10} で a_3 は満杯になったので，以降では1と2についてラベルをつけていく。そして，S_{13} のところで a_2 は満杯となっているので，S_{14} と S_{15} は共に1と1を与え a_1 群に入れた。

　上にサイコロを振るといったが，サイコロに偏りがあってはいけない。もっとも信頼の置けるものは，「日本規格協会」が出している「正20面体乱数サイ」である。このサイは，1個が20面体になっており，0～9の数が2回ランダムに各面に配されている（図1.14）。

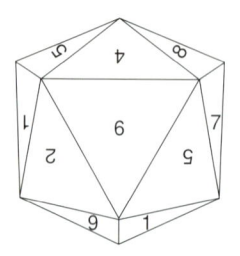

図1.14　乱数サイ（「日本規格協会」が3個をセットで販売している）
正多面体（正20面体）で各面に0～9の数が2回ずつ表示されている。ゆえに，たとえば本器を2個振れば，出た数は2桁の乱数となる。

フィッシャーの時代より，乱数化することは，実験計画上きわめて重要な営みの一つとされてきた。そのための方策の別の一つとして，統計的研究者によく使用されたものに乱数表（table of random number）がある。巻末付表Bに，類似の乱数表を示した。

それは，0〜9までの数が，どの行列においても等確率つまり1/10で現れるように生成されている。乱数表は，今日では統計学のソフト，あるいは少し高度な電卓でも打ち出せるポピュラーな表である（吉沢・石村（2003）は，作り方についてやさしく解説している）。

ただ使用にわたって注意すべきことは，ページの始めからつねに採らないことである。巻末の付表Bを使って，上例のサイコロの代わりにランダムな数字を出す場合，読者は，たとえばサイフから出したお札の数字が偶数ならばa表を，奇数ならばb表をと決めておく。しかも，当たったページ出発点も偶然にする。たとえば，そのページに鉛筆を落として，当たったところから出発する。お札より（b）に当たったとし，さらに目をつぶって鉛筆を落として20行9列目の7が当たったとしたとする。すると，横に読んでいき（縦でもよい），7, 6, 7, 6, 9, 1, 1, 5, 4, 4, 9, 3, 6, 3, 8, 2, 0, ……となるので，1〜3の数字を採り，上例の場合，コード1, 1, 3, 3, 2, ……を得る。他の数字は無視することはいうまでもない。そのようにして，表1.11のように3群が満杯になるまで，すでに説明したように進んでいく。

同様な方法はまた，「被験者内要因実験」（6章以下に説明）で，同一被験者に処理の順序を無作為にするのにも使用される。たとえば，1人の被験者に，5枚の図形の美醜を判定させるとする。順序の効果は無作為にする必要があるので，上記と同様な方法をとる。無作為な位置から始めて，現れる1〜5の数字の順に，被験者は判定していく。その際，1〜5の数字以外は無視して進んでいくことはいうまでもない。こうして各被験者の判定順序は無作為にされることになる。

分類変数による計画——準実験

これまで，私たちは独立変数が，「処理」による実験について述べてきた。つまり，被験者を無作為に各群に割り当て，そして任意の処理を施すといった計画について述べた。

しかしながら，多くの心理・教育の研究分野では，要因が処理ではなく，「分類」である場合が少なくない。すなわち，実際の計測を始める前に，特性によって分類されているような場合かそれである。たとえば，男・女（性差）や，小学生・中学生・高校生といった分類を独立変数とする場合がそれである。

たとえば，推理力が男・女によって異なるかどうかを調べるとしよう。そういった実験では，明らかに男・女は処理され得るのではなく，実験前にすでに存在するものであり，実験者が「処理」したものではない。

本来の実験計画の考えに従えば，無作為化して処理した実験を「真の」実験としている。ゆえに，分類変数を使用する場合は，その計画を準実験計画（quasi-experimental design）ともよんでいる。準実験では，本当の因果関係を把握するのは難しく，単に相関関係を調べているにすぎ

ないともいわれる。

　たとえば，上例の実験で，単純に男女の2群に推理力のテストを行い，男性のほうが女性よりも高い得点を得たとしよう。それを，単に生物学的な性差と考えてよいであろうか。それ以外の原因も考えられよう。たとえば，女性が社会的に推理にたずさわるように養育される機会に恵まれなかったということも一因であるかもしれない。

　真の性差を調べるには，調べようという変数以外の余計な変数が入ってくることに注意し，それらを除去した上で検討しなければならないであろう。

　心理・教育の実験的研究では，独立変数として準実験とならざるを得ない場合も少なからずある。それゆえに因果関係を分析するには，上述のような十分な注意が必要であろう。

　私たちは，分類による実験を全面的に批判するわけにはいかない。それは，作為的ではなく実際の生態学的に存在するデータであるという利点があるからである。ゆえに，注意深く行われた分類によるデータも，いわゆる真の実験に準ずるものとして，考慮に入れたいと思う。

1要因の被験者間分散分析

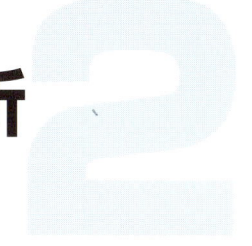

2.1 はじめに——1要因被験者間分散分析の構成

　ここでは，1要因（A）の各水準（a_j）に被験者を無作為に配置し，その要因の効果を吟味する方法であり，2つまたはそれ以上すなわち $a \geq 2$ の a 個の平均値の差の検定を行う分散分析を説明する。$a = 2$ の場合の有意差の検定は t 検定法でもでき，その手順は，すでに前章において見てきた。その場合の帰無仮説は，

$$H_0 : \mu_1 = \mu_2 \quad\text{（繰返し）}$$

であり，この場合の t 検定は，両側検定では対立仮説，

$$H_1 : \mu_1 \neq \mu_2 \quad\text{（繰返し）}$$

を立てるものであった。

　しかしながら，心理・教育の分野にあっては，2つの平均値に限定されず，2つ以上すなわち $a > 2$ の場合の，有意差を吟味しなければならないことも少なくない。たとえば，3つの教授方法 a_1, a_2, a_3 の下で学習した被験者の成績が得られたとする。3つの群の平均値，$\overline{A}_1$, $\overline{A}_2$, $\overline{A}_3$ が得られ，それらの間に本当に有意な差があるかどうかを吟味したいと思う。しかも，これらを5％水準，つまり $\alpha = 0.05$ の第1種の誤りを犯す確率を許しながら，全体として一挙に帰無仮説を検定したいと思う。その場合の H_0 は，次のようになる。

$$H_0 : \mu_1 = \mu_2 = \mu_3$$

ここでも極めて大胆な仮説，3群間の平均値には差がないという帰無仮説を立てることになる。
　それでは，この場合の対立仮説はどうであろうか。それは単に，

$$H_1 : H_0\text{ではない。}$$

というものである。実際，H_1 については，色々な場合が考えられる。たとえば，3水準の場合，図2.1のようなケース (a), (b), (c) が考えられる。
　それゆえ，一見あいまいにも見える「H_0 ではない」といった H_1 が立てられたのである。
　こうした **1要因被験者間分散分析**（single-factor between-subjects analysis of variance）は，本書で説明する他の分散分析の中でも，もっとも基本的なものであり，早くから統計学の世界で発展したもので，この章でやや詳しく述べ，また同時に分散分析の入門としたいと思う。

(a)

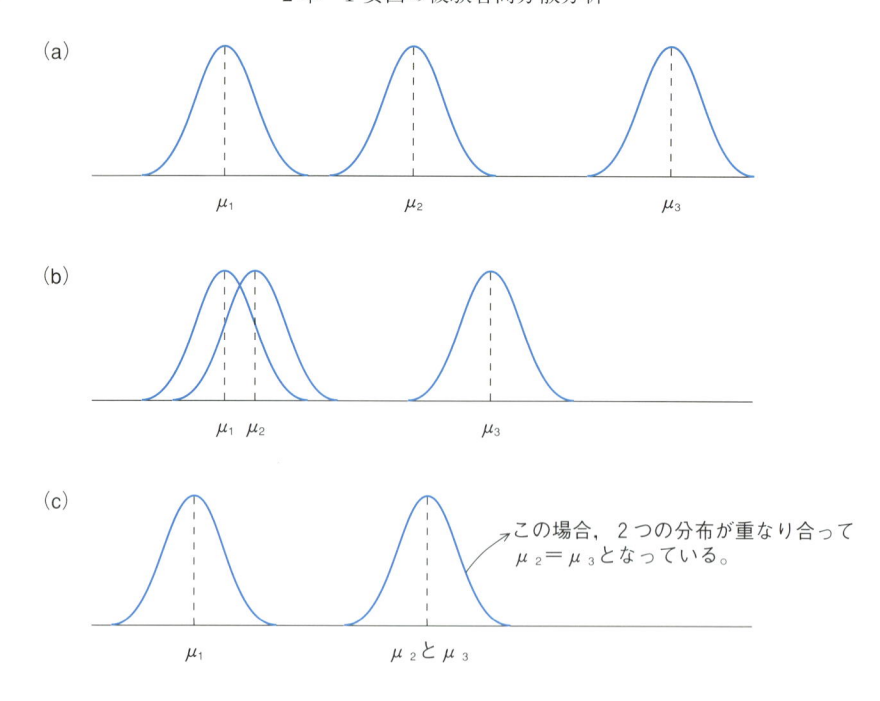

μ₁　μ₂　μ₃

(b)

μ₁ μ₂　μ₃

(c)

　この場合，2つの分布が重なり合って μ₂＝μ₃ となっている。

μ₁　μ₂とμ₃

図2.1　3水準の場合の母集団の分布の例

またこの方法は，<u>完全無作為化1要因分析</u>（completely randomized single-factor analysis of variance），<u>1元配置法</u>（one-way layout）などとよばれている。この方法が適用される各領域において，名称が異なっているように思われる。なお分散分析（analysis of variance）の頭文字をとって，単に ANOVA（アノーヴァ）とよばれることも，学界ではよく知られていることである。それゆえ，本書においても，この略称をも採用することとしたい。

2.2　分散分析の基本的概念——各群の観測値数が等しい場合の1要因被験者間分散分析

被験者の得点が，どのような成分に分解され，2つの種類の分散に分解されるかを，一つの実験で見てみよう。まず，一般的な表を見てみる（表2.1）。

このデータ表では，分かりやすくするため，$n=5$ としてあるが，もちろんもっと多いほうがよい。また，各群の被験者数の異なる場合は，次の節で説明する。

分散分析の出発点となるのは，X_{ij} の個人の得点である。その得点と得点の総計の平均値，$\overline{T}$ との差は，$(X_{ij} - \overline{T})$ となり，次式の左辺に示す形になる。これは，右辺のように書けることは，代数的にも明らかである。

$$(X_{ij} - \overline{T}) = (\overline{A}_j - \overline{T}) + (X_{ij} - \overline{A}_j) \tag{2.2.1}$$

　　（X_{ij}と総平均との偏差）＝（群平均と総平均の偏差）＋（群内の偏差）

ここで，$(\overline{A}_j - \overline{T})$ は，j 群の平均値が総平均からどれくらいへだたっているかという指標であ

2.2 分散分析の基本的概念——各群の観測値数が等しい場合の1要因被験者間分散分析

表2.1 分散分析のための記号表：1要因被験者間ANOVA

要因	特定水準	水準全体
A	g	a
被験者*	i	n

	a_1 ………	a_j ………	a_a
n …	X_{11} X_{21} X_{31} X_{41} X_{51}	X_{1j} X_{2j} X_{3j} … n X_{4j} X_{5j}	X_{1a} X_{2a} X_{3a} … n X_{4a} X_{5a}
群全体	A_1	A_j	A_a
群平均	$\overline{A}_1 = \dfrac{A_1}{n}$	$\overline{A}_j = \dfrac{A_j}{n}$	$\overline{A}_3 = \dfrac{A_a}{n}$

$T = an =$ 得点の総計
全体の平均値 $\overline{T} = \dfrac{T}{N}$
ここで，$N = an$．

*「被験者」は，本計画では要因として取り出すわけではないが，記号の説明上挿入した．

り，**群間**変異性を示す．$(X_{ij} - \overline{A}_j)$ は，ある群内の1つの得点とその群の平均値の間の差を示していて，**群内**変異性とよび S/A と書く．

式 (2.2.1) をさらに変形してみると，次のようになる．

$$X_{ij} = \overline{T} + (\overline{A}_j - \overline{T}) + (X_{ij} - \overline{A}_j) \tag{2.2.2}$$

いいかえれば，個々の得点 X_{ij} は，総平均値 $\overline{T}$，それが属す群の平均と総平均の偏差 $(\overline{A}_j - \overline{T})$，群内でのその得点の偏差 $(X_{ij} - \overline{A}_j)$ から成り立っていると考えることができる．たとえば，表2.2 の丸でかこんだ特定のデータ，X_{32} は 5 である．

そのことを具体的な例題で理解してみよう．いま，3種類の教授法，1，2，3 があるとしよう．心理学の立場からは，教授法は独立変数であるが，実験計画の言葉では，**要因** (factor，因子とも訳す) また要因を決定し，その下で実験を行うことを**処理** (treatment) という．ここで問題になる教授法を，処理 A としよう．すると，1，2，3 は，**水準** (level) 1，2，3 とよばれる．それらを a_1，a_2，a_3 で示そう．いま無作為に選ばれた3つの群に，教授法1 (a_1)，教授法2 (a_2)，教授法3 (a_3) を実施したとする．各群は n 人の被験者より成る．すなわち，$n_1 = n_2 = n_3$ であって，等しく5である．その成績を表2.2 に示した．ここで，1人の被験者の成績は，X_{ij} であり，これは，j 群の i 番目の被験者であることを示す．全体で a 個の水準があるとする．ここでは，$a = 3$ である．表2.1 において A_1 は第1群の総計，$\overline{A}_1$ は第1群の平均値，ΣX_{i1}^2 は，第1群の各被験者の成績を2乗して集計したものである（式中に，もっと一般的に表示した記号がある）．

表2.2 のデータを図示すると，図2.2 のようになる．表中，それぞれの群についての，平均値，$\overline{A}_j$ および，全体の平均値 $\overline{T}$ を示してある（なお，各群の分散も表示した）．

得点 X_{32} については，式 2.2.2 により，

表2.2 3水準の処理Aを行った場合のデータ

	処理の水準			
	a_1	a_2	a_3	
	群1	群2	群3	
	8	9	12	
	4	3	10	
	7	⑤ X_{32}	14	
	5	6	13	
	1	7	16	
群全体	$A_1=25$	$A_2=30$	$A_3=65$	$T=120$ ……総計
群平均	$\bar{A}_1=\dfrac{A_1}{n}=5.0$	$\bar{A}_2=\dfrac{A_2}{n}=6.0$	$\bar{A}_3=\dfrac{A_3}{n}=13.0$	$\bar{T}=\dfrac{T}{N}=\dfrac{120}{15}=8.0$ ……総平均値
	$A_1^2=625$	$A_2^2=900$	$A_3^2=4{,}225$	$\sum_j A_j^2=5{,}750$
	$\Sigma X_{i1}^2=155$	$\Sigma X_{i2}^2=200$	$\Sigma X_{i3}^2=865$	$\sum_j \sum_i X_{ij}^2=1{,}220$
分 散	$S_1^2=7.50$	$S_2^2=5.00$	$S_3^2=5.00$	

$X_{ij}=j$ 群の i 番目の被験者の得点；この表にはあらわれていないが一般的にはこのように示す。
$a=$ 群の数　　　　　　　　　　　　　　$n=$ 各群の被験者数
$N=$ 被験者の総数，an となる　　　　　$A_j=j$ 群の得点の計
$\bar{A}_j=j$ 群の平均値，すなわち $\dfrac{A_j}{n}$　　　$T=$ 全部の総計，すなわち得点の総計
$\bar{T}=$ 総平均値，ここでは $\dfrac{T}{N}$
$X_{32}=$ （一例として）第2群の3番目の観測値

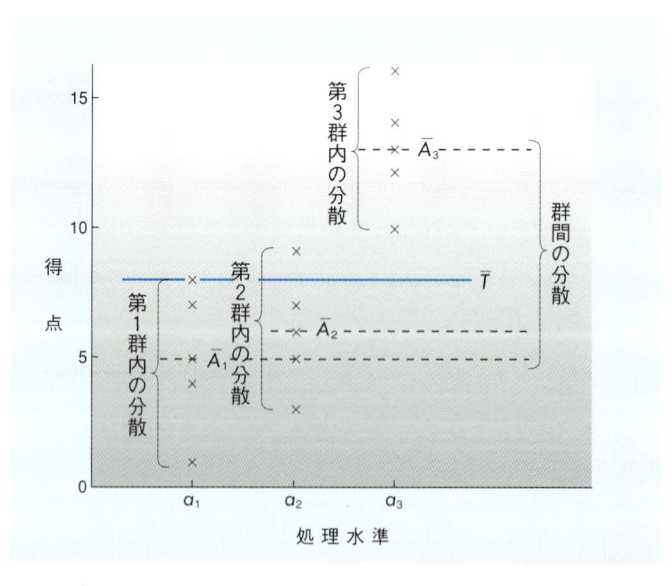

図2.2 データの個々の得点と平均値，および分散分析における分散の分割

$$5 = 8 + (6-8) + (5-6)$$
$$= 8 + (-2) + (-1)$$
$$= 5$$

以上は，1つの得点が，全体の偏差の中でどのような位置を占めるかを示したものであった。それでは，式 (2.2.1) に示す偏差を2乗して，各群内において集め，さらに，全群について集めれば，どのようになるであろうか。結果的には，次の式のようになる。

$$\sum_j \sum_i (X_{ij} - \overline{T})^2 = \sum_j n_j(\overline{A}_j - \overline{T})^2 + \sum_j \sum_i (X_{ij} - \overline{A}_j)^2 \qquad (2.2.3)$$

この式の導出は，ボックス2.1 に示されている。
すなわち，これらの各項は，いずれも平方和 (sum of squares) であり，次のように称せられる。

全平方和(SS_T) = 群間平方和(SS_A) + 群内平方和$(SS_{S/A})$

いま，表2.2 のデータにつき，これらの平方和を算出してみよう。

群間平方和 $\qquad SS_A = \sum_j n_j(\overline{A}_j - \overline{T})^2 \qquad (2.2.4a)$

$$= 5(5-8)^2 + 5(6-8)^2 + 5(13-8)^2 = 190$$

この平方和は，各群の平均値 $(\overline{A}_j)$ から総平均値 $(\overline{T})$ を引いたものの2乗に各群の個数 (n) を重みづけして，それらを加えたものである。

群内平方和 $\quad SS_{S/A} = \sum_j \sum_i (X_{ij} - \overline{A}_j)^2 \qquad (2.2.5a)$

$$= (8-5)^2 + (4-5)^2 + (7-5)^2 + \cdots\cdots + (13-13)^2 + (16-13)^2$$

ボックス 2.1　式 (2.2.3) の導出過程

$$(X_{ij} - \overline{T}) = (\overline{A}_j - \overline{T}) + (X_{ij} - \overline{A}_j)$$

両辺を 2 乗して，各群の n_j について集めると，

$$\sum_i (X_{ij} - \overline{T})^2 = \sum_i (\overline{A}_j - \overline{T})^2 + \sum_i (X_{ij} - \overline{A}_j)^2 + \underbrace{2(\overline{A}_j - \overline{T}) \cdot \sum_i (X_{ij} - \overline{A}_j)}_{0}$$

右辺第1項は，平均値（定数）について，n_j 個集めることであるから，$n_j(A_j - T)^2$ と書ける。第3項は，平均値 $\overline{A}_j$ についての個々の得点の偏差の和は常に0であることから $\sum_i (X_{ij} - \overline{A}_j)$ は0となり，消失する。したがって，残った項を a 個の群について集めれば，次のようになり，式 (2.2.3) を得る。

$$\sum_j \sum_i (X_{ij} - \overline{T})^2 = \sum_j n_j(\overline{A}_j - \overline{T})^2 + \sum_j \sum_i (X_{ij} - \overline{A}_j)^2$$

$$= 70$$

これは，各群の各々の値 (X_{ij}) から，その群の平均値 $\overline{A}_j$ を引いたものの和を求め，それを全部の群にわたって加えたものである。いいかえれば，この平方和は，各群内の測定値のチラバリ具合を示す示標である。

全平方和
$$SS_T = \sum_j \sum_i (X_{ij} - \overline{T})^2 \tag{2.2.6a}$$

$$= (8-8)^2 + (4-8)^2 + (7-8)^2 + \cdots\cdots + (13-8)^2 + (16-8)^2 = 260$$

この平方和は，個々の得点 (X_{ij}) から総平均値 ($\overline{T}$) を引いて 2 乗したものの総和であることが分かる。

これらの SS を算出するには，一つひとつ平均値を求めなくとも，次のような簡便式がある（証明略）*。

$$SS_A = \sum_j n_j (\overline{A}_j - \overline{T})^2 = \sum_j \left(\frac{A_j^2}{n_j} \right) - \frac{T^2}{N} \tag{2.2.4b}$$

$$SS_{S/A} = \sum_j \sum_i (X_{ij} - \overline{A}_j)^2 = \sum_j \sum_i X_{ij}^2 - \sum_j \left(\frac{A_j^2}{n_j} \right) \tag{2.2.5b}$$

$$SS_T = \sum_j \sum_i (X_{ij} - \overline{T})^2 = \sum_j \sum_i X_{ij}^2 - \frac{T^2}{N} \tag{2.2.6b}$$

さらに，各群の n が等しい場合これらの式を簡易化して分かりやすくするため，それぞれの項目の，なくても分かる記号をそぎ落として，次のように簡易化する。

$$SS_A = \frac{\Sigma A^2}{n} - \frac{T^2}{N} \tag{2.2.4c}$$

$$SS_{S/A} = \Sigma X^2 - \frac{\Sigma A^2}{n} \tag{2.2.5c}$$

$$SS_T = \Sigma X^2 - \frac{T^2}{N} \tag{2.2.6c}$$

これら各々の式は，次の 3 つの基礎項目から成り立っていることが分かる。すなわち，

(1) $[T] = \dfrac{T^2}{N} = \dfrac{120^2}{15} = 960$

式内の T は，得点の総計を示す。T^2 は得点の総計を 2 乗したもの。n が等しい場合は $N = an$ すなわち，各群の個体数 n に群の数 a を掛けたもの。

(2) $[X] = \Sigma X^2 = 1,220$

得点をそれぞれ 2 乗したものの総計。

(3) $[A] = \dfrac{\Sigma A^2}{n} = \dfrac{5,750}{5} = 1,150$

---

* 詳しくは，カーク (1995)，pp.86-95；ワイナーら (Winer et al., 1991)，p.382 以下，その他の上級書を参照。

2.2 分散分析の基本的概念——各群の観測値数が等しい場合の1要因被験者間分散分析

各群 A_j の2乗したものを集めて n で割ったもの。

このように単純な式で理解しておけば，後の計算は大変楽になることが後で分かる。上表の番号で，各 SS を算出しておくと，次のようになる。このように表記すれば分かりやすい。

$$SS_A = (3) - (1) = 1,150 - 960 = 190$$

$$SS_{S/A} = (2) - (3) = 1,220 - 1,150 = 70$$

$$SS_T = (2) - (1) = 1,220 - 960 = 260$$

表2.3 簡便式による SS の求め方と，自由度，平均平方，F値

変動因	平方和 (SS)	自由度 (df)	平均平方 (MS)	F
群間 (A)	$SS_A = (3) - (1)$ $= 1,150 - 960$ $= 190$	$a - 1$ $= 3 - 1$ $= 2$	$MS_A = \dfrac{SS_A}{a-1}$ $= \dfrac{190}{2}$ $= 95.000$	$\dfrac{MS_A}{MS_{S/A}} = \dfrac{95.000}{5.833}$ $= 16.29$
群内 (S/A)	$SS_{S/A} = (2) - (3)$ $= 1,220 - 1,150$ $= 70$	$N - a$ $= 15 - 3$ $= 12$	$MS_{S/A} = \dfrac{SS_{S/A}}{N-a}$ $= \dfrac{70}{12}$ $= 5.833$	
全体 (T)	$SS_T = (2) - (1)$ $= 1,220 - 960$ $= 260$	$N - 1$ $= 15 - 1$ $= 14$		

これらの式によって，SS を求めたものが，表2.3 の左から2番目の欄である。

さて，これらの SS に対して，2つの平均値の t 検定の場合でも説明したように（ボックス1.4），自由度（df）が対応する。

本書 p.20.

全体の自由度
$$df_T = N - 1 \tag{2.2.5}$$

SS_T が，平均値のまわりの N 個の得点の平方和であることから，$N-1$ が自由度であることが理解できよう。

群間の自由度
$$df_A = a - 1 \tag{2.2.6}$$

この場合は，SS_A の式からして，総平均値のまわりの a 個の平均値に関する自由度であることから分かる。

群内の自由度
$$df_{S/A} = N - a \tag{2.2.7}$$

まず，$SS_{S/A}$ の構造をみると，その内訳，$\sum_i (X_{ij} - \overline{A}_j)^2$ は，$\overline{A}_j$ のまわりの n 個の平方和であるから $(n-1)$ が自由度である。さらにそれらを，全体の群，a について集めるので，

$$df_{S/A} = a(n-1) = N - a \tag{2.2.8}$$

となることが分かる。SS と同様，全体の df の加法性も成立する。すなわち，

$$df_T = df_A + df_{S/A} \tag{2.2.9}$$

$$(N-1) = (a-1) + (N-a) \tag{2.2.10}$$

上例では，表2.3 の第3欄に示したように，

$$(15-1) = (3-1) + (15-3)$$

$$14 = 2 + 12$$

となる。

なお，SS_T は加算的に，SS_A と $SS_{S/A}$ に分かれ，また df も，df_A と $df_{S/A}$ に同様に分化することから，図2.3 のように図示する（このような図示は，これからの章でも使用する）。

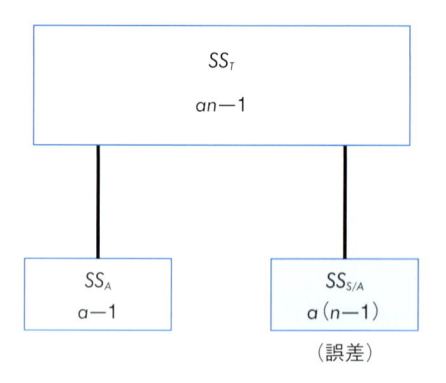

図2.3　1要因被験者間計画における SS と df の項目の分化

次に群間と群内について，平均平方（mean square, MS）を求める。これは，SS を df で割ったものにすぎない。表2.3 の第4欄に示す。

$$MS_A = \frac{SS_A}{df_A} \tag{2.2.11}$$

$$= \frac{190}{3-1} = 95.000$$

$$MS_{S/A} = \frac{SS_{S/A}}{df_{S/A}} \tag{2.2.12}$$

$$= \frac{70}{15-3} = 5.833$$

これらの平均平方は結局，分散の形式であることが分かる。ボックス1.4 で説明したように，不

偏分散は $\sum_{i}^{n}(X-\overline{X})^2/(n-1)$ であったが，この場合，平方和を $(n-1)$ という自由度で割っている。同様の論理によって，MS_A，$MS_{S/A}$ は，それぞれ母分散の不偏推定値にほかならない。さらに，MS_A を $MS_{S/A}$ で割って，F 比を求める。

$$F = \frac{MS_A}{MS_{S/A}} \tag{2.2.13}$$

この意味は何だろうか。すでに SS_A について述べたように，MS_A の構造からみれば，これは，各群の平均値の差を（もしあれば）反映している。それに対し，$MS_{S/A}$ は，$SS_{S/A}$ について述べたことから，各群内の平均値のまわりの個人差変動——これは誤差とみなされる——を含んでいる（図 2.2 参照）。いいかえれば，MS_A は処理の効果の反映であるし，H_1 が真であればあるほど，この値は大になる。それゆえ，F 比の値が大になればなるほど，処理の効果は大きいということができる。もし，処理の効果がなかったならば，すなわち，H_0 の示すように，各群の平均値の差がなく同じ値ならば，この F は 1 に近くなる。

このことの理論的意味は，次節で詳しく述べることにする。ここでは，大ざっぱに言って，F 値が高くなればなるほど，群間の差は大きくなると言っておく。そして，帰無仮説（H_0）の下での分布にてらして大きい値であるならば H_0 を棄却することができるのである。この場合の帰無仮説の下での分布は F 分布とよばれ今日の統計学の世界では広く知られている分布である。H_0 の検定のための F 値（臨界値），df そして，関連する確率（α とよばれ，また P とも研究報告では記される第 1 種の誤りの率，後述）は，付表 D に掲げられている。

上例で F 値は，次の値になる（表 2.3 の第 5 欄）。

$$F = \frac{MS_A}{MS_{S/A}} = \frac{95.000}{5.833} = 16.29$$

ちなみに，F という表記は，分散分析の考え方を発想し，展開させた英国のすぐれた統計学者，フィッシャー卿の頭文字から採られたものである。また，分母に置かれた $MS_{S/A}$ はその構造から誤差項（error term）ともよばれている。

では，実際に 16.29 という値について付表 D（F の表）を引いてみよう。F の場合は，2 種のパラメータについて吟味しなければならない。分子の自由度（しばしば ν_1（ニュー 1）とされる）と分母の自由度 ν_2（ニュー 2）がそれである。例では，分子すなわち A の自由度，df_A は 2 であり，分母 S/A の自由度 $df_{S/A}$ は 12 である。したがって，表 2.4 に該当する。

もし $\alpha = 0.05$，すなわち 5％水準で検定すると，あらかじめ決定したのであれば，観測された F 値が 3.89 に等しいかそれ以上の値であるならば，H_0 を棄却し，水準の平均値のどこか，あるいは全部の間に有意差があると判定するのである。この場合は得られた 16.29 は，3.89 という臨界値を超えているので，H_0 を棄却し検定結果は有意であると判定される。行われた上記の ANOVA の計算は，表 2.5 に表示されており，ボックス 2.2 に上記の過程をまとめた。

なお，この種の検定では，H_0 を棄却するか，しないか（すなわち，保持する）だけが統計学的

表 2.4　付表 D の一部

分子の自由度 (ν_1)

α	1	2	3
...			

分母の自由度 (ν_2) 12

α	2
.10	2.81
.05	3.89
.025	5.10
.01	6.93
.001	13.0

表 2.5　1 要因の被験者間 ANOVA の表（各群の n が等しい場合）

変動因	SS	df	MS	F
群間 (A)	190	$a-1=3-1=2$	95.000	16.29*
群内 (S/A)	70	$N-a=15-3=12$	5.833	
全体 (T)	260	$N-1=15-1=14$		

*$p<0.05$

ボックス 2.2　1 要因被験者間 ANOVA の計算例のまとめ（本節の例題参照）

仮説　$H_0 : \mu_1 = \mu_2 = \mu_3$

　　　　$H_1 : H_0$ ではない。

仮定 1.　被験体は，<u>無作為</u>かつ<u>独立</u>に抽出されたものである。

　　　 2.　各群の被験者は，<u>相互に独立</u>したものである。

　　　 3.　各群の母集団の分布は<u>正規</u>であり，かつその分散は，<u>等質</u>（すなわち，$\sigma_1^2 = \sigma_2^2 = \sigma_3^2$）である。

決定のルール　有意水準 5 ％の場合の表値 $F(2, 12) = 3.89$。したがって，もし，

　　　　$F < 3.89$ ならば，H_0 を棄却しない。

　　　　$F \geq 3.89$ ならば，H_0 を棄却する。

計算　表 2.5 により，$F = 16.29$。

決定　H_0 を棄却する。

2.2 分散分析の基本的概念——各群の観測値数が等しい場合の1要因被験者間分散分析

に言えることであり，有意である（significant）というのは研究者の解釈であるにすぎないのである。

なお F 分布は，上のように自由度が 2 と 12 で α が 0.05 の場合，次のような図で示される。3.89 はこのような場合，臨界値（critical value）とよばれる。

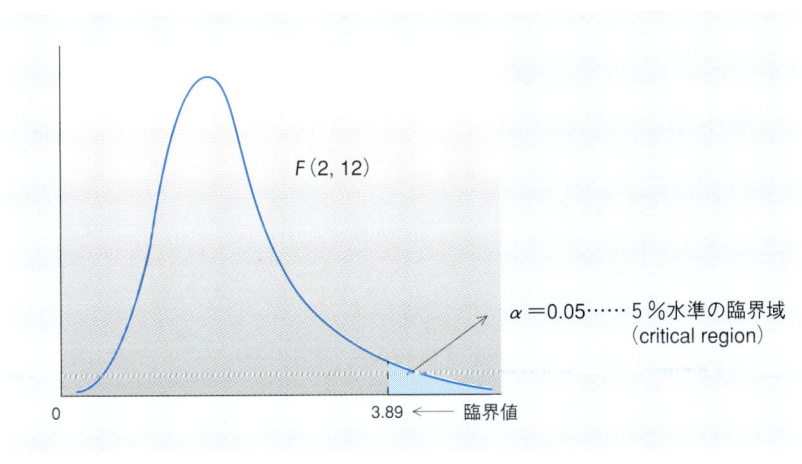

図2.4　F分布の一例

以上を一般的に表現すれば，次のように定式化できよう。

もし F の値が，特定の値（臨界値）に等しいかまたはそれ以上の値であれば，帰無仮説を棄却し，そうでなければ棄却しない。

F の分布は t 分布と異なり，すでに述べたように 2 種のパラメータによって決まるものであり，さまざまな形となる。いま，例としていくつかの形を示したものが，図2.5 である。

なお，特定の分子，分母の df と F 値が与えられた場合の厳密な α 値は，多くのソフトウェアに掲げられている。上例の $df(2, 12)$，観測された F 値，16.29 の場合の確率値は，0.00038 となる（エクセル関数 FDIST による）。この場合の値は正確確率 p とよばれる。したがって研究報告

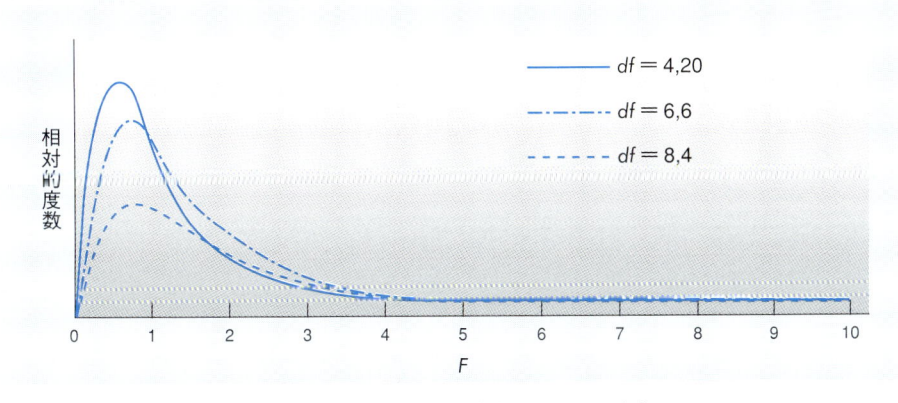

図2.5　さまざまな自由度における F 分布

書には，直接この値を記したものも少なくない。ただし，「何％の有意水準で検定する」ことは，前もって宣言しなければならない。

本例では，5％水準で検定するとあらかじめ宣言していたとし，0.00038 といった極めて低い内実の p を得ているので，有意と判定したのである。

なお，F と t との関係については，ボックス 2.3 に記した。

2.3 第1種と第2種の誤り，そして検出力の概念

分散分析によって，観測値 F を求め，検定を行う場合，第1種の誤り（type I error）と第2種の誤り（type II error）が，決定に際して生じるものと考えられる。それらの誤りの概念は，近代統計学の上で展開された重要な概念である。

これまで，私たちは，帰無仮説 H_0 の下での分布を考え，一定の有意水準の下で，それが棄却できるかどうかを決定することを学んできた。いいかえれば，$H_0 : \mu_1 = \mu_2 = \cdots\cdots = \mu_a$ を仮定し，観測値 F を求め，1％や5％の α に対応する理論的分布の臨界 F 値と同等またはそれ以上であれば，H_0 を棄却した。この場合，本章で述べたように，α という危険率は認めつつも，この値は小さいので，平均値の間に差があると判定したのである。だが一方では，α くらいの誤りを犯す危険性はあることは認めていることになる。図 2.6 (a) に α の面積を青色のアミカケで示している。

第1種の誤りとは，本当は H_0 が真であるときに，H_0 を棄却する誤りであって，その確率は有意水準（α）に等しいものである。

一方，H_0 に対して，H_1（対立仮説）を考えてきた。それは H_0 は偽であり，母集団の平均値のどれか，あるいは全部の間に実質上の差があると主張する仮説であって，H_1 で表された。も

ボックス 2.3　分散分析と t 検定の関係

この章で述べた F 検定と前章で述べた独立した標本の t 検定とは，親戚関係にある。すなわち，2つの群の平均値の比較（両側）を行う場合にかぎり，F 検定も t 検定も同じ結果になる。

F と t の間には，次のような関係がある。

$$F_{1, df_{S/A}} = t_{df}^2, \quad \text{あるいは} \quad \sqrt{F_{1, df_{S/A}}} = t_{df}$$

ここで，添字はそれぞれの自由度である。

たとえば，$t_{20} = 2.845$（両側1％水準）であったとすれば，$t_{20}^2 = (2.845)^2 = 8.10$ は，$F_{1,20} = 8.10$ の値と同じである。

実際，F と t は直接関係しており，この意味では，分散分析は，2つの平均値の t 検定の拡張型であるといえる。

(a) H_0 が真である場合

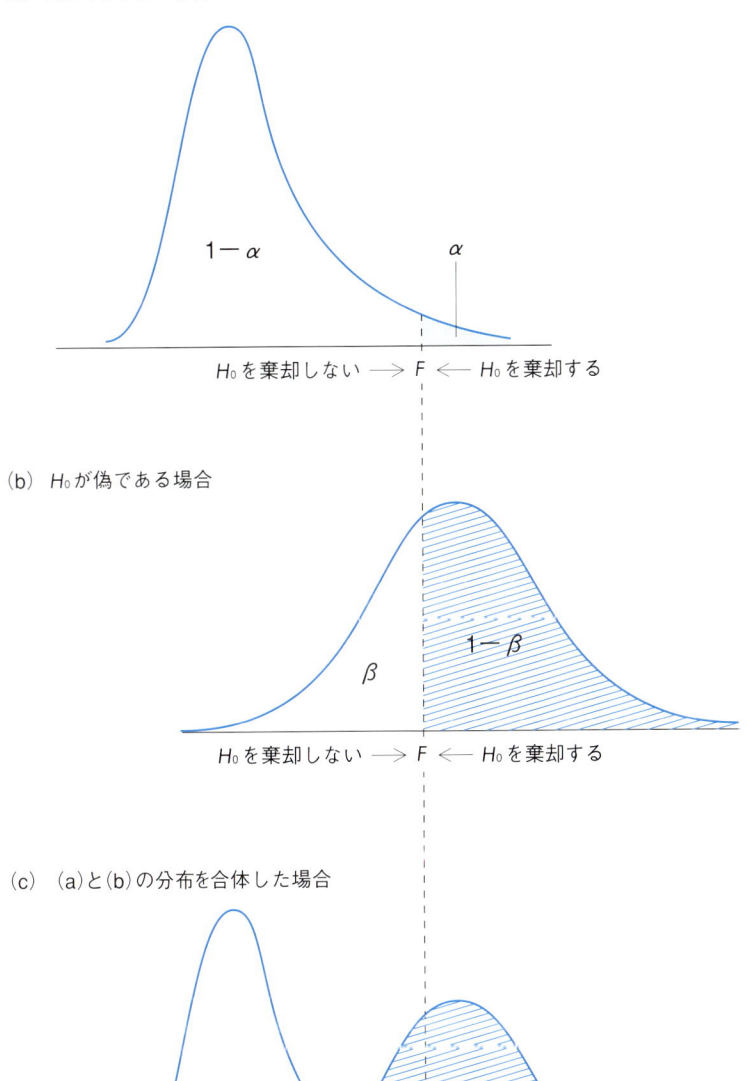

(b) H_0 が偽である場合

(c) (a)と(b)の分布を合体した場合

図2.6 帰無仮説が真である場合(a)，帰無仮説が偽である場合(b)の分布の一例。(c)はそれらを合体してみた場合
　この図は，1つのケースを示すだけである。Fの位置やパラメータの値によって，いろいろな形状がある。

し H_1 が真であり，H_0 が偽ならば，図の (b) に示すように，対立仮説を支持し H_0 を棄却することは正しいのであるが，H_0 を棄却しないで保持してしまう確率，β（ベータ）は，F が一定ならば，存在することになろう。この確率は第 2 種の誤りと称せられる。図の (b) 中の白い部分がそれにあたる。

第 2 種の誤りとは，本当は H_0 が偽であるときに，H_0 を棄却しない誤りであって，その確率は β で表す。

第 1 種の α は，有意水準に等しい。したがって，H_0 を正しく選択する確率は，$p = 1 - \alpha$ であることが分かる（図 2.6 (a) 参照。表 2.6 も参照）。

表 2.6 2 種類の誤りとその結果として 4 つの結果，それらの確率

		本当の事態	
		H_0 は真	H_0 は偽
実験者の決定	H_0 を棄却	第 1 種の誤り $p = \alpha$	正しい棄却 $p = 1 - \beta$
	H_0 を棄却しない	正しい採択 $p = 1 - \alpha$	第 2 種の誤り $p = \beta$

第 2 種の β は，上述のように H_0 が偽にもかかわらず，それを棄却しない誤りの確率だが，$1 - \beta$ は，H_0 が偽であったとき，正しく棄却する確率であることが分かる。この確率は，検出力 (power) とよばれている（図 2.6 (b) および表 2.6 参照）。

検出力とは，H_0 が本当に偽であるとき，それを正しく棄却する確率である。

したがって，この確率を高めることは，好ましい検定法の一つの条件であるといえよう。

検出力を高める条件は，いくつかある。それは，次のようなものである。

(1) 有意水準が高いこと。$\alpha = 0.01$ よりも $\alpha = 0.05$ のほうが，検出力はより大になる。逆にいえば，α をゆるやかに大きくとれば，検出力は大にはなるが，図 2.6 から分かるように，H_0 を正しく採択する確率は小さくなる。

(2) 標本の大きさを大にする。H_0 の分布はそれだけせばまり，H_0 と H_1 の分布の重なりは小さくなり，その分だけ $1 - \beta$ は大になる。したがって，n をできるだけ大きくとることがのぞましい。

(3) H_0 と H_1 の平均値が離れていること。

まずは，以上のこと，とりわけ (1) に注目しよう。有意水準とは，帰無仮説が事実上真であるとき，それを誤って棄却する確率であることが分かる。通常の検定では，α が分かっており一定の検出力を得るためには，どのくらいの標本の大きさ，n が必要であるか，あるいは，逆に n の値によって検出力はどのくらいになるかという論議は，今日の統計学において，極めて重要な問題提起であるが（上級書にはたいてい説明してある。たとえば，ケッペルとウィッケンズ（Keppel

& Wickens, 2004）），本書では立ち入れなかった，この α をできるだけ小さくとることを慣習としているが，逆に，この慣習は，しばしば H_0 が偽であった場合，それを正しく棄却する確率，検出力を落とす結果になることに注意すべきであろう。それゆえ，通常 $\alpha = 0.05$ や 0.01 とおいても，それをかたくなに固執することは，目的によっては好ましくないといえよう。

たとえば，ある新しい治療法が有効であるように思え，これからも有効性を求めて研究を重ねなければならないときは，α を大きくしておき，発見的価値に重きをおくようにしなければなるまい。

また逆に，新しい教授法が従来の教授法より理論上決定的に有効であると主張するのであれば，α は小さくとることが合理的であろう。

いずれにせよ，心理・教育の領域において，0.05，0.01 の有意水準を設定することは，一つの慣習と考えなければならないので，これを金科玉条と考えてはならないといえよう*。

1 要因被験者間計画のモデルと仮定

モデル

本章では各群の n が等しい場合の計算方法を説明したが，そこでは SS と df が加算的な構造になっていることを理解されたと思う。実は，この計画の統計学的なモデルもまた，次の形の加法性にもとづいている。

$$X_{ij} = \mu + \alpha_j + \varepsilon_{ij} \quad \begin{aligned} i &= 1, \cdots\cdots, n \\ j &= 1, \cdots\cdots, a \end{aligned} \tag{2.4.1}$$

そこで，本章の例に則して言えば，

- X_{ij} は，特定の教授法の被験者の得点。
- μ は，3種の教授法の平均値をたばねた総平均値。
- α_j は，μ_j（特定の処理群の平均値）$- \mu$ であり，α_j という特定の処理の効果。
- ε_{ij} は，X_{ij} に関する群内の誤差（雑部分）であり，α_j の処理効果によらないもろもろの効果を表している。ij という表し方では，i は処理水準 j 内に入れ子（nest）に，なっていることを示している。

上のことから，各個人の観測値は，μ，α_j，ε_{ij} を合計したものといえる。

上のモデルにおいて，μ と α_j は自ずと明らかであろうが，ε_{ij} は少し説明を要する。実験を行うとき，μ と α_j 以外の個人的要因は統制できず，誤差として置くことになるのである。たとえば，個人の遺伝的特性，実験時に生じた偶発的出来事（実験の日に，たまたま体調がすぐれないといっ

---

* 有意水準を 5% として検定する見つもりは，統計学史上，フィッシャーが行ったことのようであり，心理・教育学書もこれにならっている様子であるが，今日では本文のように考えるほうが柔軟なように思える。

たこと）など，偶発的な要因としてしかとらえられないことがそれに含まれる。しかし，こうした誤差にもかかわらず，本計画では教授法の効果を推定しようとする試みが行われるのである。

● 分散の推定

以上のようにモデルを設定して，そこからある一定の分散の期待値が導出されてくる。その過程は，ややむずかしいので，このような中級のテキストでは説明されえない（詳しくは，カーク，1995，ワイナーら，1991，などを参照されたい）。しかし，証明を示さなくても，2 つの分散の**期待値**（expectation）が，上式 (2.4.1) から導出されることは，F の構造を知る上で大切である。

まず，各群の処理の効果は，$\mu_j - \mu$ で得られるが，μ_j を全平均，μ のまわりの値としてとらえるとき（これらはすべて母平均とする），分散は次式のように書ける。

$$\sigma_\alpha^2 = \frac{\Sigma(\mu_j - \mu)^2}{a-1} \tag{2.4.2}$$

さらに，期待値，すなわち，幾度も幾度も標本抽出を繰り返したときの究極の値は，$E(\ )$ と書く。

この 2 つの事柄から，$MS_{S/A}$（誤差項の MS）と MS_A の期待値は次のようになることが知られている（証明省略。カーク，1995，pp.86–94 に説明有）。

$$E(MS_{S/A}) = \sigma_e^2 \tag{2.4.3}$$

$$E(MS_A) = \sigma_e^2 + n\underbrace{\frac{\Sigma(\mu_j - \mu)^2}{a-1}}_{\sigma_\alpha^2 \text{ と書く}} \tag{2.4.4}$$

$$= \sigma_e^2 + n\sigma_\alpha^2 \tag{2.4.5}$$

ここで，σ_e^2 は各群の母集団内の誤差分散，σ_α^2 は a 個の平均値の分散である。

そこで，もし H_0 が真であり，$\mu_1 = \mu_2 = \cdots\cdots = \mu_a$ であるとすれば，式 (2.4.4) 内の $\Sigma(\mu_j - \mu)^2$ は 0 となるので，$E(MS_A)$ は単に σ_e^2 となる。すると，

$$E(MS_A) = \sigma_e^2 \tag{2.4.6}$$

と等しくなる。そういう場合は，

$$\frac{E(MS_A)}{E(MS_{S/A})} = \frac{\sigma_e^2}{\sigma_e^2} = 1 \tag{2.4.7}$$

のように 1 となる（これは，理論上期待値が 1 となるということであり，この比は実際の標本変動のため 1 前後の値をとることになる）。この比は F に対応するものであるから，それに反し平均値の差が大きければ σ_α^2 は大になるので，$E(MS_A)$ は大になり，それだけ H_0 を棄却しやすくなるといえる。

2.4　1要因被験者間計画のモデルと仮定

● 得点の独立性の仮定

すでに述べたように，この計画の1つの仮定は，得点（測定値）の独立性ということである。すなわち，得点は処理の群内において独立しているというだけではなく，処理の群間においても独立していなければならない。

このような独立性は，被験者を無作為に群に割りつけることによって得られるが，1.8節で述べたように，思わぬ落とし穴があって，無作為にならないことがあるので，十分注意しなければならない。

本書 p.33.

処理群間の独立性がそこなわれるならば，余計な変数の介入（交絡, confounding）が生じてきて，目的とする独立変数の効果を着実に検定することができなくなる。ゆえに分散分析による実験計画が提唱されて以来，独立性の仮説は，きわめて大切な仮定として強調されてきたのである。

● 処理母集団の正規性の仮定

本章の分散分析に関し，第2の重要な仮定は，平均値について検定すべき母分散が正規分布（normal distribution）であるという仮定である。すなわち，2.1節で述べたような形であれば自然科学の分野では，そのことを充たす事例は，全部ではないにしてもかなり多く見られる。しかし，人文・行動科学の場合では，このことが侵犯されることが少なくない。得点の数が大である場合，正規であるか，あるいはそれから逸脱しているか，ということは吟味しやすいであろう。

本書 p.37.

例をあげれば，図2.7のような場合である。(a)は低い得点のほうが多くなっているケース，(b)は高い得点が多い例，(c)は左右対称であるが，尖りすぎているケース，(d)同様に左右対

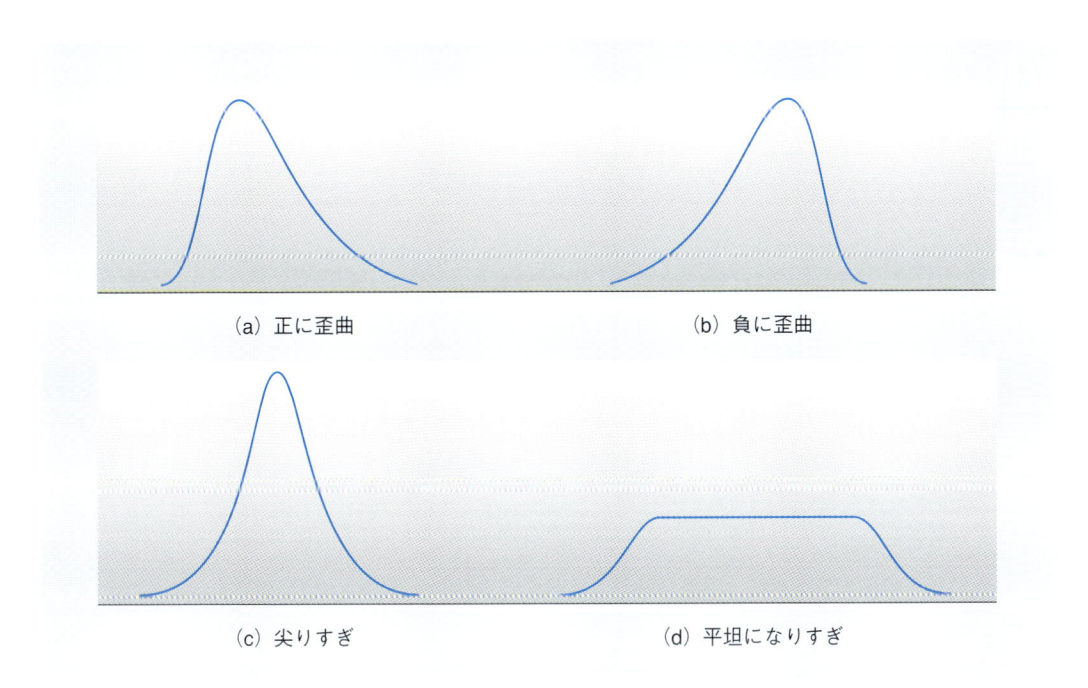

(a) 正に歪曲　　(b) 負に歪曲

(c) 尖りすぎ　　(d) 平坦になりすぎ

図2.7　正規分布から逸脱した場合の若干の例

称であるが平坦になりすぎている例である。

応用統計学者たちの多くが，いわゆる「モンテカルロ実験」（**ボックス 2.4** 参照）を行い，コンピュータを使用して，こういった正規分布から逸脱した人工的な分布から得点を抽出し，分散分析を行い，正規分布の場合と，どういった差異が生じるかどうか吟味してきた。いいかえれば，これらの実験から得られた逸脱した F の経験的な分布の結果と，本来の，つまり正規分布の理論的な分布の結果とを比較してみた。そして結果の逸脱の程度を比較したのである。

こういったモンテカルロ実験による結果の一般的な結論は，次のようであった。

得点の分布が正規でなくても，対称的であるとき，そして標本の大きさが等しくて（つまり，各群の得点数が同じで），しかも標本の大きさが $n = 12$ 以上であれば，F 検定には大した影響はないということである（ケッペル，1991）。

そして，ケッペル（1991）は，データが非対称的である場合は，たとえば本来 $\alpha = 0.05$ であるならば，それを半分にした $\alpha = 0.025$，あるいは $\alpha = 0.01$ の有意水準で検定することをすすめている。このくらいの水準で検定を行うならば，たとえ分布が歪んでいようと，問題はないと考えている。一案であろうが，反面，場合によっては検出力の低下をまねきやすいという弱点もないではない。

● **分散の等質性の仮定とその侵犯問題**

これまで述べた正規分布の仮定と同様に，あるいはそれ以上に，重要視されているのが，**分散の等質性**（homogeneity of variance）の仮定である。つまり各処理群の母分散が，同一であるということを意味している。

いま a 個の群の母分散（σ^2，シグマ 2 乗）が等質であるかどうかを問うことを，帰無仮説とし

ボックス 2.4　モンテカルロ実験

カジノで有名なモナコ公国の街モンテカルロにちなんでつけられた統計法に関する無作為実験研究である。たとえば，平均値は等しい（すなわち，帰無仮説は充たしている）が，分布は正規ではない（分散分析のモデルに反している）得点の分布から無作為に多くの標本を抽出してみて，正規分布を仮定した場合の F 値が与える名目上の，理論的な F 値の与える α 値と，この実験の与える実質上の α 値をくらべてみる。この場合，名目上の F 値が $\alpha = 0.05$ を与えるのに，$\alpha = 0.08$ となれば，α のインフレーション（正のバイアス）が生じていることになるし，逆に $\alpha = 0.01$ になれば，負のバイアスが生じているとされる。

モンテカルロ実験は，上例のように仮定が侵犯されていると，名目上の値とどのように異なった値になるかを吟味するために，応用統計学の領域で広く使用されている研究法である。また，正規性だけでなく，分散の等質性その他の侵犯についても，さまざまな実験が試みられている（上記参照）。

て表すならば，次のようになる．

$$H_0 : \sigma_1^2 = \sigma_2^2 = \cdots\cdots = \sigma_a^2 \tag{2.4.8}$$

そして，この式の対立仮説は，

$$H_1 : H_0 ではない \tag{2.4.9}$$

となる．つまり，a 個の母分散のうち，少なくとも 2 個の分散の間に差があることを意味している．そして，もし帰無仮説が破られるならば，これらの群同士の母分散は異質（hetrogenious）であるといわれる（ちなみに，t による 2 つの平均値の差の検定の場合でも，2 つの母分散は等質であると仮定されていることは 1.5 節で述べたとおりである）．

本書 p.19.

標本の分散から，母集団の分散の等質性を検定する方法のうち，もっともよく使用され，また使用されやすく，それに関する研究もすすんでいる方法の一つは，ハートレー（Hartley）の F_{max} 法である．この方法では，各群のうちもっとも大きい分散（$S^2_{最大}$）と，もっとも小さい分散（$S^2_{最小}$）を採り，次の統計量を求める．

$$F_{\max} = \frac{S^2_{最大}}{S^2_{最小}} \tag{2.4.10}$$

表 2.2 のデータについてこれを算出すれば，

$$F_{\max} = \frac{7.50}{5.00} = 1.50$$

となる．そして，この $F_{\max}$ 値は，巻末付表 M の「$F_{\max}$ の検定表」にてらして判定される．表のパラメータは，分散（S_j^2）の個数と，S_j^2 の自由度（df）である．表 2.2 の場合は，前者は $a=3$，各群の自由度は $n-1=(5-1)=4$ であるから，もし 5 ％水準で検定するのであれば，

S_j^2の自由度	α	2	3	4	……
2		⋮	⋮	⋮	
⋮					
4	.05	………	(15.5)		
	.01	………	37.		

$F_{\max}=(S^2_{最大})/(S^2_{最小})$ ／ 分散の個数

のように読み，15.5 という臨界値を用いて検定することになる．

得られた $F_{\max}$ が，この値と同等またはそれ以上ならば，式 2.4.8 で示した帰無仮説を棄却し，分散は等質ではないと判定する．上例では，1.50 は 15.5 という臨界値より小であるから，H_0 を棄却できない．いいかえれば，S_j^2 は各群で等質という仮定と矛盾しない．ただし，この例では $n=5$ と度数も小さい．ゆえに，検出力も劣ることは否めない．もっと大きい標本であることが望ましい．

F_{max} の検定は，多くの学者たちが指摘しているように，母集団が正規であることを前提にしているので，この前提が犯されると，信ぴょう性がうすくなるきらいがある。また標本の大きさ n が小さければそれだけ，このことは問題になりやすい。

ケッペル（1991）およびワイナーら（1991）は，数多くの等質性の検定法を吟味し，それぞれ別の検定法を提唱しているが，詳細については，それらの文献にあたられたい。

なお，1950年代～60年代によく使用されたバートレット（Bartlett）法は，計算がめんどうであるばかりではなく，母集団の正規性が犯された場合も脆弱であるという理由で，今日，ほとんど使用されていない。また，あるソフトが常に打ち出すレーヴェン（Levine）法は，それについての研究がほとんど行われていないし，代表的なテキストにあげられてもおらず，「幾つかの重大な欠陥を持っている」（ケッペル，1991）とされている。レーヴェン法の改良型といえる方法はブラウン・フォーサイス（Brown-Forsythe）法で，これは各群の得点の中央値を求め，それからの各群の得点を引いた値を測度として，全群について分散分析を行うものである（ケッペル，1991；カーク，1995）。そして，有意な F を得るならば，等質性を棄却する方法である。

◼ 分散の不等質性に対処する方法

分散の等質性に関する問題は，はなはだ複雑な状況にあるといわざるを得ない。

各群の分散が等質でない場合，正常な（名目上の）F 値の確率にどういった影響を与えるかという問題について，数多くの研究が行われてきた。

比較的最近に至るまで，分散の異質性に関して楽観的であった。各群の大きさ（n）がかなり大きく，母分布が正規であれば，分散の差があってもそれほど心配することはないというものであった。いくつかの文献は，n の大きさや分散の数にかかわらず $F_{max} \geq 3$，つまり最大の分散と最小の分散の比が，3またはそれを超えるならば，低い α（有意水準）で検定するという考えも提出している。たとえば，本来ならば 0.05 で検定する場合，0.01 または 0.025 のように，より小さい α で検定したらよいとするのである。これもまた便法の一つであろう（詳論は，セスキン（Sheskin, 2000）など）。

注目すべきことは，心理学のデータを見るとき，分散の比が10倍，すなわち $F_{max} = 10$ に達するといったケースが見られなくはないということである。したがって，1970年代から90年代にわたってのモンテカルロ実験は，9倍も大きい場合，群の数も標本の大きさも異なるといった場合についても行われてきた。例として，ケッペル（1991），ケッペルとウィッケンズ（1994）があげている。そうした極端な場合についての名目的な $\alpha = 0.05$ と $\alpha = 0.01$ に対して，実質的な α がどう出るかというデータについて見ていきたい（表 2.7）。

表から分かるように，$\alpha = 0.05$ の場合，標本のあり方により実質的な有意水準は 0.063 から 0.083 にも昇り，また $\alpha = 0.01$ の場合，0.017 から 0.030 となっている。この表を見ると，これらのケースに関する限り，確かに $\alpha = 0.05$ で検定するとき，たとえば 0.01 で行うならば，実質上 0.05 を超えることはないであろう。しかし，そうするといわゆる検出力が落ちる心配もある。

表2.7 モンテカルロ研究に見出される実質的有意水準のいくつかの例
(Keppel, 1991；Keppel & Wickens, 2004による)

群の数[*]	標本の大きさ(n)	分散のパタン	名目上の有意水準 $\alpha=.05$	$\alpha=.01$
3	6	1,4,9	0.066	0.018
	6	1,1,9	0.082	0.029
	11	1,1,9	0.081	0.030
4	4	1,4,4,9	0.067	0.017
	11	1,4,4,9	0.063	0.018
6	4	1,1,4,4,9,9	0.083	0.025
	6	1,1,4,4,9,9	0.071	0.022
	11	1,1,4,4,9,9	0.073	0.024
	16	1,1,4,4,9,9	0.072	0.022
	21	1,1,4,4,9,9	0.069	0.020
9	10	1,1,1,4,4,4,9,9,9	0.078	0.023

[*]$a=3$のデータは，Wilcox(1987)に報告されたBishop(1976)からのものによるという。$a=4$と6のデータは，Brown & Forsythe(1974)からのものであるという。

そこで，$\alpha=0.025$ で検定するといった，折衷案（ケッペルら，1992）も出てくるのだが，その是非については今後の研究をまたなければならない。

分散の異質性が生じた場合，取るべき別の方法の一つは，いわゆるノンパラメトリック検定法（分布にかかわらない，distribution-free とも言う）を使用することである。$a>2$ 個の独立した標本の検定については，つとに，クラスカル–ウォリスの順位による H 検定法（Kruskal-Wallis, H test）を使用することがすすめられている（山内，2009）。　　拙書 '09, p.206–209.

また，初歩のテキストにはのっていないが，ノンパラメトリック検定法としては，検出力の強いファン・デル・ウェルデンの独立した標本についての正規得点検定法（van der Waerden normal scores test）もすすめられる（たとえば，シェスキン（2000）に詳しい説明がある）。

それならば，はじめからノンパラに走ってもよいのではないかという考えも出てくるかもしれない。しかし，一般的にノンパラは，F などのパラメトリック検定に比較して，有意に出にくい。したがって，すぐにノンパラに走ってしまうことは，ことわざに言う「角を矯めて牛を殺す」はめになってしまいかねないのである。

2.5　変数の変換

すでに述べたように，分散分析の前提は，各処理群の母分散が正規であり，そしてさらに大切なことは等分散であるということである。そのような前提が，すべての人間・行動科学のデータにうまくあてはまるということはなかなかむずかしいことである。

そこで，何らかの変数変換をして，正規に近くなるか，あるいは等分散に近くなるか，さらにこれら両者の要件がかなり充たされるようになる変数の変換のいくつかについて述べよう。それ

表 2.8　各条件の依存変数(得点) X の分布を正規化し、あるいは分散を等質にする変数変換法の例

元のデータの特質	変換の名称	変換の数式
標準偏差が平均値に比例している場合	対数変換	$X' = \log_{10} X$（常用対数）または、X に 0 がある場合は、$X' = \log_{10}(X+1)$
分散が平均値に比例している場合	平方変換	$X' = \sqrt{X}$、または、X' に 0 がある場合は、$X' = \sqrt{X+0.5}$
上記の場合、とくに値が小さい場合	平方変換	$X' = \sqrt{X} + \sqrt{X+1}$
得点分布がいちじるしく歪(ひず)んでいる場合（潜時などの場合に多い）	逆数変換	$X' = \dfrac{1}{X}$
得点が比率であるか、いわゆる「天井効果」や「床効果」を生じやすい場合	逆正弦*変換	$X' = \text{arcsine}\sqrt{X}$

*あまり使用されていないようであるが、エクセルでは、関数 $f_x = \text{ASIN}(\ )$ を利用できる。

表 2.9　素点と変換点の実例
$(X' = \sqrt{X+0.5})$

	素点 (X)				変換点 (X')		
	a_1	a_2	a_3		a_1	a_2	a_3
	2	8	7		1.58	2.92	2.74
	3	5	8		1.87	2.35	2.92
	2	3	12		1.58	1.87	3.54
	0	5	5		0.71	2.35	2.35
$\overline{X}$	1.75	5.25	8.00	$\overline{X'}$	1.44	2.37	2.89
S^2	1.58	4.25	8.67	$S^{2'}$	0.25	0.18	0.25
					1.57	5.12	7.85

$\overline{X'}$ の原式への変換

らの代表的なものを、表 2.8 に示した。表内の X は得られた素得点、X' は変換された得点を表している。

表 2.9 には、実例として、$X' = \sqrt{X+0.5}$ の場合を示した。素点 X の分散には、異質性が見られるが、この変換をほどこすと、分散 $S^{2'}$ は、ほぼ等質化していることが分かる。また、結果をしるすとき、変換した X' の平均値を平均値 $\overline{X'}$ の元の値への逆数、すなわちこの場合は、$\overline{X} = (\overline{X'})^2 - 0.5$ の値も示すことが望ましい。ただし、この値は素得点の値の平均値そのものとは必ずしも一致しない（念のため）。

2.6　エクセルによるデータ処理

n が等しい場合のエクセルの入出力は簡単である。入力の（ア）のようにデータを入力しておき，1章で体験したように（とくに図 1.9 を参照），ツール（T）→ 分析ツール（D）→ データ分析 → 分散分析：一元配置 とクリックしながら進んで,「OK」をクリックすると図 2.8 の上部のような枠が出るので,（ア）の枠のように鎖線で指定すると，入力が終わる。青字で示すように処理する範囲が指定される。先頭行ラベルも ☑ することを忘れないようにする。「OK」を再びクリックすると（ウ）のような結果が得られる。2.2 節のデータに対比する部分を青字で示した。ただし確率 p は，0.000381 と正確確率を示しており，これは 5 %以下であるから，もちろん有意と判定できる。 本書 p.43.

（ア）

（イ）

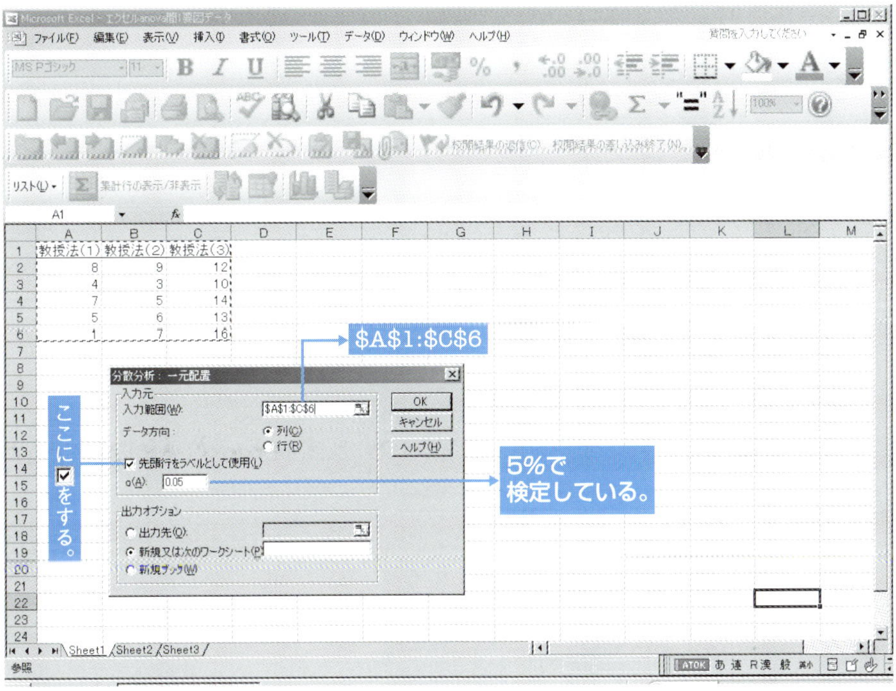

（ウ）　分散分析：一元配置

概要

グループ	標本数	合計	平均	分散
教授法(1)	5	25	5	7.5
教授法(2)	5	30	6	5
教授法(3)	5	65	13	5

分散分析表

変動要因	変動	自由度	分散	観測された分散比	P-値	F境界値
グループ間	190	2	95	16.28571429	0.000381	3.88529
グループ内	70	12	5.833333			
合計	260	14				

設定したα＝0.05に対応する臨界値。

正確確率

図2.8　エクセルによる入出力

2.7 SPSSによるデータ処理——各群の観測値数が等しい場合

　SPSS の場合は，エクセルの場合と入出力の仕方が大いに異なっている。まず SPSS の画面が出たらその下の 変数ビュー をクリックして白くする。そして 1 行 1 列に要因名——この場合は「教授法」とし，そして確定（エンターまたはリターン）すれば，自ずとこの行のさまざまな記号が出てくる。次に 2 行 1 列に従属変数の名称——この場合は「得点」と同様に入力する（ア）。

　SPSS の画面の場合，各枠の最後の部分をクリックすると，おのずから設定が選択肢の形で出るようになっている。たとえば， 測定 の最後の部分をクリックすると，スケール，順序，名義と出てくる。教授法はナンバーをつけるので，スケール を選ぶ。ちなみに，SPSS は間隔尺度も比例尺度も，同様にスケールで指示するようになっている。得点はもちろんスケールである。

　ここで大切なことは，要因の水準（中では 1, 2, …… といった数値で入っているのだが）に適切なラベルをつけることである。本例では 3 水準なので，それらの名称をラベリングしなければならないことになる。 値 のところの末部をクリックすると，次のような場面，つまり（値ラベル） 値ラベル が現れる。

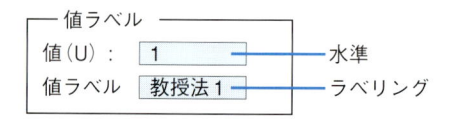

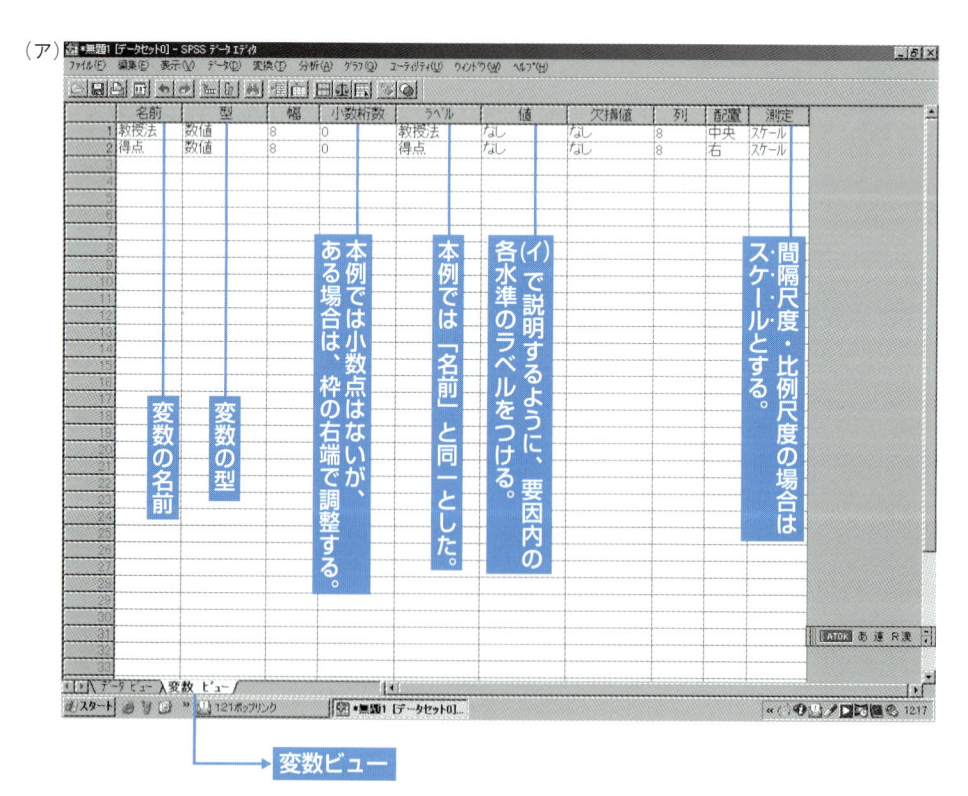

図2.9　SPSSによる入出力（その1）

2.7 SPSSによるデータ処理——各群の観測値数が等しい場合　　　　　　　61

そこで，上図の 値（U） 内にカーソルを置き日本語入力オフで要因の水準番号の1を打ち，次いでその水準の名称，ここでは教授法1を入れて確定し， 追加 をクリックすると，下の空白に，

$$1 = \text{"教授法1"}$$

と出るので，水準名が入ったことが分かる。

次いで，第2，第3水準についても同様な操作を行う。この場合も確定し 追加 をクリックすることを忘れないようにする。最後は，(イ)の下部のようになるはずである。最後に OK をクリックする。

(イ)

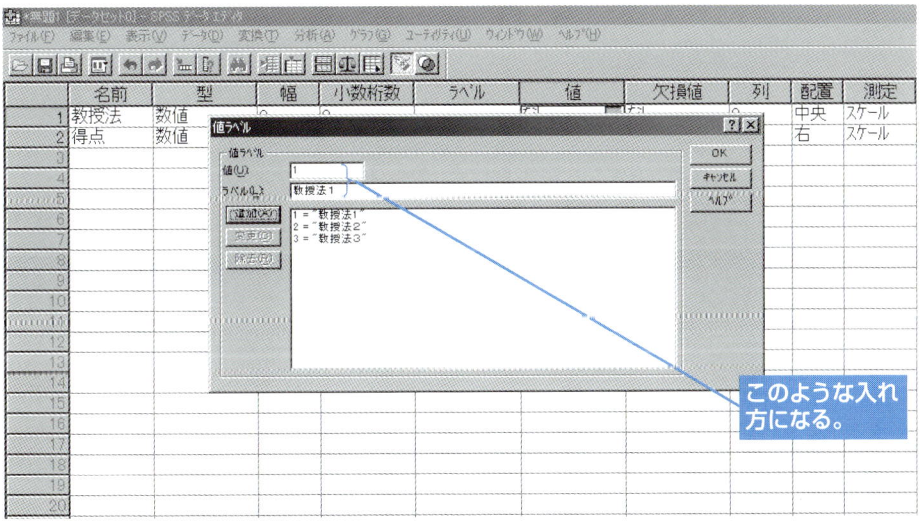

図2.9　SPSSによる入出力（その2）

すると元の場面に戻るので，今度は下の データビュー をクリックすると，教授法がナンバーで出るので，表2.2 のデータを対応させつつ入力していく（(ウ)左）。入力がすんだら，アイコンの 🗐 （荷札印）をクリックすると，面白いことが起こる。(ウ)右のように一挙に，水準のラベルが現れるのである。

次の操作は重要である。アイコンの列の中の 分析A を選び， 一般線型モデル（G） をクリックしそのまま（マウスを押したまま）ドラッグして（エ）のように 1変量（U） に至る。そこでクリックすると（オ）のようになる。そこで， 教授法［教授法］ をドラッグし▶をクリックして右のボックスに移す。また「得点」も同様な手続きで▶クリックにより右ボックスに移す。結果は（カ）のようになる。

このまま「OK」してもよいのだが，せっかくだから オプション も利用しよう。それを押すと 1変量オプション のボックスが出るので， 因子と交互作用 のところの 教授法 をドラッグしておき，ボタンを利用して右に移す（キ）（この操作は，2要因またはそれ以上の場合に大いに役立つことは，他章で分かる）。そして 記述統計 のところもチェックを入れておく。これで，各

(ウ)

	教授法	得点
1	1	8
2	1	4
3	1	7
4	1	5
5	1	1
6	2	9
7	2	3
8	2	5
9	2	6
10	2	7
11	3	12
12	3	10
13	3	14
14	3	13
15	3	16

荷札をつけない場合

→

	教授法	得点
1	教授法1	8
2	教授法1	4
3	教授法1	7
4	教授法1	5
5	教授法1	1
6	教授法2	9
7	教授法2	3
8	教授法2	5
9	教授法2	6
10	教授法2	7
11	教授法3	12
12	教授法3	10
13	教授法3	14
14	教授法3	13
15	教授法3	16

荷札をつけた場合

(左図のように出てきたとき，右上の ◎（荷札印）のアイコンを押すと右図のようにラベルが付く。)

図2.9　SPSSによる入出力（その3）

(エ)

図2.9　SPSSによる入出力（その4）

群の平均値と標準偏差が出力されてくることが，後で分かる。(キ) のようになったら 続行 を押し，戻った場面で OK すると，次の（ク）ような出力が得られる。

ここで，被験者間因子 と 記述統計量 の意味はすぐお分かりと思う。教授法 (1), (2), (3) の分散を得るには，ただこの標準偏差の値を2乗すればよい。すでに，表2.2 に示した分散の値を出すことになるので，確かめられたい。

なお，やはりオプションとして打ち出せる分散の等質性の検定法としてのレーヴェン検定法は，すでに本章で述べたように，問題があるので掲げていない。

本書 p.43.

2.7 SPSSによるデータ処理——各群の観測値数が等しい場合

(オ)

(カ)

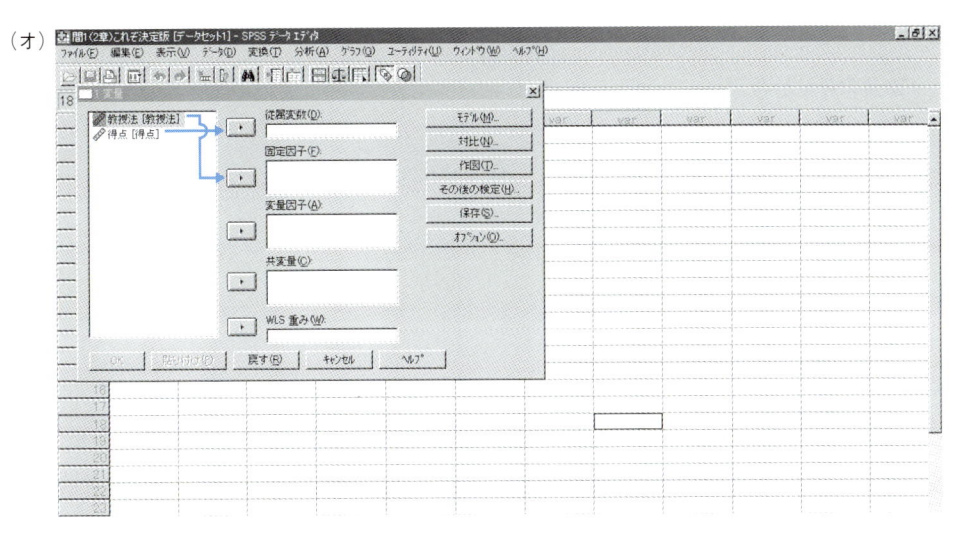

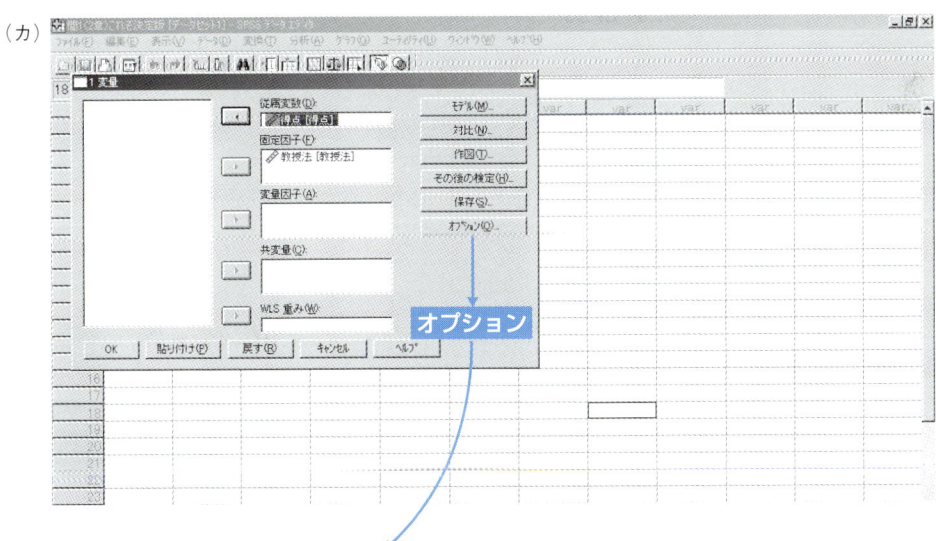

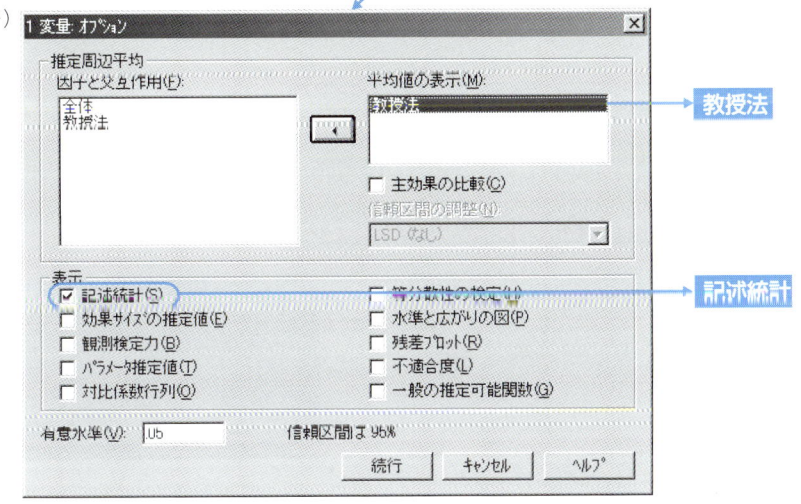

(キ)

図2.9 SPSSによる入出力（その5）

64　　　　　　　　　　　２章　１要因の被験者間分散分析

出　力

(ク)　　一変量の分散分析

被験者間因子

		値ラベル	N
教授法	1	教授法1	5
	2	教授法2	5
	3	教授法3	5

｝必ず出る表示

記述統計量

従属変数：得点

教授法	平均値	標準偏差	N
教授法1	5.00	2.739	5
教授法2	6.00	2.236	5
教授法3	13.00	2.236	5
総和	8.00	4.309	15

｝オプション

被験者間効果の検定（必ず出るが一部採用）

従属変数：得点

ソース	タイプIII 平方和	自由度	平均平方	F値	有意確率
修正モデル	190.000[a]	2	95.000	16.286	.000
切片	960.000	1	960.000	164.571	.000
A　　教授法	190.000	2	95.000	16.286	.000
S/A　誤差	70.000	12	5.833		
総和	1220.000	15			
T　　修正総和	260.000	14			

a. R2乗＝.731（調査済みR2乗＝.686）

> 青アミカケの部分が表2.3と対応。ただし、確率は、正確確率小数点以下3桁まで示している。

推定周辺平均

教授法

従属変数：得点

教授法	平均値	標準誤差	95%信頼区間	
			下限	上限
教授法1	5.000	1.080	2.647	7.353
教授法2	6.000	1.080	3.647	8.353
教授法3	13.000	1.080	10.647	15.353

> オプション（ここでも平均値が示されている）。1要因の場合は、上の「記述統計量」のところに出ている値と同一となる。2要因以上の場合に、この表は有用なものとなる。

図2.9　SPSSによる入出力（その6）

すぐ下に検定表が出ている。いまは不要な項目も含めて打ち出しているが，青で示した部分が，本章の関連部分である。表 2.3 と照合しながら読んでいただきたい。ただ，有意確率 (p) は，0.000 と示してあり，もちろん 5％以下であるから帰無仮説を棄却できる。デフォルトとしては，今後もこのような出し方（小数点以下 3 桁）をするので，ご注意いただきたい。

1 要因の場合のオプションとして出した平均値は記述統計量のところで出したので，とくに必要はないものの，2 要因からは是非検討しなければならないので，一応確認の意味で周辺平均値の平均値のところを見ておいていただきたい。なお，ここでは標準誤差と信頼区間を打ち出しているが，本書では使用しないので説明しない。これらの用語の意味は，拙書（2009）で説明したので，その一般化と思っていただきたい。

2.8 各群の観測値数の等しくない場合の分散分析と SPSS による処理

いままでの例は，各群の n_j が等しい場合を示した。もちろん，各群の n_j が等しくない場合も生じるわけであって，こちらのほうがより一般的といえる。そこで，例題によって，この一般的な場合を理解しよう。

例題 あるネズミのコロニーから，無作為に 21 匹のネズミを選んで，さらにその中から 7 匹ずつ無作為に選んで 3 群を作成した。これらの群を，異なった水準の動機づけに付した。すなわち，$a_1=10$ 時間の食物剥奪，$a_2=5$ 時間，$a_3=2$ 時間のそれであった。スキナー・ボックスでの，一定時間のバー押し反応を調べたところ，データは，表 2.10 の上部に示すようになった。途中，偶然の理由で，a_2 の 2 匹，a_3 の 1 匹は死亡したので，結果としては，全部で $N=18$ となった。このデータを分析し，食物剥奪時間が長ければ，活動水準が高いといえるか，5％水準で検定せよ。

解 計算方法，および分散分析表は，表 2.10 の下部に示してある。$H_0:\mu_1=\mu_2=\mu_3$ の当否を決定することになる。$\alpha=0.05$ の $F(2,15)$ の値は，付表 D より，3.68 であり，得られた $F_0=4.83$ はこの値を超えているので，剥奪時間の関数として活性水準が高くなっていると判定できる。

なお，この計算に際しては，n_j が異なるので，表の計算記号の (3) のところが，n_j が等しい場合と手順が異なっていることに注意されたい。

まず，$F_{\max}$ 検定では，各群の n が等しいことを前提としているが，もし n が異なる場合は，最大の n_j ($\dot{n}$ と示す）を用いて検定することがすすめられる。表 2.10 のデータでは，

$$F_{\max}=\frac{10.30}{8.17}=1.26$$

分散の個数は 3，$\dot{n}$ は 7，$df=7-1=6$ であるから，付表 F より 5％水準で 8.38 が得られ，この場合もデータの $F_{\max}$ は小さいので等分散仮説を棄却しない。

なお，SPSS による処理は，表 2.11 に示した。この場合，ラベルは単に A と示してある。値ラベル は単に，

表2.10 1要因被験者間ANOVAの表（各群 n_j の等しくない場合）

データ

処理（剥奪時間）

	a_1	a_2	a_3	
	14	6	2	
	5	12	8	
	11	13	4	
	9	8	7	
	8	13	8	
	7		2	
	10			
A_j	64	52	31	$T=147$
n_j	7	5	6	$N=18$
$\overline{A}_j$	9.14	10.40	5.17	
S_j^2	8.48	10.30	8.17	

計算式

(1) $[T]$ $\quad \dfrac{T^2}{N} = \dfrac{147^2}{18} = 1{,}200.50$

(2) $[X]$ $\quad \Sigma X^2 = 14^2 + 5^2 + \cdots\cdots + 8^2 + 2^2 = 1{,}419.00$

(3) $[A]$ $\quad \sum_j \dfrac{A_j^2}{n_j} = \dfrac{64^2}{7} + \dfrac{52^2}{5} + \dfrac{31^2}{6} = 1{,}286.11$

分散分析

変動因	計算式	SS	df	MS	F
群間 (A)	(3)−(1)	85.61	$a-1=2$	42.81	4.83*
群内 (S/A)	(2)−(3)	132.89	$N-a=15$	8.86	
全体 (T)	(2)−(1)	218.50	$N-1=17$		

*$p < 0.05$

```
1 = "a1"
2 = "a2"
3 = "a3"
```

とした。入出力の方法は，各群の n が等しい場合と同一である。手計算の場合と一致していることを確認していただきたい。

2.8 各群の観測値数の等しくない場合の分散分析とSPSSによる処理　　67

表2.11　1要因（被験者間）の各群のn_iの異なる場合

入　力

	名前	型	幅	小数桁数	ラベル	値	欠損値	列	配置	測定
1	a	数値	8	0	A	{1,a1}...	なし	8	右	スケール
2	得点	数値	8	0		なし	なし	8	右	スケール

これは「値ラベル」を入れると出てくる。

変数ビュー

	a	得点
1	a1	14
2	a1	5
3	a1	11
4	a1	9
5	a1	8
6	a1	7
7	a1	10
8	a2	6
9	a2	12
10	a2	13
11	a2	8
12	a2	13
13	a3	2
14	a3	8
15	a3	4
16	a3	7
17	a3	8
18	a3	2

1〜7: a_1, 8〜12: a_2, 13〜18: a_3

データビュー

入・出力の方法は，nが等しい場合と同様であるので，入力については，必要な枠のみ示してある。各a_iのnの差だけに注目すればよい。

出　力

一変量の分散分析

被験者間因子

		値ラベル	N
A	1	a1	7
	2	a2	5
	3	a3	6

記述統計量

従属変数：得点

A	平均値	標準偏差	N
a1	9.14	2.911	7
a2	10.40	3.209	5
a3	5.17	2.858	6
総和	8.17	3.585	18

被験者間効果の検定

従属変数：得点

ソース	タイプIII平方和	自由度	平均平方	F値	有意確率
修正モデル	85.610[a]	2	42.805	4.832	.024
切片	1198.296	1	1198.296	135.258	.000
A	85.610	2	42.805	4.832	.024
誤差	132.890	15	8.859		
総和	1419.000	18			
修正総和	218.500	17			

a. R2乗＝.392（調整済みR2乗＝.311）

推定周辺平均

A

従属変数：得点

A	平均値	標準誤差	95%信頼区間 下限	95%信頼区間 上限
a1	9.143	1.125	6.745	11.541
a2	10.400	1.331	7.563	13.237
a3	5.167	1.215	2.577	7.757

2.9 実際的有意性——効果の大きさの問題

近年，心理・教育学の統計法において，本当の有意性は何か，そしてそれを測定する指標は何かということが問題にされてくるようになった。これまで，心理・教育の研究ではひたすら帰無仮説（H_0）を棄却するか，しないかということ，そして棄却できて統計的に有意か，そうでなければ有意ではないという論旨で研究がすすめられてきた。

しかしながら，最近この二元論的な——最近流行の用語で言えばデジタルということになるが——考えに対して，他の選択肢，あるいはアンチテーゼが唱えられるようになった。統計学者コーエン（Cohen, 1977；1988）は，もともと H_0 の考えは誤りであるということを主張してきた一人である。彼によれば，自然界では大きい標本を採ってみれば，大抵の場合，差は見られるものである。ゆえに，頭から帰無仮説（差は全くない）を置くのは誤りであると言い，古典的な帰無仮説の考えはもともと誤りであると主張してきた。その他の最近の大テキストでもまた，帰無仮説の方法を全く否定はしないものの，それを補完するもの，あるいは対峙するものとして，実際の意味のある差，あるいは効果の大きさ（effect magnitude）について，明示すべきであるとする主張を掲げている。また，とくに世界的にもっとも権威あるマニュアルであるとされる APA（アメリカ心理学会（American Psychological Association））の 2001 年のマニュアルもまた，帰無仮説の有意性と p 値を認めつつも，それは研究の一端であるにすぎないと述べている。

> 「（有意水準と p 値という）二つの種類の確率の型は，いずれも効果の大きさ，あるいは関係の強さを直接反映するものではない，読者がその所見を十分に理解してもらおうとするならば，ほとんど常にといってよいくらい，読者の結果報告に，有効な大きさまたは関係の強さの何らかの指標を含めることが必要である。…… 従うべき一般原理は，読者に対して，統計的有意性についての情報にとどまらず，観測された効果または関係を大きさを評価するに十分な情報を与えるべきである（APA, 2001, pp.25-26）。」

また，分散分析の研究において，精緻な理論・方法論を展開してきたカーク教授ですら，上記の APA の論説を引用しつつ，帰無仮説の棄却・非棄却の二元論では，科学的研究にとって十分ではなく，効果の大きさ，実際的有意性（practical significance）こそ重要視されるべきだと論じている（カーク（2001, 2003b））。

それでは，効果の大きさを示す統計量としてどういうものがあるだろうか。大きく分けて，(a)「関連の強さの測度」と (b)「有効な大きさの測度」(c) その他となる（詳細については，カーク（2003b）参照）。主要なのは，(a) と (b) であるから，それについて説明したい。

(a) 関連の強さの測度 …… これは，独立変数（要因）と，依存変数（測定値，得点など）間の関連についての測定値である。よく文献にも引用され，著名なものは，次の ω^2（オメガ 2 乗）である。標本の統計量としては，次式で求める（ここでは統計量だから $\hat{\omega}^2$ と ˆ をつける）。

$$\hat{\omega}^2 = \frac{SS_A + (a-1)MS_{S/A}}{SS_T + MS_{S/A}} \tag{2.9.1}$$

表 2.5 のデータの結果について計算すれば，次のようになる。
$$\hat{\omega}^2 = \frac{190 - (3-1)5.833}{260 - 5.833} = 0.70$$
すなわち，完全な関連を 1 とした場合，0.70 であるから 70 %がこの計画の結果として説明されることになり，他の 30 %はその他の要因との関連ということになる。ω^2 の測度についてコーエン（1988, p.284-288）は，次の指針（ガイドライン）を示唆している。

ω^2 についてのコーエンの指針

- $\omega^2 = 0.010$ ...... 小さい関連
- $\omega^2 = 0.059$ ...... 中くらいの関連
- $\omega^2 = 0.138$ またはそれ以上 ...... 大きい関連

なお，論者によれば，中程度の関連が，心理学の研究での平均的な大きさであるとされるが，この値さえ出れば，正当という意味ではない。

ω^2 は連続的な指標であるから，そのようなものとして受け取らなければならないが，コーエンの指針は ω^2 の解釈の上で参考になるであろう。これで見ると上に得られた 0.70 というのは，確かに大きな関連と言うことができる。

(b) **有効な大きさの測度** ...... さまざまな測度の中にあって，次の群間の平均値間の差の指標——ヘッジス（Hedges）の指標（g）は，代表的なものの 1 つと言えよう。

$$g = \frac{|\overline{X}_j - \overline{X}_{j'}|}{\sqrt{MS_{S/A}}} \tag{2.9.2}$$

いま，表 2.2 の各教授法間の差の g を求めれば，次のようになる。表 2.3 の $MS_{S/A}$ より $\sqrt{MS_{S/A}} = \sqrt{5.833} = 2.415$ であるから，

$$\overline{A}_1 と \overline{A}_2 : g = \frac{|5 - 6|}{2.415} = 0.414$$

$$\overline{A}_1 と \overline{A}_3 : g = \frac{|5 - 13|}{2.415} = 3.313$$

$$\overline{A}_2 と \overline{A}_3 : g = \frac{|6 - 13|}{2.415} = 2.90$$

この g についても，コーエン（1988, p.20-27）は，次のような解釈の指針を示している。

g についてのコーエンの指針

- $g = 0.2$ ...... 小さな効果
- $g = 0.5$ ...... 中くらいの効果
- $g = 0.8$ ...... 大きい効果

この指針により上記の g の結果を評価すれば，$\overline{A}_1$ と $\overline{A}_2$ の間には中くらいに近い効果があるものの，他の比較は明らかに大きい効果を生じているといえよう。

なお，本書のような中級のテキストでは，立ち入って解明することはできないが，$\hat{\omega}^2$ は特定の自由度，α，検出力と関連させて検定に必要な n の大きさを決定する上で必要な測度である（詳

論は，ケッペルとウィッケンズ（2004））．

またヘッジスの g は，いわゆる「メタ分析」（ボックス 2.5 参照）を展開する上での一翼を担う指標として評価されている（カーク，2003b）ことを付言したい．

ボックス 2.5　メ タ 分 析

メタ分析（meta analysis）とは，特定のトピックについてさまざまな関連する研究（多くは文献的研究）を分析・吟味して一定の結論を得るという手法である．実際，たとえば言語が思考を決定するか否かを結論づけるには，単一の実験では十分ではないであろう．できるだけ，等質的な研究を総合してみなければならないと思われる．そのための統計法としては，まだ一義的なものがあるわけではないが，カーク（2003b）は，認知症の例について，その実際的な手法を示している．

その性質上，メタ分析は，分析というより総合的方法と考えられよう．

多重比較

> **助言**
> もし，本章の初めの部分が難しく，必要がないと思われても，少なくとも「テューキー法」(3.7節) は理解してください。また，「フィッシャー–ハイター法」もおすすめです。

3.1 多重比較の意味

私たちは，これまで a 個の平均値の間に，まとめて有意な差があるかどうかを検定する方法，すなわち分散分析による F 検定を見てきた。すなわち，帰無仮説でいえば，

$$H_0: \mu_1 = \mu_2 = \cdots = \mu_a$$

を棄却可能か否かを吟味することについて学んだ。

このように，一括して複数の平均値を分散分析することを，**包括的検定** (omunibus test) とよぶ。

包括的検定とは，a 値の平均値を第1種の誤りの率を α として，それら平均値の間に有意な差があるかどうかを，一括して吟味することであり，通常の分散分析による検定のことである。

しかしながら，たとえ H_0 が棄却されたとしても，心理・教育の研究者たちは，それだけで満足しないであろう。

たとえば今，$a = 4$ 種類の不安に対する治療方法があるとする。

 a_1 社会的賞による治療法 a_2 体系的脱感作療法
 a_3 集団療法 a_4 精神分析療法

それぞれの治療法に，ある疾病への治療法の効果を調べるため無作為に5人ずつの被験者を割り当て，治療を行ったとする（これは，あくまで仮の例であり実例ではない。被験者数も少なすぎるが，分かりやすくするために，こう置いたのである）。そして，確実な測度で治癒度を測ったとしよう。得られた平均値と分散分析は**表 3.1** に示してある。この場合，各群 $n = 5$ と被験者数は等しい。$\alpha = 0.05$ の臨界値は $F_{0.05,\ 3,\ 16} = 3.24$ である。

この結果からすれば，通常の ANOVA の結果は，確かに，得られた F 値は有意であり，H_0 を棄却でき，いずれかの平均値の間に有意な差があることになる。

表3.1 4つの治療法の例**

	行動療法		心理療法	
	社会的賞による治療法 (a_1)	脱感作療法 (a_2)	集団療法 (a_3)	精神分析療法 (a_4)
	7	21	21	19
	16	30	15	12
	8	25	14	10
	10	28	13	9
	7	23	18	9
平均値 $\bar{A}_j$	9.60	25.40	16.20	11.80
分散 S_j^2	14.30	13.30	10.70	17.70
母平均値 μ_j	μ_1	μ_2	μ_3	μ_4

分散分析

変動因	SS	df	MS	F
群間 (A)	733.75	3	244.58	17.47*
群内 (S/A)(誤差)	224.00	16	14.00	
全体 (T)	957.75	19		

* $p<0.05$　** 数値だけは,デネンバーグ(Denenberg, 1976)による。

しかし,研究者はそれだけで満足しないであろう。表中の下に示してある,色々な母集団の平均値 μ_j の間,あるいは,たとえば,

$$\underline{\mu_1, \mu_2} \quad と \quad \underline{\mu_3, \mu_4}$$
$$\text{行動療法} \qquad \text{心理療法}$$

といった複合的な平均値の間に差があるかどうかについても調べたいと思うかもしれない。このような営みを**多重比較(検定)**(multiple comparison (test))とよんでいる。すなわち,たいていの場合,

> 多重比較(検定)とは,幾組かの平均値間に有意な差があるかどうかを,「第1種の誤りを犯す確率」を適切にコントロール*しつつ吟味する検定法である。

たとえば,**表3.1** の4つの平均値の例において,行動療法のうちの社会的賞によるもの (a_1) と体系的脱感作によるもの (a_2) を比較しようとすると,

(ケース1) 　　　　　　　　　　　　μ_1とμ_2

の差を検討することになるし,心理療法内の集団療法 (a_3) と分析療法 (a_4) を比較することは,

(ケース2) 　　　　　　　　　　　　μ_3とμ_4

の差を検討することになる。

---

* このことについては,3.5節で説明する。

このように1つの平均値と他の1つの平均値の比較は対比較 (paired comparion) とよばれる。しかし，比較は2つの平均値だけに限られるものではないであろう。

たとえば，行動療法全体と集団療法 (a_1, a_2, a_3) と，従来の分析療法 (a_4) を比較したいと思う。すると，

(ケース3) $$\frac{\mu_1+\mu_2+\mu_3}{3} と \mu_4$$

となるであろうし，また，2種の行動療法と2種の心理療法 の比較においては，

(ケース4) $$\frac{\mu_1+\mu_2}{2} と \frac{\mu_3+\mu_4}{2}$$

という形式になる。このように比較の項のどれかに2つまたはそれ以上の項が含まれている場合は，複合比較 (compound comparison)，あるいは，非対比較 (non-paired comparison) とよばれている。

いずれにせよ，上の諸ケースを見れば分かるように，多重比較では一般的に，

$$\bigcirc \quad と \quad \bigcirc$$

といったように，2つの"塊"の比較になっているのである。

そこで，上述の両側検定の場合，帰無仮説 (H_0) と対立仮説 (H_1) は，それぞれ以下の左右に示したものとなることは容易に分かるであろう。

(ケース1) $H_0: \mu_1 - \mu_2 = 0 \quad H_1: \mu_1 - \mu_2 \neq 0$

(ケース2) $H_0: \mu_3 - \mu_4 = 0 \quad H_1: \mu_3 - \mu_4 \neq 0$

(ケース3) $H_0: \dfrac{\mu_1+\mu_2+\mu_3}{3} - \mu_4 = 0 \quad H_1: \dfrac{\mu_1+\mu_2+\mu_3}{3} - \mu_4 \neq 0$

(ケース4) $H_0: \dfrac{\mu_1+\mu_2}{2} - \dfrac{\mu_3-\mu_4}{2} = 0 \quad H_1: \dfrac{\mu_1+\mu_2}{2} - \dfrac{\mu_3+\mu_4}{2} \neq 0$

もちろん，片側検定の場合は，ケース1を例にとれば，μ_1 が大であると予想すれば，

$$H_0: \mu_1 - \mu_2 \leq 0 \quad H_1: \mu_1 - \mu_2 > 0$$

のようになる。これは，療法 a_1 が療法 a_2 に比べてよりよい効果をもたらすという方向の定まった仮説を持つことを意味している。

ただし，これから述べる検定法の例では，その多くが両側検定となっている場合が多く，検定法によっては，方向性は問わない検定に限定されるものもある。

比較係数

ところで，比較ということを別の言葉でいいかえれば，差を求めて上に述べた帰無仮説を吟味することである。そのためには，標本の平均値に特定の係数を付与しなければならない。

ケース1では，μ_1 と μ_2 の差が0であるという仮説を立てたが，これを判定するためには，標

本の平均値を用いて，次の差を求めなければならない．すなわち，

$$\overline{A}_1 - \overline{A}_2$$

これは結局，次のように全体の平均値に特定の係数を与えることに他ならない．

$$(+1)\overline{A}_1 + (-1)\overline{A}_2 + (0)\overline{A}_3 + (0)\overline{A}_4$$

同じように，ケース2では，

$$(0)\overline{A}_1 + (0)\overline{A}_2 + (+1)\overline{A}_3 + (-1)\overline{A}_4$$

ケース3では，

$$(+1/3)\overline{A}_1 + (+1/3)\overline{A}_2 + (+1/3)\overline{A}_3 + (-1)\overline{A}_4$$

ケース4では，

$$(+1/2)\overline{A}_1 + (+1/2)\overline{A}_2 + (-1/2)\overline{A}_3 + (-1/2)\overline{A}_4$$

ケース1，2（対比較）の場合もケース3，4（複合比較）の場合もともに係数の和は，次のように0となる．こうした場合をここでは取り扱うことにする．上例では，係数の和はそれぞれ，次のように0となる．

(ケース1)　　$(+1) + (-1) + (0) + (0) = 0$

(ケース2)　　$(0) + (0) + (+1) + (-1) = 0$

(ケース3)　　$(+1/3) + (+1/3) + (+1/3) + (-1) = 0$

(ケース4)　　$(+1/2) + (+1/2) + (-1/2) + (-1/2) = 0$

上記のいずれのケースも，係数（w と表記する）の和は0となっている．すなわち，一般的にいえば，全体 a 個の平均値の場合，

$$\sum_j w_j = w_1 + w_2 + \cdots\cdots + w_a = 0 \tag{3.2.1}$$

このような係数 w の和が0となるような平均値の比較を**線形比較** (linear comparison) あるいは，比較の代わりに**対比** (contrast) とよぶことがある．

これらを使った比較について，帰無仮説の検証を行ってみることにする．

3.3 事前比較と事後比較を区別する

多重比較について，もっとも注意しなければならないことの一つは，それが**事前比較** (a priori) か，**事後比較** (a posteriori comparison) かということである．

3.4 事前比較（その1）――直交比較

事前比較（計画比較（planned comparison）または先験的比較ともよばれる）とは，研究者が，どのような比較を何回行うかということを，彼の研究意図または仮説から，実験を行う前に決めておいて比較を行うことである。

たとえば，4個の平均値の対比較と複合比較は全部で25のケースがあるが，前のページにあげたように，行動療法内の平均値（ケース1），心理療法内の平均値（ケース2），精神分析法と他の3つの方法との平均値（ケース3），行動療法と心理療法との平均値（ケース4）を比較してみようと実験を行う前に決定しておくならば，それは事前比較という場合になる。その場合の帰無仮説は，すでに述べた通りである。

このように定義すると，仮説のセットが実験前に決まっていることになる。たとえば，4個の平均値の比較の対は多くのものがあるが，全部のものを考えなくてよいことになる。

そして，大切なことは，事前比較では，ANOVAによる包括的な検定の有意・非有意に関わらず，ただちに比較検定に入ってよいということである（カーク，1995）。

事後比較は，次のように定義される。

事後比較（非計画比較または後験的比較ともよばれる）とは，実験が行われた後で――一つには，包括的な分散分析を有意であったのをみて――比較を行うことである*。

一般的に，条件によっては事前比較のほうが，検出力が強くなるのである。それゆえ，仮説などがあれば事前比較を行うほうがよいが，なぜか心理・教育の分野では事後比較が多く行われている。

この事前・事後という2種類の検定は，統計ソフトのデフォルトにおいても必ずしも明確に示してはいないし，初歩のテキストでは，事後の場合だけを説明してあることが多いから，上のようなことが起こるのかもしれない。

研究者は，まず事前・事後検定の区別をし，事前ならば比較すべき平均値の比較セットの種類とその大きさを明示して頂きたいものである。

これに対し，事後検定の場合は，あらかじめ，どれとどれを比較するといった配慮は必要はない。そのわけは，つねにすべての（何をもって「すべて」とするかは，検定法によって異なっているが，後に詳しく述べることにする）下位の検定を行うからである*。

事前比較（その1）――直交比較

事前比較は，すべて前もって比較数が決定されており，包括的検定を行う必要はない。ここでは，古くから使用されてきた直交比較（orthogonal comparison）を説明する。前もって行う包括

---

* 後で分かるように，事後比較ではANOVAの結果が有意であることを前提としない場合と，する場合がある。

的 F 検定は必要はないが，$MS_{S/A}$ を得るため後で分散分析の結果をも参照する（ただし，ボックス 3.1 を参照されたい）。すでに，表 3.1 の上部に平均値と分散を，下部に ANOVA の結果を示した。このデータと結果を使用する。

実験者は，あらかじめ次のような比較をしてみたいと思うものとする。

（ケース 1）　　　　　a_1, a_2（行動療法）と a_3, a_4（心理療法）

（ケース 2）　　　　　a_3（集団療法）と a_4（精神分析）

（ケース 3）　　　　　a_1（社会的賞による方法）と a_2（体系的脱感作）

この場合，比較が直交的になっているかどうかを前もって調べておかなければならない。

もちろん，これらの 3 つの比較は，有意ではないという帰無仮説を設定するとする。そこで，これらの比較にふさわしい係数（w_j）を選ばなくてはならない（比較もその係数に一致すること）。それらは，次のようになる。

系列	w_1	w_2	w_3	w_4
(1)	+1	+1	−1	−1
(2)	0	0	+1	−1
(3)	+1	−1	0	0

これらの系列は，各系列の和が 0 になるばかりでなく，相互に項を掛けても 0 になる性質を持つ。すなわち，各系列同士の項を掛ければ，

ボックス 3.1　$MS_{S/A}$ と個々の標本の分散の関係

この節の直交比較の検定および，次節で述べる検定法のいくつかでは，包括的な分散分析の結果の有意・非有意に関係なく行えるものである。しかし，分散分析の $MS_{S/A}$ つまり MS 誤差項を使用しているが，これは便宜的な理由からである（表 3.1 参照）。

ちなみに 1 要因の被験者間分散分析の $MS_{S/A}$ は，個々の標本の分散 S_j^2 が分かれば，次式によっても得られる。

$$MS_{S/A} = \frac{(n_1-1)S_1^2 + (n_2-1)S_2^2 + \cdots\cdots + (n_a-1)S_a^2}{(n_1-1) + (n_2-1) + \cdots\cdots + (n_a-1)} \tag{1}$$

n が等しい場合は当然，

$$MS_{S/A} = \frac{S_1^2 + S_2^2 + \cdots\cdots + S_a^2}{a} \tag{2}$$

表 3.1 の場合は，各群の n は等しいので，

$$MS_{S/A} = \frac{14.30 + 13.30 + 10.70 + 17.70}{4} = 14.00$$

となり，上式があてはまることが分かる。いいかえれば，n が等しい場合，各群の S^2 を集め，群の数で割って，$MS_{S/A}$ を求めることができる。

3.4 事前比較(その1)——直交比較

(1)(2) $(+1)(0) + (+1)(0) + (-1)(1) + (-1)(-1) = 0$

(1)(3) $(+1)(+1) + (+1)(-1) + (-1)(0) + (-1)(0) = 0$

(2)(3) $(0)(+1) + (0)(-1) + (+1)(0) + (-1)(0) = 0$

のように,相互にすべての積が0になる.すなわち相互に**直交的な**(orthogonal)係数であることが分かる.

これらの倍数を,平均値に掛けて,次のt形の検定量を求める.すなわち,一般式では,

$$t = \frac{w_1\overline{A}_1 + w_2\overline{A}_2 + \cdots\cdots + w_a\overline{A}_a}{\sqrt{MS_{誤差}\left(\frac{w_1^2}{n_1} + \frac{w_2^2}{n_2} + \cdots\cdots + \frac{w_a^2}{n_a}\right)}} \tag{3.4.1}$$

上記のケースについて,このような係数を掛けて比較検定を行うと,次のようになる.検定量はt型である.なお,0になる項は示していない.

(ケース1) $t = \dfrac{(+1)9.60 + (+1)25.40 + (-1)16.20 + (-1)(11.80)}{\sqrt{14.00\left[\dfrac{(+1)^2}{5} + \dfrac{(+1)^2}{5} + \dfrac{(-1)^2}{5} + \dfrac{(-1)^2}{5}\right]}} = \dfrac{7.000}{3.347} = 2.09$

(ケース2) $t = \dfrac{(+1)16.20 + (-1)(11.80)}{\sqrt{14.00\left[\dfrac{(+1)^2}{5} + \dfrac{(-1)^2}{5}\right]}} = \dfrac{4.400}{2.366} = 1.86$

(ケース3) $t = \dfrac{(+1)9.60 + (-1)25.40}{\sqrt{14.00\left[\dfrac{(+1)^2}{5} + \dfrac{(-1)^2}{5}\right]}} = \dfrac{-15.80}{3.366} = -6.68$

検定を両側とし,5%水準で行う.すなわち**付表C**により臨界値は,$t_{0.05/2,\ 16} = 2.120$.観測されたtすなわちt_0が

$$|t_0| \geq 2.120$$

ならば,有意差ありと判定する.結果は,比較ケース(3)の$|-6.68|$だけの比較が有意と判定し得る.

この比較のセットは,一つの種類にすぎない.他のセットも可能である.しかし,直交比較の場合はつねに,$(a-1)$個,上の場合では,$(4-1) = 3$個の比較しか行えないという制約がある.ゆえに,実験仮説と直交比較が一致すればよいが,つねにそういうわけにはいかない.

さらにまた,aが大になれば,実験に必要のない仮説係数も多くなるといったこともある.それに作り方も難しくなる(一応の作り方のルールはある.**ボックス3.2**参照).

上のようなことから,直交比較に関して批判的な著者,たとえば,リンドマン(Lindman, 1974)もいる.

> **ボックス 3.2　比較のための係数の作り方**
>
> ●計算にあたっては，特定の係数に一定の値を掛けても結果に差異は生じない．たとえば，系列 1 は，前節の（ケース 4）で使用した，
>
> $$(+1/2)+(+1/2)+(-1/2)+(-1/2)$$
>
> に相当するが，これを 2 を掛けて
>
> $$(+1)+(+1)+(-1)+(-1)$$
>
> を使用しても，直交性は失われず，得られる t 値も 2.09 と同等となる．
>
> ●比較数が多くなると，係数列が作りにくくなり，でたらめに作っていくとパニック状態になる．そこで次のような枝分かれのルールを知っておけば作りやすいはずである．たとえば，平均値が 5 個の場合の比較では，まず 1〜5 までを幹と見立て，右のように線形になるように枝分かれさせて係数を作る．この場合はじめ (1, 2, 3) の平均値と (4, 5) の平均値の比較となる．係数の総和がうまく 0 となるようにする．次にそれらの枝分かれした値の中から枝を出し，(1) 対 (2, 3) と (4 対 5) として，係数を作る．和が 0 になるように係数を作る．いったん出された枝は決して他の枝と交わらないというルールで，次の対を作ると次は (2) 対 (3) と分岐する．同じように，線形になるよう係数を作る．
>
> 　出来上がった係数が，線形であること，すなわち，
>
> $$\Sigma w_j = 0$$
>
> であると共に出来上がった 4 組の係数が相互に，
>
> $$\Sigma w_j w_{j'} = 0$$
>
> となって，直交していることを確かめる．
>
> | 分岐して作る方法 | 作られた係数 |
> |---|---|
> | (1, 2, 3, 4, 5) | 2　2　2　−3　−3 |
> | (1, 2, 3) 対 (4, 5) | 0　0　0　1　−1 |
> | (1) 対 (2, 3)　　(4) 対 (5) | 2　−1　−1　0　0 |
> | (2) 対 (3) | 0　1　−1　0　0 |
>
> 5 個の平均値に与える係数の一例
> （全部で 5 − 1 = 4 系列の係数が作られる）

本書 p.74.

3.5 多重比較に伴う確率事態の問題

前章でも述べたように，包括的な F 検定の場合では，第1種の誤りを犯す確率を一定の値，α に抑えることができた。しかし，事前・事後の検定共に，多くの比較検定を行うに伴って，別の確率事態を考えなくてはならない。すなわち，後述するように同類のセットとして考えた場合比較回数が多ければ多いほど，「少なくとも1回またはそれ以上，第1種の誤りを犯す確率」は高まっていくということである。

そこで私たちは，次の2つの確率の概念を区別しなければならなくなる。比較ごとの第1種の誤りを犯す，**比較ごとの** (per-comparison, PC) 確率と，多くの比較をセットとして考えた場合の，「ファミリー」として見立てた (familywise, FW) 誤りを犯す確率である。

比較ごとの誤りの確率は，1つの実験の処理において，比較検定の1回，1回に第1種の誤り α で検定を行うことで生じる確率である。もし1つの実験の結果について，一つひとつの比較を $\alpha = 0.05$ で検定を行うならば，0.05 の PC の誤りの確率を伴うことになる。この場合，比較それぞれを別々のものとして考えているわけである。

しかしながら，多重比較において多くの比較を行えば行うほど，1回以上 m 回の比較をセットとして（すなわち「ファミリー」として）考えるならば，上述の比較ごとの誤りを犯す確率は積算されていって，より大きい値，すなわち familywise* (FW) の誤りの確率になる。

大切なことは，PC の確率，すなわち α と，この確率 α_{FW} との関係である。m 回の比較を行った場合次式によって規定される。

$$\alpha_{FW} = 1 - (1-\alpha)^m \tag{3.5.1}$$

これをもっとやさしい言葉で説明してみよう。もし α 水準で m 回の比較が行われるならば，第1種の誤りを犯さない確率は $(1-\alpha)$ である。もし m 回の独立した比較がそれぞれ α 水準で行われるならば，独立事象の乗法定理に基づき，

$$\underbrace{(1-\alpha)(1-\alpha)\cdots\cdots(1-\alpha)}_{m\,回} = (1-\alpha)^m \tag{3.5.2}$$

となる。これは m 回の帰無仮説を，それらがすべて真であるとき，保持する確率である。したがって，それらすべてが真であるとき保持しない確率は，その補集合の確率であるので次式を得る。

$$\left\{\begin{array}{l}1\,回またはそれ以上，第1種\\ の誤りを犯す確率\end{array}\right\} = \alpha_{FW} = 1 - (1-\alpha)^m \tag{3.5.3}$$

こうして，独立した複数回の検定を行えば行うほど，誤って有意な結果を得る危険性は高まる

---

* -wise は多義的な意味を持つ接尾語である。familywise というこの概念は，およそ多重比較について論じる場合，欠くことのできない重要な概念である。邦訳も見あたらないが，「一族として見立てた」というくらいの意味であろう。

のである[*]。

たとえば，$\alpha = 0.05$ とし，m が 3, 5, 7 とした場合それぞれ α_{FW} は次のようになる。

$$1 - (1 - 0.05)^3 = 0.14$$
$$1 - (1 - 0.05)^5 = 0.23$$
$$1 - (1 - 0.05)^7 = 0.30$$

α が小である場合は，当然 α_{FW} も小さくなる。たとえば，

$$1 - (1 - 0.01)^3 = 0.03$$

なお，α_{FW} は次式で近似できる。

$$\alpha_{FW} \approx m(\alpha) \tag{3.5.4}$$

たとえば，上例の $\alpha = 0.05$ で k 値の場合は，

$$3(0.05) = 0.15$$
$$5(0.05) = 0.25$$
$$7(0.05) = 0.35$$

一般的に，α 値が小であれば，この近似式と正確な式の出す値の差は小さい。たとえば，上例の，$m = 3$，$\alpha = 0.01$ の場合，正式は，$1 - (1 - 0.01)^3 = 0.03$。

$$3(0.01) = 0.03$$

と，正式とまずは同等の値となる。

これから述べるいくつかの多重比較検定は，式 (3.5.3)，(3.5.4) にもとづくものであり，統計学者に好んで使用されてきた重要な式である。

3.6 事前比較（その2）——非直交比較

すでに 3.5 節で述べたように，直交比較は，比較係数と実験者の仮説を一致させることが難しいこと，不用な比較も行うようになってしまうこと，そして係数の作り方も難しい，等の問題がある。さらに重大なことは，直交比較でも，比較回数が抑えられているとはいえ，多くの比較を行えば行うほど，前節で述べた α_{FW} は上昇するということはまぬかれないことである。そのようなわけで，検出力はやや落ちるとはいえ，次の**ボンフェローニ**（Bonferroni）**法**（あるいは，**ダン**（Dunn）**-ボンフェローニ法**ともよばれる）や，**シダック**（Sidak）**法**（あるいは**ダン-シダッ**

---

[*] 後で分かるように，多重比較にあたっては同一の誤差項を使用するので，完全に独立とはいえない。独立と考えなければ，その式は非常に難しいものとなる。しかし，いくつかの研究によれば，検定に使用する $MS_{誤差}$ の自由度が大きいときは，実際上，独立と見て差し支えないとされる。

3.6 事前比較（その2）——非直交比較

ク法ともよばれる）は，上述の直交比較の持つ欠陥を補うものとして，研究者によって好ましいとされ，テキストや統計ソフトによく登場してくる方法である。検定量の型は，直交比較の場合と同様に t 型となるが，それぞれ α_{FW} の上昇を抑えているという特色を持っている。

■ ボンフェローニ法

すでに 3.5 節でも示したように，α_{FW} は，近似的に次式によって定義される。比較回数を m とすると，

$$\alpha_{FW} \approx m\alpha \qquad (3.5.4 \text{の繰返し})$$

となるが，ダン（Dunn, 1961）は，つとにボンフェローニ（Bonferroni）の不等式,

$$\alpha_{FW} \leq m\alpha \tag{3.6.1}$$

に着目した。つまり α_{FW} で示す誤り率は，比較ごとの α 値の m 倍を超えないという発想に基づいている。したがって，m 回の比較を α/m の水準で行えば，α_{FW} の値は最初に設定した α 値を超えないことになる。これを平たくいえば，α 値を 1 組のセットの比較に分割するということになる。

たとえば，いま $m = 4$ 回の比較を 1 セットとして検定するとし，α_{FW} を 0.05 またはそれ以下としたいならば，0.05/4 = 0.0125 水準で検定することになる。そうすれば，いうまでもなく

$$\alpha_{FW} = 0.0125 + 0.0125 + 0.0125 + 0.0125 = 0.05$$

となり，この場合確かに 5 % を超えてはいない。

一般的にボンフェローニ法，時にはダン–ボンフェローニ法とよばれるこの方法は，検定のための統計量として，t 型を使用する。すなわち，

$$t(B) = \frac{w_1 \overline{A}_1 + w_2 \overline{A}_2 + \cdots\cdots + w_a \overline{A}_a}{\sqrt{MS_{S/A}\left(\dfrac{w_1^2}{n_1} + \dfrac{w_2^2}{n_2} + \cdots\cdots + \dfrac{w_a^2}{n_a}\right)}} \tag{3.6.2}$$

標本の大きさ n が等しく，対検定の場合は当然，

$$t(B) = \frac{w_j \overline{A}_j + w_{j'} \overline{A}_{j'}}{\sqrt{\dfrac{2MS_{S/A}}{n}}} \tag{3.6.3}$$

となる。この場合，分母中の w_j と $w_{j'}$ は，それぞれ +1, −1 または −1, +1 となり，また分母のそれらの 2 乗和は，2 となり，式 3.6.2 の糸である。

そして，両側検定つまり，$\alpha/2$ については，臨界値 $t(B)_{\alpha/2, m, df}$ が上述の統計量の絶対値と同じか，またはそれを超えるならば有意差ありと判定する。ここで，m はすでに定義したように

比較回数，df は表 3.1 に示したような誤差項に関する自由度である。

例題 表 3.1 の例について，3.2 節で掲げた 4 つのケースの比較を，$t(D)$ を使用して検定せよ。

解 まず係数を書き出してみよう。

	w_1	w_2	w_3	w_4
（ケース 1）	$+1$	-1	0	0
（ケース 2）	0	0	$+1$	-1
（ケース 3）	$+1/3$	$+1/3$	$+1/3$	-1
（ケース 4）	$+1/2$	$+1/2$	$-1/2$	$-1/2$

これらの係数は，いずれも 3.2 節で定義したように線形対比の係数であることが分かる。しかしながら，全部を通してみると，直交対比ではないことに注意しよう。たとえ一部は直交していても，他は直交していないのである。たとえば，ケース 2 とケース 4 の場合，

（ケース 2）	0	0	$+1$	-1
（ケース 4）	$+1/3$	$+1/3$	$+1/3$	-1
相互の項の積	0	0	$+1/3$	$+1$ $\neq 0$

となってしまい，非直交であることが分かるし，もし直交していれば，$a-1=4-1=3$ で，3 系列しか成立しないが，上では 4 系列であることからも，直交していないことが見破れる。しかしこうした場合でも，ボンフェローニ法は適用できるのである。

次いで，各ケースについて，式 (3.6.2) で算出する。

ケース 1 の場合は，n が等しく，また係数 0 の項は落としてもよいから，

$$(ケース 1) \quad t(B) = \frac{(+1)(9.60) + (-1)(25.40)}{\sqrt{14.00\left[\frac{(+1)^2 + (-1)^2}{5}\right]}} = -6.68$$

となる。

また，他の比較については，次の通りである。

$$(ケース 2) \quad t(B) = \frac{(+1)(16.20) + (-1)(11.80)}{\sqrt{14.00\left[\frac{(+1)^2 + (-1)^2}{5}\right]}} = 1.86$$

$$(ケース 3) \quad t(B) = \frac{(+1/3)(9.60) + (+1/3)(25.40) + (+1/3)(16.20) + (-1)(11.80)}{\sqrt{14.00\left[\frac{(+1/3)^2 + (+1/3)^2 + (+1/3)^2 + (-1)^2}{5}\right]}}$$

$$= 2.73$$

$$(ケース 4) \quad t(B) = \frac{(+1/2)(9.60) + (+1/2)(25.40) + (-1/2)(16.20) + (-1/2)(11.80)}{\sqrt{14.00\left[\frac{(+1/2)^2 + (+1/2)^2 + (-1/2)^2 + (-1/2)^2}{5}\right]}}$$

$$= 2.09$$

3.6 事前比較（その2）——非直交比較

両側検定の場合，5%水準で検定するならば，$t(B)_{\alpha/2, m, df} = t(B)_{0.05/2/4, 16}$ の t 値を求めることになる。$t(B)$ の絶対値がこの値または，この値以上であれば有意と判定される。t 型ではあるが，α の小さな値は，普通の（本書では付表C）表にはない。そのためにダンは m と df についての特別の表を作成している（たとえば，カーク，1995, p.829）。

しかし，エクセルの普及した現代，t 値は簡単に算出できる。たとえば，エクセルでは，両側を打ち出すので，df の16と，0.05と入れればそのまま片側の値となる（図3.1 参照）（エクセルでは，確率は両側を入れるので，実際は $0.05/2 = 0.025$ となる）。しかし，それも入手できない場合は，正規確率分布（付表A）を利用して容易に概算できる。すなわち，

$$t(B)_{\alpha/2/m, df} \approx z_{\alpha/2/m} + \frac{z_{\alpha/2/m}^3 + z_{\alpha/2/m}}{4(df-2)} \tag{3.6.4}$$

この場合，両側であり，$0.05/2$ の α を求め，さらに4回のケースなので4で割ると $0.05/2/4 \approx 0.00625$ なので，付表Aより上側確率の z 値を求めると大体 2.50 となる。したがって，上式にこれを代入すれば，

$$t(B)_{0.05/2/4, 16} \approx 2.50 + \frac{2.50^3 + 2.50}{4(16-2)} = 2.82$$

と，上のエクセルで出した場合の 2.81 とほぼ同じとなる。ケース1の場合のみ，その絶対値 $|-6.68|$ が，この値より大きいので有意である。

なお，片側の場合は，エクセルでは 2*0.05 とすること。正規確率分布を使用する場合は，次式により近似的に得られる。

$$t(B)_{\alpha/m, df} \approx z_{\alpha/m} + \frac{z_{\alpha/m}^3 + z_{\alpha/m}}{4(df-2)} \tag{3.6.5}$$

表3.1 の場合は，$z_{0.05/4} = z_{0.0125} \approx 2.24$ となるので，

$$t(B)_{0.05/4, 16} \approx 2.24 \frac{2.24^3 + 2.24}{4(16-2)} = 2.48$$

として与えられる。この値はエクセルで得た 2.47…… に近い。

ボンフェローニ法の表は，いくつかの専門的なテキストには掲げられているが，上述の計算もわずらわしい。手軽に使用できる上記のエクセルの機能をぜひ，活用されるようおすすめしたい。

ちなみに，図3.1 のエクセルの関数 TINV は，この方式で他の両側の臨界 t 値も出せるので，本書付表C「t の表」に臨界値が見つからなくても，これを使用すれば，すぐに得られるので，覚えておくと便利である。

シダック法

上述のボンフェローニ法よりも，ほんの少し検出力のよい方法として，シダック法（ダン–シダック法）を説明しよう。

この検定法は比較回数 $m \geq 2$ に特定して，α_{FW} を一定の値 α に抑えようとするものである。この方法では次の DS をまず算出する。

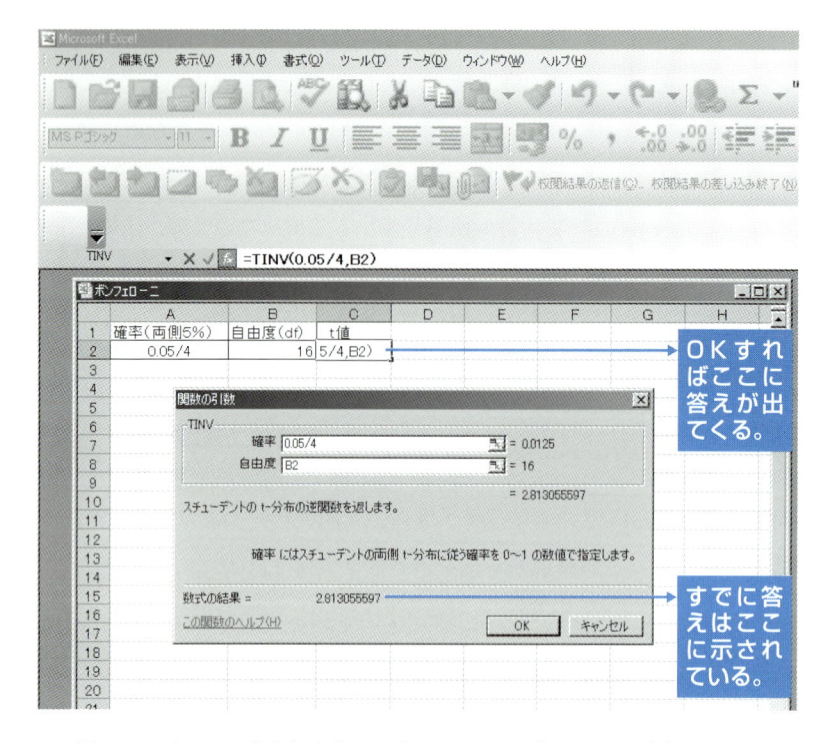

図3.1 エクセルでやさしく出せるボンフェローニ法における $t(B)$ の臨界値

関数は統計の TINV を使用する。確率のボックスの左内にポインターを置いて 0.05（実は両側なので 0.05/2 のことである）を入れ，4で割る。自由度も同様なやり方で 16 を入れる。すでにパレットに答えは出ているが，「OK」をクリックすると，すぐにアクティブ・セルの A2 に 2.813…… が表示される。なお，片側検定の場合であれば，確率のボックスには，2*005/4 と入れれば，2.47288 を得る。

$$t(S) = \frac{w_1 \overline{A}_1 + w_2 \overline{A}_2 + \cdots\cdots + w_a \overline{A}_a}{\sqrt{MS_w \left(\dfrac{w_1^2}{n_1} + \dfrac{w_2^2}{n_2} + \cdots\cdots + \dfrac{w_a^2}{n_a}\right)}} \tag{3.6.6}$$

付表 G の「シダックの検定表」より，α の値，比較回数 m，誤差項の自由度 $df_{S/A}$ によって $t(S)$ の値を見出す。もし，上記の標本の絶対値がこの値に等しいか，それより大であるならば，H_0 を棄却する。

例題 表3.1のような治療法の効果を吟味する場合，研究者は，次の3つの比較をあらかじめ意図することとする。すなわち，

(1) 社会的賞による治療法と体系的脱感作法
(2) 集団療法と精神分析療法
(3) 行動療法全体と心理療法全体

これらの比較を 5％水準で検定せよ。

解 $t(S)$ は，次の通りである。効果を予想し得ないので両側検定とした。

(1) $\quad t(S) = \dfrac{(+1)(9.60) + (-1)(25.40)}{\sqrt{14.00\left[\dfrac{(+1)^2 + (-1)^2}{5}\right]}} = -6.68$

(2) $\quad t(S) = \dfrac{(+1)(16.20) + (-1)(11.80)}{\sqrt{14.00\left[\dfrac{(+1)^2 + (-1)^2}{5}\right]}} = 1.86$

(3) $\quad t(S) = \dfrac{(+1)(9.60) + (+1)(25.40) + (-1)(16.20) + (-1)(11.80)}{\sqrt{14.00\left[\dfrac{(+1)^2 + (+1)^2 + (-1)^2 + (-1)^2}{5}\right]}} = 2.09$

比較回数 m は 3,誤差の df は 16 で,両側検定の α 値 0.05 のところをみると 2.665。絶対値がこの値を超える比較 (1) の $|-6.68|$ が有意であり,社会的賞による治療法より体系的脱感作法が優れていると判定された。

これらの比較とその結果得られた統計量は,すでに述べたボンフェローニ法(ただし,4 個の比較であった)の一部と同一であり,検定結果も同一になったけれども,基本になる式を見てみると,ボンフェローニ法とシダック法の検出力の差が分かる。仮に,$\alpha = 0.05$,$m = 4$ とすると,

（ボンフェローニの場合）　　$\dfrac{\alpha}{m} = \dfrac{0.05}{4} = 0.0125$

（シダックの場合）　　　　　$1 - (1-\alpha)^{1/m} = 1 - (1-0.05)^{1/4}$
$= 0.0127$

となり,わずかであるが後者のほうが検出力が良く,すすめられる(カーク,1995)。

以上 3 つの主要な事前比較について述べたが,事前比較であるがゆえに,いずれも包括的な分散分析の結果が有意であろうとなかろうと関係なく行える。

次節で述べる事後比較は,包括的な分散分析の結果が有意である場合に行えるものと,それに関係なく行えるものとがあるので,ご注意の上読んで頂きたい。

事後比較

テューキー法

本書では,もっともその特性について研究され,心理・教育の分野においてもよく使用され,声価も定まっているテューキー(Tukey)法について,まず説明しよう。

テューキー法では,各群の n は等しく各群の母分散も等しいと仮定した上で,すべての対比較(上例のように平均値数が 4 個の場合は,$_4C_2 = 4(4-1)/2 = 6$(対))について検定を行っても,α_{FW} が α の値を超えないよう工夫されている。検定のためには,次の式を使用する。

$$q = \frac{|\overline{A}_j - \overline{A}_{j'}|}{\sqrt{\dfrac{MS_{S/A}}{n}}} \tag{3.7.1}$$

そして，付表 E の「ステューデント化された範囲の表」を用いて，特定の有意水準 α，全部の平均値の数，誤差値の自由度（df）の 3 項目によって，臨界値を算出する。

ちなみに，この表は統計学の世界でよく知られた表であり，次の意味を持つ。

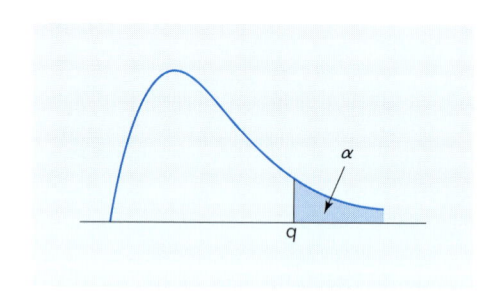

図 3.2　「ステューデント化された範囲の表」のあり方

臨界値（図中の q）に関する α は分布の上側確率を示している。そして，式（3.7.1）で算出した値が，臨界値に同等またはそれ以上であれば，帰無仮説を棄却し，2 つの平均値間に有意な差があると判定する。

たとえば，表 3.1 より平均値は $\overline{A}_1 = 9.60$，$\overline{A}_2 = 25.40$ であり，分散分析の結果から，$MS_{S/A} = 14.00$ である。

テューキー法では，必ず対比較となる。すなわち，

$$q = \frac{|9.60 - 25.40|}{\sqrt{\dfrac{14.00}{5}}} = \frac{15.80}{1.673} = 9.44$$

5 ％水準で検定するならば，表中，α は 0.05，平均値数 r は 4，誤差項の $df_{S/A}$ は 16 であるから，付表 E より，

$$q_{0.05,\,4,\,16} = 4.05$$

得られた q の 9.44 はこの値を超えているので，H_0 を棄却し有意差ありと判定する。

すでに述べたように，テューキー法では全部の対検定が許されている。それゆえ必要ならば，表 3.2 のように，小さな値の平均値から大きな値の平均値になるよう並びかえて行列を作っておき，各水準間の差を計算していく。そして式（3.7.1）を移行して，次のような一種の臨界差（HSD）を作っておき，この HSD と同じか，または，より大きな表中の差を有意差とすればよいことになる。すなわち，

3.7 事後比較

表3.2 表3.1のデータによる平均値差

平均値		$\overline{A}_1$ 9.60	$\overline{A}_4$ 11.80	$\overline{A}_3$ 16.20	$\overline{A}_2$ 25.40
$\overline{A}_1$	9.60	—	2.20	6.60	15.80*
$\overline{A}_4$	11.80		—	4.40	13.60*
$\overline{A}_3$	16.20			—	9.20*
$\overline{A}_2$	25.40				—

*$p < 0.05$

$$HSD = q_{\alpha,\, r,\, df} \sqrt{\frac{MS_{S/A}}{n}} \tag{3.7.2}$$

ここで，$q_{\alpha,\, r,\, df}$＝有意水準 α，平均値の数 r，誤差項の自由度 df，検定のための臨界値 q（実際には，**付表 E** を使用する）の値。

ちなみに，臨界差 HSD はつとに著名であり，HSD とは honestly significant difference（本当に有意な差）の頭文字をとったもので，これまでの研究に耐え，実際今日もっともよく使われている統計量の一つとなっている。

例題 表 3.1 の場合について，各群間に有意差があるか，テューキー法を用いて検定せよ。

解 まず，平均値の数，$\alpha = 0.05$，$r = 4$（つまり平均値数は a と同じ），$df = 16$ の q 値を調べるために，**付表 E** の「ステューデント化された範囲の表」を引くと，$q_{0.05,\, 4,\, 16} = 4.05$ であったので，臨界差は次のようになる。

$$HSD = q_{\alpha,\, r,\, df} \sqrt{\frac{MS_{S/A}}{n}}$$
$$= 4.05 \sqrt{\frac{14.00}{5}} = 4.05(1.673) = 6.78$$

もし 5 ％の有意水準を設定していたのならば，**表 3.2** 中 * 印で示したように，もっとも大きい $\overline{A}_2$ と他の水準の平均値の間にだけ，有意差が検出されたことになる。

もし，n_j が各群で異なる場合には，次の式（**テューキー–クラマー**（Tukey-Kramer）**の式**）による。

$$HSD' = q_{\alpha,\, r,\, df} \sqrt{MS_{S/A}\left(\frac{1}{n_j} + \frac{1}{n_{j'}}\right)\Big/ 2} \tag{3.7.3}$$

この場合は，n が異なるので，別々に HSD' を求めなければならない。

たとえば，2 章の **表 2.10** の場合 $\overline{A}_2$ と $\overline{A}_3$ の差は，$10.40 - 5.17 = 5.23$。 本書 p.66.

$$HSD' = q_{0.05,\, 3,\, 15} \sqrt{8.86\left(\frac{1}{5} + \frac{1}{6}\right)\Big/ 2}$$
$$= 3.67(1.275) = 4.68$$

当の差，5.23 は $HSD' = 4.68$ を超えているので，5 ％水準で有意である。

● シェファイ法

テューキー法とともに古くから知られ，a 個の平均値のあらゆる比較可能な方法として，その声価の確立したものである**シェファイ**（Scheffé）**法**（このように発音するのだそうである）を説明する。

この方法の特色は，すべての対比較と複合比較全体について α_{FW} が α を超えないように工夫されていることである。その意味では柔軟といえようが，反面，多くの対を比較するため「控えめ」（保守的：conservative）となり，臨界差も高くなることは仕方がない。しかし一方，比較する各群の母分散の正規性・等質性が侵されても健やかに検定がなり立つという意味で，いわゆる**頑健な**（robust）検定法である。

検定のためには，次式で F 値を算出する。

$$F = t^2 = \frac{\left(\sum_j w_j \overline{X}_j\right)^2}{MS_{S/A}\left(\sum_j \frac{w_j^2}{n_j}\right)}$$

$$= \frac{(w_1 \overline{A}_1 + w_2 \overline{A}_2 + \cdots\cdots + w_a \overline{A}_a)^2}{MS_{S/A}\left(\frac{w_1^2}{n_1} + \frac{w_2^2}{n_2} + \cdots\cdots + \frac{w_a^2}{n_a}\right)} \tag{3.7.4}$$

次のような式で定めた F_S が，検定のための臨界値となる。

$$F_S = (a-1) F_{\alpha,\ a-1,\ df} \tag{3.7.5}$$

ここでの F_S は**付表 D** の「F の表」により，α，分子の自由度 $(a-1)$，誤差項の自由度 df に対応する F を求め，$(a-1)$ との積としたものである。そして，$F \geq F_S$ ならば H_0 を棄却する。

例題 表 3.1 の平均値について，p.73 で係数を付与した対比較ケース 1 と 2，複合比較ケース 3 と 4 を 5％水準で検定せよ。

解 記号については，すでに説明した通りである。上辺・下辺の線形比較の係数に注意しよう。ケース 1 の場合は，n が等しく，また係数 0 の項は落としてもよいから，

（ケース 1）　　$F = \dfrac{[(+1)(9.60) + (-1)(25.40)]^2}{14.00\left[\dfrac{(+1)^2 + (-1)^2}{5}\right]} = 44.58$

また，他の比較については，次の通りである。

（ケース 2）　　$F = \dfrac{[(+1)(16.20) + (-1)(11.80)]^2}{14.00\left[\dfrac{(+1)^2 + (-1)^2}{5}\right]} = 3.46$

(ケース 3) $\quad F = \dfrac{[(+1/3)(9.60) + (+1/3)(25.40) + (+1/3)(16.20) + (-1)(11.80)]^2}{14.00 \left[\dfrac{(+1/3)^2 + (+1/3)^2 + (+1/3)^2 + (-1)^2}{5}\right]}$

$\quad\quad\quad\quad = 7.43$

(ケース 4) $\quad F = \dfrac{[(+1/2)(9.60) + (+1/2)(25.40) + (-1/2)(16.20) + (-1/2)(11.80)]^2}{14.00 \left[\dfrac{(+1/2)^2 + (+1/2)^2 + (-1/2)^2 + (-1/2)^2}{5}\right]}$

$\quad\quad\quad\quad = 4.38$

なお，複合比較では，ケース 3 のように，係数が割り算になりわずらわしい．それゆえ，

$\quad\quad +1/3, \ +1/3, \ +1/3, \ -1 \quad$ を 3 倍して整数化し，

$\quad\quad +1, \quad +1, \quad +1, \quad -3$

としても線形比較が成立する．他の場合にも同様である（このことについては，すでに述べた）． 本書 p.78.

なお，上例のような 4 個の平均値が全部比較されれば，全体で 25 個の比較となる*．

F_S は，この場合，$a-1 = 4-1 = 3$，誤差項の $df = 16$ であるから，次のようになる．

$$F_S = (4-1)F_{0.05,\ 4-1,\ 16}$$
$$= (4-1)(3.24) = 9.72$$

9.72 より大きい値は，ケース 1 の 44.58 だけであるから，$\overline{A}_1$ と $\overline{A}_2$ の間に有意差ありとする．

なお，念のため表 3.3 に，これら 4 ケースも含めすべての比較検定を行ってみた．すると，＊印をつけた 10 個の比較が有意と判定された（使用する F の性質上，+ と − が逆になってもよい）．

また式 (3.7.3) にも示したように，$t^2 = F$ であるから，テューキー法との比較のため，対比較の場合，直接平均値を比較できるよう次のように臨界差 $CR_{(S)}$ を設定してみる．

$$CR_{(S)} = \sqrt{(4-1)3.24} \cdot \sqrt{14.00\left[\dfrac{(+1)^2 + (-1)^2}{5}\right]}$$
$$= 3.118(2.366) = 7.38$$

前述のテューキーの場合の臨界差は，6.78 であったから，対比較だけにシェファイ法を使用する場合は検出力が落ちることになる．

テューキー法に比べ，シェファイ法は複合比較の場合にも適用可能なので，比較数も多くなる．その分，検出力が落ちるのはやむを得ない．

---

* 一般的には，平均値の数を a とすれば，すべての多重比較数は，次式によって与えられる．
$$1 + (3^a - 1)/2 - 2^a$$

本例では，$a = 4$ であるから，
$$1 + (3^4 - 1)/2 - 2^4 = 25$$

となる．

表3.3　$a=4$, $n=5$, $MS_{S/A}=14$の場合のシェファイ法によるすべての多重比較検定

比較	(1) $\overline{A_1}$ 9.6	(2) $\overline{A_2}$ 25.4	(3) $\overline{A_3}$ 16.2	(4) $\overline{A_4}$ 11.8	(5) $\sum_j W_j^2$	(6) $MS_{S/A}\left(\sum_j \dfrac{W_j^2}{n_j}\right)$	(7) $(\sum_j W_j \overline{A_j})^2$	(8) $F=\dfrac{(7)}{(6)}$	
1対2*	1	−1	0	0	2	5.60	249.64	44.58*	→ケース1
1対3	1	0	−1	0	2	5.60	43.56	7.78	
1対4	1	0	0	−1	2	5.60	4.84	0.86	
2対3	0	1	−1	0	2	5.60	84.64	15.11*	
2対4	0	1	0	−1	2	5.60	184.96	33.03*	
3対4	0	0	1	−1	2	5.60	19.36	3.46	→ケース2
1対2+3	2	−1	−1	0	6	16.80	28.40	1.69	
1対2+4	2	−1	0	−1	6	16.80	324.00	19.29*	
1対3+4	2	0	−1	−1	6	16.80	77.44	4.61	
2対1+3	−1	2	−1	0	6	16.80	625.00	37.20*	
2対1+4	−1	2	0	−1	6	16.80	864.36	51.45*	
2対3+4	0	2	−1	−1	6	16.80	6.76	0.40	
3対1+2	−1	−1	2	0	6	16.80	2.60	0.15	
3対1+4	−1	0	2	−1	6	16.80	121.00	7.20	
3対2+4	0	−1	2	−1	6	16.80	23.04	1.37	
4対1+2	−1	−1	0	2	6	16.80	11.40	0.68	
4対1+3	−1	0	−1	2	6	16.80	4.84	0.29	
4対2+3	0	−1	−1	2	6	16.80	324.00	19.29*	
1+2対3+4	1	1	−1	−1	4	11.20	49.00	4.38	→ケース4
1+3対2+4	1	−1	1	−1	4	11.20	129.96	11.60*	
1+4対2+3	1	−1	−1	1	4	11.20	408.04	36.43*	
1対2+3+4	3	−1	−1	−1	12	33.60	605.16	18.01*	
2対1+3+4	−1	3	−1	−1	12	33.60	148.84	4.43	
3対1+2+4	−1	−1	3	−1	12	33.60	3.24	0.09	
4対1+2+3	−1	−1	−1	3	12	33.60	249.64	7.43	→ケース3

*左の番号は，群の番号を示す。　　*$p<0.05$

注：各比較係数は，−を＋にし，＋を−にしてもF検定の性格上許される。たとえば，ケース3の場合上述の最後の係数を，

　　−1　−1　−1　+3　→　+1　+1　+1　−3

としても同一のFを生じる。このように係数を変換しても，表の右側に示したように，上述のケース1〜4のF値は変わらないことも分かる。

なお，シェファイ法のどれかの F が有意であれば，分散分析による包括的検定も有意になる。もともと，テューキー法もシェファイ法も，前もって包括的な分散分析を行う必要はないものである。すなわち，ANOVA が有意か否かに関係なく，これらの検定法は行えるものである（カーク，1999）。

以上，本節では，さまざまな角度からの分析により現代において評価の定まった事後検定法であるテューキー法とシェファイ法を示してきた。1960～70年代に多用されてきた，いわゆる LSD (least significant difference) 法は，比較回数が多くなると α_{FW} が上昇するので利用しないほうがよい。はっきり，「用いてはならない」とする統計学者（たとえば，永田・吉田，1997）もいる。

また，ニューマン–コールズ（Newman-Keuls）法やダンカン（Duncan）法もかつては利用されてきたものの，全体としての α_{FW} が抑えられていないとして今日批判されている。たとえ，古典的とよばれる本の中に紹介されていても，使用しないほうがよい。コンピュータ・ソフトのなかにも，なお，過去の考えをひきずってそれらを用いているものがあり，注意が必要である。

なお，LSD 法を使用するくらいなら，次のフィッシャー ハイター（Fisher-Hayter）法のほうが安全である。

フィッシャー–ハイター法

フィッシャー–ハイターの多重比較法は，2つの段階を踏む。最初は，$\mu_1 = \mu_2 = \cdots\cdots = \mu_a$ の包括的検定を行い，結果が有意であれば，すなわちこの帰無仮説が棄却されれば，多重比較に進むというものである。包括的検定が有意でなければ，これを行ってはならない。

フィッシャー–ハイターの統計量，$q(FH)$ は，次式によって求める。

$$q(FH) = \frac{\overline{X}_j - \overline{X}_{j'}}{\sqrt{\dfrac{MS_{S/A}}{2}\left(\dfrac{1}{n_j} + \dfrac{1}{n_{j'}}\right)}} \tag{3.7.6}$$

それぞれの記号は，これまでの検定法の場合に使用されたものと同一である。しかし，表を引くとき，注意を要する。

方向を問わない対比較は，この算出された $q(FH)$ 絶対値が，巻末付表 E「ステューデント化された範囲の表」の $q_{\alpha, a-1, df}$ と等値あるいはそれ以上ならば，有意と判定する。「ステューデント化された範囲の表」を用いるが，r のところは a ではなく $(a-1)$ となる。

つまり，通常のテューキー法のように，r を表から引くのではなく，a 個の平均値数から1引いたもの，すなわち $r-1$ として，付表から引くことに注意されたい。

いま，表 3.1 の例について述べると，付表 E より，5％水準，a, $a-1$, df はそれぞれ 0.05, 3, 16（誤差の自由度）であるから，q 値は 3.65 である。

例題 表 3.1 のデータで，(1) $\overline{A}_1$ と $\overline{A}_2$ の差，(2) $\overline{A}_3$ と $\overline{A}_4$ の差を 5％水準で検定せよ。

解 (1) $q(FH) = \dfrac{9.60 - 25.40}{\sqrt{\dfrac{14.00}{2}\left(\dfrac{1}{5}+\dfrac{1}{5}\right)}} = \dfrac{-15.80}{1.673} = -9.44$

絶対値を用いる。すなわち，$|-9.44|$ は，表より得られた値 3.65 を，はるかに超えているので，この 2 つの平均値の差は有意であると判定される。

(2) $q(FH) = \dfrac{16.20 - 11.80}{\sqrt{\dfrac{14.00}{2}\left(\dfrac{1}{5}+\dfrac{1}{5}\right)}} = \dfrac{4.40}{1.673} = 2.63$

表から得られた 3.65 に及ばないので，有意差があるとはいえない。

この検定法は，対比較にのみ使用されるので，各群の n が等しければ事実上，q 型になる。すなわち，

$$q(FH) = \dfrac{|\overline{X}_j - \overline{X}_{j'}|}{\sqrt{\dfrac{MS_{S/A}}{n}}} \tag{3.7.7}$$

そうだとすれば，表 3.2 のような平均値差表を作っておき，次のような臨界差をもって検定すれば都合がよい。そして，次の臨界差の値に等しいか，それ以上であれば有意と判定できよう。

$$CR(qFH) = q(FH)_{\alpha,\,a-1,\,df}\sqrt{\dfrac{MS_{S/A}}{n}} \tag{3.7.8}$$

上例では，

$$CR(qFH) = 3.65\sqrt{\dfrac{14.00}{5}} = 3.65(1.673) = 6.11$$

すると，表 3.2 の場合の対比較を q で行った 6.78 よりも小さな値でよいから，テューキー法で有意でなかった $\overline{A}_1$ と $\overline{A}_3$ の差 6.60 もまた有意であることが分かる。

以上のことから，このフィッシャー–ハイター法は，ANOVA の有意性を前提とするものの，テューキー法よりも検出力の大きい検定法であるといえよう。

これまでの事後検定の例の臨界差を，対比較の場合の同一のデータにもとづき各検定法について，表 3.1 のデータにより検出力の良い順に並列してみよう。

フィッシャー–ハイター法： $q(FH)_{0.05,\,4-1,\,16}\sqrt{\dfrac{MS_{S/A}}{n}}$
$= 3.65(1.673) = 6.11$

テューキー法： $q_{0.05,\,4,\,16}\sqrt{\dfrac{MS_{S/A}}{n}}$
$= 4.05(1.673) = 6.78$

シェファイ法： $\sqrt{(4-1)F_{0.05,\,3,\,16}}\sqrt{\dfrac{2MS_{S/A}}{n}}$
$= 3.118(2.366) = 7.38$

フィッシャー–ハイター法の場合，包括的 ANOVA 検定が有意であるとすると，対比較の場合もっとも有意差を検出しやすいことが分かる。

3.7 事後比較

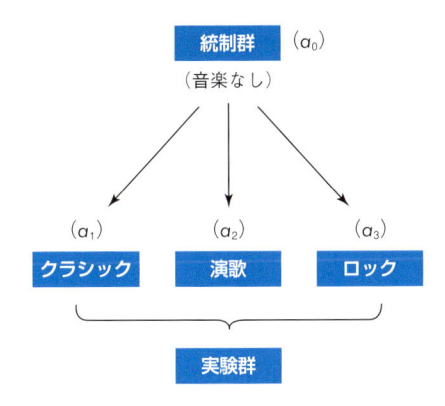

図3.3 実験群と統制群の比較

● ダネット法——実験と統制群についての特殊な検定法

$a-1$ 群の比較において，1 群が統制群であり，他の $a-1$ 群が実験群であるような場合には，有意差を検出しやすい**ダネット** (Dunnet)**法**が使用できる。たとえば，音楽なしの統制群 (a_0) と他の3種類の音楽を聞かせた実験群 (a_1), (a_2), (a_3) との差の有意性を吟味しようとする（図3.3 参照）。

つまり上図のように統制群と実験群 (3群) を比較することになる (SPSSでは，「統制」の代わりに「対照」という語を用いている)。

検定にあたっては，次の式によって，$t(D_n)$ を算出する。

$$t(D_n) = \frac{\overline{A}_j - \overline{A}_0}{\sqrt{\dfrac{2MS_{S/A}}{n}}} \tag{3.7.9}$$

ここで，$\overline{A}_0$ は統制群の平均値，$\overline{A}_j$ は特定の実験群の平均値である。

次に**付表 H** の「ダネットの検定表」を使用して，臨界値を算出する。両側検定とすれば，

$$t(D_n)_{\alpha/2,\,k,\,df} \tag{3.7.10}$$

ここで k は，統制群を含めた平均値の数である。

計算された $t(D_n)$ の絶対値が，この値と同じか，あるいは超えていれば，有意と判定される。

例題 音楽（クラシック，演歌，ロック）が，学習活動の活性度を高めるかどうかを吟味するため，あるキャンパスの学生44人が無作為に，1つの群につき11人の4群に分けられた。1群は何も音楽が与えられない統制群 (a_0) とされ，他の群には，実験群 a_1（クラシックを聞かせる），a_2（演歌を聞かせる），a_3（ロックを聞かせる）群とした。得られたデータは**表3.4** の通りであった。いずれの音楽が有効かどうか吟味せよ。音楽によっては，プラスに働くかマイナスに働くか分からないので，両側検定とした。

解 課題は，音楽なしの統制群と，他の音楽環境の下での平均値をそれぞれ比較することとなる（表3.4 参照）。これは，ダネット法にとって，うってつけのデータといえる。すでにボック

表3.4　音楽を聞かない場合(a_0)と聞いた場合(a_1~a_3)の活性度

音楽の型	被験者数 (n)	平均値 ($\overline{X_i}$)	分散 (S_i^2)
（音楽なし）(a_0)	11	10.00	3.20
クラシック　(a_1)	11	12.00	2.82
演歌　　　　(a_2)	11	11.50	3.01
ロック　　　(a_3)	11	9.80	2.98

本書 p.76.　ス 3.1 で述べたように，各群の分散が分かっているので，$MS_{S/A}$ を得るには分散分析本体を行わなくても次式でも得られる（ボックス 3.1 参照）。

$$MS_{S/A} = \frac{3.20 + 2.82 + 3.01 + 2.98}{4} = 3.003$$

自由度は，$df = a(n-1) = 4(11-1) = 40$。式（3.7.9）より，

$$a_1 \text{と} a_0 : t(D_n) = \frac{12.00 - 10.00}{\sqrt{\frac{2(3.003)}{11}}} = \frac{2.00}{0.739} = 2.71^*$$

$$a_2 \text{と} a_0 : t(D_n) = \frac{11.50 - 10.00}{\sqrt{\frac{2(3.003)}{11}}} = \frac{1.50}{0.739} = 2.03$$

$$a_3 \text{と} a_0 : t(D_n) = \frac{9.80 - 10.00}{\sqrt{\frac{2(3.003)}{11}}} = \frac{-0.20}{0.739} = -0.27$$

$k = 4$，$df = 40$ で付表 H「ダネットの検定表」での 5％水準の値は 2.44。したがって，クラシック音楽が音楽なしにくらべて有意にプラスの効果があると判定された。

なお，n が等しい場合，次の臨界差（$C_r(D)$）を用いて各比較対を検定できる。

$$C_r(D) = t(D)_{\alpha/2,\ k,\ df} \sqrt{\frac{2MS_{S/A}}{n}} \tag{3.7.11}$$

上例では，

$$C_r(D) = 2.44(0.739) = 1.80$$

この値を超える a_1（クラシック）と a_0（音楽なし）の差，2.00 が有意であることは同様である。

なお，ダネットの検定表については，本書の付表 H では両側のみを掲げたが，片側については，上級書（たとえば，カーク，1995：ローランセルとデュピイ（Laurencell & Dupuis），2002）で入手できる。

本章で使用した，さまざまな多重比較の検定機能を表 3.5 に示した。また，多重比較の分類を，本書の見返し部分に一括して示した。ただ，ダネットの方法，すなわち統制群と実験群を比較する方法は特殊なものであり，著者によっては，事後比較ではなく事前比較に分類している場合があるが，ここでは多数意見に従って事後比較とした。

なお，ボックス 3.3 に，良いと思われる検定法の特色をあげてみた。

3.7 事後比較

表3.5 本章で説明した多重比較の検定機能（本書見返し部分も参照されたい）

	事前比較			事後比較		
比較の名称	a−1個の直交比較	ボンフェローニ	シダック	テューキー（テューキー-クラマー）	シェフェ	フィッシャー-ハイター	ダネット
比較の型	a−1個の検定	前もって指定した対のみの検定		対比較のみ	対比較の全部比較と重複	対比較のみ	対照群の対比較のみと実験群
方向性	両側と片側			方向性は問わない			片側と両側
事前に分散分析が必要か	不必要			不必要	不必要	必要	不必要
母集団の正規性、等分散性の仮定	必要			必要			

本書では、テューキー-クラマーの場合をのぞき、すべて n は等しい場合について示した。

ボックス 3.3　良い検定法の特色

● 検定法の考え方が簡明であること。

　たとえば、ANOVA はその基本仮定が加算的であるという簡明さを持つ。そうでなかったならば —— たとえば乗算的であれば —— 計算はもっと難しく、素人の手にはおえないものとなろう。また、テューキーの検定法が愛されるのは、一つにはその簡明さゆえであろう。

● これまで広く使用されて、その声価が定まっていること。長く使用されて、その素性が分かっていること。

● 当の検定法について、前提が侵されても「頑健」であること。たとえば、ANOVA は、すでに 2.4 節で述べたような条件では、母集団が非正規であってもある程度までは健やかに成立し得ることが分かっている。

● 上のことと関連するが、当の検定法について、多くの研究（モンテカルロ実験、等）がなされていて、その素性が知られていること。

本書 p.51.

3.8 SPSS によるアプローチと若干のコメント

本書 p.60.　SPSS による入力の始めの部分は，前章と同様である．入力の（ア）（イ）（ウ）は，前章の場合を理解していればすぐ分かるであろう．

（ア）は変数ビュー，（イ）は値ラベルのつけ方，（ウ）には，データビューが示されている．今はラベル付きで出ているが，アイコンの列の荷札 🏷 を押すたびに，各水準が数字かラベルか交代に出てくる．

この後の手順は前章と同じ 分析（A） → 一般線形モデル（G） → 1変量（U） と進んで最後にクリックすると次の（エ）のようなダイアログボックスが現れ，前章の場合と同様に，左側の要因と変数を右のように移す（エ）．

その オプション としては， 記述統計量 をチェックしておいた．ボックス内の 続行 を押すことを忘れないようにする．

（エ）の場面に戻るので， その後の検定 をクリックして，治療法 を青にして右のボックスに移すと，さまざまな多重比較が現れてくる（オ）．事後比較であるので，Scheffe（C），Tukey（T），Dunnet（E）をチェックしてみた．

続行 そして OK をクリックすると，前章の場合と同様にまず記述統計量の結果が出力され（カ），次いで，分散分析の結果（キ），そして上記の3種の多重比較の結果が出てくる（ク）．

入　力

（ア）変数ビュー

（イ）値ラベルづけ

値（U）と値ラベル（E）の入れ方は，前章2.7節と同様．

図 3.4　SPSS による入出力（その 1）

3.8 SPSS によるアプローチと若干のコメント 97

(ウ) データビュー

左のようにデータ名が出、入力の枠が出たら、表3.1のデータをラベルに従って入力していく。

	治療法	治癒度
1	社会的賞	7
2	社会的賞	16
3	社会的賞	8
4	社会的賞	10
5	社会的賞	7
6	脱感作	21
7	脱感作	30
8	脱感作	25
9	脱感作	28
10	脱感作	23
11	集団療法	21
12	集団療法	15
13	集団療法	14
14	集団療法	13
15	集団療法	18
16	精神分析	19
17	精神分析	12
18	精神分析	10
19	精神分析	9
20	精神分析	9

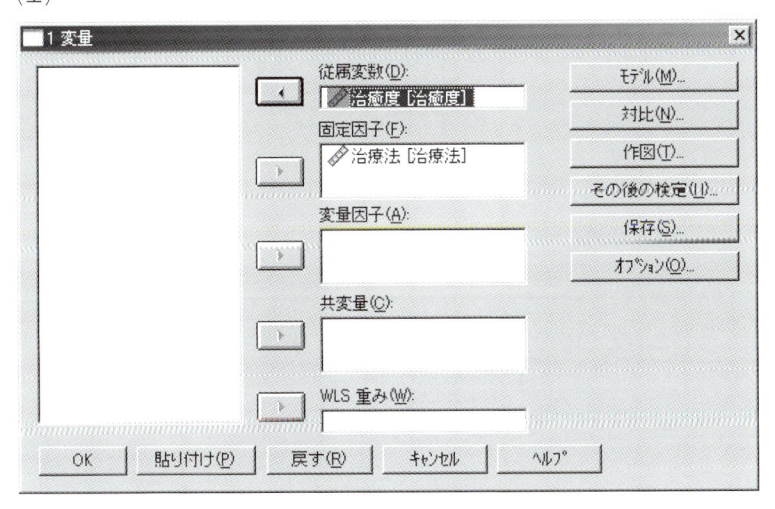

(エ)

図 3.4　SPSS による入出力（その 2）

(オ)

出 力

(カ)　　　　　　　被験者間因子

		値ラベル	N
治療法	1	社会的賞	5
	2	脱感作	5
	3	集団療法	5
	4	精神分析	5

記述統計量

従属変数：治癒度

治療法	平均値	標準偏差	N
社会的賞	9.60	3.782	5
脱感作	25.40	3.647	5
集団療法	16.20	3.271	5
精神分析	11.80	4.207	5
総和	15.75	7.100	20

(キ)　　　　　　　被験者間効果の検定

従属変数：治癒度

ソース	タイプIII 平方和	自由度	平均平方	F値	有意確率
修正モデル	733.750[a]	3	244.583	17.470	.000
切片	4961.250	1	4961.250	354.375	.000
治療法	733.750	3	244.583	17.470	.000
誤差	224.000	16	14.000		
総和	5919.000	20			
修正総和	957.750	19			

a. R2乗＝.766（調整済みR2乗＝.722）

本章表3.1と関連している。

その後の検定

治療法

図3.4　SPSSによる入出力（多重比較の場合）（その3）

3.8 SPSSによるアプローチと若干のコメント

(ク)　　　　　　　　　　　　　　多重比較

従属変数：治癒度

	(I)治療法	(J)治療法	平均値の差(I-J)	標準誤差	有意確率	95%信頼区間 下限	95%信頼区間 上限
Tukey HSD	社会的賞	脱感作	-15.80*	2.366	.000	-22.57	-9.03
		集団療法	-6.60	2.366	.057	-13.37	.17
		精神分析	-2.20	2.366	.790	-8.97	4.57
	脱感作	社会的賞	15.80*	2.366	.000	9.03	22.57
		集団療法	9.20*	2.366	.006	2.43	15.97
		精神分析	13.60*	2.366	.000	6.83	20.37
	集団療法	社会的賞	6.60	2.366	.057	-.17	13.37
		脱感作	-9.20*	2.366	.006	-15.97	-2.43
		精神分析	4.40	2.366	.284	-2.37	11.17
	精神分析	社会的賞	2.20	2.366	.790	-4.57	8.97
		脱感作	-13.60*	2.366	.000	-20.37	-6.83
		集団療法	-4.40	2.366	.284	-11.17	2.37
Scheffe	社会的賞	脱感作	-15.80*	2.366	.000	-23.18	-8.42
		集団療法	-6.60	2.366	.089	-13.98	.78
		精神分析	-2.20	2.366	.833	-9.58	5.18
	脱感作	社会的賞	15.80*	2.366	.000	8.42	23.18
		集団療法	9.20*	2.366	.012	1.82	16.58
		精神分析	13.60*	2.366	.000	6.22	20.98
	集団療法	社会的賞	6.60	2.366	.089	-.78	13.98
		脱感作	-9.20*	2.366	.012	-16.58	-1.82
		精神分析	4.40	2.366	.358	-2.98	11.78
	精神分析	社会的賞	2.20	2.366	.833	-5.18	9.58
		脱感作	-13.60*	2.366	.000	-20.98	-6.22
		集団療法	-4.40	2.366	.358	-11.78	2.98
Dunnettのt(2サイドの)[a]	社会的賞	精神分析	-2.20	2.366	.681	-8.33	3.93
	脱感作	精神分析	13.60*	2.366	.000	7.47	19.73
	集団療法	精神分析	4.40	2.366	.191	-1.73	10.53

（Scheffeは対比較のみに限定している。）

観測された平均に基づく。
*．平均値の差は .05 水準で有意です。
a．Dunnett の t-検定は対照として1つのグループを扱い，それに対する他のすべてのグループを比較します。

ここでは，精神分析が他群と対照されている。

(ケ)　等質サブグループ

治癒度

	治療法	N	サブグループ 1	サブグループ 2
Tukey HSD[a,b]	社会的賞	5	9.60	
	精神分析	5	11.80	
	集団療法	5	16.20	
	脱感作	5		25.40
	有意確率		.057	1.000
Scheffe[a,b]	社会的賞	5	9.60	
	精神分析	5	11.80	
	集団療法	5	16.20	
	脱感作	5		25.40
	有意確率		.089	1.000

脱感作がとび抜けて有効である。
他群間には，相互に有意な差はない。

等質サブグループのグループ平均はタイプIII平方和に基づき表示されます。
誤差項は平均平方（誤差）＝14.000です。
　a．調和平均サンプルサイズ＝5.000を使用します。
　b．アルファ＝.05

図3.4　SPSSによる入出力（多重比較の場合）（その4）

多重比較の表中，テューキー法とシェファイ法においては，各水準と他の全部の水準と比較して差を出し 5 ％水準で有意なものに * をつけている。手計算の場合と照合されたい。

ただ，ダネット法の出し方は，入力の精神分析と他の水準がつねに比較する形式となっている。ここから理解できるように，この検定法を使用するには，統制群を最後に置き，その前に実験群を設定するようにすべきである。

最後の 等質サブグループ （ケ）においては，相互に有意差のない水準を取りまとめている。すなわち，本例ではテューキー法とシェファイ法共に，「社会的賞」「精神分析」「集団療法」の相互間が 5 ％で有意とはならず，「脱感作」が抜きん出て値が大きいことが分かる。

実は，シェファイ法のほうが，検出力が落ちるので，つねにこのように同一の結果になるとは限らないが，ここでは，たまたまそうなっている。ここでは，シェファイ法を対比較のみに限定して検定している。本書に示した，重複比較（非対比較）を無視しているのは残念である。　本書 p.73．

他にも，今日の新しい動向としては，批判されている方法が示されているので注意して使用しなければ危ない。本章の中にそれらの批判を行っているので参照しながら使用してほしい。

ボンフェローニ法，シダック法も使用して誤りではないが，本書では事前比較として定義・使用しているので，このソフトのような事後比較としての使用は割愛した。

なお，以上はデフォルトとして出した限りの検定である。これ以上の分析は，シンタックスを操作する（syntax command）ことになるが，なかなか面倒である（本格的には，たとえばページら（Page *et al*., 2003）を参照されたい）。

2要因被験者間分散分析

4.1 2要因被験者間分散分析の仕組み

2要因被験者間分散分析（between-subjects factorial ANOVA）とは，統計学で一般に要因計画（factorial design）とよばれるANOVAの一種である。

2章では，1要因のANOVAを学んだ。いいかえれば，その配置の仕方は1元配置法である。この章では2元配置法であり，2要因被験者間分散分析とよぶ実験計画と分析法について説明することとする。

たとえば，要因Aがストレスであったとすれば，他の1要因B，たとえば弁別課題（B）という要因を設定して，実験を行うものとする。いま，Aの水準数をa，Bの水準数をbと表せば，図4.1のような配置になる。この例では，Aの水準数$a=2$，Bのそれは$b=3$となる。すると，この場合，ストレス（A）と学習課題（B）の2×3個，すなわち6個のマスができ上がることになる。各マス（cell）内は$n=5$（匹）の独立した被験体（動物）が割り当てられるとすれば，$2 \times 3 \times 5 = N = 30$（匹）の被験体が無作為に割り当てられることになる。さらに，2要因だけではなく，もっと多くの要因の組合せを作ることができるが，その点がこの種のANOVAの特色である。詳しい数理的根拠はここでは展開してみないが，nが等しい場合，SS，MS，dfなどは，すでに前章で詳しく説明した考え方にしたがっている。

たとえば，各群のnが等しい場合SSとdfの加法性は，ここでも守られているし，たとえば，$MS_A = SS_A/df_A$であり，また，誤差項にてらしてAやBの効果を吟味するF検定の理論も異ならない。しかし，1章で少しふれたAとBの交互作用という新しい項目が登場してくるのも著

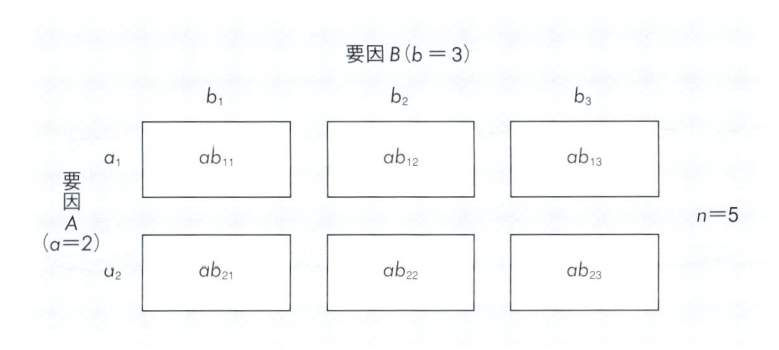

図4.1 A(2)×B(3)の被験体間配置を示す図
$ab = 2(3) = 6$群が生成され，各群の被験体数は$n=5$である。

4.2 2要因被験者間分散分析のモデル

本書 p.51.　2章において，1元配置法の場合次のようなモデルから出発したことを思い出してみられたい。

$$X_{ij} = \mu + \alpha_j + \varepsilon_{ij} \qquad \text{(2.4.1 の繰返し)}$$

ここで，$\alpha_j = \mu_j - \mu$ で，j 番目の処理の効果を表す。

これから説明する2元配置法（$A \times B$ で示す）では，2種の処理要因とその交互作用を含んでいる。式で示せば，次のようになる。

$$X_{ijk} = \mu + \alpha_j + \beta_k + \alpha\beta_{jk} + \varepsilon_{ijk} \qquad (4.2.1)$$

ここで，

X_{ijk} は，1つの測定値

μ は，全体の平均値

α_j は，A の効果で，$\mu_{Aj} - \mu$

β_k は，B の効果で $\mu_{B_k} - \mu$

$\alpha\beta_{jk}$ は，要因 A と B の交互作用効果で，$\mu - \mu_{Aj} - \mu_{Bk} + \mu_{jk}$

ε_{ijk} は，特定の測定値 X_{ijk} に関する誤差の単位であり，平均値は0，分散は σ_e^2 の正規分布をなす。しばしば，$N(0, \sigma_e^2)$ と示される。

この表記の仕方は，統計学の本でよく使用されるので覚えておかれるとよい。

このモデルから，A と B が固定要因（ボックス4.1 参照）の場合，分散の期待値は表4.1 のようになる。

本書 p.52.　いま，要因 A について見てみよう。2章で展開した方式にしたがって，次のような比を求める。

$$F = \frac{E(MS_A)}{E(MS_{S/AB})} = \frac{\sigma_e^2 + nb\sigma_\alpha^2}{\sigma_e^2} \qquad (4.2.2)$$

もし帰無仮説（H_0）が真であり，A の効果がなかったならば，F 値は1に近くなるであろう。この場合 F の分布は標準的な中心的（central）分布とよばれるものとなる。これに反し，もし

表4.1　2元配置（固定モデル）の場合の分散の期待値

変動因	$E(MS)$
A	$\sigma_e^2 + nb\sigma_\alpha^2$
B	$\sigma_e^2 + na\sigma_\beta^2$
AB	$\sigma_e^2 + n\sigma_{\alpha\beta}^2$
S/AB（誤差）	σ_e^2

4.2　2要因被験者間分散分析のモデル

H_0 が偽となるならば，σ_a^2 は 0 とならず，期待値 1 よりも大きくなり，F の分布は非中心的（non central）とよばれる分布となる。B と AB の効果についても，同様な立論が可能である。

図 4.2 には，平方和（SS）と自由度（df）の分解の仕様を示した。そして，次節の分析例で示すように，結果は表 4.2 のように表示することが慣例になっている。

実際の計算法については，次節の用例で詳しく説明する。

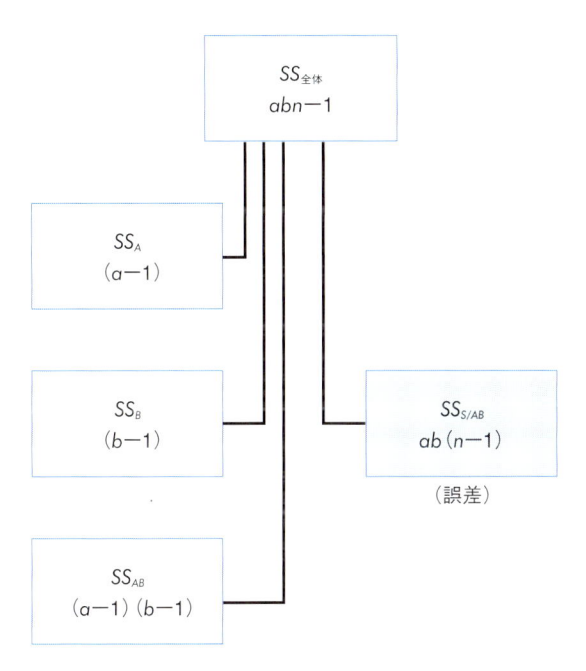

図 4.2　2要因被験者間計画の場合の SS と df の分岐を示す図
右の S/AB 項が，A，B，AB の効果を検定するための誤差項の SS と df である。

ボックス 4.1　無作為要因と固定要因

　実験計画法においては，操作する要因を無作為要因（ランダム）（random factor）と固定要因（fixed factor）とに区別している。

　無作為要因は，その下にある水準が一定の母集団よりランダムに採り出された場合のことをいう。

　たとえば，社会科の参考書には数多くのものがあるが，その中から数冊を無作為に採り出し，生徒に勉強させるという実験の場合，それらの教科書群は無作為要因となるであろう。

　しかし，心理・教育の研究ではたいていの場合，何らかの確定的な理由で決定される要因を取り扱う場合が多い。たとえば，「普通の参考書」「イラスト入りの参考書」「挿入文入りの参考書」というように固定し，その下での学習成績を調べるという形になることが多い。その場合，「教科書」は固定要因と見なされる。実は，要因が無作為か固定かによって，統計的モデルが異なるのであるが，本章の例では 2 つの要因共，固定的と考えてモデルが展開されることとする。

表4.2　2要因被験者間計画の分析方法*

変動因	SS	df	MS	F*
A	SS_A	$(a-1)$	$MS_A=SS_A/df_A$	$MS_A/MS_{S/AB}$
B	SS_B	$(b-1)$	$MS_B=SS_B/df_B$	$MS_B/MS_{S/AB}$
AB	SS_{AB}	$(a-1)(b-1)$	$MS_{AB}=SS_{AB}/df_{AB}$	$MS_{AB}/MS_{S/AB}$
S/AB（誤差）	$SS_{S/AB}$	$ab(n-1)$	$MS_{S/AB}=SS_{S/AB}/df_{S/AB}$	
全体	SS_T	$abn-1$		

*A，B共に固定要因とした場合。
　各要因のF値の誤差項は$MS_{S/AB}$であることは，表4.1の期待値より割り出せる。

4.3　2要因被験者間計画の用例

例題　2要因の，実験データについて一仮想例を見てみよう。B を弁別課題とし，水準は困難 (b_1)，中程度 (b_2)，容易 (b_3) とし，2つのストレス (A) 条件，すなわちストレス低 (a_1)，ストレス高 (a_2) の下で N 匹のネズミ，すなわち $abn=30$ 匹をランダムに $a \times b = 2 \times 3 = 6$ 条件に割り当てたとする（**表4.4**）。ここで，a は要因 A の水準数，b は要因 B の水準数，n は6条件のマス内の被験体数である。その下で各被験体の正反応数を測定値として得たとする。成績は**表4.4**に示した通りとなった。分散分析を行え。

解　分析に先立って，各要因に関する記号を書いておく。後で分かるように，そのことは分散分析と単純効果（後で説明する）および多重比較の計算を説明する上で役に立つであろう。すなわち，**表4.3**のようになる。

表4.3　各要因に関する記号

要因	特定の水準	全水準
A	j	$a=2$
B	k	$b=3$
S	i	$n=5$

（ただし，ここでの S は1章の場合と同様に被験（者）体を表す。大文字の S は本書では標本の標準偏差を示すためにも使用されるが，文脈で区別していただきたい。）

この ANOVA においては，各群が完全に独立していること，つまり群内においても，群間においても，得点間の相関はないということが，前提の一つになっている。吟味する要因 A と B の水準数は，それぞれ $a=2$，$b=3$ となっている。

ここで，前章の1要因の分析と異なる点は，A と B という2種類の主効果（main effect）だけではなく，$A(2) \times B(3)$ という交互作用（効果）(interaction) が登場していることである。そのため，**表4.5**に示したように AB 集計表を作っておく必要がある。交互作用については1章でもふれたが，後に詳しく説明する。

4.3 2要因被験者間計画の用例

表4.4 2要因 (A, B) のデータ表

	b_1(困難)	b_2(中度)	b_3(容易)
a_1 (ストレス低)	5	10	13
	4	8	12
	4	8	11
	2	7	10
	1	6	9
a_2 (ストレス高)	5	7	7
	4	6	6
	2	5	5
	2	4	4
	1	2	3

表4.5 集 計 表

	b_1	b_2	b_3	計
a_1	16	39	55	110
a_2	14	24	25	63
	30	63	80	173

表4.6 平 均 値 表

	b_1	b_2	b_3	周辺平均値
a_1	3.20	7.80	11.00	7.33
a_2	2.80	4.80	5.00	4.20
周辺平均値	3.00	6.30	8.00	

なお, 後の分析のため, 表 4.6 に各マスの平均値を示した*。a_j と b_k の各水準の平均値の算出に注意されたい。たとえば, a_j のそれは, b_k の全水準をならしている (無視している, つぶしている) ために, 平均値は a_1 の合計の 110 を $b \times n$ つまり, $3 \times 5 = 15$ で割った 7.33 となっている。また, 同様の論理により b_1 の平均値は, $30/(2 \times 5) = 3.00$ となっている。これらの平均値は, 後に述べる単純効果の分析で必要になるが, 後に説明するソフトでもオプションとして得られる。

次に計算式の基礎項目を作成する。これらは, 表 4.7 上部に示してある。集計表より, まず, 全体の合計値を得ることは, たいていの分析の行うことである。次いで表 4.7 の下部に入りそして (1) [T] にしたがって, いわゆる修正項 (correction term) を得る。ここで, $T = 319$ の 2 乗を全部のケース, $abn = 2(3)(5) = 30$ で割ってある。ゆえに, abn を N と表示してもよい。

次に (2) [A] は, 個々の得点の 2 乗を集めたものに過ぎない。

計算記号は, 極度に単純化してある。たとえば, (3) [A] の $\Sigma A^2/(bn)$ は, A要因の各水準の 2 乗の和を $bn = 3(5) = 15$ で割っている。(4) [B] についても自ら明らかであろう。なお, (5) の [AB] は, 各マス内の計の 2 乗の和を n で割ったもので, 交互作用の計算に必要なものである。

---

* 平均値は, エクセル (4.5節), SPSS (4.6節) でも簡単に出せるので, それを使用されるとよい。

表4.7 SSの計算

基礎項目の計算*

(1) [T]　　$\dfrac{T^2}{abn} = \dfrac{173^2}{2(3)(5)} = 997.633$

(2) [X]　　$\Sigma X^2 = 5^2 + 10^2 + \cdots\cdots + 2^2 + 3^2 = 1,305.000$

(3) [A]　　$\dfrac{\Sigma A^2}{bn} = \dfrac{110^2 + 63^2}{3(5)} = 1,071.267$

(4) [B]　　$\dfrac{\Sigma B^2}{an} = \dfrac{30^2 + 63^2 + 80^2}{2(5)} = 1,126.900$

(5) [AB]　$\dfrac{\Sigma (AB)^2}{n} = \dfrac{16^2 + 39^2 \cdots\cdots + 24^2 + 25^2}{5} = 1,239.800$

これらの各項は，ソフトでは直接打ち出して示さないが，少し高度な電卓では，たとえば，$\Sigma A^2/bn$ は次の入れ方で出すことができる。

$$(110\wedge 2 + 63\wedge 2)/15 = 1,071.266667$$

他の項の場合も同様に，Basic 式に出せるであろう。もちろん，エクセルを使用しても簡単に出せる。エクセルの場合は，式頭に引数「＝」をつけることを忘れないように。

表4.7 SSの計算（つづき）

$SS_A = (3) - (1)$
　　　$= 1,072,267 - 997.633 = 73.633$
$SS_B = (4) - (1)$
　　　$= 1,126.900 - 997.633 = 129.267$
$SS_{AB} = (5) - (3) - (4) + (1)$
　　　　$= 1,239.800 - 1,071.267 - 1,126.900 + 997.633$
　　　　$= 39.266$
$SS_{S/AB} = (2) - (5)$
　　　　$= 1,305.000 - 1,239,800 = 65.200$
$SS_T = (2) - (1)$
　　　$= 1,305.000 - 997.633 = 307.367$

表4.8 df の計算

df_A	$a - 1 = 2 - 1 = 1$
df_B	$b - 1 = 3 - 1 = 2$
df_{AB}	$(a-1)(b-1) = (2-1)(3-1) = 2$
$df_{S/AB}$	$ab(n-1) = 2(3)(5-1) = 24$
df_T	$abn - 1 = 2(3)(5) - 1 = 29$

次いで，1章で行ったように，これらの項目より，表4.7 に示すような SS（2乗和），表4.8 の df（自由度）を求める。MS（平均平方）は，各 SS を df で割ったものに過ぎない。また，S/AB は，1要因の場合のように，誤差項を得るために大切なものである。各群の n が等しい場合は，

$$SS_T = SS_A + SS_B + SS_{AB} + SS_{S/AB}$$

$$307.367 = 73.634 + 129.267 + 39.266 + 65.200$$

そして，

4.3　2要因被験者間計画の用例

$$df_T = df_A + df_B + df_{AB} + df_{S/AB}$$
$$29 = 1 + 2 + 2 + 24$$

のように，SS と df の加法性が成立する。（ただし，後で述べるように，n が等しくない場合——統計学では，**不釣り合い型**（unbalanced）のデータという——では，分析法によっては，加法性が失われることもある（各マスの n が等しい場合を**釣り合い型**（balanced）という）。

なお，SS と df が分割される様式は，図 4.2 と対照して了解されよう。

1 要因の場合がそうであったように，平方和 SS を自由度 df で割って，平均平方 MS を得る（表 4.9）。A と B が固定モデルにしたがうとすれば，すでに述べたように，$M_{S/AB}$ が適切な誤差項となり，表の右端に示してあるように，この MS で A, B, AB の F を得ることができる。統計量としてのこれらの F は理論値（臨界）F 値（表を引くことで得られる値）と区別して F_0 と書くことがあるが，混乱が生じなければ，ただ F として差しつかえない。

本書 p.52.

上記 2 要因計画の帰無仮説（H_0）と，対立仮説（H_1）は，次のようになる。主効果 A と B については，

要因 A	要因 B
$H_0: \alpha_1 = \alpha_2$	$H_0: \beta_1 = \beta_2 = \beta_3$
$H_1: H_0$ ではない。	$H_1: H_0$ ではない。

交互作用を理解するために，まず図 4.3 をごらんいただきたい。課題 B の各水準，b_1, b_2, b_3 において a_j 正反応は異なっている。つまり，図において分かるように，b_1, b_2, b_3 という順にストレス高低の差は大きくなっている。これを A から見ればストレス低（a_1）では，課題が容易に

> **ボックス 4.2　SS 算出のためのルール**
>
> それぞれの変動因の出し方は，−，＋が入りくんでおり，一見何の意味か分からないように思える。しかし，簡単な見い出し方のルールがある。
>
> たとえば，変動因 A の場合は，df を見ると，$a-1$ となっている。これは表 4.7 の〔A〕と〔T〕に対応しているので，その番号 (3) − (1) となる。同様に，AB 項の場合は，
>
> $(a-1)(b-1) = ab - a - b + 1$ は，次のように対応する。
>   ↓ ↓ ↓ ↓
>   〔AB〕−〔A〕−〔B〕+〔T〕
>
> したがって，表 4.7 の (5) − (3) − (4) + (1) として SS が得られる。
>
> なお，AB のような交互作用の出し方には，別の考え方もある。
> [(5) − (1)] − [(3) − (1)] − [(4) − (1)]，すなわち，どの項も 1 が引かれている。整理すれば，(5) − (1) − (3) + (1) − (4) + (1) となり，結局 (5) − (3) − (4) + (1) のように，上式と同一となる。
>
> これからのどの項も 11 章までは同様のルールが存在する。
>
> このように，df さえ展開すれば，SS の式はとても簡単に得られることが分かる。

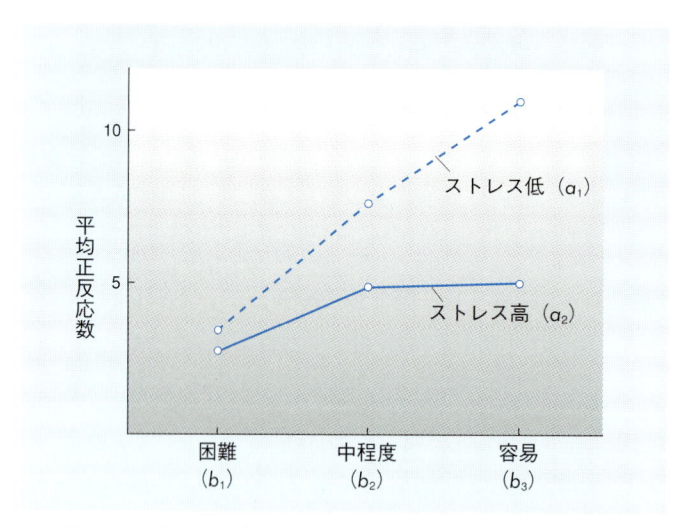

図4.3　A（ストレス），B（課題）の2要因下における正反応数
変数A, Bは，それぞれ質的データとみなしたほうがよいので，この場合，棒グラフで表示するほうがよいかもしれないが，交互作用のあることがわかりやすいので，このように線で表すことがある。

なるほど正反応は多くなっているが，高（a_2）では正反応の変化はそれほどではない。そういった，各水準での開きに注目しておきたい。もともと仮説としては次のように立てておくべきものである。

AB 交互作用

$$H_0：\alpha\beta_{11} = \alpha\beta_{12} = \cdots\cdots = \alpha\beta_{23}$$

$$H_1：H_0 ではない。$$

実際に，データを分析して示したものが，表4.9である。最終的な統計量 F_0 は，$MS_{S/AB}$ を誤差項としたのであるから，それぞれ，

ボックス4.3　$MS_{S/AB}$ と各群の分散との関係

本章2要因の $MS_{S/AB}$ は，前章で述べた1要因の場合と同じように，AB のすべての群の分散，S_{jk}^2 の総計を ab で割った値である。つまり，

$$MS_{S/AB} = \frac{S_{11}^2 + S_{12}^2 + \cdots\cdots + S_{ab}^2}{ab}$$

表4.4の用例の各 S_{jk}^2 の分散を算出してこれを加え，ab で割ってみる。すると，

$$\frac{2.70 + 2.20 + 2.50 + 2.70 + 3.70 + 2.50}{2(3)} = 2.717$$

となり，実際に分散分析表で出した $MS_{S/AB} = 2.717$ と一致していることが分かる。

このことは，誤差項の $MS_{S/AB}$ が，各群の内での変動度を合併し，平均したものであることを示している。

4.3 2要因被験者間計画の用例

表4.9 結果の要約表

変動因	SS	df	MS	F
A	73.634	1	73.633	27.104*
B	129.267	2	64.633	23.791*
AB	39.266	2	19.633	7.227*
S/AB	65.200	24	2.7167	
全体	307.367	29		

*$p < 0.05$

ボックス 4.4　2要因被験者間分散分析の数値例の要約（ストレス×課題）

仮説　要因 A

$H_0 : \alpha_1 = \alpha_2$

$H_1 : H_0$ ではない。

要因 B

$H_0 : \beta_1 = \beta_2 = \beta_3$

$H_1 : H_0$ ではない。

AB 交互作用

$H_0 : ab_{11} = ab_{12} = \cdots\cdots ab_{23}$

$H_1 : H_0$ ではない。

仮定
1. 被験体は，**無作為**かつ**独立**に抽出されている。
2. 各群は**独立**。
3. 各群の母分布は**正規**であり，かつ，**等分散**である。
4. 各群の観測値数 n は，等しく，かつ 1 より大である。

決定のルール（付表 D より，$\alpha = 0.05$ の場合）

要因 A ($df = 1, 24$)
$F_0 < 4.26$ ならば
H_0 を棄却しない。
$F_0 \geq 4.26$ ならば
H_0 を棄却する。

要因 B ($df = 2, 24$)
$F_0 < 3.40$ ならば
H_0 を棄却しない。
$F_0 \geq 3.40$ ならば
H_0 を棄却する。

AB 交互作用 ($df = 2, 24$)
$F_0 < 3.40$ ならば
H_0 を棄却しない。
$F_0 \geq 3.40$ ならば
H_0 を棄却する。

計算（表 4.9 を参照）

$F_A = 27.104$　　$F_B = 23.791$　　$F_{AB} = 7.227$

決定　F_0 はいずれも所定の F 値を超えているので，帰無仮説を棄却する。主効果 A，B の有効性はもとより，B の効果は A のいずれかの水準において異なる，あるいは A の効果は B のいずれかの水準で異なると決定する。

$$F_A = \frac{MS_A}{MS_{S/AB}} = \frac{73.633}{2.717} = 27.104$$

$$F_B = \frac{MS_B}{MS_{S/AB}} = \frac{64.633}{2.717} = 23.791$$

$$F_{AB} = \frac{MS_{AB}}{MS_{S/AB}} = \frac{19.633}{2.7167} = 7.227$$

5％水準を立てておくならば，付表 D を使用して，分子の自由度（ν_1 とも書く）と，分母の自由度（ν_2）に対応する F 値を求めておかねばならない。

A の場合，分子の自由度は 1，分母のそれは 24 であるから，$df = 1, 24$ と書く。付表 D の F の表より，臨界値として 5％水準で 4.26 が求められる。したがって，上の $F_A = 27.104$ は 4.26 より大であるので，H_0 を棄却できる。

また，F_B と F_{AB} はいずれも，$df = 2, 24$ であるから付表より，3.40 と分かる。F_B も F_{AB} もこの値を超えているので，H_1 を支持して H_0 を棄却する。

これまでの結果を表 4.9 に要約表として示し，手順をボックス 4.3 に要約した。

交互作用の意味

前節の例で，2 要因計画での交互作用の意味について，やや直観的に理解されたことと思われるが，交互作用は，2 要因またはそれ以上の計画で重要な意味をもっている。2 要因の場合について定義すると，次のようになる。

> 交互作用とは，1 つの処理の諸水準の成績の差が，他の処理の 2 つまたはそれ以上の水準において異なることを意味する。

いまのことを，2 要因 2 水準，$A(2) \times B(2)$ について図式的に説明しよう。

図 4.4 の（1）から（3）までは，交互作用のない場合，（4）から（6）までは交互作用のある可能性[*]を図で示したものである。ここで，可能性といったのは，本当に有無を決定するには，これまで示したような分散分析の手続きを踏まなければならないからである。

主効果と交互作用は，それぞれ独立とされるから，交互作用はなくてもどちらかまたは，双方の主効果が有意であることもある。（1）では，A と B の主効果は双方とも欠けている。（2）では A はないが B はある。（3）では，A があるばかりでなく，A を無視して B をみると，その効果のあることが視察されよう。（4）〜（6）は，交互作用はあるが，そのパターンは微妙に異なっている。（4）では，A, B もおそらくあり，これらの線が平行的でないことから，交互作用が察知される。（5）では，b_1 では a_1 と a_2 の差はなく，b_2 において大きくその差の開くことによって，交互作用が期待されよう。最後に（6）では，b_1 と b_2 において，a_1 と a_2 の位置がまったく逆に

---

[*] ここで可能性と書いたのは，誤差項をも算出して，それに照らして検定しなければならないからである。本当は，図の見かけだけでは，交互作用の有無の判定はできない。

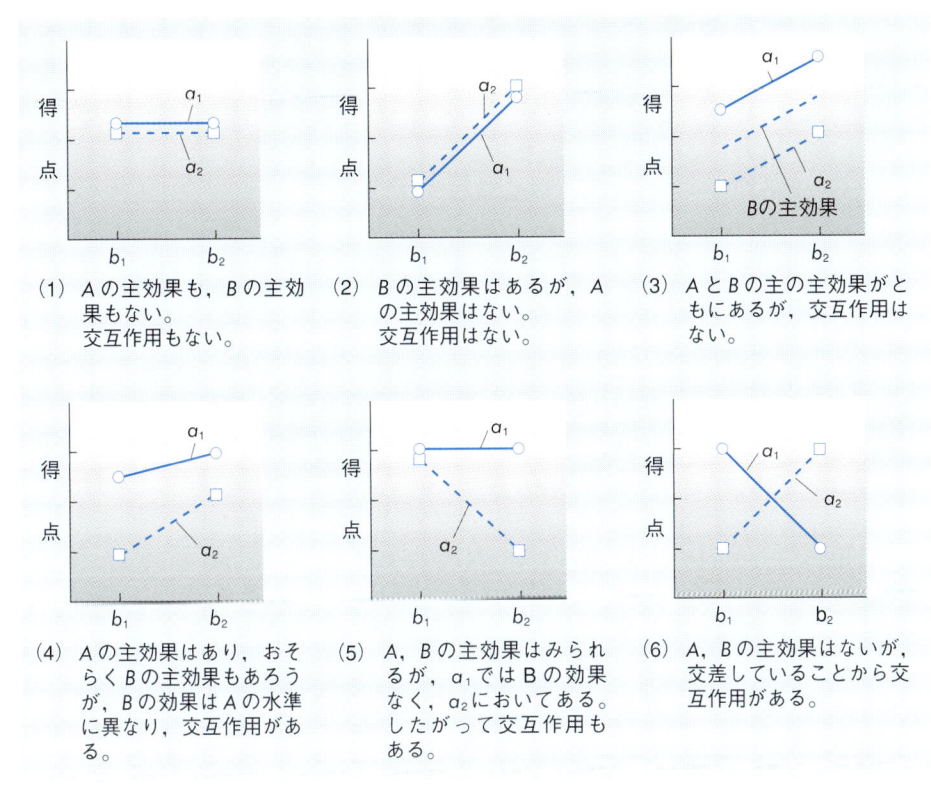

(1) A の主効果も，B の主効果もない。交互作用もない。

(2) B の主効果はあるが，A の主効果はない。交互作用はない。

(3) A と B の主の主効果がともにあるが，交互作用はない。

(4) A の主効果はあり，おそらく B の主効果もあろうが，B の効果は A の水準に異なり，交互作用がある。

(5) A, B の主効果はみられるが，a_1 では B の効果なく，a_2 においてある。したがって交互作用もある。

(6) A, B の主効果はないが，交差していることから交互作用がある。

図4.4 交互作用のない場合とある場合のさまざまな得点の布置

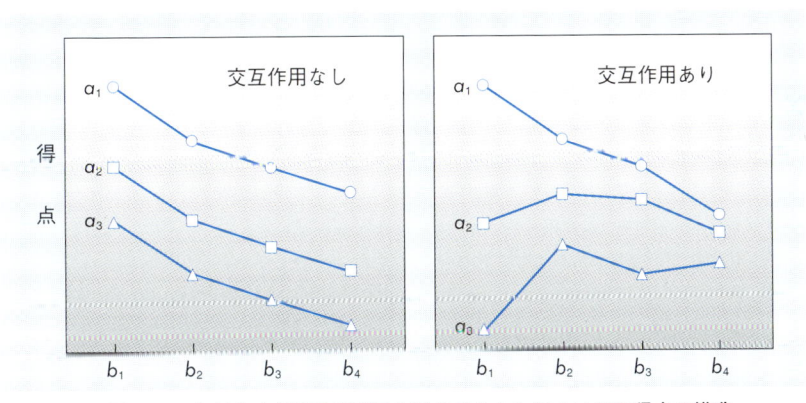

図4.5 $A(3) \times B(4)$ 要因の交互作用のあるなしについての得点の構造

なっているという，交差型のパターンであり，たいてい，著しい交互作用を検出できる場合が多い。なお，水準数がもっと多い場合については，またさまざまなパターンの傾向が生まれ，それだけ複雑な交互作用があろう。たとえば，図4.5 においては，$A(3) \times B(4)$ の場合の交互作用がない場合（左）と，ある場合（右）について仮想例を示したものである。右の場合，a それぞれの勾配に差があるとともに，各 b において a_1, a_2, a_3 の間に差があることに着目すれば，2要因の交互作用について思いをめぐらせることができよう。

いずれにせよ，2要因の分散分析においては，主効果だけではなく，このような交互作用をと

らえることができ，要因効果のいっそう精緻な分析が可能なことに，その特色をみることができよう．2要因以上の場合については，さらに複雑な交互作用が存在する場合が少なくないが，それだけに分析と解釈が難しくなるという問題点を生じる．本書では，後の章において，各種の3要因の場合について詳しく説明する．

4.4 単純効果の検定と多重比較

● 主効果についての多重比較

3章で私たちは，多重比較の概念と方法を学習したが，ここでも，多重比較を行うことができる．これまでの結果により，A，B，AB のそれぞれの要因において有意性を5％水準で確認できた．A は2水準なので，そのままを受け入れ，それ以上の分析は行わない．しかし，B がもし有意ならば，3水準であるから，関心があるなら B の各平均値間，すなわち，平均値 $\overline{B}_1$ と $\overline{B}_2$，$\overline{B}_1$ と $\overline{B}_3$，$\overline{B}_2$ と $\overline{B}_3$ 間の分析を行おうと思うであろう．もしそうであるならば，3.3節で述べた考えと同様に，事後検定ということになる．心理学者が好んで使用する検定は，テューキー法[*]である．この場合，誤差項の値に気をつければ，次のテューキーの q 統計量を平均値 $\overline{B}_k$ と $\overline{B}_{k'}$ 間の差の検定に使用できる．前章の A だけの1要因では，分母において誤差項を n で割ったが，ここの2要因では an で割ればよい．すなわち，

本書 p.75.

$$q = \frac{|\overline{B}_k - \overline{B}_{k'}|}{\sqrt{\dfrac{MS_{S/AB}}{an}}} \tag{4.4.1}$$

たとえば，$\overline{B}_1$ と $\overline{B}_2$ では，表4.6 で示した平均値により，

$$q = \frac{|3.00 - 6.30|}{\sqrt{\dfrac{2.7167}{2(5)}}} = \frac{3.300}{0.521} = 6.33$$

5％水準で検定を行うならば，付表E より，$\alpha = 0.05$，平均値数 $= 3$，$df = 24$ のところの臨界 q 値は3.53となり，観測された6.33はそれより大であるから，有意差ありとされる．

ちなみに，A の場合は水準数2で，こうした多重比較は必要ではないが，一般式を掲げておく．

$$q = \frac{|\overline{A}_j - \overline{A}_{j'}|}{\sqrt{\dfrac{MS_{S/AB}}{bn}}} \tag{4.4.2}$$

5％水準で検討するとすれば，$\alpha = 0.05$，平均値数 $= 2$，$df = 24$，付表E より臨界値は2.92である．t 型の統計量の場合は，B の水準間の検定を行う場合，

---

[*] テューキー法は，事後検定でも，包括的ANOVAに関係なく行ってよいのだが，このように，ANOVAの結果が一応有意なのを見て行うことが多い．

4.4 単純効果の検定と多重比較

$$t_{(適切)} = \frac{w_1\overline{B}_1 + w_2\overline{B}_2 + \cdots\cdots + w_b\overline{B}_b}{\sqrt{MS_{S/AB}\left(\frac{(w_1)^2}{an} + \frac{(w_2)^2}{an} + \cdots\cdots + \frac{(w_b)^2}{an}\right)}} \tag{4.4.3}$$

ここで $t_{(適切)}$ と書いたのは，さまざまな型の t 形で使用できるからである。t 型統計量は，直交比較，ボンフェローニ法，シダック法の場合に使用できるが，前章の注意が必要である。いま，シダック法で 2 回の両側 5％水準の検定を行うとする。たとえば，(b_1 と b_2) 対 b_3 と，b_2 対 b_3 の 2 回を行うとすれば，3.6 節で述べたように，それぞれ，

本書 p.75–86.

(ケース 1) $\quad t = \dfrac{(+1)(3.00)+(+1)(6.30)+(-2)8.00}{\sqrt{2.7167\left(\dfrac{(+1)^2+(+1)^2+(-2)^2}{2(5)}\right)}} = -5.25$

(ケース 2) $\quad t = \dfrac{(+1)(6.30)+(-1)(8.00)}{\sqrt{2.7167\left(\dfrac{(+1)^2+(-1)^2}{2(5)}\right)}} = -2.31$

付表 G「シダックの検定表」より $t_{0.05/2,\,2,\,24}$ となり（2 は比較する回数を表す），この両側検定の臨界値は 2.385。ケース 1 の絶対値がこの値を超えているので有意差ありとする。

すでに 3.6 節で述べたように，シダック法は元来事前検定であるから，比較を行う上で合理的な理由を持っていることを原則とする。

事後比較であるシェフェイの多重比較法では，B の各平均の係数をつけた比較は，

$$F_S = \frac{(w_1\overline{B}_1 + w_1\overline{B}_2 + \cdots\cdots + w_b\overline{B}_b)^2}{MS_{S/AB}\left(\dfrac{w_1^2}{an} + \dfrac{w_2^2}{an} + \cdots + \dfrac{w_b^2}{an}\right)} \tag{4.4.4}$$

($\overline{B}_1$ と $\overline{B}_2$) 対 $\overline{B}_3$ の比較を行うならば，係数付きの値は，次のようになる。いま 5％水準で検定しようとする。

$$F = \frac{[(+1)(3.00)+(+1)6.30+(-2)8.00]^2}{2.7167\left[\dfrac{(+1)^2+(+1)^2+(-2)^2}{2(5)}\right]} = 27.54$$

臨界値はすでに 3.7 節で述べたように，分子の自由度 ν_1，分母の自由度 ν_2 の F を求め，次式 F_S による。

$$\begin{aligned} F_S &= (b-1)F_{\alpha,\,\nu_1,\,\nu_2} \\ &= (3-1)F_{0.05,\,2,\,24} \\ &= 2(3.40) = 6.80 \end{aligned}$$

この 6.80 を上の 27.54 は超えているので有意とされ得る。

● 単純主効果の検定

これまで，主効果 A，B 間のそれぞれの水準間の分析をしてきた。しかし，交互作用が有意な場合，まず B の特定水準 (b_k) における A の効果，A の特定水準 (a_j) における B の効果を分析してみるのが，一般的に行われている方法である。これを**単純主効果**（simple main effect）の検定という。b_k における A の**単純主効果**は次の SS を出すことから始める。

$$b_k \text{における} A : \text{一般式} \; SS_{A(b_k)} = \frac{\sum\limits_{j}^{a} (AB_{jk})^2}{n} - \frac{B_k^2}{an}$$

$$b_1 \text{における} A : SS_{A(b_1)} = \frac{16^2 + 14^2}{5} - \frac{30^2}{2(5)} = 0.400$$

$$b_2 \text{における} A : SS_{A(b_2)} = \frac{39^2 + 24^2}{5} - \frac{63^2}{2(5)} = 22.500$$

$$b_3 \text{における} A : SS_{A(b_3)} = \frac{55^2 + 25^2}{5} - \frac{80^2}{2(5)} = 90.000$$

これらの計は，右のようになる。　　　　　　　　　　　　　112.900（計）　⎫
検算としては，　　　　$SS_A + SS_{AB} = 73.634 + 39.266 = 112.900$ ⎬ 等しくなる
　　　　　　　　　　　　　　　　　　　　　　　　　　　　　　　　　　　⎭

このように，b_k における SS_A の計は，$SS_A + SS_{AB}$ の計と一致することが分かる。時にまるめの誤差が出るものの，このようにチェックしながら計算すると，誤りもなくなり便利であろう。

同様に，a_j における B の SS も分解することができる。

$$a_j \text{における} B : \text{一般式} \; SS_{B(a_j)} = \frac{\sum\limits_{k}^{b} (AB_{jk})^2}{n} - \frac{A_j^2}{bn}$$

$$a_1 \text{における} B : SS_{B(a_1)} \quad = \frac{16^2 + 39^2 + 55^2}{5} - \frac{110^2}{3(5)} = 153.733$$

$$a_2 \text{における} B : SS_{B(a_2)} \quad = \frac{14^2 + 24^2 + 25^2}{5} - \frac{63^2}{3(5)} = 14.8000$$

検算　　$SS_B + SS_{AB}$　　　　$= 129.267 + 39.266$　　　$= 168.533$（計）

となり，計算が正しいことが確認できる。これらの単純主効果の分子の自由度は，それぞれ主効果の A および B の df と同様であり，また誤差項はすべて $MS_{S/AB}$ であり，df は S/A のそれである。念のため，表 4.10 にそれらを集約し，5％水準で検定を行ってみた。

実際には F 値の検定は，主効果の場合と同様の df_{ν_1, ν_2} につき付表 D の F の表を見て行う。すなわち，$F_{A(b_k)}$ の場合は，付表 D より 5％水準では，

$$F_{0.05, \, 1, \, 24} = 4.26$$

が臨界値であるから，それより大きな，b_2 と b_3 水準の A が有意である。また，$F_{B(a_j)}$ では，付表より，

$$F_{0.05, \, 2, \, 24} = 3.40$$

4.4 単純効果の検定と多重比較

表4.10　単純主効果の検定表

		SS	df	MS	F
b_kにおけるSS_A	$SS_{A(b_1)}=$	0.400	1	0.400	0.15
	$SS_{A(b_2)}=$	22.500	1	22.500	8.28*
	$SS_{A(b_3)}=$	90.000	1	90.000	33.12*
a_jにおけるSS_B	$SS_{B(a_1)}=$	153.733	2	76.867	28.29*
	$SS_{B(a_2)}=$	14.800	2	7.400	2.72
$SS_{S/A}$（誤差）		65.200	24	2.7167	

*$p<0.05$

臨界値は，付表Dより，各b_kにおけるAの臨界値は$F_{0.05,\ 1,\ 24}=4.26$で，b_2とb_3におけるF値が有意，また，各a_jにおけるBの臨界値は，$F_{0.05,\ 2,\ 24}=3.40$で，a_1におけるF値のみ有意となった。

となるので，b_2, b_3水準のAおよびa_1水準のBが有意という，単純主効果の結果となった。このことは，図4.3からも認められよう。

単純主効果検定後の多重比較

先に主効果に関する単純主効果の検定を行ってきたが，AB交互作用が有意なことであり，またいくつかの単純主効果が有意であるから，つづいて以下に述べるように，AとBの各水準における平均値の多重比較を行うことが多い。たとえば，図4.3を見ても明らかなように，各b_kにおけるAの効果を見ると，b_1（困難な課題）においては，ストレス高・低の差はないが，中度・容易な課題においては，明らかにストレスの低いほうが高い得点を得ている。そこで，各b_kにおけるa_jの平均値間，すなわち，$\overline{A}_{j(b_k)}$と$\overline{A}_{j'(b_k)}$をテューキー法を用いて検討してみると次式のようになる（Aは2水準であり，b_kにおける$\overline{A}_j$と$\overline{A}_{j'}$の多重比較は行わなくても，すでに上の単純主効果の検定で十分であるが，ここでは用例を示すために行ってみる）。

$$q = \frac{|\overline{A}_{j(b_k)} - \overline{A}_{j'(b_k)}|}{\sqrt{\dfrac{MS_{S/AB}}{n}}} \tag{4.4.5}$$

たとえば，b_1における$\overline{A}_1 - \overline{A}_2$では，次の統計量を計算する。平均値はすでに表4.6にある。

$$q = \frac{|3.20-2.80|}{\sqrt{\dfrac{2.7167}{5}}} = \frac{0.400}{0.737} = 0.54$$

平均値数は2，$df=24$の臨界値を付表Eより求めると$\alpha=0.05$では，2.92である。よって，得られた0.54はこの値に及ばないので，H_0を棄却できない。

次いで，a_jにおける$\overline{B}_k - \overline{B}_{k'}$も同様に求めることができる。$a_1$における2つの平均間の差の検定は，次式による。

$$q = \frac{|\overline{B}_k(a_j) - \overline{B}_{k'}(a_j)|}{\sqrt{\dfrac{MS_{S/AB}}{n}}}$$

116   4章　2要因被験者間分散分析

たとえば，a_1 における $\overline{B}_1$ と $\overline{B}_2$ の差を見る場合，

$$q = \frac{|3.20 - 7.80|}{\sqrt{\dfrac{2.7167}{5}}} = \frac{4.60}{0.737} = 6.24$$

付表 E での，平均値数 3, $df = 24$ の $\alpha = 0.05$ の値は，3.53。ゆえに有意差ありとする。

4.5　エクセルによるデータ処理

n が等しい場合の 2 要因分析は，エクセルでとても簡単に処理できる。

2.6 節で行った手順と同様で，まずエクセルの場合に，(ア) のように直接データを入力する。次いで，ツール（T）→ 分析ツール（D）→ データ分析 → 分散分析：繰り返しのある二元配置 とドラッグしながら進んで「OK」すると（イ）が出るので，「新規又は次のワークシート（F）」を ◉ にする。前章の手順のように点滅する鎖線で A1 から D11 までを囲むと入力範囲が設定されるので，1 標本あたりの行数（R）を 5 とする（これは $n = 5$ のこと）。そして「OK」をクリッ

本書 p.59.

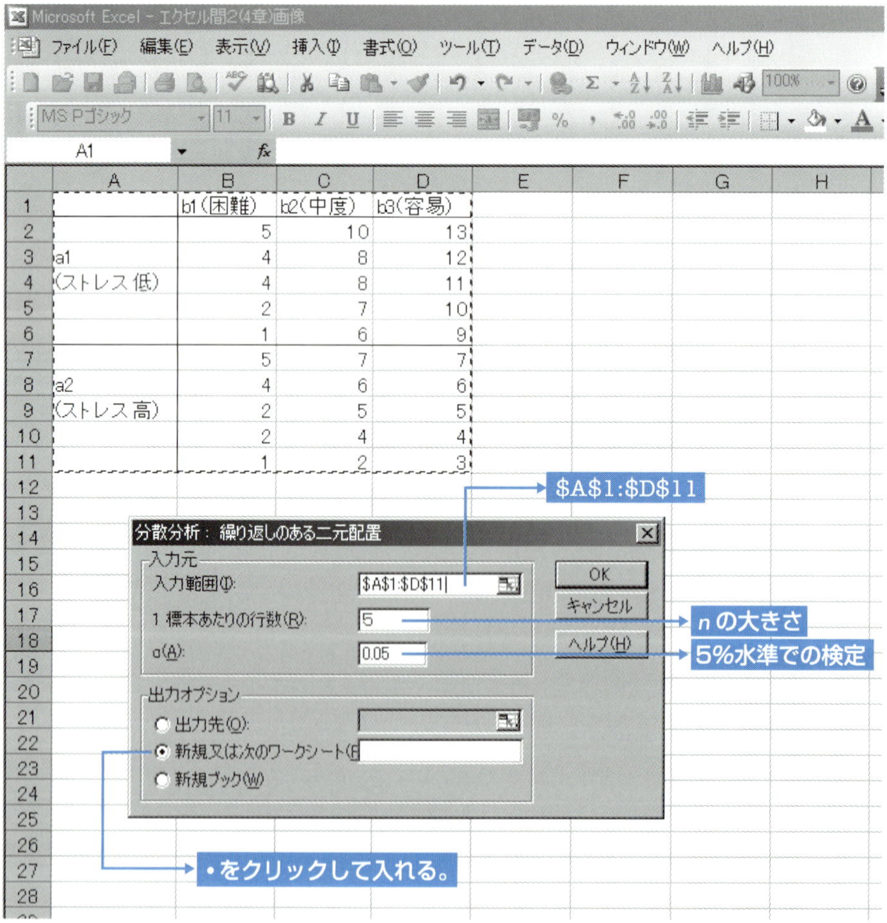

図4.6　エクセルによる入出力（その1）

4.5 エクセルによるデータ処理　　117

分散分析：繰り返しのある二元配置

概要	b1(困難)	b2(中度)	b3(容易)	合計
a1(不安低)				
標本数	5	5	5	15
合計	16	39	55	110
平均	3.2	7.8	11	7.333333333
分散	2.7	2.2	2.5	13.0952381
a2(不安高)				
標本数	5	5	5	15
合計	14	24	25	63
平均	2.8	4.8	5	4.2
分散	2.7	3.7	2.5	3.6
合計				
標本数	10	10	10	
合計	30	63	80	
平均	3	6.3	8	
分散	2.444444	5.122222	12.222222	

(ウ)

(エ) 分散分析表

変動要因	変動	自由度	分散	観測された分散比	P-値	F 境界値
標本	73.63333	1	73.633333	27.10429448	2.47E-05	4.259675
列	129.2667	2	64.633333	23.79141104	2.02E-06	3.402832
交互作用	39.26667	2	19.633333	7.226993865	0.003493	3.402832
繰り返し誤差	65.2	24	2.7166667			
合計	307.3667	29				

設定した α＝0.05 に対応する臨界値。

正確確率

図4.6　エクセルによる入出力（その2）

クすると，すぐに（ウ）と（エ）が算出される．（エ）の出力の読み方は，前章の場合と同様であるから，あらためて説明するまでもないが，変動要因のうち 標本 と書いてある列が要因 A，列 が要因 B の変動を示す．

入力の仕方からも分かるように，エクセルの2元配置法では，n がすべて等しい場合に限る．

さらに，p 値の標示では，値が小さくなる場合は指数標示となっている．したがって，標本の 2.47E-05 というのは，0.0000247 のことを示す．

ここで注意しなければならないことがある．エクセルの計算結果の表の（エ）に「繰り返し」という用語が使用されている．この言葉を，「反復測定」という行動科学で使用される用語と同じ意味にとってはならない．

「繰り返し」（replicate）というのは，フィッシャーの使った用語で，被験者（体）を増やすということであり，各マス内の n が1以上であることを意味している．ここでは $n=5$ であるから，（エ）に 繰り返し誤差 という項目が出ているわけである．なお，6章以降で盛んに出てくる「反復測定」（repeated measurement）というのは，同一被験者（体）に数水準の処理をほどこすと

118　4章　2要因被験者間分散分析

本書 p.26.　いう意味である。このことはすでに1.7節でも述べたことであるので混同しないように注意していただきたい。

ボックス 4.5　Fの表はもういらない？──エクセルですぐ出るF臨界値（！）

本書の巻末には，仰々しいFの表（付表D）があるが，エクセル関数 FINV を使用すれば，すぐF臨界値は出せる。まず下の表の上部に関連する項目を入れておく。すなわち，両側検定の確率（この場合は，0.05），分子の自由度（2），分母の自由度（12）。次いで，*fx* として，関数 FINV を選ぶ。そしてそれを「OK」する。図の枠が出てくるので，これまでの入れ方と同様に，A2，B2，C2を枠を点滅させて入れる。「OK」すれば，D2のところに答え，3.885…… が出てくる。

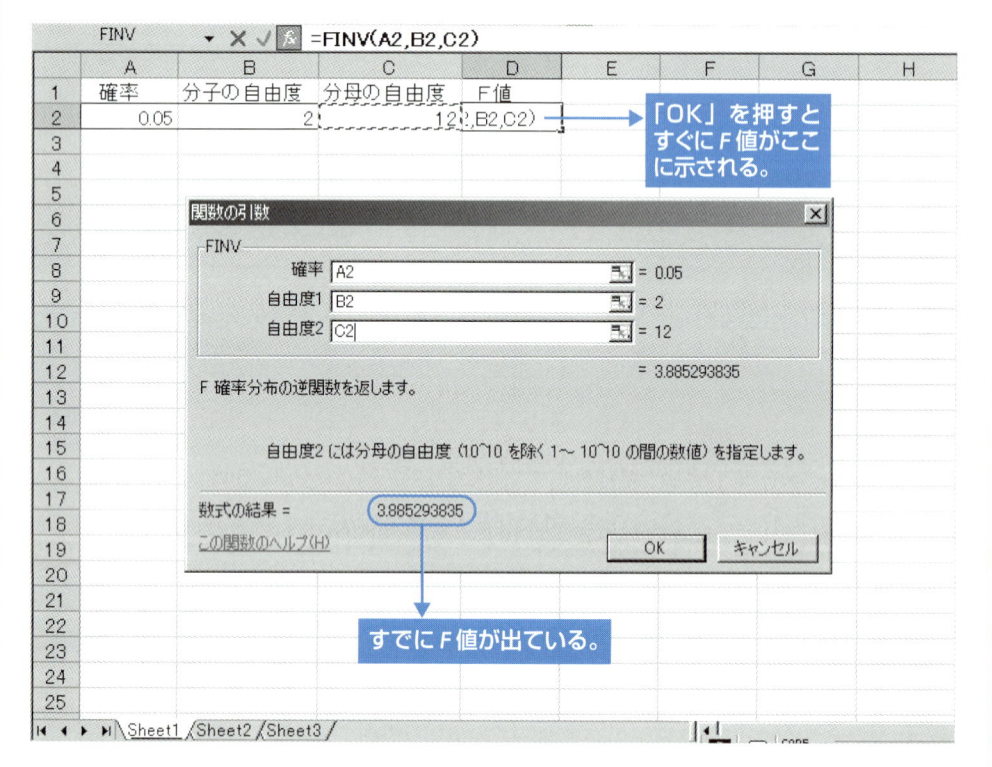

この関数では，分子の自由度（ν^1）のことを，「自由度1」，分母の自由度（ν^2）のことを「自由度2」としていることが分かる。

ほかに，エクセル関数の FDIST を使用すれば，特定のF値（そこでは x と示されている），上記2種類の自由度を入れれば，正確率を出すので，画面上に出る ヘルプ を見ながら，出して見ていただきたい。検定の場合，たとえば確率の値が5％以下ならば，H_0は棄却されることになる。

4.6 SPSSによるデータ処理

2要因の分析は，2章で述べたSPSSの1要因の分析方法に1要因増加しただけであるから，1要因の場合を十分にマスターしたならば，たいして難しいことではないであろう。まず，(ア) のように変数を定義しよう。

次に，2章と同様に，値ラベルをつけておく。要因 A については，値 (U) に1（第1水準であることを示す）。値ラベル (E) には，ストレス低を入れて追加をクリックする，等。要因 B についても，入れて追加することを繰り返す。それらの結果，別々に（イ）のようなラベリングができていくはずである。最後に「OK」すれば，次の（ウ）の左の枠が出るので，(ウ) の左表のように，各要因の水準番号をつけ，データ（成績）を入力する。2章の場合と同様に，荷札をクリックするごとに要因が番号で出るか，ラベルで出るかのいずれかとなる。

次いで，2章の場合と同様に，分析 (A) をクリックし，一般線型モデル (G) → 1変量 (U) とドラッグして進み，最後にクリックすると，次の（エ）のようなボックスが出る（この場合2要因でも1変量なので注意されたい）。2つの要因を青色にして 固定因子 (F) にクリックして入れる。成績は 従属変数 なので，同様に青色として▶をクリックして上に入れる。この手順は，1要因の場合と同様である。すると次の（オ）のようになる。

入　力

(ア)

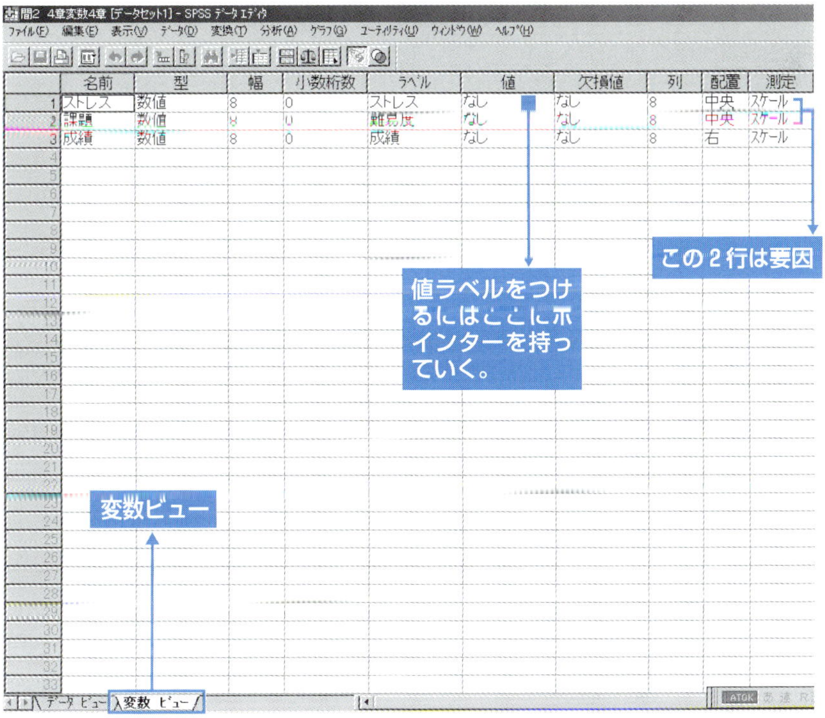

図4.7　SPSSによる入出力（その1）

(イ)

まずこれができる。

次にこれができればOK。

(ウ)

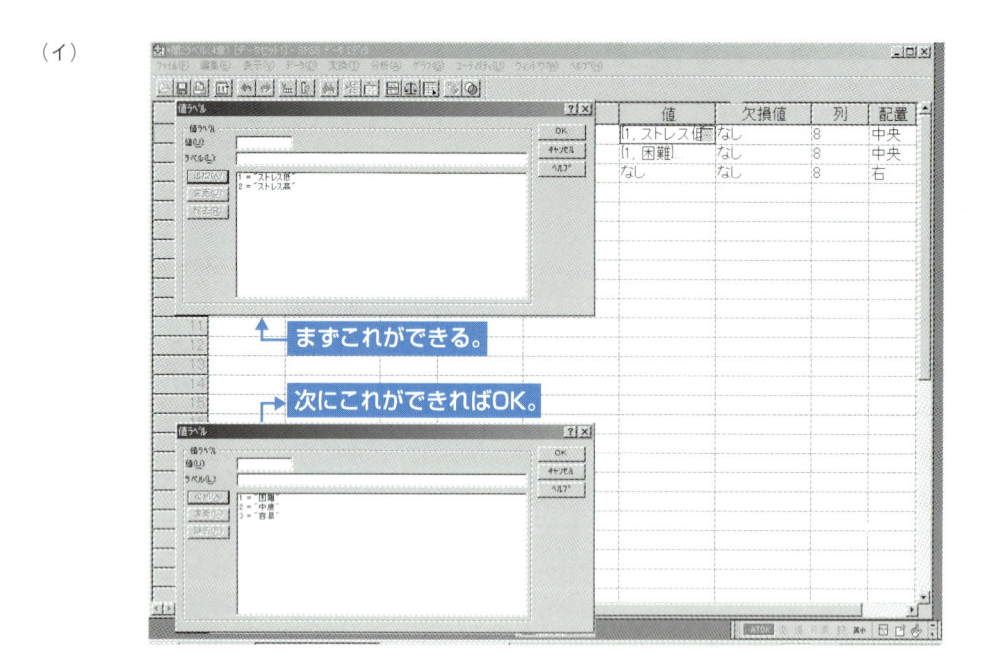

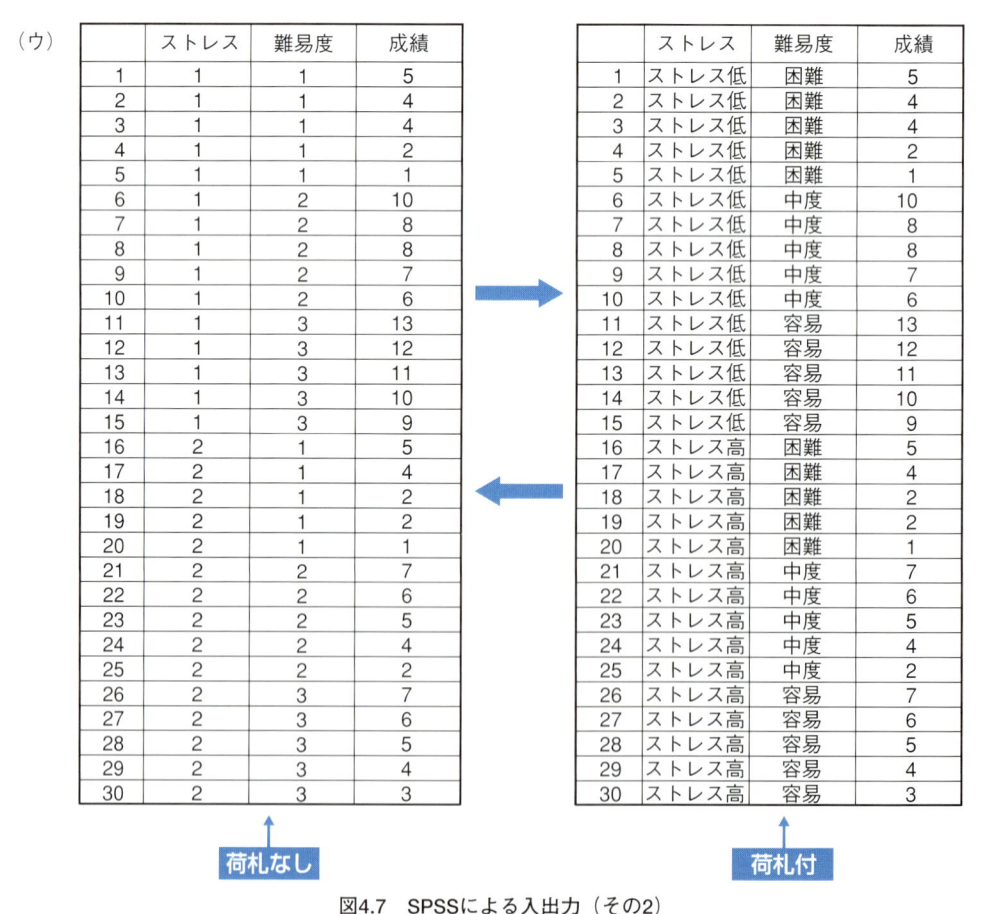

	ストレス	難易度	成績
1	1	1	5
2	1	1	4
3	1	1	4
4	1	1	2
5	1	1	1
6	1	2	10
7	1	2	8
8	1	2	8
9	1	2	7
10	1	2	6
11	1	3	13
12	1	3	12
13	1	3	11
14	1	3	10
15	1	3	9
16	2	1	5
17	2	1	4
18	2	1	2
19	2	1	2
20	2	1	1
21	2	2	7
22	2	2	6
23	2	2	5
24	2	2	4
25	2	2	2
26	2	3	7
27	2	3	6
28	2	3	5
29	2	3	4
30	2	3	3

荷札なし

	ストレス	難易度	成績
1	ストレス低	困難	5
2	ストレス低	困難	4
3	ストレス低	困難	4
4	ストレス低	困難	2
5	ストレス低	困難	1
6	ストレス低	中度	10
7	ストレス低	中度	8
8	ストレス低	中度	8
9	ストレス低	中度	7
10	ストレス低	中度	6
11	ストレス低	容易	13
12	ストレス低	容易	12
13	ストレス低	容易	11
14	ストレス低	容易	10
15	ストレス低	容易	9
16	ストレス高	困難	5
17	ストレス高	困難	4
18	ストレス高	困難	2
19	ストレス高	困難	2
20	ストレス高	困難	1
21	ストレス高	中度	7
22	ストレス高	中度	6
23	ストレス高	中度	5
24	ストレス高	中度	4
25	ストレス高	中度	2
26	ストレス高	容易	7
27	ストレス高	容易	6
28	ストレス高	容易	5
29	ストレス高	容易	4
30	ストレス高	容易	3

荷札付

図4.7　SPSSによる入出力（その2）

4.6 SPSSによるデータ処理　　　　　　　　　　121

（エ）

（オ）

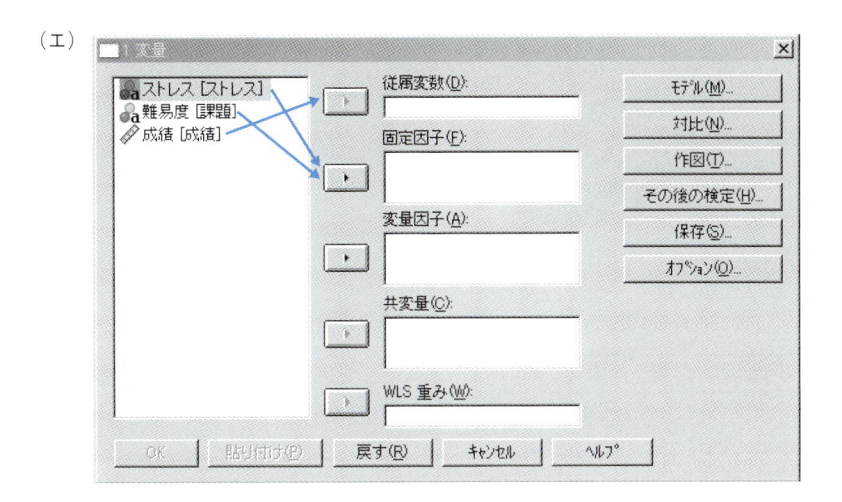

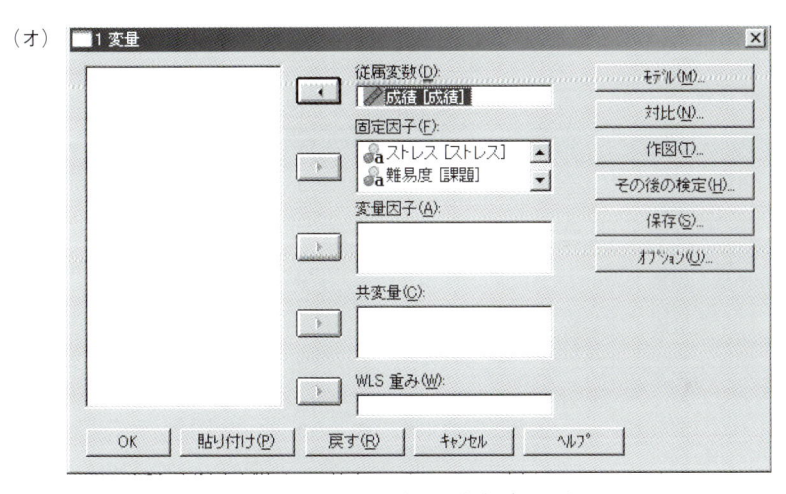

図4.7　SPSSによる入出力（その3）

　このまま「OK」してもよいのだが，せっかくだから右下の，オプション（O）をクリックして，2章の場合と同様に記述統計に☑を入れ，また，

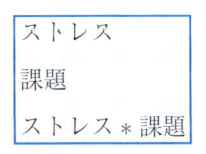

> ストレス
> 課題
> ストレス＊課題

のようにブルーとして，▶をクリックして右の平均値の表示（M）に移しておく。2章の1要因と同様である。これは，周辺平均を得るためのものである。そして，続行をクリックし，「OK」をクリックすれば，次頁の出力を得る。

　2要因となっているものの，解読の仕方は1章と同一であるから，途中で分からなくなったら1章の入・出力の仕方にかえって再読していただければ，理解できよう。ストレスと課題の交互作用は，ストレス＊課題のように，×ではなく＊印を使用している。

　また分散分析結果（ク）は，前節エクセルの出力（エ）とも一致していることも確かめられた　本書 p.117.

出　力

(カ)　一変量の分散分析

被験者間因子

		値ラベル	N
ストレス	1	ストレス低	15
	2	ストレス高	15
難易度	1	困難	10
	2	中度	10
	3	容易	10

> 出力構造は、2章と基本的に同じである。

記述統計量

従属変数：成績

(キ)

ストレス	難易度	平均値	標準偏差	N
ストレス低	困難	3.20	1.643	5
	中度	7.80	1.483	5
	容易	11.00	1.581	5
	総和	7.33	3.619	15
ストレス高	困難	2.80	1.643	5
	中度	4.80	1.924	5
	容易	5.00	1.581	5
	総和	4.20	1.897	15
総和	困難	3.00	1.563	10
	中度	6.30	2.263	10
	容易	8.00	3.496	10
	総和	5.77	3.256	30

被験者間効果の検定

従属変数：成績

(ク)

ソース	タイプIII 平方和	自由度	平均平方	F値	有意確率
修正モデル	242.167[a]	5	48.433	17.828	.000
切片	997.633	1	997.633	367.227	.000
ストレス	73.633	1	73.633	27.104	.000
課題	129.267	2	64.633	23.791	.000
ストレス＊課題	39.267	2	19.633	7.227	.003
誤差	65.200	24	2.717		
総和	1305.000	30			
修正総和	307.367	29			

a. R2乗＝.788（調整済みR2乗＝.744）

> 分析結果：手計算と基本的に一致する。

図4.7　SPSSによる入出力（その4）

(ケ)　推定周辺平均

1. ストレス

従属変数：成績

ストレス	平均値	標準誤差	95%信頼区間 下限	95%信頼区間 上限
ストレス低	7.333	.426	6.455	8.212
ストレス高	4.200	.426	3.322	5.078

2. 難易度

従属変数：成績

難易度	平均値	標準誤差	95%信頼区間 下限	95%信頼区間 上限
困難	3.000	.521	1.924	4.076
中度	6.300	.521	5.224	7.376
容易	8.000	.521	6.924	9.076

3. ストレス＊難易度

従属変数：成績

ストレス	難易度	平均値	標準誤差	95%信頼区間 下限	95%信頼区間 上限
ストレス低	困難	3.200	.737	1.679	4.721
	中度	7.800	.737	6.279	9.321
	容易	11.000	.737	9.479	12.521
ストレス高	困難	2.800	.737	1.279	4.321
	中度	4.800	.737	3.279	6.321
	容易	5.000	.737	3.479	6.521

図4.7　SPSSによる入出力（その5）

い。なお，周辺平均値（ケ）も，4.3節で述べたように手計算と一致している。

ついでに，前章の場合と同様に，その後の検定（H）もやってみておこう。p.121 のダイアログボックス（オ）よりその後の検定（H）を選び，前章の入れ方と同様に，現れたその後の多重比較で現れた左の因子をブルーにして，右に移し，この場合もすでに述べたようにテューキー法を選ぶならばTukey（T）を☑して続行 →「OK」と進めば，次頁の表が得られる。

難易度については，3水準なので，多重比較を行い，また，最後の表のように，等質なものをまとめている。要するに水準困難は，他の中度と容易よりもぬきん出て値が低いことが分かる。

これ以上の分析は，デフォルトでは出してくれていないので，残念ながら比較の分析は主効果にとどまる。

なお，SPSSの最初の分析でよく出てくることば「一般線形モデル」について，ボックス4.6で説明した。

警告

グループが3つ未満しかないので，ストレスに対してはその後の検定は実行されません。

> 低・高と2水準しかないので，当然のことである。

～～～　中　略　～～～

その後の検定

難易度

多重比較

従属変数：成績
Tukey HSD

(I)難易度	(J)難易度	平均値の差(I−J)	標準誤差	有意確率	95%信頼区間 下限	95%信頼区間 上限
困難	中度	−3.30*	.737	.000	−5.14	−1.46
	容易	−5.00*	.737	.000	−6.84	−3.16
中度	困難	3.30*	.737	.000	1.46	5.14
	容易	−1.70	.737	.074	−3.54	.14
容易	困難	5.00*	.737	.000	3.16	6.84
	中度	1.70	.737	.074	−.14	3.54

観測された平均に基づく。
＊平均値の差は.05水準で有意です。

等質サブグループ

成績
Tukey HSD[a,b]

難易度	N	サブグループ 1	サブグループ 2
困難	10	3.00	
中度	10		6.30
容易	10		8.00
有意確率		1.000	.074

等質サブグループのグループ平均はタイプIII平方和に基づき表示されます。
誤差項は平均平方（誤差）＝2.717です。
　a.調和平均サンプルサイズ＝10.000を使用します。
　b.アルファ＝.05

図4.8　SPSSによる多重比較の出力

4.7 マス内の観測値数が不揃いの場合の分析——重みづけられない平均値分析法　　125

> **ボックス 4.6　一般線形モデル**
>
> **一般線形モデル**（general linear model）——この言葉は，多くの統計的分析に広く使用されている重要な用語である。
>
> 2 章の式 2.4.1 を見ていただきたい。
>
> $$X_{ij} = \mu + \alpha_j + \varepsilon_{ij}$$
>
> これは，1 要因被験者間の ANOVA の根底にあるモデルであった。さらに，2 要因の場合（式 4.2.1）は，
>
> $$X_{ijk} = \mu + \alpha_j + \beta_k + \alpha\beta_{jk} + \varepsilon_{ijk}$$
>
> となり，いずれの式も線形（1 次）式になっていることが分かる。
>
> 本書では紹介しなかったが，多くの他の分析モデルもまた，線形になっているのでものが多い（たとえば，多変量解析）。もし 1 次式にならなければ，処理は大変難しいものになるであろう。
>
> 本書の SPSS の始めの部分で，すべて「一般線型モデル」と出てきて，ここから分析を進めていくことも，上記の理由によるものである。

マス内の観測値数が不揃いの場合の分析　——重みづけられない平均値分析法

これまでに述べた 2 要因の分析は，各群の被験者数が等しい，すなわちすべての標本の大きさが n である場合について行った。本章であげた例でも，$n = 5$ と同一であった。そのような場合の分析は比較的容易であり，また，多くのテキストでも，n の等しい場合について述べている。

しかしながら，実際には，各群の被験者数が異なる場合も生じてこないわけではない。その理由については，次の 2 つのケースが考えられる。

第 1 は，処理自体の本性に由来するものである。最初は被験者を無作為に各群に割りつけたものの，偶発的な要因以外で n が等しくなくなって，不釣り合いになってしまったという場合である。

たとえば，電気ショックを与える条件と与えない条件，そして学習の難易度の異なる 2 条件の，2 要因 $2 \times 2 = 4$ 群を，最初は n を等しくして無作為に配置したのだが，ショックがあまりに強力であったために，耐えられず数匹が脱落したという場合があげられる。

第 2 の場合は，n を等しくしていたのだが，全く偶発的な理由で，n が等しくなってしまったという場合である。

たとえば，被験者が実験に来る時間を忘れてしまっていたとか，車の事故があったということで，n が等しくなくなってしまったということ，また，実験者の教示を聞きまちがえてしまって，反応時間が著しく遅くなってしまって，除去しなければならなくなり不釣り合いになったという場合である。

4章 2要因被験者間分散分析

これら2つの場合は，n が不揃いになったという点では同じでも，その理由は異なった原因に由来するということを知っていなければならない。

まず第2の，偶発的な理由で不揃いになった場合について考えてみよう。この場合に研究者がよく行う分散分析は，いわゆる**重みづけられない平均値分析法**（unweighted-means analysis）である（基本的な考えは，山内，1978 参照）。その方法は，A と B という2要因実験において各マスの n_{jk} によって，マス内の合計算の単純平均を算出し（したがって，各マス内の値はいずれも1個になる），それぞれの平方和 SS'_A, SS'_B, SS'_{AB} を算出し，それぞれの SS を成立させるものとして n の調和平均，$\tilde{n}$ を掛けて調整するものである。すなわち，$SS_A = \tilde{n}(SS'_A)$, $\tilde{n}(SS'_B)$, $\tilde{n}(SS'_{AB})$ となる。ここで，単なる算術平均ではなく，調和平均を使用するのは，標本分布の分散が n よりも $1/n$ に比例することによる。ダッシュのついた SS は，各マスの平均値より算出したことを示す。

なお，次の用例に示すように，誤差項に関する $SS_{S/AB}$ は，n の等しい場合と同形で各マスのデータ値より直接導き出すのである。

例題 いま A と B 2要因について実験を行い，各マス内のケースを等しく4名と決めて質問紙を与え，後日回収したところ，折悪しく集団風邪が流行し，ab_{11} に2名，ab_{31} に1名，ab_{32} に1名の者が出席できなくなったので，マス内の観測値数に不揃いが生じたとする。そこで，いたし方なく**表 4.11** のデータについて分析せざるを得なくなった。このデータを重みづけられない平均値分析法を使用して分散分析を行い，また単純効果の検定および単純比較を施行せよ。

解 この場合は，実験者の予期しない偶発的な理由で不揃いになり，しかもそれは，少しのケースであるから，一応，重みづけられない平均値法によって分析してみることにする。この場合の集計表・周辺平均値も作っておく（**表 4.12**）。

まず，A', B', AB' の SS 算出のために，次式で通常の SS のように（ゆえに，マス内の n は 1），ダッシュ付の $(1') \sim (5')$ を求める。

$(1')\ [T']\quad \dfrac{\Sigma(T')^2}{ab} = \dfrac{(183.83)^2}{3(2)} = 5{,}632.245$

……

$(3')\ [A']\quad \dfrac{\Sigma(A')^2}{b} = \dfrac{64.25^2 + 57.25^2 + 62.332^2}{2} = 5{,}645.327$

$(4')\ [B']\quad \dfrac{\Sigma(B')^2}{a} = \dfrac{100.75^2 + 83.08^2}{3} = 5{,}684.283$

$(5')\ [AB']\quad \Sigma(AB')^2 = 32.00^2 + 22.25^2 + \cdots\cdots + 37.00 + 25.33^2 = 5{,}732.984$

4.7 マス内の観測値数が不揃いの場合の分析——重みづけられない平均値分析法　127

表 4.11　マス内観測値の不揃いの場合の 2 要因群間分散分析のためのデータ

		b_1	b_2
a_1		30	36
		—	31
		34	30
		—	32
	計	64	129
	n_{1k}	2	4
	平均値	32.00	32.25
a_2		34	21
		34	25
		32	30
		27	26
	計	127	102
	n_{2k}	4	4
	平均値	31.75	25.50
a_3		39	25
		35	23
		—	28
		37	—
	計	111	76
	n_{3k}	3	3
	平均値	37.00	25.33

* ab_{11}, ab_{31}, ab_{32}, のマス内の n_{jk} が不揃いになっている。分析のため各マスの平均値（青い囲み部分）を算出した。

表 4.12　マス内平均値についての集計表・周辺平均値

	b_1	b_2	計	周辺平均値
a_1	32.00	32.25	64.25	32.13
a_2	31.75	25.50	57.25	28.63
a_3	37.00	25.33	62.33	31.17
計	100.75	83.08	183.83	
周辺平均値	33.58	27.69		

$$調和平均：\tilde{n} = \frac{ab}{\Sigma\left(\frac{1}{n_{jk}}\right)} = \frac{3(2)}{\left(\frac{1}{2} + \frac{1}{4} + \frac{1}{4} + \frac{1}{4} + \frac{1}{3} + \frac{1}{3}\right)} = 3.1305$$

上記の記号は，n が等しい場合に対応させてある。

誤差項を算出するために，次の 2 つの項を算出しなければならない。

(2) $\quad \Sigma X^2 = 30^2 + 36^2 + \cdots\cdots 28^2 + 37^2 = 18,997.000$

……

……

(5) $\quad \Sigma \dfrac{(AB_{jk})^2}{n_{jk}} = \dfrac{64^2}{2} + \dfrac{129^2}{4} + \cdots\cdots + \dfrac{111^2}{3} + \dfrac{76^2}{3} = 18,873.833$

次いで，上記の算出にもとづいて SS を計算する。

$$SS_A = \tilde{n}[(3') - (1')] = 3.1305[5,645.327 - 5,632.245] = 40.953$$

$$SS_B = \tilde{n}[(4') - (1')] = 3.1305[5,684.283 - 5,632.245] = 162.905$$

$$SS_{AB} = \tilde{n}[(5') - (3') - (4') + (1')]$$
$$= 3.1305[5,732.984 - 5,645.327 - 5,684.283 + 5,632.245] = 111.505$$

$$SS_{S/AB} = (2) - (5) = 18,997.000 - 18,873.833 = 123.167$$

これを分散分析表にまとめると，表4.13のようになる。この表の中の $A \sim AB$ は，普通の分散分析のようであり，また $N = 20$，df は $N - 1 = 19$ であるから，df については全体の加法性は保証されている。つまり，

$$2 + 1 + 2 + 14 = 19$$

となっているが，SS については加法性は必ずしも成立しない。ゆえに，記さないままにしてある。

5％水準で検定しようとしたのならば，A と AB については，付表Dより $F_{0.05,\ 2,\ 14} = 3.74$，となり AB のみその値を超えているので有意な交互作用があり，B については $F_{0.05,\ 1,\ 14} = 4.60$ でこの主効果は有意となる。

主効果，交互作用の解釈の仕方は，n が揃っている場合と同様である。

n が不揃いの場合のそれぞれの要因についての比較も n が等しい場合と同じ考えで行う。ただし，一つの考えとして n の代わりに $\tilde{n}$ を使用する。本例でまず要因 A，B について，それぞれの各要因の水準どうしについてまず分析してみる。いま，テューキー法について書けば，B は2水

表4.13　表4.11の n の不揃いのデータに関する分散分析表

変動因	SS	df	MS	F
A	40.953	$a-1=3-1=2$	20.477	2.33
B	162.905	$b-1=2-1=1$	162.905	18.52*
AB	111.505	$(a-1)(b-1)=(3-1)(2-1)=2$	55.753	6.33*
S/AB	123.167	$N-ab=19-6=14$	8.798	
	………	$N-1=19$		

*$p < 0.05$

4.7 マス内の観測値数が不揃いの場合の分析——重みづけられない平均値分析法

準なので行う必要はないとして，A についての式は，

$$q = \frac{|\overline{A}_j - \overline{A}_{j'}|}{\sqrt{\dfrac{MS_{S/AB}}{b\tilde{n}}}}$$

となる．ただし，要因 A が ANOVA において有意ではないので，たいてい多重比較を行わないであろう．仮に行うとすれば A_1 と A_3 について 5％水準で検定すると，表 4.12 より，平均値を取り出し，次式を立てる．

$$q = \frac{|32.13 - 31.17|}{\sqrt{\dfrac{8.800}{2(3.1305)}}} = 0.95$$

付表 E より，$q_{0.05,\,3,\,14} = 3.70$ よりはるかに小さい値なので，H_0 を棄却できない．

比較において，鉄則というものは存在しない．しかしながら，心理・教育の研究者は，2 要因またはそれ以上の ANOVA の分析においては，交互作用が有意なのを見て（たいてい，事後検定になる），単純主効果の分析を始める人が多い．上例においても，AB 交互作用が有意なので，特定の b_k における A の効果，または a_j における B の効果を見たいと思うであろう．したがって，前節の n の等しい場合のアナロジーとして，次のように SS を算出できる．

$$\text{一般式}: SS_{A(b_j)} = \tilde{n}\left[\sum_{j}^{a}(AB'_{jk})^2 - \frac{B'^2_k}{a}\right]$$

b_1 における A：$SS_{A(b_1)} = 3.1305\left(32.00^2 + 31.75^2 + 37.00^2 - \dfrac{100.75^2}{3}\right) = 54.91$

b_2 における A：$SS_{A(b_2)} = 3.1305\left(32.25^2 + 25.50^2 + 25.33^2 - \dfrac{83.08^2}{3}\right) = 97.55$

検算　$SS_A + SS_{AB} = 40.96 + 111.51 = 152.47 \approx 152.46$（計）

$$\text{一般式}: SS_{B(a_j)} = \tilde{n}\left[\sum_{k}^{b}(AB'_{jk})^2 - \frac{A'^2_j}{b}\right]$$

a_1 における B：$SS_{B(a1)} = 3.1305\left(32.00^2 + 32.25^2 - \dfrac{64.25^2}{2}\right) = 0.10$

a_2 における B：$SS_{B(a2)} = 3.1305\left(31.75^2 + 25.50^2 - \dfrac{57.25^2}{2}\right) = 61.14$

a_3 における B：$SS_{B(a3)} = 3.1305\left(37.00^2 + 25.33^2 - \dfrac{62.33^2}{2}\right) = 213.17$

検算　$SS_B + SS_{AB} = 162.91 + 111.51 = 274.42 \approx 274.41$（計）

5％水準で検定するとすれば，すでに述べたように，$F_{0.05,\,2,\,14} = 3.74$，$F_{0.05,\,1,\,14} = 4.60$ であるから，検定結果は，表 4.14 に示したようになる．

なお以上の方法は，2 要因以上の被験者間計画について一般化できる．また，多重比較についても，4.4 節の n を $\tilde{n}$ に代えることによって使用できる．

すでに，p.126 で述べたように，この重みづけられない平均値分析法は，偶発的な理由によっ

表4.14　単純主効果の検定結果

変動因	SS	df	MS	F
$A(b_1)$	54.91	2	27.46	3.12
$A(b_2)$	97.55	2	48.78	5.54*
$B(a_1)$	0.10	1	0.10	0.01
$B(a_2)$	61.14	1	61.14	6.95*
$B(a_3)$	213.17	1	213.17	24.22*
S/AB（誤差）		14	8.800	

*$p<0.05$

てほんの数例の欠損が生じたと限定するならば使用すべきである．ただし，この方法は，各項の SS の合計と，全体の SS_T が一致しないということとか，MS の根底にある χ^2 が正しくならないといった批判がある（カーク，1995）．

したがって，評価の定まらない以上，できるだけ使用しないことが望ましい．

他方，p.125 に記したように，必然的な理由によって，多数の脱落が生じたといった場合は，重みづけられない方法は不適切であろうし，また，分析も不可能ではないにしても，パラメータを推測しなければならないために，単純な計算に終わらないようになる（たとえば，「最小自乗評定法」等（ワイナーら，1991，p.388–404））．

4.8　被験者間2要因計画の仮定

本章の2要因の ANOVA が成立するには，1要因の場合と同様に，本章の初めのモデルの式があてはまることはもちろん，次の仮定が充たされていなければならない．

(1)　被験者（体）は，それぞれの母集団から無作為に抽出された者であるか，あるいは，被験者は処理の組合せに無作為に割り当てられたものでなければならない．

(2)　ab の処理の組合せ各々の母集団は，正規分布をしている．

(3)　ab の処理の組合せの母集団の分布は等しい（等分散）である．

2.2 節で述べたように，仮定 (2) の侵犯に対し F 検定は「頑健」であるが，(1) と (3) は，検定結果の解釈をさまたげ，過誤の確率に大きな影響を及ぼすことが多い．一応の目安としては，マス（セル）の最大の分散，$S^2_{最大}$ と $S^2_{最小}$ の比が3を超えるならば，危険ラインに入ったと考えることができるが，すでに述べたハートレーの検定法を用いて，より正確にその比を検定できる．

ボックス 4.2 の分散の例では，最大の分散は $S^2_{2,2}$ の 3.70，最小の分散は $S^2_{1,2}$ の 2.20 であるから，

$$F_{\max} = \frac{3.70}{2.20} = 1.68$$

付表 F の「$F_{\max}$ の検定表」より，分散の個数 $= 6$，マス内の自由度，$n - 1 = 5 - 1 = 4$ であるから，もし5％水準で検定するならば，表値は29.5 となる．観測された1.68 はその値よりも

小さいので，分散の等質性の仮定に矛盾しないことになる。ただし，n の大きさが小さいときは，検出力が落ちる心配があるので，適切な大きさの n を採(と)るようにする必要がある。

4.9　本計画における実際的有意性

すでに 2.9 節で述べたように，実際的有意性は，H_0 の下での統計的有意性と並んで，あるいはそれ以上に大切な事柄である。ここでは 2 要因の場合における 2 つの測度——「関連の強さの測度」と「有効な大きさの測度」について説明する。

本書 p.68.

(a) 関連の強さの測度（$\hat{\omega}^2$）

カーク（1999）により，「部分的オメガ 2 乗」(partial omega squared) について述べよう。処理 B と AB 交互作用を無視した場合の，処理 A と従属変数 X との関係は，次式によって与えられる。

$$\hat{\omega}_{X \text{と} A \, [B \cdot AB]} = \frac{(a-1)(F_A - 1)}{(a-1)(F_A - 1) + nab} \tag{4.9.1}$$

ここで，$[B.AB]$ は，それらの要因を排除したことを示す。

表 4.3 の場合は，次のようになる。

$$\frac{(2-1)(27.101 - 1)}{(2-1)(27.101 - 1) + 5(2)(3)} = 0.46$$

また B と X については，次式による。

$$\hat{\omega}_{X \text{と} B \, [A \cdot AB]} = \frac{(b-1)(F_B - 1)}{(b-1)(F_B - 1) + nab} \tag{4.9.2}$$

したがって，

$$\frac{(3-1)(23.788 - 1)}{(3-1)(23.788 - 1) + 5(2)(3)} = 0.60$$

さらに，AB と X については，

$$\hat{\omega}_{AB \text{と} X \, [A \cdot B]} = \frac{(a-1)(b-1)(F_{AB} - 1)}{(a-1)(b-1)(F_{AB} - 1) + nab} \tag{4.9.3}$$

したがって，

$$\frac{(2-1)(3-1)(7.226 - 1)}{(2-1)(3-1)(7.226 - 1) + 5(2)(3)} = 0.29$$

これらのことから要因 A の 46 %，B の 60 %，AB の 29 % が，依存変数の変異度と関連しているといえよう。また，これらの 3 つの値を 2.9 節で述べた $\hat{w}$ についての「コーエンの指針」に照らしてみれば，明らかに大きな関連であると判定される。

本書 p.69.

(b) 有効な大きさの測度

2.9 節で述べたヘッジスの統計量は，A および B の各水準間の対比の大きさを示す指標となる。一般式は，次のようである。A については，

$$g = \frac{|\overline{A}_j - \overline{A}_{j'}|}{\sqrt{MS_{S/A}}} \tag{4.9.4}$$

ここで，$\sqrt{MS_{S/A}} = \sqrt{2.717} = 1.648$

$$\overline{A}_1 と \overline{A}_2 : \frac{|7.33 - 4.20|}{1.648} = \frac{3.14}{1.648} = 1.90$$

本書 p.69. この値を g についての「コーエンの指針」にもとづいて解釈すると，これもまた大きい効果であるといえよう。

処理 B についての統計量は，次式で与えられる。

$$g = \frac{|\overline{B}_k - \overline{B}_{k'}|}{\sqrt{MS_{S/A}}} \tag{4.9.5}$$

$$B_1 と B_2 : \frac{|3.00 - 6.30|}{1.648} = \frac{3.30}{1.648} = 2.00$$

$$B_1 と B_3 : \frac{|3.00 - 8.00|}{1.648} = \frac{5.00}{1.648} = 3.03$$

$$B_2 と B_3 : \frac{|6.30 - 8.00|}{1.648} = \frac{1.70}{1.648} = 1.03$$

これらもまた，明らかに大きい効果であるといえよう。

3要因被験者間分散分析

5.1 3要因被験者間分散分析のモデルと計画

前節で私たちは A と B の2要因分散分析の分析の仕方と，その例について解いてみた。この章では，ABC と，C の要因が加わる **3要因の被験者間分散分析** について吟味してみることにする。

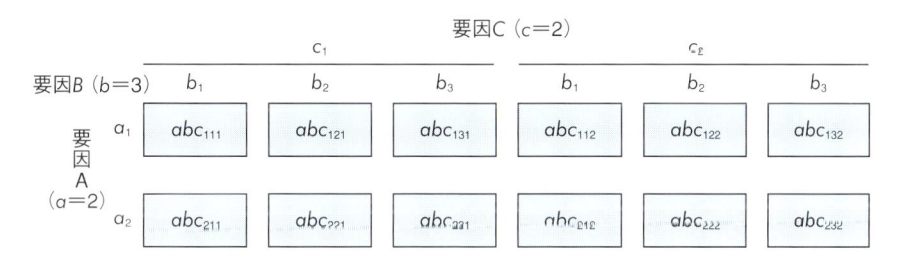

図 5.1 3要因の被験者間要因計画の配置の例
abc 個の独立した群より成っている。

図 5.1 に，$a=2$, $b=3$, $c=2$ とした場合のマスを表示している。このマス内の n は等しいものとする。

いま，原式抜きで A, B, C 要因がすべて固定要因だとした場合の，各変動因の分散の期待値，$E(MS)$ を書き下ろすと，表 5.1 のようになる。

すでに 4.1 節で説明した論理により，この表から，各要因の効果を判定するには，$MS_{S/ABC}$（誤差項）との比を取ることになる。

表 5.1 3要因配置（固定モデル）の場合の期待値

変動因	$E(MS)$
A	$\sigma_e^2 + nbc\,\sigma_\alpha^2$
B	$\sigma_e^2 + nac\,\sigma_\beta^2$
C	$\sigma_e^2 + nab\,\sigma_\gamma^2$
AB	$\sigma_e^2 + nc\,\sigma_{\alpha\beta}^2$
AC	$\sigma_e^2 + nb\,\sigma_{\alpha\gamma}^2$
BC	$\sigma_e^2 + na\,\sigma_{\beta\gamma}^2$
ABC	$\sigma_e^2 + n\sigma_{\alpha\beta\gamma}^2$
S/ABC（誤差）	σ_e^2

たとえば，AB の場合は，この交互作用の第 2 項，$nc\sigma_{\alpha\beta}^2$ の成分がもしなければ，σ_e^2 だけとなり，S/ABC の σ_e^2 と等値となるから，交互作用 AB の効果の判定にはこの項が適切であることが分かる。

このように見ると，この固定モデルの場合のすべての検定は，誤差項として S/ABC の MS を用いることになる。

このように，2 要因の場合と同様に AB，AC，BC の 2 要因の交互作用，つまり，1 次の交互作用が検定されるけれども，2 つの要因の場合と異なって，**3 要因の交互作用（2 次の交互作用）**，ABC が吟味の対象となることが新しい点である。この 3 要因の交互作用の意味については，実例をもって後に詳しく論議したい。また，単純効果や多重比較の分析も 4 章と同じ論理で進めていくが，より多くの検定量について調べていかなければならないことになる。

また，全体の SS と df の分岐は，図 5.2 に示す通りである。検定すべき項目は多くなるとはいえ，誤差となるべき項目は 1 つであり，構成はそれほど難しいものではない。したがって，分散分析の仕方も，表 5.2 に示すように分かりやすいものとなる。

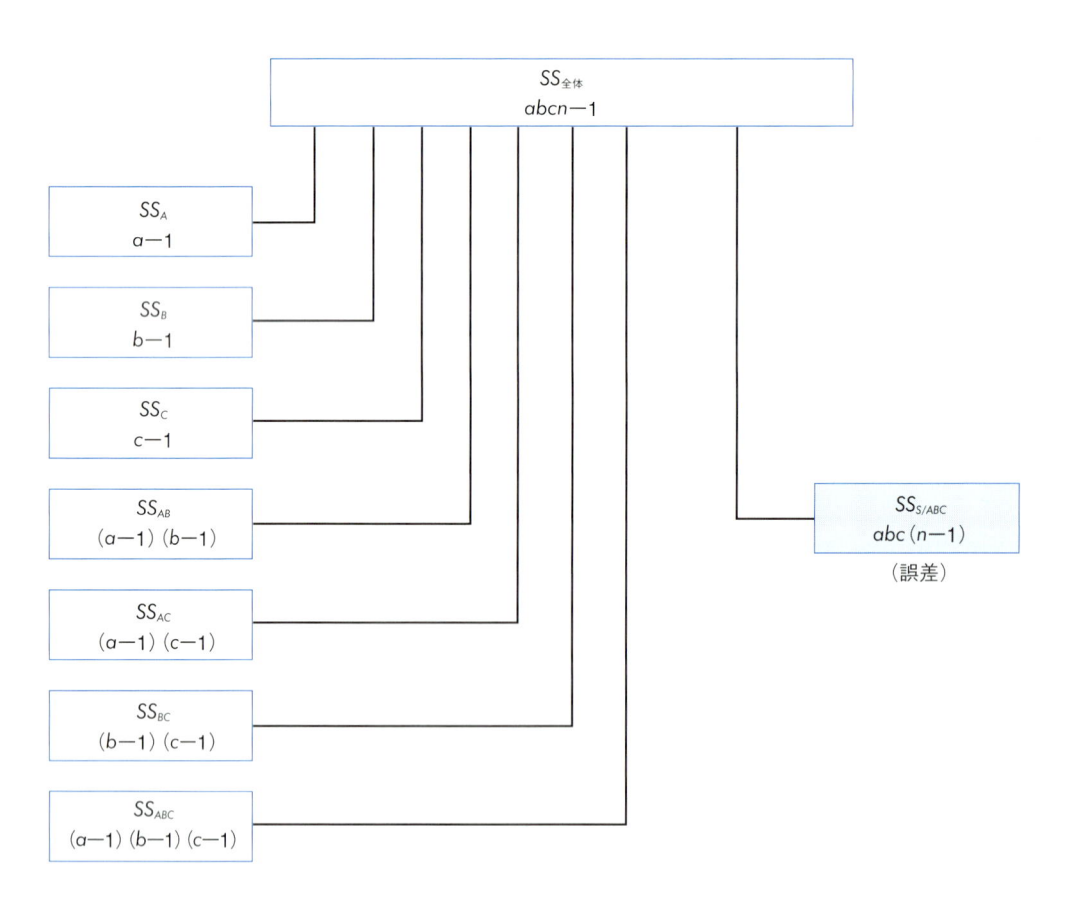

図 5.2 3 要因被験者間計画の平方和と自由度の分化

5.2 3要因被験者間分散分析の用例とSPSSによるデータ処理

表5.2 被験者間3要因計画の要約表

変動因	SS	df	MS*	F
A	SS_A	$a-1$	MS_A	$MS_A/MS_{S/ABC}$
B	SS_B	$b-1$	MS_B	$MS_B/MS_{S/ABC}$
C	SS_C	$c-1$	MS_C	$MS_C/MS_{S/ABC}$
AB	SS_{AB}	$(a-1)(b-1)$	MS_{AB}	$MS_{AB}/MS_{S/ABC}$
AC	SS_{AC}	$(a-1)(c-1)$	MS_{AC}	$MS_{AC}/MS_{S/ABC}$
BC	SS_{BC}	$(b-1)(c-1)$	MS_{BC}	$MS_{BC}/MS_{S/ABC}$
ABC	SS_{ABC}	$(a-1)(b-1)(c-1)$	MS_{ABC}	$MS_{ABC}/MS_{S/ABC}$
S/ABC (誤差)	$SS_{S/ABC}$	$abc(n-1)$	$MS_{S/ABC}$	
全体	SS_T	$abcn-1$		

*これまでの章と同様に，MSはSSをdfで割ったものである．

5.2 3要因被験者間分散分析の用例とSPSSによるデータ処理

3要因の実験データについて，一仮想例を示してその分析を行ってみよう．

例題 言語学習が行われたとし，操作される独立変数つまり要因は，次の3つとする．すなわち，

不安 (A) ： a_1（高），a_2（低）
課題 (B) ： b_1（困難），b_2（中程度），b_3（容易）
提示時間 (C)： c_1（速い），c_2（遅い）

したがって，群は $2 \times 3 \times 2 = 12$ 群となり，無作為に60人が，各群5人ずつ無作為に配置されたものとする（Aは分類による変数．B，Cは処理による変数）．

表5.3に，各要因の各水準および全水準に関する記号を書き下しておく．そして，従属変数は，正しく覚えた個数とする．

表5.3 要因表

要因	特定の水準	全水準
A	j	$a=2$
B	k	$b=3$
C	l	$c=2$
S	i	$n=5$

3要因の場合の以上の要因に関するデータは，表5.4に示した．これより，さらに ABC の集計表，AB の集計表，等を作成していく．なお，表5.6には，各マス内および周辺の平均値を示した．これらの平均値の出し方は，すでに2要因の場合の4.3節に示したやり方と同一で

表5.4　データ表

	b_1		b_2		b_3	
	c_1	c_2	c_1	c_2	c_1	c_2
a_1	6	5	3	4	7	5
	2	4	7	6	9	8
	3	7	6	10	10	11
	4	1	9	7	11	9
	1	3	5	8	12	7
a_2	3	4	4	11	13	19
	7	3	7	16	9	15
	4	2	6	15	10	16
	5	1	8	13	11	13
	1	0	10	18	7	17
	36	30	65	108	99	120

表5.5　集計表

ABC 集計表

	b_1		b_2		b_3	
	c_1	c_2	c_1	c_2	c_1	c_2
a_1	16	20	30	35	49	40
a_2	20	10	35	73	50	80
計	36	30	65	108	99	120

AB 集計表

	b_1	b_2	b_3	計
a_1	36	65	89	190
a_2	30	108	130	268
計	66	173	219	458

AC 集計表

	c_1	c_2	計
a_1	95	95	190
a_2	105	163	268
計	200	258	458

BC 集計表

	c_1	c_2	計
b_1	36	30	66
b_2	65	108	173
b_3	99	120	219
計	200	258	458

表5.6 平均値表

ABC 平均値表

	b_1 c_1	b_1 c_2	b_2 c_1	b_2 c_2	b_3 c_1	b_3 c_2	周辺平均値
a_1	3.20	4.00	6.00	7.00	9.80	8.00	6.33
a_2	4.00	2.00	7.00	14.60	10.00	16.00	8.93
周辺平均値	3.60	3.00	6.50	10.80	9.90	12.00	

AB 平均値表

	b_1	b_2	b_3	周辺平均値
a_1	3.60	6.50	8.90	6.33
a_2	3.00	10.80	13.00	8.93
周辺平均値	3.30	8.65	10.95	

AC 平均値

	c_1	c_2	周辺平均値
a_1	6.33	6.33	6.33
a_2	7.00	10.87	8.93
周辺平均値	6.67	8.60	

BC 平均値

	c_1	c_2	周辺平均値
b_1	3.60	3.00	3.30
b_2	6.50	10.80	8.65
b_3	9.90	12.00	10.95
周辺平均値	6.67	8.60	

ある。たとえば，右の中の表の ab_{11} の平均値は，c と n を無視している（ならしている）のだから $36/cn = 36/2(5) = 3.60$ となる。他の場合も同一のルールにしたがって各平均値を算出した。これらは，得点の一般的傾向を知る上でも，また多重比較を行う上でも必要になる。もっとも，これらの表は，次節の SPSS の出力からも直接得られるので，それを利用できれば手計算の必要はないであろう。

解　SPSS によるデータ処理と分散分析表の作成

これまでのような2要因までなら，手計算で比較的簡単に行えるが，3要因では手計算は大変わずらわしい。そこで，本書では3要因の場合は，デフォルトとしてできるところまで SPSS にやらせることにしたい。

入力

入力の仕方は，前章と同様である。1要因増えたにすぎない。変数ビュー は図 6.3 の（ア）のようになることはすぐお分かりと思う。

138　　　5章　3要因被験者間分散分析

(ア)

> 変数の入れ方は，要因が増えただけで，2章，4章の仕方と変わらない。最初の3行が要因，最後が得点である。

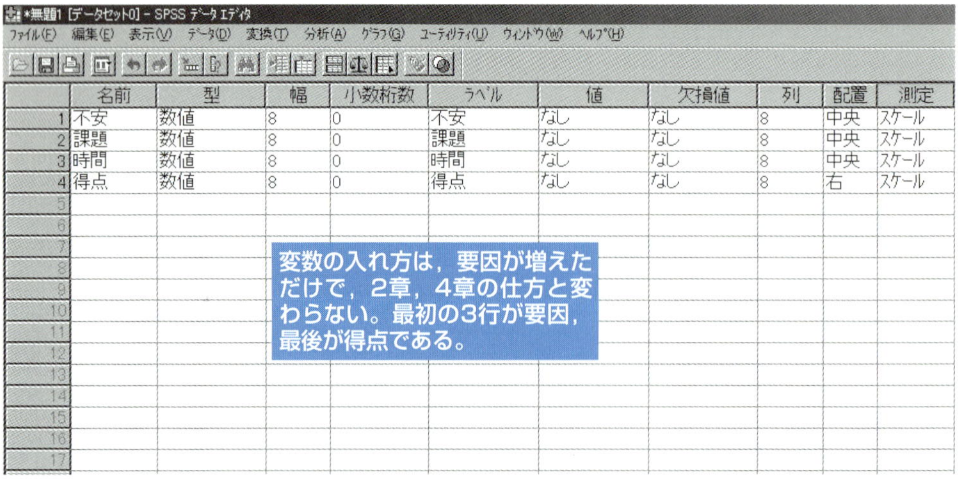

図5.3　SPSSによる入出力（その1）

　ここで，すぐデータビューに入ってしまう前に，次のように変数を定義することは，すでに2.7節で学んだ。すなわち，次のように，数で示された水準の値にラベルを与えよう。

本書 p.61.

不安 $\begin{cases} \text{値}U & 1 \quad 2 \\ \text{値ラベル} & \text{高}\quad\text{低} \end{cases}$

課題 $\begin{cases} \text{値}U & 1 \quad 2 \quad 3 \\ \text{値ラベル} & \text{困難}\quad\text{中程度}\quad\text{容易} \end{cases}$

時間 $\begin{cases} \text{値}U & 1 \quad 2 \\ \text{値ラベル} & \text{速い}\quad\text{遅い} \end{cases}$

　次に データビュー を出して，3要因のそれぞれの水準に得点を入力する。前章同様に荷札をクリックするごとに，(イ)のようになる。表5.4と関連して，データの入れ方を理解していただきたい。次に 分析（A）のところの下にある 一般線型モデル（G）1変量（U）（3要因でも1変量と入れるので間違わないようにする）の最後のところをクリックすると，1変量のダイアログボックスが出るので，固定因子のところへ不安，課題，速度を，従属変数のところへ得点をクリックして入れる。すると(ウ)のようにボックスに表示される。

本書 p.121.
本書 p.96–100.

　これで「OK」してもよいのだがその前に オプション をクリックして，前章と同様に 記述統計を☑，3つの要因の 周辺平均値 も出しておき，その後の検定 として，テューキー（T）もチェックして出すようにする（これらの操作は3.8節に示した操作と同じ）。そして 続行 し，最後のダイアログボックスで「OK」すると出力となる。

5.2 3要因被験者間分散分析の用例とSPSSによるデータ処理

(イ)

	不安	課題	時間	得点
1	1	1	1	6
2	1	1	1	2
3	1	1	1	3
4	1	1	1	4
5	1	1	1	1
6	1	1	2	5
7	1	1	2	4
8	1	1	2	7
9	1	1	2	1
10	1	1	2	3
11	1	2	1	3
12	1	2	1	7
13	1	2	1	6
14	1	2	1	9
15	1	2	1	5
16	1	2	2	4
17	1	2	2	6
18	1	2	2	10
19	1	2	2	7
20	1	2	2	8
21	1	3	1	7
22	1	3	1	9
23	1	3	1	10
24	1	3	1	11
25	1	3	1	12
26	1	3	2	5
27	1	3	2	8
28	1	3	2	11
29	1	3	2	9
30	1	3	2	7
31	2	1	1	3
32	2	1	1	7
33	2	1	1	4
34	2	1	1	5
35	2	1	1	1
36	2	1	2	4
37	2	1	2	3
38	2	1	2	2
39	2	1	2	1
40	2	1	2	0
41	2	2	1	4
42	2	2	1	7
43	2	2	1	6
44	2	2	1	8
45	2	2	1	10
46	2	2	2	11
47	2	2	2	16
48	2	2	2	15
49	2	2	2	13
50	2	2	2	18
51	2	3	1	13
52	2	3	1	9
53	2	3	1	10
54	2	3	1	11
55	2	3	1	7
56	2	3	2	19
57	2	3	2	15
58	2	3	2	16
59	2	3	2	13
60	2	3	2	17

	不安	課題	時間	得点
1	高	困難	速い	6
2	高	困難	速い	2
3	高	困難	速い	3
4	高	困難	速い	4
5	高	困難	速い	1
6	高	困難	遅い	5
7	高	困難	遅い	4
8	高	困難	遅い	7
9	高	困難	遅い	1
10	高	困難	遅い	3
11	高	中程度	速い	3
12	高	中程度	速い	7
13	高	中程度	速い	6
14	高	中程度	速い	9
15	高	中程度	速い	5
16	高	中程度	遅い	4
17	高	中程度	遅い	6
18	高	中程度	遅い	10
19	高	中程度	遅い	7
20	高	中程度	遅い	8
21	高	容易	速い	7
22	高	容易	速い	9
23	高	容易	速い	10
24	高	容易	速い	11
25	高	容易	速い	12
26	高	容易	遅い	5
27	高	容易	遅い	8
28	高	容易	遅い	11
29	高	容易	遅い	9
30	高	容易	遅い	7
31	低	困難	速い	3
32	低	困難	速い	7
33	低	困難	速い	4
34	低	困難	速い	5
35	低	困難	速い	1
36	低	困難	遅い	4
37	低	困難	遅い	3
38	低	困難	遅い	2
39	低	困難	遅い	1
40	低	困難	遅い	0
41	低	中程度	速い	4
42	低	中程度	速い	7
43	低	中程度	速い	6
44	低	中程度	速い	8
45	低	中程度	速い	10
46	低	中程度	遅い	11
47	低	中程度	遅い	16
48	低	中程度	遅い	15
49	低	中程度	遅い	13
50	低	中程度	遅い	18
51	低	容易	速い	13
52	低	容易	速い	9
53	低	容易	速い	10
54	低	容易	速い	11
55	低	容易	速い	7
56	低	容易	遅い	19
57	低	容易	遅い	15
58	低	容易	遅い	16
59	低	容易	遅い	13
60	低	容易	遅い	17

図5.3 SPSSによる入出力(その2)
入力の仕方は、1要因増えただけで、前章同様。荷札印をクリックするごとに、左右いずれかが出る。

(ウ)

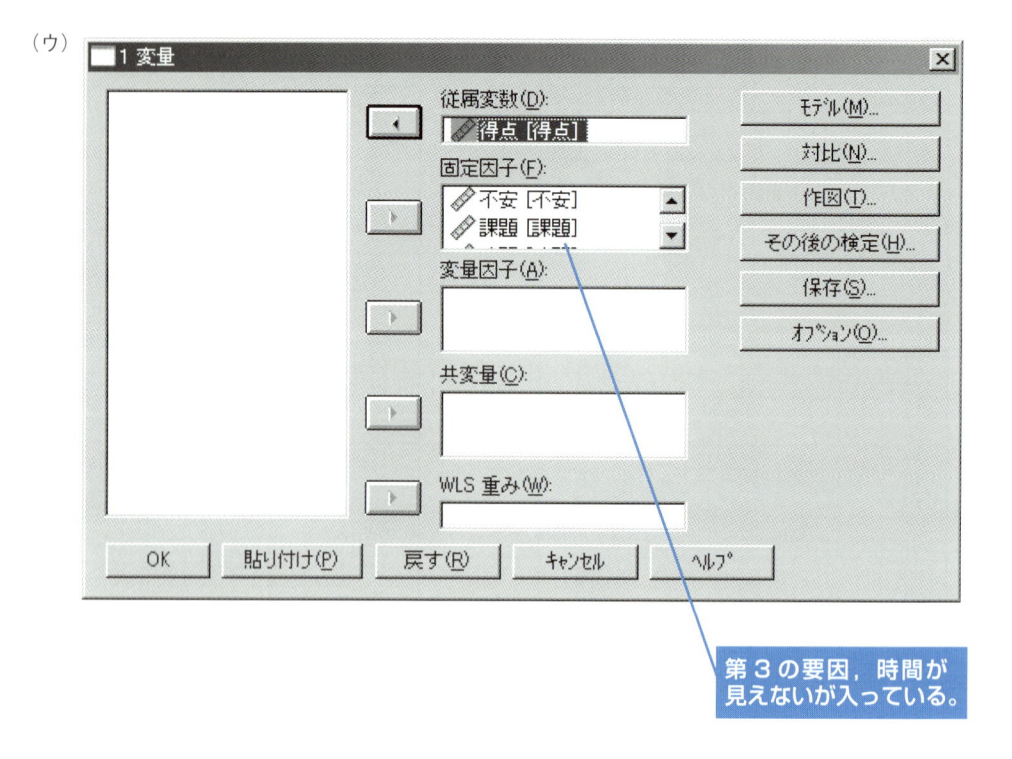

第3の要因，時間が見えないが入っている。

出　力

グループが3つ未満しかないので，不安に対してはその後の検定は実行されません。
グループが3つ未満しかないので，時間に対してはその後の検定は実行されません。 　もちろん

被験者間因子

(エ)

		値ラベル	N
不安	1	高	30
	2	低	30
課題	1	困難	20
	2	中程度	20
	3	容易	20
時間	1	速い	30
	2	遅い	30

図 5.3　SPSS による入出力（その 3）

5.2 3要因被験者間分散分析の用例とSPSSによるデータ処理　　　141

記述統計量

従属変数：得点

(オ)

不安	課題	時間	平均値	標準偏差	N
高	困難	速い	3.20	1.924	5
		遅い	4.00	2.236	5
		総和	3.60	2.011	10
	中程度	速い	6.00	2.236	5
		遅い	7.00	2.236	5
		総和	6.50	2.173	10
	容易	速い	9.80	1.924	5
		遅い	8.00	2.236	5
		総和	8.90	2.183	10
	総和	速い	6.33	3.374	15
		遅い	6.33	2.717	15
		総和	6.33	3.010	30
低	困難	速い	4.00	2.236	5
		遅い	2.00	1.581	5
		総和	3.00	2.108	10
	中程度	速い	7.00	2.236	5
		遅い	14.60	2.702	5
		総和	10.80	4.638	10
	容易	速い	10.00	2.236	5
		遅い	16.00	2.236	5
		総和	13.00	3.801	10
	総和	速い	7.00	3.273	15
		遅い	10.87	6.833	15
		総和	8.93	5.620	30
総和	困難	速い	3.60	2.011	10
		遅い	3.00	2.108	10
		総和	3.30	2.029	20
	中程度	速い	6.50	2.173	10
		遅い	10.80	4.638	10
		総和	8.65	4.158	20
	容易	速い	9.90	1.969	10
		遅い	12.00	4.714	10
		総和	10.95	3.677	20
	総和	速い	6.67	3.284	30
		遅い	8.60	5.605	30
		総和	7.63	4.658	60

(カ)

被験者間効果の検定

従属変数：得点

ソース	タイプIII 平方和	自由度	平均平方	F値	有意確率
修正モデル	1051.133ᵃ	11	95.558	20.047	.000
切片	3496.067	1	3496.067	733.441	.000
不安	101.400	1	101.400	21.273	.000
課題	616.233	2	308.117	64.640	.000
時間	56.067	1	56.067	11.762	.001
不安 * 課題	70.000	2	38.450	8.066	.001
不安 * 時間	56.067	1	56.067	11.762	.001
課題 * 時間	60.233	2	30.117	6.318	.004
不安 * 課題 * 時間	84.233	2	42.117	8.836	.001
誤差	228.800	48	4.767		
総和	4776.000	60			
修正総和	1279.933	59			

a. R2乗＝.821（調査済みR2乗＝.780）

分散分析表と関連する個所

図5.3　SPSSによる入出力（その4）

(キ)　推定周辺平均

1. 不安

従属変数：得点

不安	平均値	標準誤差	95%信頼区間 下限	95%信頼区間 上限
高	6.333	.399	5.532	7.135
低	8.933	.399	8.132	9.735

2. 課題

従属変数：得点

課題	平均値	標準誤差	95%信頼区間 下限	95%信頼区間 上限
困難	3.300	.488	2.318	4.282
中程度	8.650	.488	7.668	9.632
容易	10.950	.488	9.968	11.932

3. 時間

従属変数：得点

時間	平均値	標準誤差	95%信頼区間 下限	95%信頼区間 上限
速い	6.667	.399	5.865	7.468
遅い	8.600	.399	7.799	9.401

4. 不安＊課題

従属変数：得点

不安	課題	平均値	標準誤差	95%信頼区間 下限	95%信頼区間 上限
高	困難	3.600	.690	2.212	4.988
	中程度	6.500	.690	5.112	7.888
	容易	8.900	.690	7.512	10.288
低	困難	3.000	.690	1.612	4.388
	中程度	10.800	.690	9.412	12.188
	容易	13.000	.690	11.612	14.388

5. 不安＊時間

従属変数：得点

不安	時間	平均値	標準誤差	95%信頼区間 下限	95%信頼区間 上限
高	速い	6.333	.564	5.200	7.467
	遅い	6.333	.564	5.200	7.467
低	速い	7.000	.564	5.867	8.133
	遅い	10.867	.564	9.733	12.000

6. 課題＊時間

従属変数：得点

課題	時間	平均値	標準誤差	95%信頼区間 下限	95%信頼区間 上限
困難	速い	3.600	.690	2.212	4.998
	遅い	3.000	.690	1.612	4.388
中程度	速い	6.500	.690	5.112	7.888
	遅い	10.800	.690	9.412	12.188
容易	速い	9.900	.690	8.512	11.288
	遅い	12.000	.690	10.612	13.388

表5.6と同じ平均値を打ち出している。

図 5.3　SPSS による入出力（その5）

5.2 3要因被験者間分散分析の用例とSPSSによるデータ処理　　　143

7．不安＊課題＊時間

従属変数：得点

不安	課題	時間	平均値	標準誤差	95%信頼区間 下限	95%信頼区間 上限
高	困難	速い	3.200	.976	1.237	5.163
		遅い	4.000	.976	2.037	5.963
	中程度	速い	6.000	.976	4.037	7.963
		遅い	7.000	.976	5.037	8.963
	容易	速い	9.800	.976	7.837	11.763
		遅い	8.000	.976	6.037	9.963
低	困難	速い	4.000	.976	2.037	5.963
		遅い	2.000	.976	.037	3.963
	中程度	速い	7.000	.976	5.037	8.963
		遅い	14.600	.976	12.637	16.563
	容易	速い	10.000	.976	8.037	11.963
		遅い	16.000	.976	14.037	17.963

（ク）　その後の検定

課題

多重比較

従属変数：得点
Tukey HSD

(I)課題	(J)課題	平均値の差(I-J)	標準誤差	有意確率	95%信頼区間 下限	95%信頼区間 上限
困難	中程度	−5.35*	.690	.000	−7.02	−3.68
	容易	−7.65*	.690	.000	−9.32	−5.98
中程度	困難	5.35*	.690	.000	3.68	7.02
	容易	−2.30*	.690	.005	−3.97	−.63
容易	困難	7.65*	.690	.000	5.98	9.32
	中程度	2.30*	.690	.005	.63	3.97

> テューキーの多重比較としては，課題要因だけを出しているが，詳しくは次節を参照されたい。

観測された平均に基づく。
＊平均値の差は.05水準で有意です。

等質サブグループ

得点
Tukey HSD[a,b]

課題	N	サブグループ 1	サブグループ 2	サブグループ 3
困難	20	3.30		
中程度	20		8.65	
容易	20			10.95
有意確率		1.000	1.000	1.000

> 3群の間にそれぞれ有意差があり，グループにまとまっているものはない。

等質サブグループのグループ平均はタイプIII平方和に基づき表示されます。
誤差項は平均平方（誤差）＝4.767です。
　a.調和平均サンプルサイズ＝20.000を使用します。
　b.アルファ＝.05

図5.3　SPSSによる入出力（その6）

重複するようだが，上の出力のうち青色でアミカケしたものにより，通常の分散分析表を作成すると，表5.7となる。

出力の青色の最後に有意確率として正確確率が書かれているが，すべての要因が5％以下となっているので，有意の＊印をつけた。これにより，すべての要因が5％水準で有意となった。

表5.7 分散分析表

変動因	SS	df	MS	F
A（不安）	101.400	$(a-1)=1$	101.400	21.27*
B（課題）	616.233	$(b-1)=2$	308.117	64.64*
C（時間）	56.067	$(c-1)=1$	56.067	11.76*
AB	76.900	$(a-1)(b-1)=2$	38.450	8.07*
AC	56.067	$(a-1)(c-1)=1$	56.067	11.76*
BC	60.233	$(b-1)(c-1)=2$	30.117	6.32*
ABC	84.233	$(a-1)(b-1)(c-1)=2$	42.117	8.84*
S/ABC（誤差）	228.800	$abc(n-1)=48$	4.767	
全体	1,279.933	$abcn-1=59$		

*$p<0.05$

5.3 単純効果の検定と多重比較

本章の3要因計画において，これまでの計画と異なっている点は，ABCという3要因の（つまり2次の）交互作用が現れている点である。それが有意であったのならば，次のように，2要因の交互作用が，別の要因の各水準において異なることを示唆している。

(1) BC 交互作用は，A の個々の水準において異なる。
(2) AC 交互作用は，B の個々の水準において異なる。
(3) AB 交互作用は，C の個々の水準において異なる。

したがって研究者はまずこうした単純交互作用の分析から始めることが多い。他にも，後に説明するような，単純・単純主効果の検定といった分析を行うことが，この章の別のテーマであるが，まずは，単純交互作用の分析を行ってみることにする。

■ 単純交互作用の検定

3要因計画の場合の，

単純交互作用（simple interaction）は，ある要因の特定の水準における2要因の交互作用を含んでいる。

5.3 単純効果の検定と多重比較

本章では，上に記した (1)，(2)，(3) の場合があるが，(1) の場合の，不安の高 (a_1)，低 (a_2) の水準について，課題の難易度 (B) と提示時間 (C) との交互作用を，1次の交互作用として分析していくことにする。平均値を図に書いて示して視察すると，その様相が分かりやすいものである。図 5.4 がそれである。これは，A を基底として各 a_j の BC 交互作用を吟味するために描いた図である。

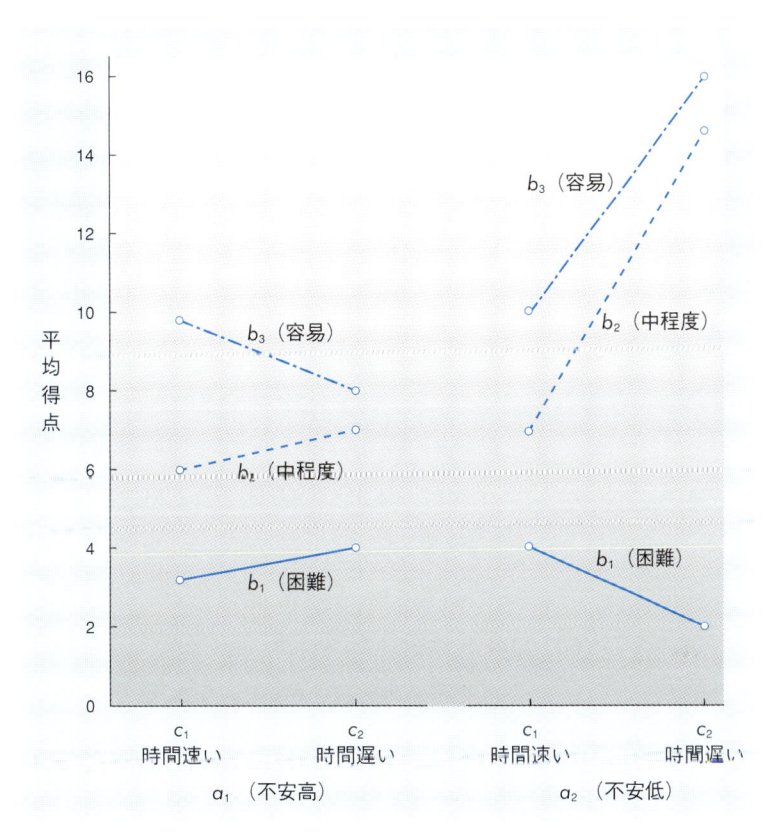

図5.4　データの平均値にもとづく平均値の図
A、B、C の交互作用が有意で各 a_j の水準においての BC のパターンの差に注目される。

この図からみると，a_1 では BC の交互作用がないようであるが，a_2 では，おそらく交互作用が存在するように思われる（実際は，統計的分析をしてみないと結論づけられないが）。

私たちの最大の関心事は，不安の高低，すなわち a_1 と a_2 において，課題の難易度 B と提示の遅速 C の間の交互作用を吟味していきたいというものであった。

さらに詳細に視察すると，a_1 の B と C の各水準はほとんど並行しているが，a_2 のパターンでは，b_2 と b_3 は著しく上昇しているのに，b_1 は逆方向であり，4.3節の交互作用の説明で述べたように，交互作用が検出されるのではないかと予想される。実験仮説のいかんによって，このような分析も必要なこともある。

本書 p.110 111.

これら単純交互作用の分析は，2要因の交互作用の分析よりすこし複雑になるものの，一般的ルールを会得すれば，よく理解できるものである。

a_jにおけるBC，つまり英語流に書くとBC at a_jのSSの一般式は，後でもまた述べるように，

$$SS_{BC(a_j)} = \frac{\sum\limits_{k}^{b}\sum\limits_{l}^{c}(ABC_{jkl})^2}{n} - \frac{A_j^2}{b(c)(n)} - SS_{B(a_j)} - SS_{C(a_j)}$$

となる。これ自体は分かりにくいかもしれないが，次の用例を示せば納得がいくであろう。

$$SS_{BC(a_1)} = \frac{16^2 + 20^2 + \cdots\cdots + 49^2 + 40^2}{5} - \frac{190^2}{3(2)(5)} - 140.87 - 0.00 = 12.20$$

第1，2項は，表5.5の集計表よりすぐ分かる。ただ，$-SS_{B(a_j)} - SS_{C(a_j)}$を得るには，$a_j$における$B$と$C$の$SS$を別に求めなければならない（一般式とルールはp.154以下に示す）。

$$SS_{B(a_1)} = \frac{36^2 + 65^2 + 89^2}{2(5)} - \frac{190^2}{3(2)(5)} = 140.87$$

$$SS_{C(a_1)} = \frac{95^2 + 95^2}{3(5)} - \frac{190^2}{2(3)5} = 0.00$$

よって，

$$SS_{BC(a_1)} = 153.07 - 140.87 - 0.00 = 12.20$$

同様に，a_2におけるBCのSSは，次のように求められる（後で，他の単純効果の分析と共に見られたい）。

$$SS_{BC(a_2)} = 796.67 - \underbrace{552.27}_{SS_{B(a_2)}} - \underbrace{112.13}_{SS_{C(a_2)}} = 132.27$$

さて，これらのa_jにおけるBCに関する検定は，どのように進めていけばよいであろうか。誤差項として，いま全体の$SS_{S/ABC}$を用いて通常の分散分析のようなやり方で進めていくと，表5.8のようになる。分子の自由度は，$(b-1)(c-1) = (3-1)(2-1) = 2$となることに注意しよう。5％水準での$F_{2,48}$は，エクセルで3.19。すると$a_1$における$BC$の効果は，5％水準で有意ではなく，$a_2$におけるそれは有意と判定された。この傾向は，すでに行った図5.4の視察からも，納得のいくことである。実際，a_2においては，BCの傾向は水準ごとに著しく開いたおもむきを呈していることが視察される。これはa_2においての交互作用を示唆する大切な傾向である。

表5.8　ABC計画におけるa_iをもととした単純交互作用効果の検定

変動因		SS	df	MS	F
a_1におけるBC :	$SS_{BC(a_1)}$	12.20	2	6.10	1.28
a_2におけるBC :	$SS_{BC(a_2)}$	132.27	2	66.14	13.87*
S/ABC　（誤差）		228.80	48	4.767	

*$p < 0.05$

● 単純・単純主効果の検定

次に，a_2 における BC が有意であるので，ちょうど，3章で行ったと同じように，B と C の2要因のように分解して吟味することとなる。そこで次に述べるようにいわゆる単純・単純主効果の分析を行うことになる。

a_2 水準では BC の交互作用は有意であった。それゆえ，次にすべきことは，a_2 の水準に限定して，c_l における B の効果，また b_k における C の効果を吟味することである。このような営みは，**単純・単純主効果**（simple-simple main effect）の検定と称される。

単純・単純主効果とは，数個の要因（3要因をここで例示する）のうち，数個（ここでは2個）の要因の水準を固定した場合における1つの要因の効果である。

まず，ac_{jl} における B の SS は，次の一般式で与えられる。

$$SS_{B(ac_{jl})} = \frac{\sum_{k}^{b}(ABC_{jkl})^2}{n} - \frac{(AC_{jl})^2}{bn}$$

実際の統計量は，次のようになる（p.155 にも計算が示してある）。

$$SS_{B(ac_{21})} = \frac{20^2 + 35^2 + 50^2}{5} - \frac{105^2}{3(5)} = 90.00$$

$$SS_{B(ac_{22})} = \frac{10^2 + 73^2 + 80^2}{5} - \frac{163^2}{3(5)} = 594.53$$

表5.9　a_2（低不安）における単純・単純主効果の検定

変動因	SS	df	MS	F
ac_{21} における B：$SS_{B(ac_{21})}$	90.00	2	45.00	9.44*
ac_{22} における B：$SS_{B(ac_{22})}$	594.53	2	297.27	62.36*
ab_{21} における C：$SS_{C(ab_{21})}$	10.00	1	10.00	2.10
ab_{22} における C：$SS_{C(ab_{22})}$	144.40	1	144.40	30.29*
ab_{23} における C：$SS_{C(ab_{23})}$	90.00	1	90.00	18.88*
S/ABC　（誤差）	228.80	48†	4.767	

SSについては，実際の計算は，p.156 に示してある。

*$p<0.05$

† 付表D中，dfの48はないが，エクセル関数FINVでF値は，$F_{2,48}=3.19$，$F_{1,40}=4.04$ と得られた。

● 単純・単純主効果検定後の多重比較

B は3水準なので，さらに ac_{21} と ac_{22} における平均値 $\overline{B}_k$ 間の多重比較の検定を行っていくことがある。ここではテューキー法を使用してそれを行ってみよう。

いま c_1（時間速い）においての B（課題の難易度）の各水準の差を見る場合は，b_k それぞれの平均値（すでに表5.6に求めてある）について，次の統計量を求める。$\overline{B}_k$ は B の水準 k の平均値を示す。いま，例として ac_{21} における，$\overline{B}_k$ と $\overline{B}_{k'}$ の q を示すと，

$$q = \frac{|\overline{B}_{k(ac_{21})} - \overline{B}_{k'(ac_{21})}|}{\sqrt{\dfrac{MS_{S/ABC}}{n}}} \tag{5.3.1}$$

まず，ac_{21} について，b_k の組合せの3ケースについて q を求める．その一つ，$\overline{B}_1$ と $\overline{B}_2$ では，表 5.6 内の平均値より，4.00 と 7.00 であるから，

$$q = \frac{|4.00 - 7.00|}{\sqrt{\dfrac{4.767}{5}}} = \frac{3.00}{0.976} = 3.07$$

$\alpha = 0.05$ とすると，平均値数 $= 3$，誤差の自由度 $df = 48^*$ の臨界値は 3.42 となり，観測された 3.07 はこれ以下であるから，有意差は認められなかった．

もちろん，多重比較について使用してきた，HSD差を求めて一挙に検定を行うことができる．表 5.10 にそれを示した．

表 5.10 表 5.6 にもとづく ac_{21} での各 $\overline{B}_k$ 間の差の検定

平均値	$\overline{B}_{1(ac_{21})}$ 4.00	$\overline{B}_{2(ac_{21})}$ 7.00	$\overline{B}_{3(ac_{21})}$ 10.00
$\overline{B}_{1(ac_{21})}$ 4.00	—	3.00	6.00*
$\overline{B}_{2(ac_{21})}$ 7.00		—	3.00
$\overline{B}_{3(ac_{21})}$ 10.00			—

*$p < 0.05$

$$HSD = q_{\alpha,\,r,\,df}\sqrt{\dfrac{MS_{S/ABC}}{n}} \tag{5.3.2}$$

$$= q_{0.05,\,3,\,48}\sqrt{\dfrac{4.767}{5}}$$

$$= 3.42(0.976) = 3.34$$

この値より大きい，$\overline{B}_1$（困難）$\overline{B}_3$（容易）の間のみ有意差が検出されたにすぎない．

また，ac_{22} における各 $\overline{B}_j$ についても，同様な分析が行われる．すなわち，表 5.11 にそれを示す．

HSD は，やはり 3.34 であるから，これを超える $\overline{B}_1$ と $\overline{B}_2$，$\overline{B}_1$ と $\overline{B}_3$ 間が有意差ありと判定された（HSD の値は，上記同様である）．

以上の結果は，図 5.4 を視察してみても了解できよう．

ac_{jl} の B については，以上のように B の平均値が 3 個であるので，多重比較を施したが，一方 ab_{jk} においての C の平均値については，2 個であるので，単純・単純主効果の検定で十分で

---

[*] この $df = 24$ は，付表 E にはないが，図による挿入か，より高度の数値表，とくにローランセルとデュピイ（2002）で得られる．

5.3 単純効果の検定と多重比較

表 5.11 表 5.6 にもとづく ac_{22} での各 $\overline{B}_k$ 間での差の検定

平均値	$\overline{B}_{1(ac_{22})}$ 2.00	$\overline{B}_{2(ac_{22})}$ 14.60	$\overline{B}_{3(ac_{22})}$ 16.00
$\overline{B}_{1(ac_{22})}$ 2.00	—	12.60*	14.00*
$\overline{B}_{2(ac_{22})}$ 14.60		—	1.40
$\overline{B}_{3(ac_{22})}$ 16.00			—

*$p<0.05$

あってそれ以上の分析は行わない。ただし，念のため，q についての一般式だけは掲げておく。

$$q = \frac{|\overline{C}_{l(ab_{jk})} - \overline{C}_{l'(ab_{jk})}|}{\sqrt{\dfrac{MS_{S/ABC}}{n}}} \tag{5.3.3}$$

言うまでもなく，平均値数は c 個そして $df_{S/ABC}$ を持って表を引く。

単純主効果の検定と多重比較

以上，a_2 水準を基底として，BC の交互作用を分析したことになる。しかし，この実験のデータの場合，a_1 水準について，なおつっこんだ解析を行う仕事が残っている。すなわち，水準 a_1 では交互作用はなかったので，次の単純効果を，4 章で説明したように分析していくことである。つまりこれは，a_1 における**単純主効果**の検定を行うことに他ならない。すなわち，a_1 における B，a_1 における C の効果を吟味することになる。

一般式と表 5.5 の集計表について適用した結果を次に示す。まず，B の場合は，次のようになる。

$$a_j における B : SS_{B(a_j)} = \frac{\sum\limits_k^b (AB_{jk})^2}{cn} - \frac{A_j^2}{bcn}$$

$$a_1 における B : SS_{B(a_1)} = \frac{36^2 + 65^2 + 89^2}{2(5)} - \frac{190^2}{3(2)(5)} = 140.87$$

そして，C の場合は，

$$a_j における C : SS_{C(a_j)} = \frac{\sum\limits_l^c (AC_{jl})^2}{bn} - \frac{A_j^2}{bcn}$$

$$a_1 における C : SS_{C(a_1)} = \frac{95^2 + 95^2}{3(5)} - \frac{190^2}{2(3)(5)} = 0.00$$

例によって，分析を行うと表 5.12 のようになる。

表値の $F_{0.05, 2, 48} = 3.19$，$F_{0.05, 1, 48} = 4.04$ であるから，表示のように a_1 における B が有意である（この計算には，エクセル FINV 関数を使用した）。

なお続いて特定の B_k の平均値間の検定を行うと次のようになる。

$$q = \frac{|\overline{B}_{k(a_1)} - \overline{B}_{k'(a_1)}|}{\sqrt{\dfrac{MS_{S/ABC}}{cn}}} \tag{5.3.4}$$

ボックス 5.1　他の 1 つの要因（B）の各水準における単純交互作用の吟味

　本文での 3 要因の交互作用での分析は，もっぱら A を基底として，a_j の下での BC 交互作用を分析していった。すでに述べたように，研究目的に応じて，他の要因，つまり B あるいは C を基底として行ってもよい。

　たとえば，下図は B の特定水準 k についての AC 交互作用を吟味しようとして作成したものである。一見しただけで，おそらく b_1 における AC の交互作用はなく，b_2 と b_3 において交互作用が存在するように思えよう。実際，次の節でも示すように，$AC_{(b_1)}$ は有意性は見られず，$AC_{(b_2)}$，$AC_{(b_3)}$ においては有意な交互作用があることが分かった。そのことを，次節において，計算例の中で確認していただきたい。

本書 p.153.

要因 B を基底とした場合の平均値の布置（b_2 と b_3 において，AC の交互作用のあることが推察される）

5.3 単純効果の検定と多重比較

表5.12 a_jにおける各 b_k と各 c_l 間の検定

変動因	SS	df	MS	F
a_1におけるB	140.87	2	70.44	14.78*
a_1におけるC	0.00	1	0.00	0.00
S/AC（誤差）	228.80	48	4.767	

*$p<0.05$

いま，a_1 における B の平均値 $\overline{B}_1$ と $\overline{B}_2$ を比較すると，

$$q = \frac{|3.60-6.50|}{\sqrt{\frac{4.767}{2(5)}}} = \frac{2.90}{0.690} = 4.20$$

B の平均値数は 3 なので，この臨界値は $q_{0.05,\,3,\,48} = 3.42$ （表中 $q_{0.05,\,3,\,40}$ でも 3.44 である）。この値を 4.20 は超えているので有意差ありとする。

念のため，ここでも HSD で平均値の差の検定を表にして行うとすれば，次のような結果になる。

表5.13 a_1 における $\overline{B}_k$ の各水準間の差の検定

平均値	$\overline{B}_{1(a_1)}$ 3.60	$\overline{B}_{2(a_1)}$ 6.50	$\overline{B}_{3(a_1)}$ 9.90
$\overline{B}_{1(a_1)}$ 3.60	—	2.90*	6.30*
$\overline{B}_{2(a_1)}$ 6.50		—	3.40*
$\overline{B}_{3(a_1)}$ 8.90			—

*$p<0.05$

臨界差，HSD は次のようになる。

$$HSD = 3.42\sqrt{\frac{4.767}{2(5)}} = 3.42(0.690) = 2.36$$

すべての差はこの値以上なので，全部の $\overline{B}_k$ 間に有意差があると判定された。

なお，C は 2 水準であるから，このような多重比較は行わなくてもよいが，一般式だけを示して行う。

$$q = \frac{|\overline{C}_{l(a_1)} - \overline{C}_{l'(a_1)}|}{\sqrt{\frac{MS_{S/ABC}}{bn}}} \tag{5.3.5}$$

主な所見（一部）

以上の事柄から，この実験結果について，次のように主要な所見を要約できよう。

不安が高い場合では，提示の時間と課題の難易度の間に交互作用は見られず，ただ課題が困難な場合ほど得点が低くなることがうかがわれる。

一方，不安の低い場合では，提示時間と課題の難易度の間に交互作用が見られた。とくに課題が中程度・容易の場合は，困難な場合にくらべて著しく高い得点を得たことが判明した。さらに

困難な課題においては，提示速度の差は見られなかったが，容易・中程度の場合は，時間が遅いほど大きな得点が得られた。このことは，図 5.4 の視察によっても裏づけられる。

主効果およびその他についての多重比較

これまで，一応の定石どおり，3 要因交互作用が存在する場合についての解読を行ってきた。

しかし，他の多重比較については，それらを無視した形で分析した。しかし，筆者は，それらの分析を行ってはいけないとは考えない。必要ならば，それ以上の分析を行っても間違いというわけではないと考える。主効果の A，B，C それぞれの各水準間の差異も，決して調べてはならないとはいえない。

たとえば，不安の高低（A）について，おしなべて a_1 と a_2 間の差があるかどうかを見ようとすることもあるかもしれない。A は 2 水準であり，すでに分散分析表より有意とされており，平均値表を見ても，$\overline{A}_1 < \overline{A}_2$ となっているので，おしなべて不安が低いほうが高い得点を得ていることが分かる。

しかし一般式のみを示せば，テューキー法では次式を使用する。

$$q = \frac{|\overline{A}_j - \overline{A}_{j'}|}{\sqrt{\dfrac{MS_{S/ABC}}{bcn}}} \tag{5.3.6}$$

そして付表 E から臨界値は，a，$df_{S/AB}$ で得られることは言うまでもない。

さらに，課題 B についても有意であるので，検定してみる。この場合は 3 水準であるから，各 $\overline{B}_k$ 間の差の有無を調べてみることになる。式は次の検定形式となる。

$$q = \frac{|\overline{B}_k - \overline{B}_{k'}|}{\sqrt{\dfrac{MS_{S/ABC}}{acn}}} \tag{5.3.7}$$

これまでと同じように，付表 E の臨界値，すなわち，表値 3 と 48 つまり 3.42 に等しいか，それ以上ならば，有意と判定する。たとえば，$\overline{B}_1$ と $\overline{B}_2$ はそれぞれ 3.30，8.65 であるから

$$q = \frac{|3.30 - 8.65|}{\sqrt{\dfrac{4.767}{2(2)(5)}}} = \frac{5.35}{0.488} = 10.96$$

となり，表値 3.42 より大であるから 5 ％水準で有意差ありとする（課題についての多重比較は SPSS でも打ち出している）。

同様に C については，2 水準であるから多重比較の必要はないが式のみを示すと，次のようになる。

$$q = \frac{|\overline{C}_l - \overline{C}_{l'}|}{\sqrt{\dfrac{MS_{S/ABC}}{abn}}} \tag{5.3.8}$$

5.4 3要因のすべての単純効果についての検定

ここで，誤差項の作り方についてご注意いただきたい．Aの平均値間，Bの平均値間，Cの平均値間についての比較については一定のルールがあることがお分かりと思う．それは，上辺の要因を出すのに<u>ならした</u>（英語ではaveraging overと言うが，つぶした，無視したと言う人もいる）要因が分母下辺に現れているというルールである．たとえば，$\overline{B_k}$の平均値の比較では，ならされたのはacとnであるから，分母下辺はacnとなって，それで$MS_{S/ABC}$を割っているのである．

前にあげた数値例では，3要因（2次）の交互作用が有意であるので，定石通りにそこから分析していったのである．しかし，もし3要因の交互作用がなく2要因の交互作用があれば，そこから出発していくのが定石である．前に掲げた例では3要因の交互作用が有意なので2要因の交互作用の分析は行わないことがあるが（もちろん行っても誤りではない），いま数値例だけを$A \times B$にとれば，分散分析の結果も有意であり，後に示す表5.14により，単純主効果の結果を見れば，b_1におけるAの効果は有意ではないが，b_2, b_3の両Aについては，有意となっている．

本書 p.144.

また，a_1とa_2におけるBの効果は，双方とも有意となっている．すると，各b_jにおける平均値$\overline{B_j}$と$\overline{B_{j'}}$の平均値間の多重比較も有り得るのであるが，論理はこれまでと同様でありここでは省略する．

このように，多重比較は研究者の興味と関心に応じて行うのであって，一応のルールはあっても絶対不変の原理は存在しないのである．

3要因のすべての単純効果についての検定

実は，本書で述べる11章までの3要因のANOVAの単純効果の分析の分子のSSの作り方は，同一であるし，また本書の例では，すべての変動因が有意であることでもあり，単純効果の分子のすべてを出してみることは，参考になることであろう．そこで，本節では，一般式を提示しつつSSの計算式を示しておき，そして，3要因被験者間のdf, MS, Fを一括表示しておき，検定してみた（表5.14～表5.16）．一部の説明は5.3節で行った．

単純主効果のSS

$$b_k \text{ における } A : SS_{A(b_k)} = \frac{\sum_{j}^{a}(AB_{jk})^2}{cn} - \frac{B_k^2}{acn}$$

$$b_1 \text{ における } A : SS_{A(b_1)} = \frac{36^2 + 30^2}{2(5)} - \frac{66^2}{2(2)(5)} = 1.80$$

$$b_2 \text{ における } A : SS_{A(b_2)} = \frac{65^2 + 108^2}{2(5)} - \frac{173^2}{2(2)(5)} = 92.45$$

$$b_3 \text{ における } A : SS_{A(b_3)} = \frac{89^2 + 130^2}{2(5)} - \frac{219^2}{2(2)(5)} = 84.05$$

$$\text{検算} \quad SS_A + SS_{AB} = 101.40 + 76.90 = \overline{178.30} \text{（計）}$$

c_l における $A : SS_{A(c_l)} = \dfrac{\overset{a}{\underset{j}{\Sigma}}(AC_{jl})^2}{bn} - \dfrac{C_l^2}{abn}$

c_1 における $A : SS_{A(c_1)} = \dfrac{95^2 + 105^2}{3(5)} - \dfrac{200^2}{2(3)(5)} = 3.33$

c_2 における $A : SS_{A(c_2)} = \dfrac{95^2 + 163^2}{3(5)} - \dfrac{258^2}{2(3)(5)} = 154.13$

検算　$SS_A + SS_{AC} = 101.40 + 56.07 = 157.47 \approx \overline{157.46}$（計）

a_j における $B : SS_{B(a_j)} = \dfrac{\overset{b}{\underset{k}{\Sigma}}(AB_{jk})^2}{cn} - \dfrac{A_j^2}{bcn}$

a_1 における $B : SS_{B(a_1)} = \dfrac{36^2 + 65^2 + 89^2}{2(5)} - \dfrac{190^2}{3(2)(5)} = 140.87$

a_2 における $B : SS_{B(a_2)} = \dfrac{30^2 + 108^2 + 130^2}{2(5)} - \dfrac{268^2}{3(2)(5)} = 552.27$

検算　$SS_B + SS_{AB} = 616.23 + 76.90 = 693.13 \approx \overline{693.14}$（計）

c_l における $B : SS_{B(c_l)} = \dfrac{\overset{b}{\underset{k}{\Sigma}}(BC_{kl})^2}{an} - \dfrac{C_l^2}{abn}$

c_1 における $B : SS_{B(c_1)} = \dfrac{36^2 + 65^2 + 99^2}{2(5)} - \dfrac{200^2}{2(3)(5)} = 198.87$

c_2 における $B : SS_{B(c_2)} = \dfrac{30^2 + 108^2 + 120^2}{2(5)} - \dfrac{258^2}{2(3)(5)} = 477.60$

検算　$SS_B + SS_{BC} = 616.23 + 60.24 = \overline{676.47}$（計）

a_j における $C : SS_{C(a_j)} = \dfrac{\overset{c}{\underset{l}{\Sigma}}(AC_{jl})^2}{bn} - \dfrac{A_j^2}{bcn}$

a_1 における $C : SS_{C(a_1)} = \dfrac{95^2 + 95^2}{3(5)} - \dfrac{190^2}{2(3)(5)} = 0.00$

a_2 における $C : SS_{C(a_2)} = \dfrac{105^2 + 163^2}{3(5)} - \dfrac{268^2}{2(3)(5)} = 112.13$

検算　$SS_C + SS_{AC} = 56.06 + 56.07 = \overline{112.13}$（計）

b_k における $C : SS_{C(b_k)} = \dfrac{\overset{c}{\underset{l}{\Sigma}}(BC_{kl})^2}{an} - \dfrac{B_k^2}{acn}$

b_1 における $C : SS_{C(b_1)} = \dfrac{36^2 + 30^2}{2(5)} - \dfrac{66^2}{2(2)(5)} = 1.80$

5.4 3要因のすべての単純効果についての検定

$$b_2 \text{における} C : SS_{C(b_2)} = \frac{65^2 + 108^2}{2(5)} - \frac{173^2}{2(2)(5)} = 92.45$$

$$b_3 \text{における} C : SS_{C(b_3)} = \frac{99^2 + 120^2}{2(5)} - \frac{219^2}{2(2)(5)} = 22.05$$

$$\text{検算} \quad SS_C + SS_{BC} = 56.06 + 60.24 = 116.30 \text{ (計)}$$

単純・単純主効果の SS

$$bc_{kl} \text{における} A : SS_{A(bc_{kl})} = \frac{\sum\limits_{j}^{a}(ABC_{jkl})^2}{n} - \frac{BC_{kl}^2}{an}$$

$$bc_{11} \text{における} A : SS_{A(bc_{11})} = \frac{16^2 + 20^2}{5} - \frac{36^2}{2(5)} = 1.60$$

$$bc_{12} \text{における} A : SS_{A(bc_{12})} = \frac{20^2 + 10^2}{5} - \frac{30^2}{2(5)} = 10.00$$

$$bc_{21} \text{における} A : SS_{A(bc_{21})} = \frac{30^2 + 35^2}{5} - \frac{65^2}{2(5)} = 2.50$$

$$bc_{22} \text{における} A : SS_{A(bc_{22})} = \frac{35^2 + 73^2}{5} - \frac{108^2}{2(5)} = 144.40$$

$$bc_{31} \text{における} A : SS_{A(bc_{31})} = \frac{49^2 + 50^2}{5} - \frac{99^2}{2(5)} = 0.10$$

$$bc_{32} \text{における} A : SS_{A(bc_{32})} = \frac{40^2 + 80^2}{5} - \frac{120^2}{2(5)} = 160.00$$

$$\text{検算} \quad SS_A + SS_{AB} + SS_{AC} + SS_{ABC}$$
$$= 101.40 + 76.90 + 56.07 + 84.23 = 318.60 \text{ (計)}$$

$$ac_{jl} \text{における} B : SS_{B(ac_{jl})} = \frac{\sum\limits_{k}^{b}(ABC_{jkl})^2}{n} - \frac{(AC_{jl})^2}{bn}$$

$$ac_{11} \text{における} B : SS_{B(ac_{11})} = \frac{16^2 + 30^2 + 49^2}{5} - \frac{95^2}{3(5)} = 109.73$$

$$ac_{12} \text{における} B : SS_{B(ac_{12})} = \frac{20^2 + 35^2 + 40^2}{5} - \frac{95^2}{3(5)} = 43.33$$

$$ac_{21} \text{における} B : SS_{B(ac_{21})} = \frac{20^2 + 35^2 + 50^2}{5} - \frac{105^2}{3(5)} = 90.00$$

$$ac_{22} \text{における} B : SS_{B(ac_{22})} = \frac{10^2 + 73^2 + 80^2}{5} - \frac{163^2}{3(5)} = 594.53$$

$$\text{検算} \quad SS_B + SS_{AB} + SS_{BC} + SS_{ABC}$$
$$= 616.23 + 76.90 + 60.24 + 84.23 = 837.60 \approx 837.59 \text{ (計)}$$

$$ab_{jk} \text{ における } C : SS_{C(ab_{jk})} = \frac{\sum_{l}^{c} (ABC_{jkl})^2}{n} - \frac{(AB_{jk})^2}{cn}$$

$$ab_{11} \text{ における } C : SS_{C(ab_{11})} = \frac{16^2 + 20^2}{5} - \frac{36^2}{2(5)} = 1.60$$

$$ab_{12} \text{ における } C : SS_{C(ab_{12})} = \frac{30^2 + 35^2}{5} - \frac{65^2}{2(5)} = 2.50$$

$$ab_{13} \text{ における } C : SS_{C(ab_{13})} = \frac{49^2 + 40^2}{5} - \frac{89^2}{2(5)} = 8.10$$

$$ab_{21} \text{ における } C : SS_{C(ab_{21})} = \frac{20^2 + 10^2}{5} - \frac{30^2}{2(5)} = 10.00$$

$$ab_{22} \text{ における } C : SS_{C(ab_{22})} = \frac{35^2 + 73^2}{5} - \frac{108^2}{2(5)} = 144.40$$

$$ab_{23} \text{ における } C : SS_{C(ab_{23})} = \frac{50^2 + 80^2}{5} - \frac{130^2}{2(5)} = 90.00$$

検算　$SS_C + SS_{AC} + SS_{BC} + SS_{ABC}$
$= 56.06 + 56.07 + 60.24 + 84.23 = \overline{256.60}$（計）

単純交互作用の SS

$$c_l \text{ における } SS_{AB} : SS_{AB(c_l)} = \frac{\sum_{j}^{a}\sum_{k}^{b} (ABC_{jkl})^2}{n} - \frac{(C_l)^2}{abn} - SS_{A(c_l)} - SS_{B(c_l)}$$

c_1 における $SS_{AB} : SS_{AB(c_1)}$

$$= \frac{16^2 + 30^2 + 49^2 + 20^2 + 35^2 + 50^2}{5} - \frac{200^2}{2(3)(5)} - 3.33 - 198.87 \quad = 0.87$$

c_2 における $SS_{AB} : SS_{AB(c_2)}$

$$= \frac{20^2 + 35^2 + 40^2 + 10^2 + 73^2 + 80^2}{5} - \frac{258^2}{2(3)(5)} - 154.13 - 477.60 = 160.27$$

検算　$SS_{AB} + SS_{ABC} = 76.90 + 84.23 = 161.13 \approx \overline{161.14}$（計）

$$b_k \text{ における } AC : SS_{AC(b_k)} = \frac{\sum_{j}^{a}\sum_{l}^{c} (ABC_{jkl})^2}{n} - \frac{B_k^2}{a(c)(n)} - SS_{A(b_k)} - SS_{C(b_k)}$$

b_1 における $AC : SS_{AC(b_1)}$

$$= \frac{16^2 + 20^2 + 20^2 + 10^2}{5} - \frac{66^2}{2(2)(5)} - 1.80 - 1.80 = 9.80$$

b_2 における $AC : SS_{AC(b_2)}$

$$= \frac{30^2 + 35^2 + 35^2 + 73^2}{5} - \frac{173^2}{2(2)(5)} - 92.45 - 92.45 = 54.45$$

5.4 3要因のすべての単純効果についての検定

b_3 における $AC : SS_{AC(b_3)}$

$$= \frac{49^2 + 40^2 + 50^2 + 80^2}{5} - \frac{219^2}{2(2)(5)} - 84.05 - 22.05 = 76.05$$

検算 　$SS_{AC} + SS_{ABC} = 56.07 + 84.23 = \overline{140.30}$ （計）

a_j における $BC : SS_{BC(a_j)} = \dfrac{\sum\limits_{k}^{b}\sum\limits_{l}^{c}(ABC_{jkl})^2}{n} - \dfrac{A_j^2}{b(c)(n)} - SS_{B(a_j)} - SS_{C(a_j)}$

a_1 における $BC : SS_{BC(a_1)}$

$$= \frac{16^2 + 20^2 + \cdots\cdots + 49^2 + 40^2}{5} - \frac{190^2}{3(2)(5)} - 140.87 - 0.00 = 12.20$$

a_2 における $BC : SS_{BC(a_2)}$

$$= \frac{20^2 + 10^2 + \cdots\cdots + 50^2 + 80^2}{5} - \frac{268^2}{3(2)(5)} - 552.27 - 112.13 = 132.27$$

検算 　$SS_{BC} + SS_{ABC} = 60.24 + 84.23 = \overline{144.47}$ （計）

表5.14 　単純主効果の検定

変動因		SS	df	MS	F
b_1におけるA	$SS_{A(b_1)}$	1.80	$(a-1)=1$	1.80	0.38
b_2におけるA	$SS_{A(b_2)}$	92.45	$(a-1)=1$	92.45	19.39*
b_3におけるA	$SS_{A(b_3)}$	84.05	$(a-1)=1$	84.05	17.63*
c_1におけるA	$SS_{A(c_1)}$	3.33	$(a-1)=1$	3.33	0.70
c_2におけるA	$SS_{A(c_2)}$	154.13	$(a-1)=1$	154.13	32.33*
a_1におけるB	$SS_{B(a_1)}$	146.87	$(b-1)=2$	70.44	12.78*
a_2におけるB	$SS_{B(a_2)}$	552.27	$(b-1)=2$	276.14	57.93*
c_1におけるB	$SS_{B(c_1)}$	198.87	$(b-1)=2$	99.43	20.86
c_2におけるB	$SS_{B(c_2)}$	477.60	$(b-1)=2$	238.80	50.10*
a_1におけるC	$SS_{C(a_1)}$	0.00	$(c-1)=1$	0.00	1.00
a_2におけるC	$SS_{C(a_2)}$	112.13	$(c-1)=1$	112.13	23.52*
b_1におけるC	$SS_{C(b_1)}$	1.80	$(c-1)=1$	1.80	0.38
b_2におけるC	$SS_{C(b_2)}$	92.45	$(c-1)=1$	92.45	19.40*
b_3におけるC	$SS_{C(b_3)}$	22.05	$(c-1)=1$	22.05	4.63*
S/ABC （誤差）	$SS_{S/ABC}$	248.80	$abc(n-1)\,48$	4.767	

*$p<0.05$

表5.15 単純・単純主効果の検定

変動因	SS		df	MS	F
bc_{11}におけるA	$SS_{A(bc_{11})}$	1.60	$(a-1)=1$	1.60	0.34
bc_{12}におけるA	$SS_{A(bc_{12})}$	10.00	$(a-1)=1$	10.00	2.10
bc_{21}におけるA	$SS_{A(bc_{21})}$	2.50	$(a-1)=1$	2.50	0.52
bc_{22}におけるA	$SS_{A(bc_{22})}$	144.40	$(a-1)=1$	144.40	30.29*
bc_{31}におけるA	$SS_{A(bc_{31})}$	0.10	$(a-1)=1$	0.10	0.02
bc_{32}におけるA	$SS_{A(bc_{32})}$	160.00	$(a-1)=1$	160.00	33.57*
ac_{11}におけるB	$SS_{B(ac_{11})}$	109.73	$(b-1)=2$	54.87	11.51*
ac_{12}におけるB	$SS_{B(ac_{12})}$	43.33	$(b-1)=2$	21.67	4.55*
ac_{21}におけるB	$SS_{B(ac_{21})}$	90.00	$(b-1)=2$	45.00	9.44*
ac_{22}におけるB	$SS_{B(ac_{22})}$	594.53	$(b-1)=2$	297.27	62.36*
ab_{11}におけるC	$SS_{C(ab_{11})}$	1.60	$(c-1)=1$	1.60	0.34
ab_{12}におけるC	$SS_{C(ab_{12})}$	2.50	$(c-1)=1$	2.50	0.52
ab_{13}におけるC	$SS_{C(ab_{13})}$	8.10	$(c-1)=1$	8.10	1.70
ab_{21}におけるC	$SS_{C(ab_{21})}$	10.00	$(c-1)=1$	10.00	2.10
ab_{22}におけるC	$SS_{C(ab_{22})}$	144.40	$(c-1)=1$	144.40	30.29*
ab_{23}におけるC	$SS_{C(ab_{23})}$	90.00	$(c-1)=1$	90.00	18.88*
S/ABC（誤差）	$SS_{S/ABC}$	228.80	$abc(n-1)48$	4.767	

*$p<0.05$

表5.16 単純交互作用の検定

変動因	SS		df	MS	F
c_1におけるAB	$SS_{AB(c_1)}$	0.87	$(a-1)(b-1)=2$	0.44	0.09
c_2におけるAB	$SS_{AB(c_2)}$	160.27	$(a-1)(b-1)=2$	80.14	16.81*
b_1におけるAC	$SS_{AC(b_1)}$	9.80	$(a-1)(c-1)=1$	9.80	2.06
b_2におけるAC	$SS_{AC(b_2)}$	54.45	$(a-1)(c-1)=1$	54.45	11.42*
b_3におけるAC	$SS_{AC(b_3)}$	76.05	$(a-1)(c-1)=1$	76.05	15.95*
a_1におけるBC	$SS_{BC(a_1)}$	12.20	$(b-1)(c-1)=2$	6.10	1.28
a_2におけるBC	$SS_{BC(a_2)}$	132.27	$(b-1)(c-1)=2$	66.14	13.87*
S/ABC（誤差）	$SS_{S/ABC}$	228.80	$abc(n-1)48$	4.767	

*$p<0.05$

被験者間3要因分散分析の仮定

この計画の前提は，すでに3，4章でも述べたように，要因が線形で結合されていること，そして，仮定としては各マス内の得点の母分布が正規であり，母分散が等しいことである。とくに母分散に大きな差がある場合は，正常な F が成立しない心配がある。母分散は，データからは直接分からないが，標本の分散から等質性を検定することはできる。

各マスの分散は，表5.17のようになっている。このうち最大の分散は，7.301，最小の分散は2.500であるから，「ハートレーの分散の等質性の検定」を行えば，次の F_{max} が得られる。

$$F_{max} = \frac{7.301}{2.500} = 2.91$$

マスの数は12，$df = (5-1) = 4$ であるから，付表Fより5％では51.4を得る。2.91はそれ以下であるから，等質性の仮定と矛盾しない。

表5.17 各マス内の分散

	b_1 c_1	b_1 c_2	b_2 c_1	b_2 c_2	b_3 c_1	b_3 c_2
a_1	3.702	5.000	5.000	5.000	3.702	5.000
a_2	5.000	2.500	5.000	7.301	5.000	5.000

なおすでに述べたように，各マス内の n が等しい場合の $MS_{S/ABC}$ は，各マスの S_{jkl}^2 を加算して，マス数で割ったものである。実際，

$$\frac{S_{111}^2 + S_{112}^2 + \cdots\cdots + S_{abc}^2}{abc} = \frac{3.702 + 5.000 + \cdots\cdots + 5.000}{2(3)(2)}$$

$$= 4.767$$

となり，$MS_{S/ABC}$ と一致する。

本書では，最大3要因の分散分析について述べてきたが，もっと多くの要因についての分散分析法は理論的には考えられる。

しかし，分散分析の仮定の数は，要因数の増加とともにますます多くなり，計算の手順も多くなるとともに，測定対象を取り落とすなどの不都合も生じやすい。また，3要因以上になると，交互作用の解釈も難しくなってくる。私たちの空間イメージも，3次元までは可能であることを思えば，まず3要因までが都合がよいと思われる。

1要因被験者内分散分析

「被験者内」ということ

これまでに学んできた実験計画は，被験者間分散分析（ANOVA）であった。本章では1要因の**被験者内**（within subject）ANOVA について説明していく。

この計画は，また**反復測定**（repeated measurement）計画ともよばれるように，1要因（ここでは，Aと示すが）のすべての水準をすべての被験者が体験する様式になる。たとえば，a_1, a_2, a_3, a_4 の4種の知覚条件をランダムな順序で被験者に提示して，それらの下での被験者の反応を測定したとする。配置は，表6.1 のようになる。

表6.1 実験条件の無作為な割り当て方
（表中の数字は割り当て方の順序を示す）

s	a_1	a_2	a_3	a_4
山下	3	2	1	4
村山	3	1	4	2
国分	1	4	3	2
佐藤	2	4	3	1
⋮	⋮	⋮	⋮	⋮
n人				
総計 (A_i)	A_1	A_2	A_3	A_4
平均値 ($\overline{A}_i$)	$\overline{A}_1$	$\overline{A}_2$	$\overline{A}_3$	$\overline{A}_4$

水準数 $a=4$

この表からも分かるように，要因 A の a 個の水準を，被験者の誰もが，無作為に体験することになり，実験者はこの計画の下で a 個の平均値の間は母集団において等しいかどうかを，分散分析で吟味することになる。もちろん，反復測定は，学習や発達の経時的な変化を調べる場合にも使用され——この場合は順序は一定つまり 1, 2, 3, ……, a のセッションで測定されるのである。ゆえに，とくに学習・発達，認知の諸分野の時系列的なデータを解析する場合に広く使用されているのである。

当然ながら，帰無仮説と対立仮説は，それぞれ次のようになる。

$$H_0 : \mu_1 = \mu_2 = \cdots\cdots = \mu_a$$
$$H_1 : H_0 \text{ではない。}$$

また，この種の計画は**乱かい法**（randomized blocks design）とよばれることがある。ひそかに土の匂いのする用語である。実際，この用語はもともと農事試験場で使用されたことに由来するものである（ボックス6.1 参照）。

1 要因被験者内計画の構造モデルと分散比

ここでは詳細には述べられないが，分析のためのモデルとして2種類のものがある。本節では，おそらく私たちに納得されやすい，処理×被験者を含む構造モデルに従いたい。というのは，各水準において，処理と被験者の交互作用は生じやすいからである。それを含むモデルを書き出してみると次のようになる。

$$X_{ij} = \mu + \pi_i + \alpha_j + \pi\alpha_{ij} + e_{ij} \tag{6.2.1}$$

ここで，

X_{ij} は，各水準における個人の得点

μ は，全平均

π_i は，i 番目の被験者に関する定数

α_j は，処理の効果

$\pi\alpha_{ij}$ は，被験者×処理という交互作用の効果

e_{ij} は，j 処理の下における被験者 i に関する実験誤差

ボックス6.1 「乱かい法」の由来

農事研究の分散分析では，たとえば，1, 2, 3, 4種の植物成長を調べるのに，通常の1要因の計画では，畝がやせているか肥えているかという要因が誤差にまぎれ込んでしまうことが見られる。そこで研究者は，この要因（ブロック）を取り出して，誤差項のサイズを小さくして，植物本来の成長を吟味しようとして，乱かい法を考え出した。心理学の領域では，ブロックは「人」ということになる。

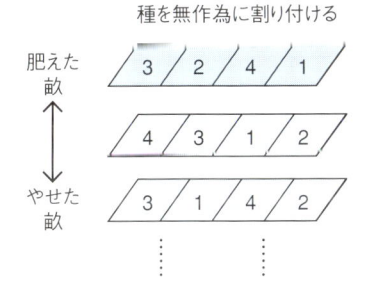

このモデルの下で，MS の期待値は，次のようになる（表 6.2）。

表6.2 被験者内要因計画における期待値

変動因	E(MS)
被験者 (S)	$\sigma_e^2 + a\sigma_\pi^2$
処理 (A)	$\sigma_e^2 + \sigma_{\pi a}^2 + n\sigma_a^2$
残差 (AS)	$\sigma_e^2 + \sigma_{\pi a}^2$

ただし，要因 A は固定要因，被験者（S で示す）はランダム要因であるとする。そうすると，次のような期待値の比に導かれる（証明略）。

$$\frac{E(MS_s)}{E(MS_{残差})} = \frac{\sigma_e^2 + a\sigma_\pi^2}{\sigma_e^2 + \sigma_{\pi\alpha}^2} \qquad (6.2.2)$$

$$\frac{E(MS_a)}{E(MS_{残差})} = \frac{\sigma_e^2 + \sigma_{\pi a}^2 + n\sigma_a^2}{\sigma_e^2 + \sigma_{\pi\alpha}^2} \qquad (6.2.3)$$

この 2 番目の (6.2.3) 式は，検定のために適切である。これまでの章で説明したように，a の効果がなかったならば，上辺と下辺は同一の値になるからである。したがって，要因 A を検定するための適切な比である。これに反し，最初の比式 (6.2.2) は，被験者（S）の差を調べるものとしては不適切であると言える。なぜなら，$a\sigma_\pi^2 = 0$ つまり個人差が 0 となっても，$\sigma_e^2/(\sigma_e^2 + \sigma_{\pi\alpha}^2)$ となり，上・下辺は等しくならない[*]。しかしながら，S 要因を調べなくても心理学的には大して問題ではない。なぜなら，もともと個人差はあるものとして置き，その成分を留保するだけであって，ほとんどの場合直接研究の目標としていない。したがって以下に述べるように，個人差の項（S）については，F 検定は実施しないことにする（ちなみに，SPSS においても，デフォルトとしては，S の項を打ち出さない）。

この計画においても，全体の SS と df が加算的に分化することは，図 6.1 に示した。ここにおいて，SS_S は，被験者の間の差を反映している。したがって，「被験者間」と示した。「被験者内」としては SS_A と SS_{AS} の成分がある。SS_A は A 内の水準にわたっての，この計画で調べようとする要因の変異度を表す。SS_{AB} は，A の効果の中での個人差の差異による変動であって，残差 (residual) とも言われ，構造上，「誤差」としての取扱いを受ける。SS_{AS} はまた要因 A と S の一種の交互作用とも見なされる。

上記のことから，要因 A の効果の MS には，これまでの ANOVA のように，

$$MS_A = \frac{SS_A}{a-1} \qquad (6.2.4)$$

---

[*] もし $\sigma_{\pi\alpha}^2$，すなわち $A \times S$ の交互作用がなかったら，被験者の差異（S）も適切に検出できることなることは式 (6.2.2) からもうかがえる。この交互作用の有無の検出には，より進んだテキスト（たとえば，カーク，1995，pp.269-271）に「テューキーの非加算性の検定法」として説明されている。

6.3 1要因被験者内計画の実例

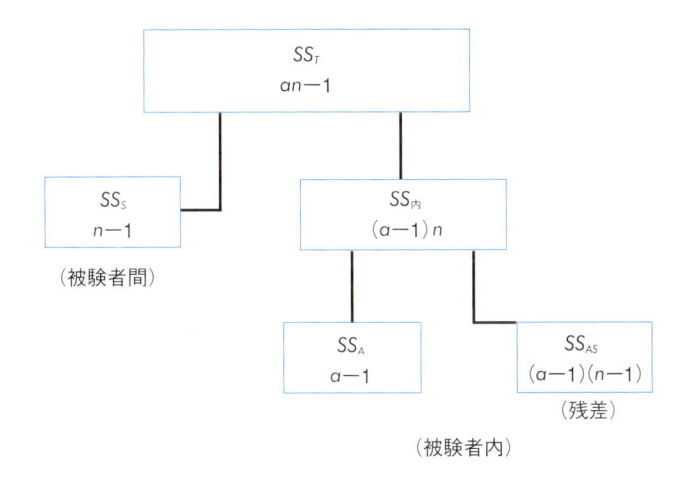

図6.1 1要因被験者内計画における SS と df の分化
うすい青色の部分が誤差の取扱いをうける。

となり，F の分母となる誤差項は，次のように表される。

$$MS_{AS} = \frac{SS_{AS}}{(a-1)(n-1)} \tag{6.2.5}$$

ここでの計画では，被験者（S）の要因そのものは，統計的検定の対象外であることは，すでに述べた。したがって，ソフトによってはこの被験者の項を打ち出さないのである。

以上のことと，表 6.2 と関連して ANOVA は表 6.3 のようになる。

表6.3 1要因被験者内計画の分散分析表

変動因	SS	df	MS	F
被験者間 S	SS_S	$n-1$		
被験者内 A	SS_A	$a-1$	MS_A	MS_A/MS_{AS}
AS（残差）	SS_{AS}	$(a-1)(n-1)$	MS_{AS}（残差）	
全体	SS_T	$an-1$		

1要因被験者内計画の実例

この計画においても，これまで述べた各計画のように，欠損値の生じない限り，SS，df の加法性は成立する。したがって，全体の SS と df は個々の SS と df の総和となることになる。

例題 1, 2, 3学期にわたって無作為に選ばれた小学6年生6名について，社会的共感性に関する質問紙が配付され，その結果が集計された。学期間に差があるかどうか，検定を行え。データは表 6.5 にある。

解 まず変数を定義しておく。調べようとする要因は A とおき，被験者を S とする。すなわち，

$$A\,(学期)\quad j = 1, 2, 3$$
$$被験者\,(S)\quad i = 1, 2, \cdots\cdots, 6$$

これまでと同じように，j, i は特定の水準であり，添字として示す（表 6.4）。

データと平均値と分散は，表 6.5 に示した。ここで注意すべきは，2 章で述べた 1 要因被験者間計画とは異なって，a_1, a_2, a_3 の各水準の間に相関があることである。同一被験者を反復測定するので，そのことは当然予想される。

検定表作成のためには，通例にしたがって，表 6.4～表 6.7 諸表が必要である。

得られる ANOVA 表は，表 6.8 のようになる。S は構造上検定していない。実は 1 要因の場合，普通の被験者間の分析のように，SS_S が誤差に混じり込んで，誤差項を大きくしないように，それをカットして，A の検出力を高めているのである。

観測された F としては 13.71 が得られた（表 6.8）。5 % の $F(2, 10)$ は，付表 D「F の表」より，4.10。この臨界値より 13.71 は大きいので，有意差ありと判定された。

表6.4 要因表

要因		特定水準	全水準
被験者内	A：	j	$a = 3$
被験者	S：	i	$n = 6$

表6.5 データおよび平均値・分散

被験者(S)	a_1	a_2	a_3	計
山口	5	9	20	34
園田	17	13	18	48
朝長	10	1	22	33
古橋	5	8	18	31
菱谷	12	7	16	35
山内	7	7	15	29
計	56	45	109	210
$\bar{A}_j$	9.333	7.500	18.167	
S_j^2	21.867	15.100	6.567	

表6.6　SSの計算

基礎項目の計算

(1) 〔T〕　$\dfrac{T^2}{an} = \dfrac{210^2}{3(6)} = 2{,}450.000$

(2) 〔X〕　$\Sigma X^2 = 5^2 + 9^2 + \cdots + 7^2 + 15^2 = 3{,}058.000$

(3) 〔A〕　$\dfrac{\Sigma A^2}{n} = \dfrac{56^2 + 45^2 + 109^2}{6} = 2{,}840.333$

(4) 〔S〕　$\dfrac{\Sigma S^2}{a} = \dfrac{34^2 + 48^2 + \cdots + 35^2 + 34^2}{3} = 2{,}525.333$

$SS_S = (4) - (1) = 2{,}525.333 - 2{,}450.000 = 75.333$

$SS_A = (3) - (1) = 2{,}840.333 - 2{,}450.000 = 390.333$

$SS_{AS} = (2) - (3) - (4) + (1) = 3{,}058.000 - 2{,}840.333 - 2{,}525.333 + 2{,}450.000 = 142.334$

$SS_T = (2) - (1) = 3{,}058.000 - 2{,}458.000 = 608.000$

表6.7　dfの計算

$df_S = n - 1 = 6 - 1 = 5$

$df_A = a - 1 = 3 - 1 = 2$

$df_{AS} = (a-1)(n-1) = (3-1)(6-1) = 10$

$df_T = an - 1 = 3(6) - 1 = 17$

表6.8　表6.5のデータの分散分析

変動因	SS	df	MS	F
被験者間 S	75.333	6−1＝5		
被験者内 A	390.333	3−1＝2	195.167	13.71*
AS（残差）	142.334	(3−1)(6−1)＝10	14.233	
全体	608.000	3(6)−1＝17		

*$p < 0.05$

多重比較の手順

要因 A の包括的検定も棄却されたことでもあり，A 内の各水準間の差異をより細かく見ていこうという気持ちになるであろう。そこで，3 章で述べた多重比較の諸方法を使用することになる。本計画で使用された被験者内の誤差項は，AS のそれであったから，MS_{AS} を使用するところが，前章までの誤差項の取り方と異なっているだけである。

事後検定のほうから述べていくと，テューキー法では，次の統計量を求める。

$$q = \frac{|\overline{A}_j - \overline{A}_{j'}|}{\sqrt{\dfrac{MS_{AS}}{n}}} \tag{6.4.1}$$

臨界値の求め方は，これまでと同じで，付表 E 「ステューデント化された範囲の表」より，平均値数 ($r = a$) と df_{AS} による。たとえば，表 6.5 中に示されている，水準 a_1 と a_3 の平均値を比較するとき，次のようになる。

$$q = \frac{|9.333 - 18.167|}{\sqrt{\dfrac{14.233}{6}}} = \frac{|8.834|}{1.540} = 5.74$$

付表 E で，A の平均値数 r つまり $a = 3$，誤差の自由度 $df = 10$ を引くと，5 ％水準の臨界値は 3.88。その値を 5.74 は超えているので有意と判定される。

シェファイ法では，次式で検定量を算出する。

$$F = \frac{(w_1\overline{A}_1 + w\overline{A}_2 + \cdots\cdots + w_a\overline{A}_a)^2}{MS_{AS}\left[\dfrac{w_1^2}{n_1} + \dfrac{w_2^2}{n_2} + \cdots\cdots + \dfrac{w^2}{n_a}\right]} \tag{6.4.2}$$

そして，次のように定めた F_S を付表 D 「F の表」より見出し臨界値とする。

$$F_S = (a-1)F_{\alpha,\,a-1,\,df_{AS}}$$

ここで，α（いまは 0.05），分子の自由度 $\nu^1 = (a-1)$，分母の自由 $\nu^2 = df_{AS}$ である。ここでは，$F_{0.05,\,2,\,10} = 4.10$。

$\overline{A}_1$ と $\overline{A}_3$ について検定する場合は，

$$F = \frac{[(1)(9.333) + (0)7.500 + (-1)(18.167)]^2}{14.233[(1)^2/6 + (0)^2/6 + (-1)^2/(6)]}$$

$$= \frac{(9.333 - 18.167)^2}{14.233[2/(6)]} = \frac{8.834^2}{4.744} = 16.45$$

となる。そして $F_S = (3-1)4.10 = 8.20$。この値を 16.45 は超えているので，有意な差があるとする。

フィッシャー—ハイター法によれば，統計量は，n が各群で等しい場合次のようになる。

$$q_{FH} = \frac{|\overline{A}_j - \overline{A}_{j'}|}{\sqrt{\dfrac{MS_{AS}}{n}}} \quad (6.4.3)$$

臨界値は付表 E を用い，$q_{\alpha,\ a-1,\ df_{AS}}$ である．

すでに，3.7 節で述べたように，この方法を使用する場合は，要因 A の分散分析の結果が有意であることを前提とする．本章の表 6.8 でこの主効果は有意であったので，たとえば水準 a_1 と a_2 の間の差の検定を行うこととする．すなわち，

$$q_{FH} = \frac{|9.333 - 18.167|}{\sqrt{\dfrac{14.233}{6}}} = \frac{8.830}{1.540} = 5.74$$

臨界値は，$q_{0.05,\ 2,\ 10}$．付表 E より 3.15 が得られる．5.74 はこの値を超えているので，両水準間に有意差ありと判定する．

なお，事前検定としては，シダック法が使いやすく，比較をあらかじめ限定して行うので検出力も大きい．考え方と方法は，3.6 節に示したものと本質的な差はない．ただ，分母の MS が，被験者内計画では MS_{AS} となることに注意すればよい．

本書 p.83–85．

マッチングによるブロックの作成

学習のような，持ち越し (carry over) 効果そのものを吟味する場合は，同一被験者を使用することはあまり問題はなかろう．しかし，たとえば知覚条件の差異を調べるといった場合を考えてみよう．たとえ持ち越し効果をできるだけ均等にするために条件の割りつけ順序を無作為にしたり，相殺 (counter balance) *したりするように工夫しても，一定量の持ち越し効果は得点の大きさに影響を及ぼす可能性は排除できないことが多い．

そこで，水準数に等しく，実験で調べようとする変数に関係する別の変数について等しくした何人かの等質な人（または動物）からなる「ブロック」を作成して，繰返し型の計画に代えることもできよう．この型の計画もまた，本章の計画と同様な分析を行うことができる．

たとえば，$a_1 \sim a_4$ の社会科の教授法があるとする．この社会科の教授法の効果には，個人のもつ推理力が関係することが分かっているとする．そこで，1 つのブロックには，4 人の同一レベルの推理力をもつ人を選んで，無作為に a_j の処理に割りつける．他のいくつかのブロックにも，同様に，ブロック内はできるだけ同レベルの被験者を割りつける．このことは，いわゆる「マッチング（対応づけ）」の手法にほかならない．こうして，ブロック内ではできるだけ同質となるよう，ブロック間はできるだけ異質になるように，1 群の被験者を配置する．これを図式化すれば，

---

* 本章では説明していないが，たとえば 3 要因の場合，各ブロックについて，水準が 1 回のみ起こるような工夫である．たとえば，アルファベットで示される順序が，$\begin{smallmatrix} b & a & c \\ c & b & a \\ a & c & b \end{smallmatrix}$ のような場合．

表6.9のようになる。

表6.9 マッチングによる等質ブロックの作り方の一例

推理力の得点	教授法			
	a_1	a_2	a_3	a_4
ブロック1（10〜20）	s_1	s_4	s_3	s_2
ブロック2（30〜40）	s_3	s_1	s_2	s_4
ブロック3（50〜60）	s_3	s_1	s_4	s_2
ブロック4（70〜80）	s_4	s_3	s_1	s_2
ブロック5（90〜100）	s_3	s_2	s_1	s_4

このように，1つのブロックには，推理力の点で同一またはほとんど違わない者が選んであり，しかもブロック内の4人は，無作為に教授法に割りつけてある。得られた測定値の処理には，繰返しのある計画の計算法を適用することができるので，ここでは重複して説明しないこととする。

1要因被験者内計画の仮定

本章の冒頭で述べた加算的なモデルが適切にデータにあてはまるということが第一の要件である。

その他に，次のような条件の仮定が充たされなければならない。

(1) ブロック（つまり，すでに述べたような，1人の人，またはマッチングした等質な人々から成るブロック）は，ブロックの母集団からの無作為な標本であるということ。その上で，得られた結果は，この母集団にのみの陳述となる。いいかえれば，要因 A の分析の結果は，この母集団だけに適用されるものとされる。

(2) 極めて重要なことであるが，この計画のすべての処理水準の母分散と母共分散のセットが，次に述べるように一定の形でなければならないということ。

被験者内1要因計画の場合，$a = 3$ とすると，実は得られたデータの背後には，表6.10の左のような母集団の得点があり，それから右のような分散・共分散行列が得られる。つまり，$a \times a$ の**分散・共分散行列**（variance-covariance matrix）（あるいは単に共分散行列ともいう）ができ

表6.10 母集団の値(左)と分散・共分散行列(右)

被験者	A				a_1	a_2	a_3
	a_1	a_2	a_3				
s_1	X_{11}	X_{12}	X_{13}	a_1	分散	共分散	共分散
s_2	X_{21}	X_{22}	X_{23}	a_2	共分散	分散	共分散
⋮	⋮	⋮	⋮	a_3	共分散	共分散	分散

るとする（分散については，たびたび出てきたのでご存知であろう．共分散（標本の場合）もすでに 1.3 節で説明した）．標本の場合について次頁注で再度説明するので，いっそう分かりやすくなるであろう．

さてこの行列の**主対角項**（main diagonal）を，表右のように青色で示してみた．これは各々の水準 a_j についての被験者の値の分散である（S_{jj}^2 と書く）．それ以外の項は，それぞれ別の a_i と $a_{j'}$ についての共分散である．それを $S_{jj'}$ と書く．これらを，次のように母集団の形で表現する．すると，母集団の分散・共分散行列は，次のように記号化し得る．この行列を太字の **Σ**（シグマ）で示す．すなわち，

$$\mathbf{\Sigma} = \begin{bmatrix} \sigma_{11}^2 & \sigma_{12} & \sigma_{13} \\ \sigma_{21} & \sigma_{22}^2 & \sigma_{23} \\ \sigma_{31} & \sigma_{32} & \sigma_{33}^2 \end{bmatrix} \quad \text{青色で示した対角線の値が分散を，それ以外が共分散を示す．} \tag{6.6.1}$$

が，$a = 3$ の母分散・共分散行列である．

本章の分散分析で得られる F 値が歪みのない正当な F 値であることの，必要かつ十分な条件としては，行列内の分散・共分散が次の式で表される関係であることが要請される．上記の $a = 3$ の場合は，

$$\left. \begin{array}{l} \sigma_{11}^2 + \sigma_{22}^2 - 2\sigma_{12} = C \\ \sigma_{11}^2 + \sigma_{33}^2 - 2\sigma_{13} = C \\ \sigma_{22}^2 + \sigma_{33}^2 - 2\sigma_{23} = C \end{array} \right\} \text{同じ値となる} \tag{6.6.2}$$

分散　　共分散

このような関係になれば，分散行列が**球面性**（shericity）をそなえているといわれる（または，**循環性**（circularity）をそなえているともよばれるが，数学的特性は同一である）．

分かりにくいかもしれないので，上の事柄を 1 つの仮想的な行列で示してみよう．いま，母分散・共分散行列が次のようであったとする．

$$\mathbf{\Sigma} = \begin{bmatrix} 7 & 2 & 4 \\ 2 & 11 & 6 \\ 4 & 6 & 15 \end{bmatrix}$$

この行列から，循環性を式 (6.6.2) を立てて吟味してみると，次のようになる．

$$\left. \begin{array}{l} \sigma_{11}^2 + \sigma_{22}^2 - 2\sigma_{12} = 7 + 11 - 2(2) = 14 \\ \sigma_{11}^2 + \sigma_{33}^2 - 2\sigma_{13} = 7 + 15 - 2(4) = 14 \\ \sigma_{22}^2 + \sigma_{33}^2 - 2\sigma_{23} = 11 + 15 - 2(6) = 14 \end{array} \right\} \text{同じ値となった．}$$

したがってこの分散・共分散行列は，明らかに循環性（球面性）をそなえているということができる．

念のため再度述べるが，以上の分散・共分散行列は母集団のそれであり通常，標本の分散・共分散行列から母集団の球面性を推定する他はない。表6.5のデータにもとづいて，この標本の分散・共分散行列を作り，それを，$\widehat{\boldsymbol{\Sigma}}$ で示す。すなわち，

$$\widehat{\boldsymbol{\Sigma}} = \begin{array}{c} \\ a_1 \\ a_2 \\ a_3 \end{array} \begin{array}{c} \begin{array}{ccc} a_1 & a_2 & a_3 \end{array} \\ \begin{bmatrix} 21.867 & 5.800 & -0.867 \\ 5.800 & 15.100 & -4.100 \\ -0.867 & -4.100 & 6.567 \end{bmatrix} \end{array}$$

となる。例により，対角線は分散 S_{jj}^2 を示し，それ以外は a_j と $a_{j'}$ の共分散 $S_{jj'}$ を示している*。

ところで，上述の推定値 $\widehat{\boldsymbol{\Sigma}}$ がはたして球面性をそなえた母分散・共分散行列のものからかどうかを検定する式はいくつか考案されている。

しかし，これは数学的に面倒な仕事にもなり，必ずしもいつも使用しなくてよい。そのわけは次のような係数を，分子・分母の自由度に掛けて F の歪みを修正することができるからである。この係数は $\hat{\varepsilon}$（エプシロン帽子）とよばれ，完全な球面性が成立する場合は1となり，完全に球面性からずれているときは，$1/(1-a)$ となる。計算方法は表6.11に示す。この値は，グリーンハウス-ガイサー（Greenhouse-Geisser，G-Gと省略）の ε ともよばれている。いま表6.5のデータについてこれを計算すると 0.988 となる。この値を見ても，ほぼ球面性を充たしているようである。しかし，$\hat{\varepsilon}$ 値はなおも控え目とされ，ハイン-フェルト（Huynh-Felat，H-Fと省略）は，$\tilde{\varepsilon}$（エプシロン波）を提唱している。これも表6.11の下に示しているが，1.632 のようになる。このように1を超える場合は1と置くと定められている。

こうした ε 値とは別に，もっとも控え目な——ゆえに自由度がもっとも小さくなり，検出力は弱くなるが——，分子・分母の自由度を $(a-1)$ で割る，つまり $[1/(a-1)]$ を掛けるもっとも厳しい修正法が早くから提唱されていた。ソフトでは，「下限」と印字されている（後出，6.8のSPSS出力参照）。それらをまとめると，表6.12のようになる†。

p（この表では正確確率をソフトで計算した）は，G-Gの $\hat{\varepsilon}$ でも，H-Fの $\tilde{\varepsilon}$ でも 0.001（ただし，通常小数点以下の df はまるめるため，あらかじめ四捨五入して，分子の df は2，分母の df

---

本書 p.12–13.

* 標本の分散は，これまで随所に出てきたので説明の必要はないであろう。標本の共分散は，1.3節で説明してある。一般的に j と j' の共分散は，次式で与えられる。

$$S_{jj'} = \frac{\Sigma X_j X_{j'} - (\Sigma X_j \Sigma X_{j'})/n}{n-1}$$

たとえば，a_1 と a_2 の共分散は，表6.5より，

$$S_{1,2} = \frac{[5(9) + 17(13) + \cdots\cdots + 12(7) + 7(7)] - [56(45)/6]}{6-1}$$
$$= 5.800$$

† 被験者内要因が多くなると，手計算による方法は煩雑になる。したがってこの場合には，利用できれば専門のソフトを使用することが賢いといえよう。以下の章では，多要因の被験者内要因を扱うことになるので，本書でも直接確率まで出す SPSS を使用することにしたい。

6.6　1要因被験者内計画の仮定

表6.11　表6.5のデータによる$\hat{\varepsilon}$と$\tilde{\varepsilon}$の計算過程

$$\hat{\Sigma} = \begin{bmatrix} 21.867 & 5.800 & -0.867 \\ 5.800 & 15.100 & -4.100 \\ -0.867 & -4.100 & 6.567 \end{bmatrix}$$

	行の計 $\Sigma E_{j\cdot}$	行の平均 $\overline{E}_{j\cdot}$	その2乗和 $\overline{E}_{j\cdot}^2$
	26.800	8.933	79.804
	16.800	5.600	31.360
	1.600	0.533	9.284
	45.200	15.066	111.448
	‖		‖
	$\Sigma\Sigma_{jj'}E$		$\overset{a}{\underset{j}{\Sigma}}\overline{E}_{j\cdot}^2$

これらの計算は後でSPSSで行うので，それさえあれば必ずしも手計算の必要はない。

$\hat{\varepsilon}$の計算：

$a=$処理水準数$=3$

$E_{jj'}=\hat{\Sigma}$のj行j'列の要素（$j=1,\ldots,a$; $j'=1,\ldots,a$; つまり行と列の大きさは等しい）

$\overline{E}_{\cdot\cdot} = (\Sigma\Sigma_{jj'}E)/a^2 =$ すべての要素の計をa^2で割ったもの。

　$= (21.867+5.800+\cdots+6.567)/3^2 = 45.200/9 = 5.022$

$\Sigma\Sigma E_{jj'}^2 =$ 各要素の2乗和

　$= 21.867^2+5.800^2+\cdots+6.567^2 = 851.705$

$\overline{E}_D =$ 主対角要素の平均値 $= (\overline{E}_{11}+\overline{E}_{22}+\overline{E}_{33})/a = (21.867+15.100+6.567)/3 = 14.511$

$$\hat{\varepsilon} = \frac{a^2(\overline{E}_D - \overline{E}_{\cdot\cdot})^2}{(a-1)(E_D - \Sigma\Sigma E_{jj'}^2 - 2a\overset{a}{\underset{j}{\Sigma}}\overline{E}_{j\cdot}^2 + a^2\overline{E}_{\cdot\cdot}^2)}$$

$$= \frac{3^2(14.511-5.022)^2}{2[851.705-2(3)111.448+(3^2)5.022^2]}$$

$$= \frac{810.370}{820.003} = 0.988$$

$\tilde{\varepsilon}$の計算：

$$\tilde{\varepsilon} = \frac{n(a-1)\hat{\varepsilon}-2}{(a-1)[n-1-(a-1)\hat{\varepsilon}]}$$

$$= \frac{6(3-1)0.988-2}{(3-1)[6-1-(3-1)0.988]} = 1.632 \quad \text{1を超えるので}\tilde{\varepsilon}=1\text{とする。}$$

は10とした）。通常の無調整の場合と，$\hat{\varepsilon}$, $\tilde{\varepsilon}$共に，近いためにいずれも同一のp値になった（すなわち，$p=0.001$）。だが，もっとも控え目（厳しい）「下限」による表示は0.014となり，0.001より高くなっていることに注目される。

これらの修正の意味が分かりにくいかもしれないので，表6.13に極端な仮想例を掲げてみた。$a=4$, $n=11$とする。またこの場合では，得られた$F=2.92$とする。$a=4$, $n=11$なので，分子と分母の自由度はそれぞれ，$(a-1)=3$, $(a-1)(n-1)=3(10)=30$となり，5%水準で有意となった（表の1行目）。しかし，球面性はあやしいので，G-Gの$\hat{\varepsilon}$を出して見ると，果たして0.60となったとする（$\hat{\varepsilon}$値の小さい傾向は，球面性が犯されていることが大きいことを示す）。この値で調整したpは0.080となっている。H-Fの$\tilde{\varepsilon}$では，少しあまくなったがそれで

表6.12 表6.5の分析結果をもとに,エプシロンで自由度を調整した結果

修正法	dfの検定統計量の一般型		得られたF	調整の結果		正確確率*
	分子	分母		分子	分母	p
●無調整	$(a-1)$	$(a-1)(n-1)$	13.712	$(a-1)$ $=3-1$ $=2$	$(a-1)(n-1)$ $=(3-1)(6-1)$ $=10$	0.001
●グリーンハウス-ガイサーの$\hat{\varepsilon}$を使用	$(a-1)\hat{\varepsilon}$	$(a-1)(n-1)\hat{\varepsilon}$ (小数点以下四捨五入)	13.712	$(a-1)(\hat{\varepsilon})$ $=(2)(0.988)$ $=1.976$ ≈ 2	$(a-1)(n-1)(\hat{\varepsilon})$ $=(10)(0.988)$ $=9.88$ ≈ 10	0.001
●ハイン-フェルトの$\tilde{\varepsilon}$を使用	$(a-1)\tilde{\varepsilon}$	$(a-1)(n-1)\tilde{\varepsilon}$	13.712	$(a-1)(\tilde{\varepsilon})$ $=(2)(1.000)$ $=2.000$	$(a-1)(n-1)(\tilde{\varepsilon})$ $=(10)(1.000)$ $=10.000$	0.001
●「下限」(元のdfを$(a-1)$で割った場合)	$\dfrac{(a-1)}{a-1}$	$\dfrac{(a-1)(n-1)}{a-1}$	13.712	$\dfrac{(a-1)}{(a-1)}$ $=2/2$ $=1.000$	$\dfrac{(a-1)(n-1)}{(a-1)}$ $=10/2$ $=5.000$	0.014

$\hat{\varepsilon}=0.988$　$\tilde{\varepsilon}=1.000$

* 後でソフトで得られたpである。5%水準を立てていたのなら,正確確率はそれ以下であるから,全部有意な結果となった。しかし,もっとも控え目な「下限」では,0.014と,確率は少し大きくなり,微妙に控え目の検定になるおもむきを呈している。

表6.13 無調整と調整されたデータについての一仮想例

修正法	dfの検定統計量の一般型		得られたF	データ*		正確確率
	分子	分母		分子	分母	$p^\dagger$
●無調整	$(a-1)$	$(a-1)(n-1)$	2.92	3	30	0.050
●グリーンハウス-ガイサー	$(a-1)\hat{\varepsilon}$	$(a-1)(n-1)\hat{\varepsilon}$	2.92	1.80 (≈ 2)	18.00 (≈ 18)	0.080
●ハイン-フェルト	$(a-1)\tilde{\varepsilon}$	$(a-1)(n-1)\tilde{\varepsilon}$	2.92	2.17 (≈ 2)	21.72 (≈ 22)	0.075
●「下限」	1	$(n-1)$	2.92	1	10	0.118

$\hat{\varepsilon}=0.600$
$\tilde{\varepsilon}=\dfrac{11(4-1)0.600-2}{(4-1)[11-1-(4-1)0.600]}=0.724$

* $a=4$, $n=11$の場合とする。
† エクセルによる算出。dfは四捨五入して入力。カッコ内にその値を示した。

も$p=0.075$,下限での調整は実に0.118となっている。

　要するに,本例では上記3つのdfに調整を行えば,いずれも帰無仮説を棄却できないことになる。

　では実際のデータを得たときは,どうすればよいか。どの場合でも,$\hat{\varepsilon}$を算出することは,めんどうである。したがって,次のようなやり方を採れば,まず安心して,1要因被験者内ANOVAの結果を検定することができるので,諸家がすすめている。

1. 通常のANOVAで検定を行う。もし棄却できなければ,有意性なしとする。なぜなら,これ自体もっともあまい(リベラルな)検定であり,これに合格しなければ,調整をしても仕方がないからである。

2. もし以上にパスすれば,「下限」による調整,すなわちもっとも厳しい検定を行う。これに合

格すれば，他の検定にすべて合格することになる。つまり確実に有意である。この検定に合格しない場合，次のステップに進む。

3. $\hat{\varepsilon}$ を用いて調整した検定を行う。もしそこで合格ならば，有意差ありとする。この場合ソフトがないならば，$\hat{\sigma}$ を表 6.11 のように手計算しなければならない，というやや面倒なことになる（著名なソフトがあれば簡単）。もし，それでも有意でなければ，そして，さらにあまい調整になることを容認すれば，次のステップに進んでいく。

4. $\tilde{\varepsilon}$ を使用して検定する。合格ならば H_0 を棄却する。表 6.13 の例では，残念ながら，これでも 5 ％水準で H_0 を棄却できない。ゆえに球面性が仮定できないので有意性は決定的に否定されることになる。

ここで一言。$\tilde{\varepsilon}$ は，あまりにリベラルな（あまい）検定であり，時にその値が 1 を超えることがあるなどのことからみて，必ずしも統計家に完全に容認されているわけではない。ごく一般的に言って，G-G の $\hat{\varepsilon}$ までにとどめるべきかもしれない。しかし，こうなるともう検定思想の問題になるように思われる[*]。

かくも球面性ということに，こだわる理由は，それが充たされていないとき，帰無仮説の下での F 分布は歪みを生じ，結果として正当な α を与えることができないからである。しかも諸家の指摘することによれば，心理・行動の被験者内計画は，球面性を充たしていないことが多くその場合，α 値は公称（nomnal）値を超えた上昇（インフレーション）をまねきかねないのである（たとえば，マックスウェルとデラニー（Maxwell & Delaney，1990）；千野，1993, 1994, 1995, 1998 参照）。

たとえば，$\alpha = 0.05$ で分析する場合，たいていの人の検定では球面性を仮定しているようである。心理学の被験者計画の遂行に際してはその仮定は大いに疑ってかからなければならない。表向き $\alpha = 0.05$ で検定しても，球面的でなければ，実際は 0.10 にも，さらに 0.15 にもなってしまうという，憂慮すべき事態が生じる。そこで，たとえ球面性が犯されても，$\hat{\varepsilon}$ や $\tilde{\varepsilon}$ で分子・分母の自由度を補正することによって，近似的にでも F 分布を正し，検定を行おうとするのが，以上に述べた発想である。6.8 節で述べる SPSS は，補正値をも出す仕様となっている。

なお，1 要因被験者内計画で，これまで述べた仮定が犯される場合，ノンパラメトリック検定を使用することもできる。対応するそれとしては，よく知られた「フリードマン（Freedman）の χ_r^2 検定」がある（たとえば山内，2009, p.210–213 参照）。

---

[*] フィールド（Field, 2000）は，G-G の $\hat{e}$ と H-F の $\hat{e}$ の p を平均して使用することを提案している。したがって，たとえば表 6.13 の例では，
$$\frac{0.080 + 0.075}{2} = 0.078$$
もちろん，これも有意ではない。フィールドのこの案は，一種の折衷案であろうが，すべての研究者に受け入れられているわけではない。

6.7　1要因被験者内計画の多変量分散分析

すでに述べたように，1要因被験者内計画の通常の分析は，「球面性」という仮定の下に展開するものであった。しかも，すでに述べたようにこの球面性は，心理・教育のデータではなかなか成り立ち難いとされている。

本計画のデータをソフトで処理すると，SPSSでは初めに**多変量検定**（mulivariate analysis of variance, MANOVA）が現れてきて，初心者を当惑させる（次の6.8節参照）。しかも，「パイライ（Pillai）のトレース」をはじめ，4種ものMANOVAが印字されてくる。統計量は異なっていても，幸いなことに本書の例では，同一の確率を結果として示している。

このMANOVAは，球面性の仮定を必要としないので，たとえそれが犯されても健やかにこの1要因の分析が行われるという，すぐれた特性を持っている。

この多変量分散分析は，次のことを検定する。すなわち，たとえば，4水準では，Xを得点，添え字は水準とすると，

$$H_0 = X_2 - X_1, \quad X_3 - X_2, \quad X_4 - X_3 = 0, 0, 0$$

このようにx間の差が0であることは，水準間の差がないということである。このように得点間の差をとって，$X_2 - X_1 = 0, X_3 - X_2 = 0, X_4 - X_3 = 0$が母集団において成立するかどうかを問うている。**表6.4**の例では3水準であるから，

$$H_0 = 2学期 - 1学期, 3学期 - 2学期 = 0, 0$$

ということになり，となり合わせのxの加・減が0であるかどうかを検定することになる。

後で述べるように，本章6.3節のデータをSPSSで分析すると4種の統計量を印字してくるが，いずれも有意確率は同一の0.028となっており，$\alpha = 0.05$でH_0を棄却できることになる。MANOVAはたとえ一般的には，通常のANOVAより高いp値を出すにしても，球面性を仮定しないということで，安全性の高い検定となっている。より詳しくは，スティーヴンス（Stevens, 2002），マックスウェルとデラニー（1990）を参照されたい。

6.8　SPSSによるデータ処理

被験者内1要因計画の入力の仕方は，被験者間のそれと少し異なっているが，それほど難しくはない。**図6.2**の（ア）にそれを示した。変数ビューで被験者を文字型とし，測度を名義としてある。学期の1～3水準を，ラベリングする。これまでの方法同様，1列目を確定しながら進んでいく。

次にデータビューをクリックすると，被験者と各水準の空のデータ枠が出るので，**表6.5**のデータを入れる。すると（イ）のようになる。次に（ウ）のように表の上の分析（A）→一般線型モデル（G）→反復測定（R）をドラッグして，最後にクリックすると，ダイアログ

6.8 SPSS によるデータ処理

入　力

(ア) 変数ビュー

このセルの末尾をクリックするとパレットが出るので変数の型を文字型としておく。「OK」する。

左のように型を「文字型」とすれば，ここは自ずから「名義」となる。

(イ) データビュー

枠内にデータを直接入力する。

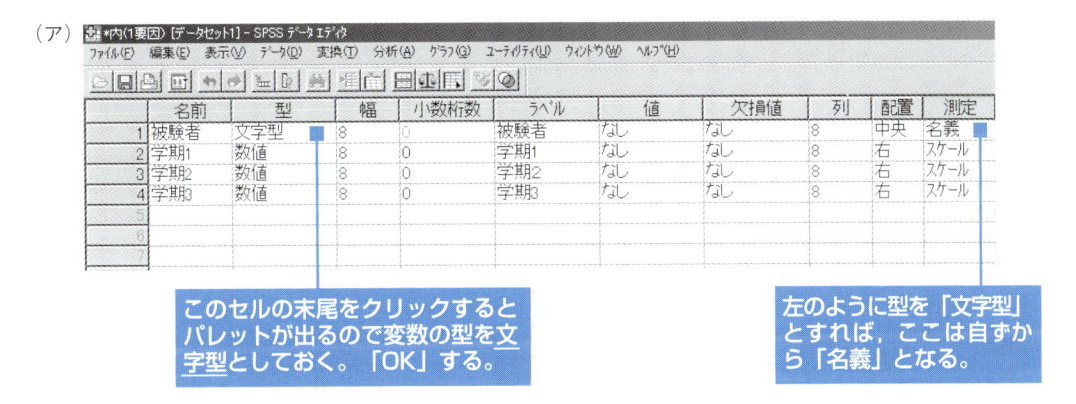

(ウ)

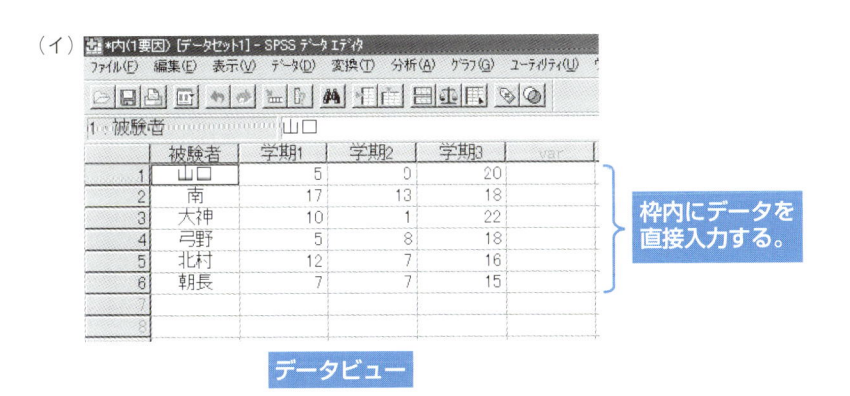

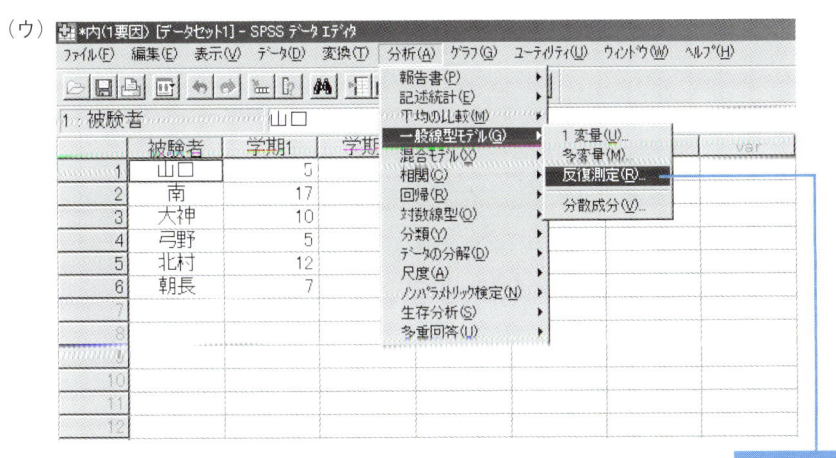

反復測定であることに注意。

図 6.2　SPSS による入出力（その 1）

ボックス（エ）の下に 反復測定因子の定義（エ） が出る。このまま水準数（この例では3）を入れておいてよいのだが，因子（要因）名を表示するためには，因子1を消して学期としておく。そして水準数3を入れたら 追加 をクリックする。するとボックス内の白枠に，学期（3）と表示される。（エ）の下のようになるので， 定義（F） をクリックする。すると（オ）のようになるので，これまでの章のように関係のある変数をクリックして青色にし，ボタン▶で右のボックスに移す（カ）。このままでもよいのだが，ついでに右下の オプション をクリックする。これまでの章の場合と同様に左のボックスの学期をクリックして青色とし，▶で右に移す。記述統計に ☑ をつけ 続行 をクリックすると元の表示に戻るので，「OK」をクリックする。すると，(キ) 〜 (ス) が出力として表示される。

なお，SPSSでは被験者内の場合，デフォルトとしては，変数を時系列としてとらえ「傾向分析」（12章参照）を行うが，多重比較は打ち出さない。被験者内の傾向分析は，12.3節で説明する。

本書 p.265.

出力としてまず 記述統計量（ク） が打ち出されるのは，これまでと同様である。標準偏差（S）も示される（それを2乗すれば分散となるのは当然である）。

次いで 多変量検定（ケ） が打ち出される。すでに6.7節で述べたように，この検定法は球面性を前提としない。4種の統計量が示されているが，いずれも同一の0.028という有意水準となっており，5%水準で有意である。

(コ) には モークリー（Mauchly）の球面性の検定 結果が出されている。この検定は最終的には近似的な χ^2 で行うものだが，式の展開については，ワイナーら（1991, p.255–256）などを参照されたい*。しかし，有意確率が0.76となっており，それは5%で検定するとすれば0.05よりも大なので，球面性の仮定を棄却できない。ゆえにそれを保持するとする（ただし，標本の大きさが小さい場合は棄却できにくいことが多いので注意すること）。(コ) にはまた，すでに述べた，調整値：

- グリーンハウス–ガイサー（G-G）の $\hat{\varepsilon}$ 0.988
- ハイン–フェルトの（H-F）の $\tilde{e}$ 1.000
- 「下限」の値 ...... 1/2 = 0.500

が示されている。これらの値をもって，それぞれ分子・分母の自由度に掛け，球面性が成立するように調整を行うことになる（表6.12 に対応することを確かめられたい）。

(サ) に本計画の検定結果が示されている。表6.12 に示した検定結果と同様に，上から球面性を仮定した場合（無調整の場合），G-G の $\hat{\varepsilon}$，H-F の $\tilde{\varepsilon}$，そして「下限」による調整の結果を打ち出している。球面性が仮定されるので，青色で示した部分を採るとする。表6.8 の手計算の場合と一致する。G-G の p も 0.001，H-F もそうだから，5%以下であり有意である。

---

* この検定法については，近年統計学者の間に批判がある。カーク（1995）などは，別の考えに立つ検定法を提唱しているが，初学者にとっては難しいことなので，いまはこのソフトの統計量を使用しておくことにする。

6.8 SPSSによるデータ処理

(エ)

(オ)

(カ)

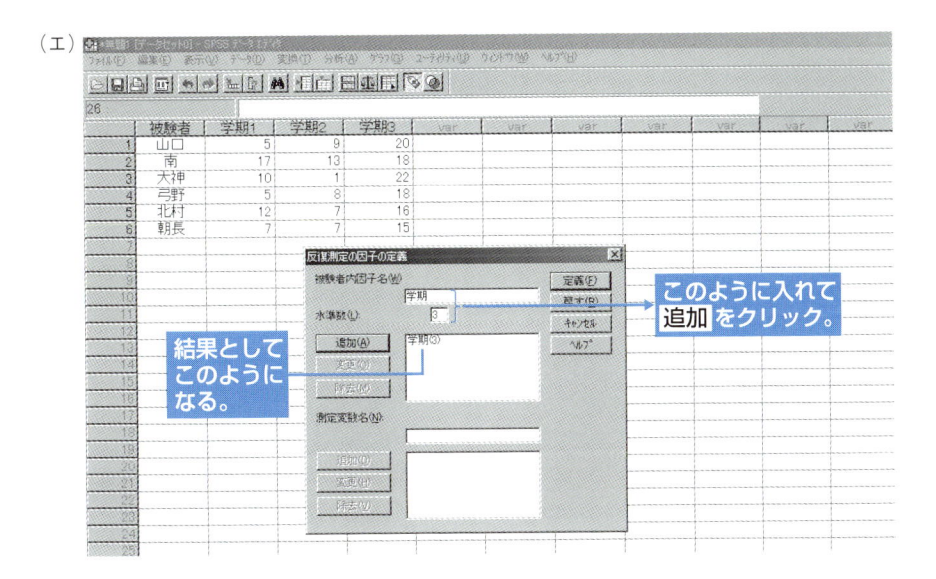

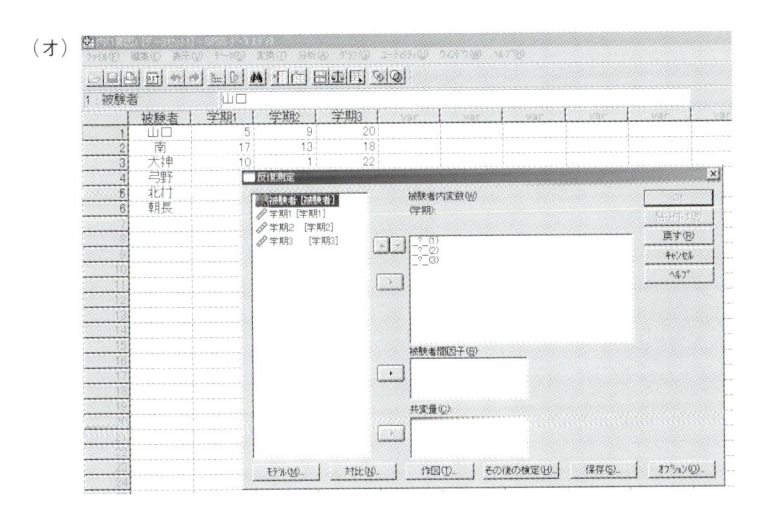

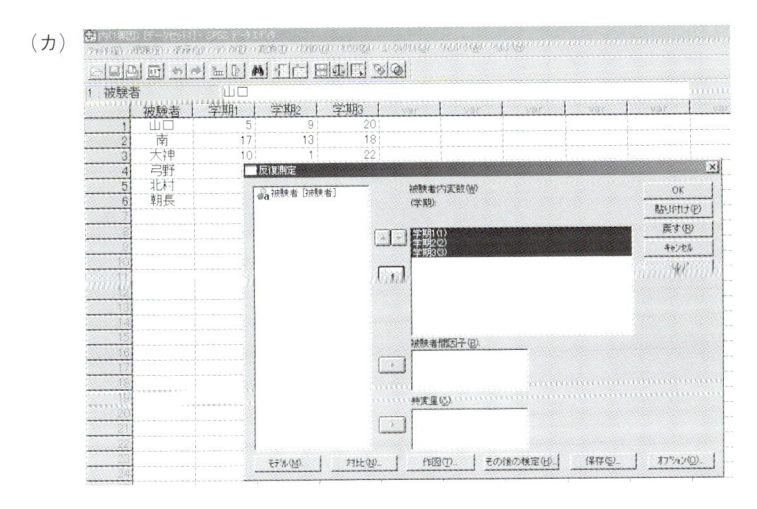

図 6.2　SPSS による入出力（その2）

178　　　　　　　　　　6章　1要因被験者内分散分析

出　力

一般線型モデル

（キ）　　　　　被験者内因子
測定変数名：MEASURE_1

学期	従属変数
1	学期1
2	学期2
3	学期3

（ク）　　　　　　　　記述統計量

	平均値	標準偏差	N
学期1	9.33	4.676	6
学期2	7.50	3.886	6
学期3	18.17	2.563	6

→ これまでの章通りオプションとして出したもの。

（ケ）　　　　　　　　多変量検定[b]　→　前節で説明した検定

効果		値	F値	仮説自由度	誤差自由度	有意確率
学期	Pillaiのトレース	.833	9.977[a]	2.000	4.000	.028
	Wilksのラムダ	.167	9.977[a]	2.000	4.000	.028
	Hotellingのトレース	4.988	9.977[a]	2.000	4.000	.028
	Royの最大根	4.988	9.977[a]	2.000	4.000	.028

a.正確統計量
b.計画：Intercept
　被験者内計画：学期

（コ）　測定変数名：MEASURE_1　　　　Mauchlyの球面性検定[b]

被験者内効果	MauchlyのW	近似カイ2乗	自由度	有意確率	イプシロン[a] Greenhouse-Geisser	Huynh-Feldt	下限
学期	.988	.048	2	.976	.988	1.000	.500

正規直交した変換従属変数の誤差共分散行列が単位行列に比例するという帰無仮説を検定します。
　a.有意性の平均検定の自由度調整に使用できる可能性があります。修正した検定は，被験者内効果の検定テーブルに表示されます。
　b.計画：Intercept
　　被験者内計画：学期

（サ）　測定変数名：MEASURE_1　　　　被験者内効果の検定

ソース		タイプIII平方和	自由度	平均平方	F値	有意確率
学期	球面性の仮定	390.333	2	195.167	13.712	.001
	Greenhouse-Geisser	390.333	1.976	197.488	13.712	.001
	Huynh-Feldt	390.333	2.000	195.167	13.712	.001
	下限	390.333	1.000	390.333	13.712	.014
誤差（学期）	球面性の仮定	142.333	10	14.233		
	Greenhouse-Geisser	142.333	9.882	14.403		
	Huynh-Feldt	142.333	10.000	14.233		
	下限	142.333	5.000	28.467		

図6.2　SPSSによる入出力（その3）

（シ）測定変数名：MEASURE_1　被験者内対比の検定

ソース		タイプIII平方和	自由度	平均平方	F値	有意確率
学期	線型	234.083	1	234.083	15.519	.011
	2次	156.250	1	156.250	11.675	.019
誤差（学期）	線型	75.417	5	15.083		
	2次	66.917	5	13.383		

→ 傾向分析のあり方を調べる項目であるが，12章で説明する。

推定周辺平均

学期

（ス）測定変数名：MEASURE_1

学期	平均値	標準誤差	95％信頼区間 下限	上限
1	9.333	1.909	4.426	14.241
2	7.500	1.586	3.422	11.578
3	18.167	1.046	15.477	20.856

図 6.2　3P33 による入出力（その 4）

（シ）には，12章で説明する「傾向分析」の結果が現れている。

オプションとして出した周辺平均値（ス）は，1要因なので（タ）の記述統計量（ラベル付）の平均値と同一の平均値を示している。1要因では出さなくてよいが，2要因以上では，周辺平均値を得るために出しておくことをおすすめする。

6.9　本計画における実質的有意性

2.9節で述べた実質的有意性の考え方は，この計画においても算出することができる。同様にオメガ2乗とヘッジスの g 統計量について述べよう。

オメガ2乗（$\hat{\omega}^2$）…… この計画での $\hat{\omega}^2_{A[B]}$ は，ブロック要因（B で示す被験者の要因）をのぞいて，a 要因によって説明される依存変数の比率を示す指標である。次式で示す。

$$\hat{\omega}^2_{A[B]} = \frac{(a-1)(F_A - 1)}{(a-1)(F_A - 1) + an} \tag{6.9.1}$$

本章の例については，

$$\hat{\omega}^2_{A[B]} = \frac{(3-1)(13.71-1)}{(3-1)(13.71-1) + 6(3)} = 0.59$$

すでに述べた $\hat{\omega}^2$ についての「コーエンの指針」によれば，A と得点の関係は高いと言えるものの，なお $(100-59)\% = 41\%$ が他の要因によっていることが分かる。

本書 p.69.

ヘッジスの g 統計量 …… この統計量によれば，各水準の平均値間の大きさを推測できる。式は，

$$g = \frac{|\overline{A}_j - \overline{A}_{j'}|}{\hat{\sigma}_{合併}} \tag{6.9.2}$$

であるが，標本の $\hat{\sigma}_{合併}$ を使用する場合は，次式により算出する。

$$\hat{\sigma}_{合併} = \sqrt{\frac{SS_S + SS_{AS}}{a(n-1)}}$$

表 6.8 より，

$$\hat{\sigma}_{合併} = \sqrt{\frac{75.333 + 142.334}{3(6-1)}} = 3.809$$

そこで，仮に $\overline{A}_1$ と $\overline{A}_2$，$\overline{A}_1$ と $\overline{A}_3$ の差について吟味すると，それぞれ次のようになる。

$$\overline{A}_1 と \overline{A}_2 : g = \frac{|9.333 - 7.500|}{3.809} = 0.48$$

$$\overline{A}_1 と \overline{A}_3 : g = \frac{|9.333 - 18.167|}{3.809} = 2.32$$

g についての「コーエンの指針」によれば，0.48 は中くらいの効果の大きさに近く，2.32 は明らかに大きな効果であると判定できよう。

2要因被験者内分散分析

2要因被験者内計画のモデル

私たちは，前章において1要因の被験者内計画について学んだ。ちょうど1要因被験者間計画（2章）が，2要因のそれ（4章）へと展開できたように，被験者内計画の場合もまた1要因（前章）から2要因へと発展させることができる。本章では，AとBの2要因を，どの被験者も実験上体験するという場合，つまり実験計画の用語で言えば反復測定されている計画と分析について考えよう。

そういう計画は2要因であるがゆえに，被験者間2要因計画と同じような論理で，要因AとBの交互作用についても吟味できるので，AとBとの微妙な関連についても，検討できるという可能性を持った計画となる。

しかしながら，被験者間計画とは異なった点がある。それは，A，Bおよび交互作用ABに関する誤差項が，被験者間の場合のように同一ではなく，それぞれ異なっているという点である。

2要因被験内計画の，もっとも適切と思われるモデルは，次のような形である。

$$X_{ijk} = \mu + \pi_i + \alpha_j + \beta_k + \alpha\beta_{jk} + \alpha\pi_{ji} + \beta\pi_{ki} + \alpha\beta\pi_{jki} + \varepsilon_{ijk} \tag{7.1.1}$$

ここで，X_{ijk}は，Aのj水準とBのk水準における従属変数の値。

μは，母数の総平均値。

π_iは，i番目の被験者に関する効果。

α_jは，Aのj水準に関する効果。

β_kは，Bのk水準に関する効果。

$\alpha\beta_{jk}$は，Aのj水準とBのk水準の交互作用効果。

$\alpha\pi_{ji}$は，Aのj水準とi番目の被験者の交互作用効果。

$\beta\pi_{ki}$は，Bのk水準とi番目の被験者との交互作用効果。

$\alpha\beta\pi_{jki}$は，Aのj，Bのk水準とi番目の被験者の3つの要因のもたらす効果。

ε_{ijk}は，Aのj，Bのkの内のi番目の被験者の誤差と考える。

このようなモデルは，新たに登場した「被験者」要因を除外すれば，4章で述べた2要因被験者間計画と類似のものである。しかし，式7.1.1から示唆されるように，本計画では3の主効果（A，B，AB）を後述するようにそれぞれに対応するAS，BS，ABS項を誤差項として分析を

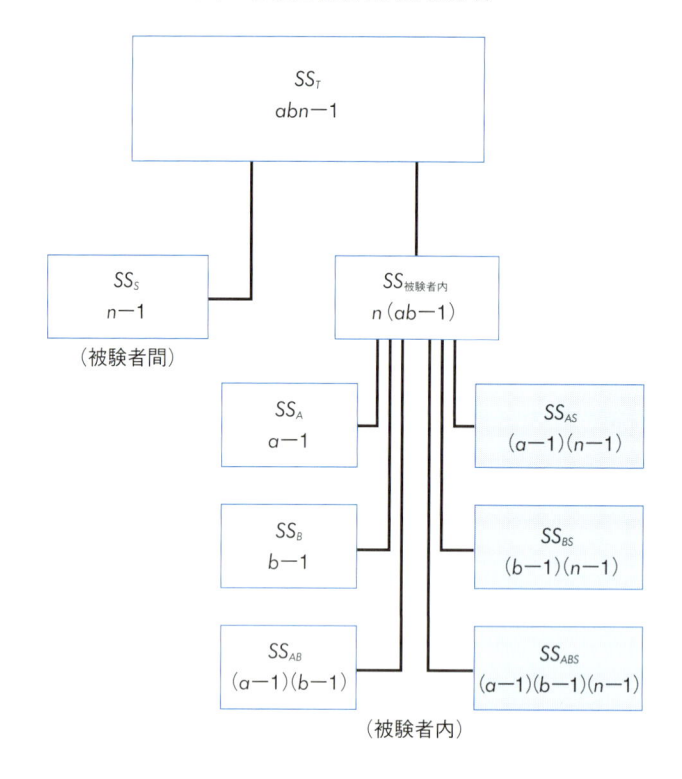

図 7.1　2 要因被験者内計画における SS と df の分化
青色にした項が，それぞれ主効果，交互作用効果の検定のための誤差項となる。

すすめることになる。

　すでにこれまでの章でふれてきたように n が等しい場合，それぞれの要因に対応する SS と df が加算的に算出される。図 7.1 にそのことを示し，後で分析の仕方を示す。それぞれの SS を df で割って MS を得るやり方は，これまでの章と同一である。しかし，被験者間 3 要因のように誤差項としてただ一つを用いはしない。本計画で採り上げて検定しようとするのは，A，B，AB の 3 項目であるが，誤差項は，次のようにそれぞれの要因に対応する被験者 S との交互作用である。そのことは，式 7.1 の下で展開された MS の期待値，$E(MS)$（表 7.1 の右側）を吟味すれば，自ずと了解されよう。つまり，検定しようとする要因に対する誤差項は，その要因に関する部分がなければ，F 比の分母・分子が同一になるように選ぶのであった。その検定の考え方は，2 要因被験者間計画の分析と同一である。たとえば，A の効果は，表の A のすぐ下の AS となる。なぜなら，A の $E(MS)$ において，もしその効果がなかったなら，A も AS も同じ $\sigma_e^2 + b\sigma_\pi^2$ となるからである。ゆえに，A を検定するならば，AS を誤差項として選ぶのである。同様な考え方からして，B には BS を，AB には ABS をそれぞれの誤差項とする。このことは，表 7.1 より了解できるであろう。

　こうして，本計画では，

7.1 2要因被験者内計画のモデル

表7.1 2要因被験者内計画における分散の期待値*

変動因	E(MS)
S	$\sigma_e^2 + ab\sigma_\pi^2$
A	$\sigma_e^2 + b\sigma_\pi^2 + nb\sigma_\alpha^2$
AS	$\sigma_e^2 + b\sigma_\pi^2$
B	$\sigma_e^2 + a\sigma_{\beta\pi}^2 + na\sigma_\beta^2$
BS	$\sigma_e^2 + a\sigma_{\beta\pi}^2$
AB	$\sigma_e^2 + \sigma_{\alpha\beta\pi}^2 + n\sigma_{\alpha\beta}^2$
ABS	$\sigma_e^2 + \sigma_{\alpha\beta\pi}^2$

* A, B 共に固定要因，S はランダム要因とした場合。

$$F_A = \frac{MS_A}{MS_{AS}} \qquad df = a-1 \tag{7.1.2}$$

$$F_B = \frac{MS_B}{MS_{BS}} \qquad df = b-1 \tag{7.1.3}$$

$$F_{AB} = \frac{MS_{AB}}{MS_{ABS}} \qquad df = (a-1)(b-1) \tag{7.1.4}$$

が，帰無仮説が真であるという分布の下で，なおその仮説が棄却できるかどうかを問うことになる。

被験者内の ANOVA においては，どのように要因数が増えても，一般式が次の形，

$$F = \frac{MS_{効果}}{MS_{効果 \times S}} \tag{7.1.5}$$

が，効果要因が固定変数であり，個人差がランダム変数である限り一般に使用できる。この点がまた，単一の誤差しか持たない，被験者間計画とは異なっていることにご注意いただきたい。

こうして分散分析表は，表7.2 のようになる。

表7.2 2要因被験者内計画の分散分析表*

変動因	SS	df	MS	F
被験者間	SS_S	$n-1$		
被験者内				
A	SS_A	$(a-1)$	MS_A	$F_A = MS_A/MS_{AS}$
AS	SS_{AS}	$(a-1)(n-1)$	MS_{AS}	
B	SS_B	$(b-1)$	MS_B	$F_B = MS_B/MS_{BS}$
BS	SS_{BS}	$(b-1)(n-1)$	MS_{BS}	
AB	SS_{AB}	$(a-1)(b-1)$	MS_{AB}	$F_{AB} = MS_{AB}/MS_{ABS}$
ABS	SS_{ABS}	$(a-1)(b-1)(n-1)$	MS_{ABS}	
全体	SS_T	$abn-1$		

* A, B 共に固定要因，S はランダム要因とした場合。

7.2 2要因被験者内計画の用例

どの被験者も2つの要因，AとBのすべての水準を体験するという場合は，学習や知覚，あるいは一般的に認知心理学とよばれる領域によく見られる。ここでは，実験心理学でよく知られた，ミュラー–リヤーの錯視の実験を例にとってみよう。

例題 図7.2のような左の外向矢羽根の付いた主線（ア）の長さに等しいと思われる長さに（イ）を調整する*。そして（ア）と被験者が等しいと思う（イ）の主線の長さの差を錯視量とする。図形はすべて電子モニターにディスプレイされ，被験者は任意に（イ）の長さがレバーの操作により調整できた。

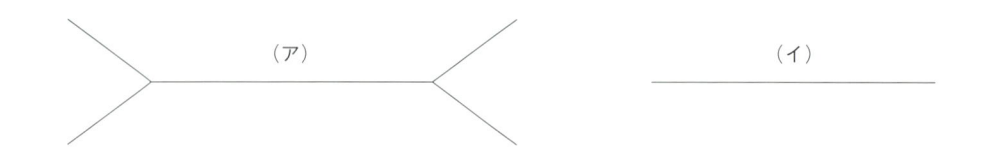

図7.2 ミュラー–リヤーの錯視図の一例
主線の長さ（ア）と同じ長さと思われる長さに（イ）を伸縮させる。

この実験計画において要因Aは，矢羽根の内挿角であり，水準はa_1（角度大，たとえば70°），a_2（角度小，30°）であった。また，要因Bは羽根の長さであり，水準はb_1（短い，2cm），b_2（中くらい，4cm），b_3（長い，6cm）であった。（ア）と（イ）の差を錯視量とする。

これらの要因が錯視量に及ぼす影響（錯視量）を測定し分散分析を行え。データは，後に示す**表7.4**のようであった。測定値の単位は，mmである（なお，一定条件下では錯視量は，羽根の角度が小さいほど，またそれが長いほど，大になることが知られている）[†]。

解 ここで，各章のようなラベルをつければ，処理する要因は次の**表7.3**のようになる。

表記の仕方は1要因増えているが，6章の場合と同一であり，AとBは被験者内であり，また被験者（S）にかかわる要因，つまりブロックがここでも意識して分離されることに注意したい。

表7.5～表7.6のように，AとBおよびABについての集計表および平均値表を，分析のために作っておく。計算手順は**表7.7～表7.8**に示した。被験者間計画と異なるのは，AS，BS，ABSといった，被験者（S）がらみの計算を要することである。つまり**表7.9**のANOVAの結果からも分かるように，A，B，ABのFの結果は，それぞれのMSをSを含むMSで割ったもので

---

[*] いわゆる「調整法」であり，明らかに短いところからちょうど等しいというところまで伸ばす上昇系列と，逆に大きい線を等しいところまで縮小させる下降系列の手順があるが，それぞれ10回無作為に行い，平均値を採って個人の錯視量とした。

[†] ただし，この点については，広島大学の利島　保教授より「短い範囲内で矢羽根条件を設定すると，矢羽根が長いほど錯視量は増大しますが，極大点より長い矢羽根条件では，矢羽根が長くなるほど錯視量が減少します」と注意があった。

7.2 2要因被験者内計画の用例

表7.3 要因表

要因	特定の水準	全水準
A（角度）	j	a=2
B（長さ）	k	b=3
S（被験者）	i	n=5

表7.4 データおよびABとSの集計表

| 被験者 | a₁（角度大） ||| a₂（角度小） ||| 計 |
	b₁(短)	b₂(中)	b₃(長)	b₁(短)	b₂(中)	b₃(長)	
S₁	2	5	5	10	15	17	54
S₂	7	10	10	13	19	20	79
S₃	4	6	6	8	13	15	52
S₄	5	7	7	8	13	16	56
S₅	6	8	8	16	17	19	74
計	24	36	36	55	77	87	315

矢羽根の長さ

表7.5 AS, BS集計表

AS集計表

被験者	a₁	a₂	計
S₁	12	42	54
S₂	27	52	79
S₃	16	36	52
S₄	19	37	56
S₅	22	52	74
計	96	219	315

BS集計表

被験者	b₁	b₂	b₃	計
S₁	12	20	22	54
S₂	20	29	30	79
S₃	12	19	21	52
S₄	13	20	23	56
S₅	22	25	27	74
計	79	113	123	315

表7.6 平均値表

	b₁	b₂	b₃	周辺平均値
a₁	4.80	7.20	7.20	6.40
a₂	11.00	15.40	17.40	14.60
周辺平均値	7.90	11.30	12.30	

ある．5％の自由度1と4の臨界F値は，表より7.71であるので，Aは有意，自由度2と8は，4.46であるのでBは有意，自由度2と8とABについても同様に有意であった．これらの結果，A，B，AB共に帰無仮説を棄却することとなった．

なお，錯視量の平均値を，図7.3に示した．この図からも，AとBについての大小関係だけではなく，交互作用ABが有意であることは，察知できよう．

表7.7　SSの計算

基礎項目の計算

(1) [T] $\quad \dfrac{T^2}{abn} = \dfrac{315^2}{2(3)(5)} = 3{,}307.500$

(2) [X] $\quad \Sigma X^2 = (ABS)^2 = 2^2 + 5^2 + \cdots\cdots + 17^2 + 19^2 = 4{,}075.000$

(3) [A] $\quad \dfrac{\Sigma A^2}{bn} = \dfrac{96^2 + 219^2}{3(5)} = 3{,}811.800$

(4) [B] $\quad \dfrac{\Sigma B^2}{an} = \dfrac{79^2 + 113^2 + 123^2}{2(5)} = 3{,}413.900$

(5) [AB] $\quad \dfrac{\Sigma (AB)^2}{n} = \dfrac{24^2 + 36^2 + \cdots\cdots + 77^2 + 89^2}{5} = 3{,}938.20$

(6) [S] $\quad \dfrac{\Sigma S^2}{ab} = \dfrac{54^2 + 79^2 + \cdots\cdots + 56^2 + 74^2}{2(3)} = 3{,}412.167$

(7) [AS] $\quad \dfrac{\Sigma (AS)^2}{b} = \dfrac{12^2 + 42^2 + \cdots\cdots + 22^2 + 52^2}{3} = 3{,}937.000$

(8) [BS] $\quad \dfrac{\Sigma (BS)^2}{a} = \dfrac{12^2 + 20^2 + \cdots\cdots + 25^2 + 27^2}{2} = 3{,}525.500$

$SS_A = (3) - (1) = 3{,}811.800 - 3{,}307.500 = 504.300$

$SS_B = (4) - (1) = 3{,}413.900 - 3{,}307.500 = 106.400$

$SS_{AB} = (5) - (3) - (4) + (1) = 3{,}938.200 - 3{,}811.800 - 3{,}413.900 + 3{,}307.500 = 20.00$

$SS_S = (6) - (1) = 3{,}412.167 - 3{,}307.500 = 104.667$

$SS_{AS} = (7) - (3) - (6) + (1) = 3{,}937.000 - 3{,}811.800 - 3{,}412.167 + 3{,}307.500 = 20.533$

$SS_{BS} = (8) - (4) - (6) + (1) = 3{,}525.500 - 3{,}413.900 - 3{,}412.167 + 3{,}307.500 = 6.933$

$SS_{ABS} = (2) - (5) - (7) - (8) + (3) + (4) + (6) - (1)$
$\quad = 4{,}075.000 - 3{,}938.200 - 3{,}937.000 - 3{,}525.500 + 3{,}811.800 + 3{,}413.900 + 3{,}412.167 - 3{,}307.500$
$\quad = 4.667$

$SS_T = (2) - (1) = 4{,}075.000 - 3{,}307.500 = 767.500$

表7.8　dfの計算

$df_A = a - 1 = 2 - 1 = 1$

$df_B = b - 1 = 3 - 1 = 2$

$df_{AB} = (a-1)(b-1) = (2-1)(3-1) = 2$

$df_S = n - 1 = 5 - 1 = 4$

$df_{AS} = (a-1)(n-1) = (2-1)(5-1) = 4$

$df_{BS} = (b-1)(n-1) = (3-1)(5-1) = 8$

$df_{ABS} = (a-1)(b-1)(n-1) = (2-1)(3-1)(5-1) = 8$

$df_T = abn - 1 = 2(3)(5) - 1 = 29$

7.2 2要因被験者内計画の用例

表7.9 表7.2のデータの分散分析表

変動因	SS	df	MS	F
被験者間　S	104.667	4		
被験者内				
A（角度）	504.300	1	504.300	98.24*
AS	20.533	4	5.133	
B（長さ）	106.400	2	53.200	61.39*
BS	6.933	8	0.867	
AB（角度×長さ）	20.000	2	10.000	17.14*
ABS	4.667	8	0.583	
全体	767.500	29		

*$p<0.05$

□で囲んだSの値と全体はSPSSでは出さない。一般的な表では、このように出す。これらのSSの算出については、表7.7を参照されたい。

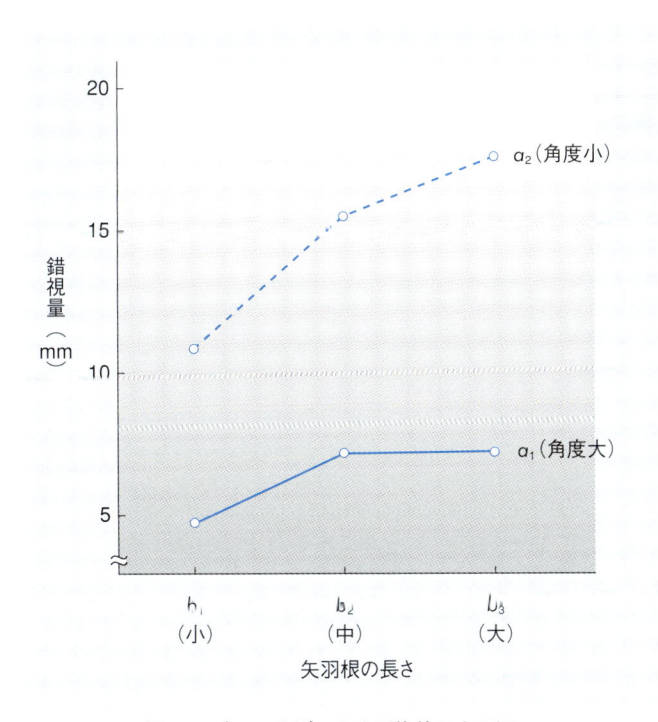

図7.3 表7.6のデータの平均値による図示

7.3 単純効果の分析と多重比較

単純主効果の分析

交互作用が有意であったので，一応の通例に従い，4.4 節の被験者間 2 要因の分析の場合と同様に，単純主効果を分析してみる。

図 7.3 を見ても推察できるように，線の角度の間の得点差は，線の長さが大であるほど大きくなっている。こうして交互作用が有意なので，特定の b_k 間の A，特定の a_j 間の B の単純主効果の解析を行うこととする。このことは，すでに 4 章の被験者間 ANOVA の分析と同様のパターンとなる。ただ，F の下辺の誤差項（後述）に注意すればよい。まず，次のように SS を算出する。この形はすでに 4 章でおなじみであろう。

本書 p.101.

$$b_k \text{ における } A : SS_{A(b_k)} = \frac{\sum_j^a (AB_{jk})^2}{n} - \frac{B_k^2}{an}$$

$$b_1 \text{ における } A : SS_{A(b_1)} = \frac{24^2 + 55^2}{5} - \frac{79^2}{2(5)} = 96.100$$

$$b_2 \text{ における } A : SS_{A(b_2)} = \frac{36^2 + 77^2}{5} - \frac{113^2}{2(5)} = 168.100$$

$$b_3 \text{ における } A : SS_{A(b_3)} = \frac{36^2 + 87^2}{5} - \frac{123^2}{2(5)} = 260.100$$

検算　$SS_A + SS_{AB} = 504.300 + 20.000 = \overline{524.300}$ （計）

ここで，SS_A と SS_{AB} を合併していることに注意されたい。

b における A といった場合，A の自由度は $a - 1 = 2 - 1 = 1$ である。ゆえに，SS を 1 で割れば MS を得ることができる。いいかえれば，SS と MS は等値となる。よって，

$$MS_{A(b_1)} = 96.100 \quad MS_{A(b_2)} = 168.100 \quad MS_{A(b_3)} = 260.100$$

次に，それぞれの誤差項は，SS_{AS} と SS_{ABS} だから，誤差項の MS は，それらを合併したものとなる。すなわち，

$$MS_{合併} = \frac{SS_{AS} + SS_{ABS}}{df_{AS} + df_{ABS}} = \frac{20.533 + 4.667}{4 + 8} = 2.100$$

しかし，異質な MS を合併しているのだから，df の使用には注意を要する。一応の目安として AS, ABS 両者の df が 30 以上ならば，そのままの自由度の和でもよいとされるが，この場合はそうではない。ではどうすればよいか。異質な MS を合併してしまうと，歪んだ F になってしまう。しかし，次のように，サタースウェイト（Satterthwaite, 1946）の修正を行えば，その df は近似的に F の歪みを正したものになることが，古くから知られて，多くの統計学書がその方法を採用している。それを，f' として示すと，次式のようになる。

7.3 単純効果の分析と多重比較

$$f' = \frac{(u+v)^2}{\frac{u^2}{df_u} + \frac{v^2}{df_v}} \tag{7.3.1}$$

ここで，u と v はそれぞれ異なった SS，それらに対応する df はそれぞれ df_u と df_v である。

いま上例に使用すれば，次のようになる。

$$f' = \frac{(20.533 + 4.667)^2}{\frac{(20.533)^2}{4} + \frac{(4.667)^2}{8}} = \frac{635.04}{105.401 + 2.723} = 5.873$$

$$\text{切り上げて} \approx 6$$

分母の df はこの $f' = 6$ を使用する*（統計学の通念として，自由度は整数とする）。

以上の b_k における A の単純主効果を，一覧表に仕立てれば，表7.10 のようになる。付表 D より $F_{0.05,\,1,\,6} = 5.99$。得られた F 値は，この臨界値を超えているので有意とする。

表7.10　$A(b_k)$ 単純主効果のまとめ

	SS	df	MS	F
$SS_{A(b_1)}$	96.100	1	96.100	45.76*
$SS_{A(b_2)}$	168.100	1	168.100	80.05*
$SS_{A(b_3)}$	260.100	1	260.100	123.80*
（文中に説明）誤差（ASとABSの合併）		$f'=6$	2.100	

*$p < 0.05$

要するに，どの長さにおいても角度間に有意差が見られた。ただ交互作用があることでも分かるが，線の長いほどその差は大になっている。A は 2 水準なので，これ以上の検定は行わない。

ついで，特定の a_j における B の単純主効果の検定を行ってみる。

$$a_j \text{ における } B : SS_{B(a_j)} = \frac{\sum\limits_{k}^{b}(AB_{jk})^2}{n} - \frac{A_j^2}{bn}$$

$$a_1 \text{ における } B : SS_{B(a_1)} = \frac{24^2 + 36^2 + 36^2}{5} - \frac{96^2}{3(5)} = 19.200$$

$$a_2 \text{ における } B : SS_{B(a_2)} = \frac{55^2 + 77^2 + 87^2}{5} - \frac{219^2}{3(5)} = 107.200$$

検算　$SS_B + SS_{AB} = 106.400 + 20.000 = 126.400$（計）

自由度は，$(b-1) = (3-1) = 2$。誤差は，今度は BS と ABS の合併となる。

---

* なお，単純比較においての合併誤差項の作成方法は，コッブ (Cobb, 1997)，ハウエル (Howell, 2002)，山内 (1978)，ワイナーら (1991)，カーク (1968)，森・吉田 (1990) に見られるが，前の四者はさらにその場合の df の補正，つまりサスタースウェイトの補正についても（本書では f' と示している）教示しているので，本章以降それを使用している。

表7.11 $B(a_j)$ 単純主効果のまとめ

	SS	df	MS	F
$SS_{B(a_1)}$	19.200	2	9.600	13.24*
$SS_{B(a_2)}$	107.200	2	53.600	73.93*
（文中に説明）誤差（BSとABSの合併）		f'=15	0.725	

*$p<0.05$

$$MS_{合併} = \frac{SS_{BS} + SS_{ABS}}{df_{BS} + df_{ABS}} = \frac{6.933 + 4.667}{8+8} = 0.725$$

$$調整された\ f' = \frac{(6.933+4.667)^2}{\frac{(6.933)^2}{8} + \frac{(4.667)^2}{8}} = \frac{134.56}{6.001+2.723} = 15.42 \approx 15$$

これまでの結果を，表7.11 に表示した。

臨界値を求めると，$F_{0.05,\ 2,\ 15} = 3.68$。ゆえに，表7.11 に示した F はいずれも有意であるといえる。要するに，図形の長さが大になるほど錯視量は大になっており，a_2 において上昇率は大であるが，a_1 においても有意な上昇傾向が観測されたことになる。

4章の2要因被験者間計画でも行ったように，a_j における B の単純主効果が有意であった。そこで，a_j における B の平均値間，すなわち $\overline{B}_{k(a_j)}$ と $\overline{B}_{k'(a_j)}$ をテューキー法による検定で試みてみる。

たとえば，a_1（角度大）での，b_1（長さ小）と b_2（長さ中）では，式は次のようになる。表7.6 より，

$$q = \frac{|\overline{B}_{1(a_1)} - \overline{B}_{2(a_1)}|}{\sqrt{\dfrac{MS_{(B\ と\ AB\ の合併)}}{n}}} \tag{7.3.2}$$

$$= \frac{|4.80 - 7.20|}{\sqrt{\dfrac{0.725}{5}}} = \frac{2.400}{0.381} = 6.30$$

B の平均値は3, 調整された df すなわち f' は15であるから，付表Eの臨界値は $q_{0.05,\ 3,\ 15} = 3.67$。この臨界値を上の6.30は超えているので，有意な差があると判定された。

$\overline{B}_{2(a_1)}$ と $\overline{B}_{3(a_2)}$ の間は，同値なので，当然有意な差は存在しない。

もちろん，これまでの章に示したように，HSDを出して，有意差を検定してもよい。その場合は当然 $HSD = 3.67(\sqrt{MS_{合併}/n}) = 3.67(0.381) = 1.40$ となる。

以上の処理を見て分かるように，上辺は被験者間の場合と同じパターンで分析するが，下辺は合併項を使用しており，それに対応する f' を使用していることに注意すべきである。以下の章においても，しばしば合併項を使用することが多くなるので，まずこのことを理解しておいていただきたい。

主効果についての多重比較

これまで，A と B の交互作用が見られたので，単純主効果についての多重比較を行ったが，主効果についての多重比較を行うことも考えられる．とくに，要因 B は 3 水準なので行っておく．式は，次のようになることは，すぐに了解できるであろう．ここでは，テューキー法とする．式は，

$$q = \frac{|\overline{B}_k - \overline{B}_{k'}|}{\sqrt{\dfrac{MS_{BS}}{an}}} \tag{7.3.3}$$

いま，$\overline{B}_1$ と $\overline{B}_2$ について q 値を算出すると，

$$q = \frac{|7.90 - 11.30|}{\sqrt{\dfrac{0.867}{2(5)}}} = \frac{3.400}{0.294} = 11.57$$

付表 E より，5 ％の水準数，3，BS の自由度，8，のところの臨界値を求めると，4.04，観測された 11.57 は，それより大であるから，有意差ありと判定される，等．

ここでは 2 水準だから必ずしも必要はないとしても，$A_j - \overline{A}_{j'}$ の場合も，同様に考えればよい．その場合の式は，式の分母下辺が a でなく b となることに注意すればよい．

SPSS によるデータ処理

入 力

2 要因の場合も，本質的には 1 要因の手順に 1 つの要因を付加したもので，それほど難しくはない．次に SPSS の出力と入力について説明する．

（ア）のようにまず変数ビューに被験者，変数を定義して記入する．1 要因の場合と異なるのは，a_1, a_2, a_3 ではなく (2)×(3) なので，$a_1b_1, a_1b_2, \ldots, a_2b_3$ と記入すること．名前（被験者）は，文字型，測定 は 名義 とする．次いで データビュー をクリックして，被験者名を入れ，変数の組合せの中にデータを入れる（イ）．

次いで，前章と同様に，分析（A）を選び 一般線型モデル（G）→ 反復測定（R）とドラッグして進み，最後にクリックすると，反復測定因子の定義 が出るので，因子 1 を消去して「角度」とし $a = 2$ だから 水準数（L）を 2 と入れる．追加 をクリックして，同様に因子名の窓に「長さ」と入れ水準数 $b = 3$ だから，3 と入れる．こうすると最終的には（ウ）のようになるはずである．　本書 p.175.

次に 定義（F）をクリックすれば，前章と同様な 反復測定 のダイアログボックスが出るので（エ），左に示されている要因名をドラッグし，▶ をクリックして右側に移す．$a_1b_1(1,1), \ldots a_2b_3(2,3)$ と青色の影の中に出るであろう．これは図示していないが前章と同様である．

図7.4 SPSSによる入出力（その1）

7.4 SPSSによるデータ処理

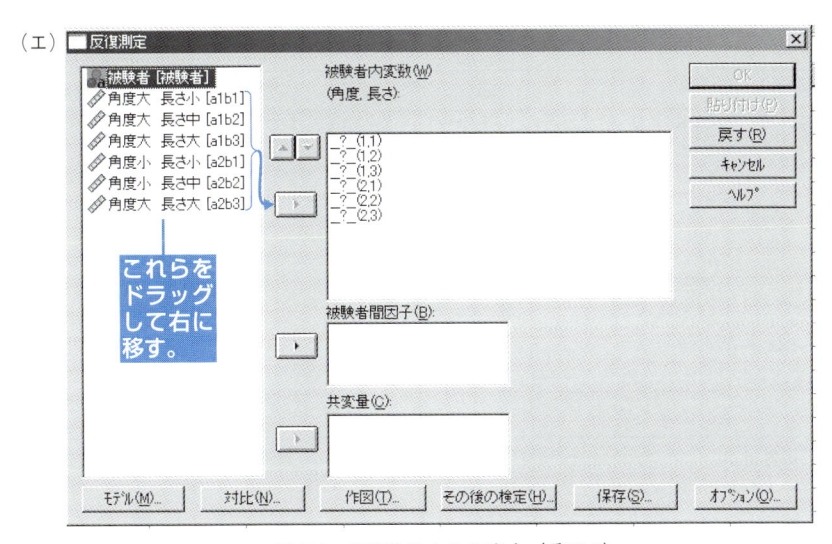

図7.4 SPSSによる入出力（その2）

せっかくだから オプション も，これまでの章同様の手順で出しておこう。そのボックス左上の 角度, 長さ, 角度×長さ を青色にして右に ▶ をクリックして移す。また 記述統計 もチェックしておく。そして 続行, OK とクリックすれば， 出力 を得る。

出力結果を見ると，(カ) の多変量検定はいずれも5％で有意であることが分かる。また，モークリーの球面性検定はいずれも有意ではないので（キ），いちおう球面性は確保すると見るものの，要因の長さは，(ク) の G–G の値が，0.575，H–F の値でも 0.658 と低い値になっている。n の大きさも小なので，球面性を疑ってかかれば（ケ）の長さの自由度は，1.150 と低い値に調整されている。それを使用しても，有意確率は 0.001 であるから 5％水準で有意であるといえる。角度は 2 水準であるから当然有意である。

また，角度×長さを，ε の修正値から見れば，やや歪んでいるようであるが，5％で有意である。

こうして，(ケ) の青色にした部分（球面性の仮定）を採用するとすれば，それは手計算の表 7.9 と一致していることを確かめられたい。ただし，表 7.9 中，□で囲んだ部分，S と全体は打ち出さない。これらは，実際上 F の検定にはかけない。

出力

(オ) 被験者内因子
測定変数名：MEASURE_1

角度	長さ	従属変数
1	1	a1b1
	2	a1b2
	3	a1b3
2	1	a2b1
	2	a2b2
	3	a2b3

図7.4 SPSSによる入出力（その3）

(カ)

多変量検定[b]

効果		値	F値	仮説自由度	誤差自由度	有意確率
角度	Pillaiのトレース	.961	98.240[a]	1.000	4.000	.001
	Wilksのラムダ	.039	98.240[a]	1.000	4.000	.001
	Hotellingのトレース	24.560	98.240[a]	1.000	4.000	.001
	Royの最大根	24.560	98.240[a]	1.000	4.000	.001
長さ	Pillaiのトレース	.968	45.894[a]	2.000	3.000	.006
	Wilksのラムダ	.032	45.894[a]	2.000	3.000	.006
	Hotellingのトレース	30.596	45.894[a]	2.000	3.000	.006
	Royの最大根	30.596	45.894[a]	2.000	3.000	.006
角度×長さ	Pillaiのトレース	.921	17.500[a]	2.000	3.000	.022
	Wilksのラムダ	.079	17.500[a]	2.000	3.000	.022
	Hotellingのトレース	11.667	17.500[a]	2.000	3.000	.022
	Royの最大根	11.667	17.500[a]	2.000	3.000	.022

a. 正確統計量
b. 計画：Intercept
　被験者内計画：角度＋長さ＋角度×長さ

(キ)

Mauchlyの球面性検定[b]

測定変数名：MEASURE_1

被験者内効果	MauchlyのW	近似カイ2乗	自由度	有意確率
角度	1.000	.000	0	.
長さ	.261	4.033	2	.133
角度×長さ	.367	3.004	2	.223

正規直交した変換従属変数の誤差共分散行列が単位行列に比例するという帰無仮説を検定します。

(ク)

Mauchlyの球面性検定[b]

測定変数名：MEASURE_1

被験者内効果	イプシロン[a]		
	Greenhouse-Geisser	Huynh-Feldt	下限
角度	1.00	1.000	1.000
長さ	.575	.658	.500
角度×長さ	.613	.743	.500

正規直交した変換従属変数の誤差共分散行列が単位行列に比例するという帰無仮説を検定します。
　a. 有意性の平均検定の自由度調整に使用できる可能性があります。修正した検定は，被験者内効果の検定テーブルに表示されます。
　b. 計画：Intercept
　　被験者内計画：角度＋長さ＋角度×長さ

図7.4　SPSSによる入出力（その4）

　周辺平均値は，表7.6を手計算で求めなくても，結果の（サ）より直接求めることができる。配列の仕方は異なっても，同一の平均値になっている。

　なお，打ち出した（ケ）の中には，手計算（表7.9）に示したSと全体（T）のSS, df は示されていないことに注意されたい（それらは，検定には直接関係しない）。

7.4 SPSSによるデータ処理

被験者内効果の検定*

(ケ) 測定変数名：MEASURE_1

ソース		タイプIII平方和	自由度	平均平方	F値	有意確率
角度 (A)	球面性の仮定 Greenhouse-Geisser Huynh-Feldt 下限	504.300 504.300 504.300 504.300	1 1.000 1.000 1.000	504.300 504.300 504.300 504.300	98.240 98.240 98.240 98.240	.001 .001 .001 .001
誤差(角度) (AS)	球面性の仮定 Greenhouse-Geisser Huynh-Feldt 下限	20.533 20.533 20.533 20.533	4 4.000 4.000 4.000	5.133 5.133 5.133 5.133		
長さ (B)	球面性の仮定 Greenhouse-Geisser Huynh-Feldt 下限	106.400 106.400 106.400 106.400	2 1.150 1.316 1.000	53.200 92.529 80.877 106.400	61.385 61.385 61.385 61.385	.000 .001 .000 .001
誤差(長さ) (BS)	球面性の仮定 Greenhouse-Geisser Huynh-Feldt 下限	6.933 6.933 6.933 6.933	8 4.600 5.262 4.000	.867 1.507 1.318 1.733		
角度×長さ (AB)	球面性の仮定 Greenhouse-Geisser Huynh-Feldt 下限	20.000 20.000 20.000 20.000	2 1.225 1.486 1.000	10.000 16.327 13.455 20.000	17.143 17.143 17.143 17.143	.001 .008 .004 .014
誤差(角度×長さ) (ABS)	球面性の仮定 Greenhouse-Geisser Huynh-Feldt 下限	4.667 4.667 4.667 4.667	8 4.900 5.946 4.000	.583 .952 .785 1.167		

表中(A),(B),……等は出てこないが，後で記入したもの。

被験者内対比の検定

(コ) 測定変数名：MEASURE_1

ソース	角度	長さ	タイプIII平方和	自由度	平均平方	F値	有意確率
角度	線型		504.300	1	504.300	98.240	.001
誤差(角度)	線型		20.533	4	5.133		
長さ		線型 2次	96.800 9.600	1 1	96.800 9.600	82.383 17.194	.001 .014
誤差(長さ)		線型 2次	4.700 2.233	4 4	1.175 .558		
角度×長さ	線型	線型 2次	20.000 2.49E-014	1 1	20.000 2.49E-014	22.857 .000	.009 1.000
誤差(角度×長さ)	線型	線型 2次	3.500 1.167	4 4	.875 .292		

12章で説明する。　本書 p.265.

(サ) 推定周辺平均（表7.6と同じ平均値を出している）

1. 角度

測定変数名．MEASURE_1

角度	平均値	標準誤差	95％信頼区間	
			下限	上限
1	6.400	.852	4.033	8.767
2	14.600	1.166	11.362	17.838

図7.4　SPSSによる入出力（その5）

2. 長さ

測定変数名：MEASURE_1

長さ	平均値	標準誤差	95%信頼区間 下限	上限
1	7.900	1.077	4.910	10.890
2	11.300	.957	8.644	13.956
3	12.300	.846	9.952	14.648

3. 角度＊長さ

測定変数名：MEASURE_1

角度	長さ	平均値	標準誤差	95%信頼区間 下限	上限
1	1	4.800	.860	2.412	7.188
	2	7.200	.860	4.812	9.588
	3	7.200	.860	4.812	9.588
2	1	11.000	1.549	6.699	15.301
	2	15.400	1.166	12.162	18.638
	3	17.400	.927	14.825	19.975

図7.4　SPSSによる入出力（その6）

2要因被験者内分散分析の仮定

　この分散分析が，健やかに成立するための条件は，7.1節で述べた線形モデルが妥当であることはもちろんであるが，すでに述べたように，被験者内要因のあるところ，常に球面性（循環性）が問われることになる。

　本章では A と B の2要因被験者内計画であるので，母集団において，まず A と B に関して，A, B, AB の共分散行列が球面性を満たしているかが問われる。

$$\Sigma_A = \begin{bmatrix} \sigma_{11} & \sigma_{12} \\ \sigma_{12} & \sigma_{22} \end{bmatrix} \quad \Sigma_B = \begin{bmatrix} \sigma_{11} & \sigma_{12} & \sigma_{13} \\ \sigma_{21} & \sigma_{22} & \sigma_{23} \\ \sigma_{31} & \sigma_{32} & \sigma_{33} \end{bmatrix}$$

　ただし，本章の例の Σ_A では，2水準（自由度は，2）であるから，球面性はそれ自体成立し問題にならない。B の場合，3水準であるから，球面性は問われる。

　さらに，2要因のこの計画では，AB の共分散も問われるが，詳しいことは，マックスウェルとデラニー（1990）に説明がある。

　手計算で，球面性の仮定の検定を行い，自由度の修正を行うことは，不可能ではないにせよある程度の数学的知識を必要とする。それには，大きいソフトを利用するのが手っとり早い。前節において，すでにそのことを見てきた（出力：(キ)(ク)(ケ)）。

3要因被験者内分散分析

3要因被験者内計画の構成

　私たちは，これまで1要因，2要因の被験者内分散分析について説明してきた。本章では，同じ被験者内ではあるが，もう1要因を加えた3要因の被験者内計画について説明する。

　この計画は，単に2要因に1要因を加えたものにすぎなくて，その根底論理はすぐに理解できる。ここでは，数理的な構造式は示さなくて，ただちにその成り立ちについてしるしてみよう。すなわち，全体の変動因の平方和 SS_T は，被験者間のそれである SS_S と，調べようとする項の SS と誤差項となる SS に分解できる。図8.1 に示すように，本3要因では，3要因の SS_{ABC} が加

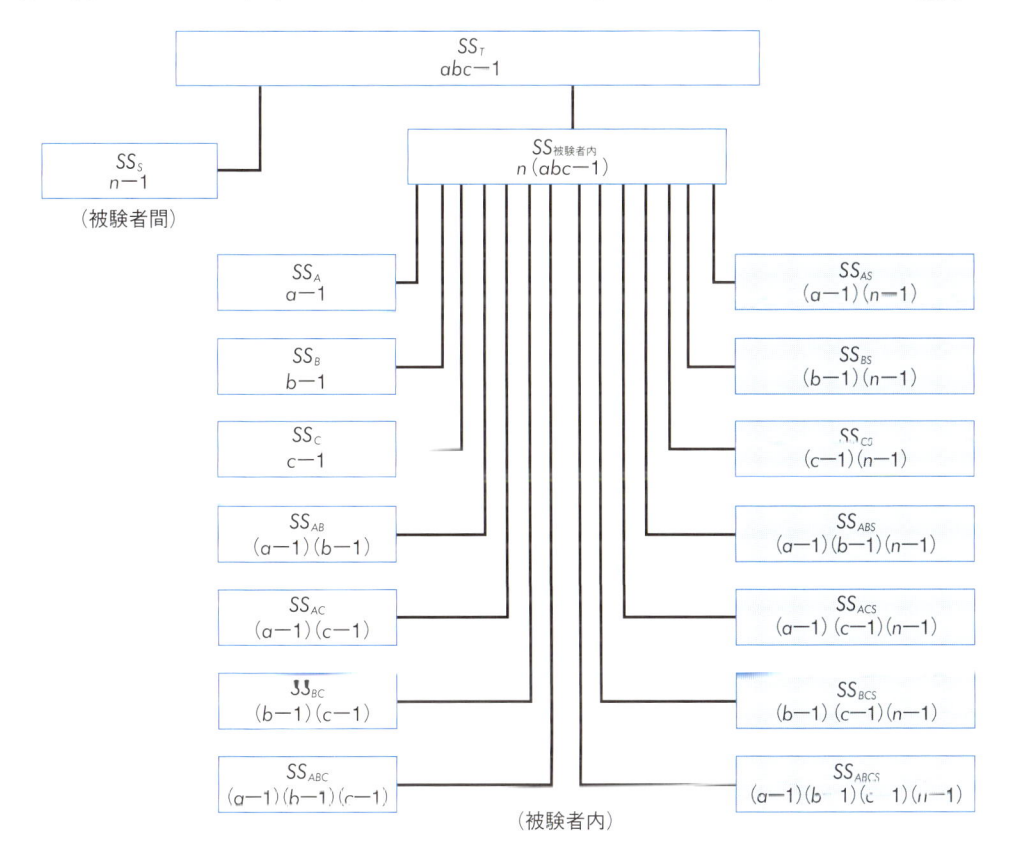

図8.1　3要因被験者内計画における SS と df の分化を示す図
　　　　誤差項は右側に青色で示してある。

表8.1 3要因被験者内計画の分散分析表[*]

変動因	SS	df	MS	F
被験者間	SS_S	$n-1$		
被験者内				
A	SS_A	$a-1$	MS_A	MS_A/MS_{AS}
AS	SS_{AS}	$(a-1)(n-1)$	MS_{AS}	
B	SS_B	$b-1$	MS_B	MS_B/MS_{BS}
BS	SS_{BS}	$(b-1)(n-1)$	MS_{BS}	
C	SS_C	$c-1$	MS_C	MS_C/MS_{CS}
CS	SS_{CS}	$(c-1)(n-1)$	MS_{CS}	
AB	SS_{AB}	$(a-1)(b-1)$	MS_{AB}	MS_{AB}/MS_{ABS}
ABS	SS_{ABS}	$(a-1)(b-1)(n-1)$	MS_{ABS}	
AC	SS_{AC}	$(a-1)(c-1)$	MS_{AC}	MS_{AC}/MS_{ACS}
ACS	SS_{ACS}	$(a-1)(c-1)(n-1)$	MS_{ACS}	
BC	SS_{BC}	$(b-1)(c-1)$	MS_{BC}	MS_{BC}/MS_{BCS}
BCS	SS_{BCS}	$(b-1)(c-1)(n-1)$	MS_{BCS}	
ABC	SS_{ABC}	$(a-1)(b-1)(c-1)$	MS_{ABC}	MS_{ABC}/MS_{ABCS}
ABCS	SS_{ABCS}	$(a-1)(b-1)(c-1)(n-1)$	MS_{ABCS}	
全体	SS_T	$abcn-1$		

[*] A, B, C を固定要因, S をランダム要因とした場合。

わり,それに対応する SS_{ABCS} が加わっていることに注意すればよい。自由度の分析法も同様に加算的な構成になっていることは言うまでもない。そして,MS の算出の仕方もまた,たとえば,ABC の 3 要因では,$MS_{ABC} = SS_{ABC}/df_{ABC}$,$MS_{ABCS}/df_{ABCS}$ となる(表8.1 参照)。

また,

$$F = \frac{MS_{ABC}}{MS_{ABCS}}$$

となり,2 要因の場合と同様の仕方を持って検定を行うので,7 章の場合と同一の論理の拡張であることは,すぐに分かると思う。また,わずらわしさをおそれて,期待値を書き下すことを割愛した。こう考えれば,得られるべき各項が表8.1 になることは,すぐに理解できる。

なお,6,7 章で問われた「球面性」は,ここでも主効果・交互作用効果について問われるのであるが,3 要因の場合はそれだけ多くの球面性が問われることになる(ただし,自由度 1 の場合のモークリーの検定では,すべての修正値 ε が 1 となり,球面性の仮定の場合と同一となる。p.203 以下の,ソフトによる出力も見られたい)。

3要因被験者内計画の用例と SPSS によるデータ処理

心理学の記憶の実験の一例をあげよう。学習のときの（つまり覚えるときの）文脈（環境）が，テスト時（つまり思い出すとき）の文脈（環境）と一致するとき，有効な手掛かりとなり記憶成績も高いことが強調され，さまざまな実験が行われてきた。この原理は，「符号化特殊性原理」（encoding specificity principle：タルヴィング（Tulving）のことば）ともよばれて，学習・記憶の心理学の大切なキーワードとなっている。

例題 いま，無作為に選ばれたダイバーに頼んで被験者になってもらい，次の A, B, C 3つの要因の組合せの6種の水準から成る実験を行ったとしよう。すなわち，次の表8.2の要因と水準である。なお，再生法と再認法について実験を行った。

表8.2 操作する要因と水準

要因	水準	
A 記憶課題	a_1 再生法	a_2 再認法
B 学習文脈	b_1 陸上で学習	b_2 水中で学習
C 検査文脈	c_1 陸上で検査	c_2 水中で検査

被験者はこれらすべての水準を体験した。もし原理が妥当ならば，文脈が一致する，陸上で学習し陸上で検査する場合と，水中で学習し水中で検査する場合が，記憶成績が高いはずである。

表8.3 要因表

	要因		特定水準	全水準
被験者内	A （学習課題）	:	j	$a=2$
	B （学習文脈）	:	k	$b=2$
	C （検査文脈）	:	l	$c=2$
	S （被験者）	:	i	$n=9$

表8.4 データ表および abc, abc および s 集計表

被験者	a_1（再生法）				a_2（再認法）				計
	b_1（陸上で学習）		b_2（水中で学習）		b_1（陸上で学習）		b_2（水中で学習）		
	c_1（陸上で検査）	c_2（水中で検査）	c_1（陸上で検査）	c_2（水中で検査）	c_1（陸上で検査）	c_2（水中で検査）	c_1（陸上で検査）	c_2（水中で検査）	
S_1 大山	16	10	10	12	22	24	22	21	137
S_2 岸田	15	9	7	13	24	24	22	21	135
S_3 住田	15	9	7	13	24	22	23	22	135
S_4 西山	14	8	8	12	23	23	23	22	133
S_5 佐賀	14	8	8	12	23	23	22	21	131
S_6 大村	14	8	8	12	23	22	22	21	130
S_7 中井	13	7	7	11	22	22	21	20	123
S_8 梅本	13	7	7	11	22	22	22	20	124
S_9 田中	12	6	6	10	21	21	20	20	116
計	126	72	68	106	204	203	197	188	1,164

表8.5　その他の集計表

AB集計表

	a_1	a_2	計
b_1	198	407	605
b_2	174	385	559
計	372	792	1,164

AC集計表

	a_1	a_2	計
c_1	194	401	595
c_2	178	391	569
計	372	792	1,164

BC集計表

	b_1	b_2	計
c_1	330	265	595
c_2	275	294	569
計	605	559	1,164

表8.6　平　均　値　表

ABC 平均値表

	a_1				a_2			
	b_1		b_2		b_1		b_2	
	c_1	c_2	c_1	c_2	c_1	c_2	c_1	c_2
周辺平均値	14.00	8.00	7.56	11.78	22.67	22.56	21.89	20.89

AB 平均値表

	a_1	a_2	周辺平均値
b_1	11.00	22.61	16.81
b_2	9.67	21.40	15.53
周辺平均値	10.33	22.00	

AC 平均値表

	a_1	a_2	周辺平均値
c_1	10.78	22.28	16.53
c_2	9.89	21.72	15.81
周辺平均値	10.33	22.00	

BC 平均値表

	b_1	b_2	周辺平均値
c_1	18.33	14.72	16.53
c_2	15.28	16.33	15.81
周辺平均値	16.81	15.53	

　各被験者は，これらの8種の条件をすべて体験した。ただし，個人の施行順序はランダムとした。得られた正記憶素得点は，表8.4に示されている。また，表8.4と表8.5にデータと集計表を，表8.6に平均値を示した。また各条件別の平均得点を図8.2に掲げた*。

　なお，重要な理論の決定であり，あえて有意水準として1％を立てた。

　3要因の場合のルールは，2要因の場合と同一であるから，誤差項も多くなり計算もわずらわしいだけでなく，誤りも犯しやすい。したがって，ここではいきなりSPSSに入力してみよう。

---

* なおこの例は，同一数値ではないが，ゴッデンとバットレー（Godden & Baddely, 1975, 1981）の範例を採用した。ただし，彼らの研究では，再生と再認は別々に実験された。

8.2 3要因被験者内計画の用例と SPSS によるデータ処理　　　　201

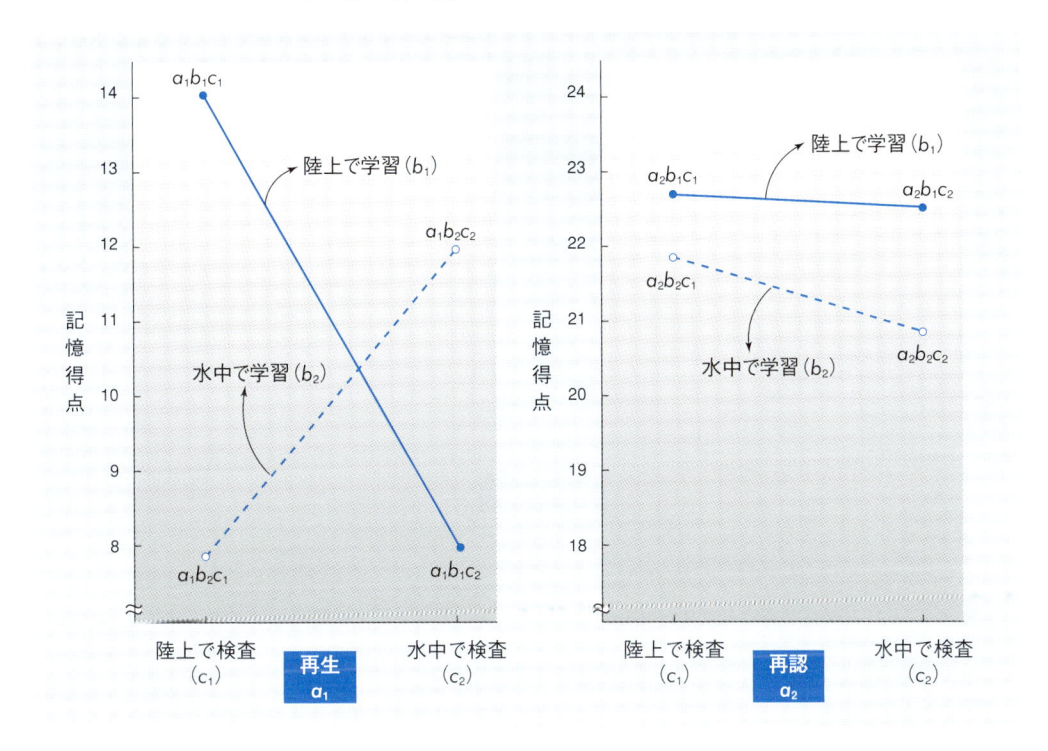

図8.2　得点の平均値の図示
後で分かるが，再生（a_1）条件では交互作用 BC は有意であるが，再認（a_2）では有意ではない。

SPSSによるデータ処理と分散分析表の作成

（ア）に変数ビューを，（イ）（データビュー）の枠内にデータを入れる。入れ方は，6，7章と同様である。　　　本書 p.174–175, p.191–192.

これまでの章と同様に，分析 → 一般線型モデル（G）→ 反復測定（R）とすすんでクリックすると（ウ）の下のパレットが出るので，追加しながら要因名と水準数を，6，7章のように入れる。最終的に図示したようになればよい（アからウ）。

さらに，定義 をクリックした後の処理，すなわちダイアログボックス上の要因の移行，オプション の出し方は，前の2つの章と同様である。

最後に得られたものが，次の 出力 である。読み方はこれまで通りである。

いずれの要因も2水準であるから，本ケースでは球面性は問わなくてもよい。したがってイプシロンはすべて1の同一の値となっている（キ）。また（ク）の検定表においても，すべての自由度は球面性の仮定と同値となっている。

検定結果を，ソフトの（ク）より転写して表8.7を作成し1%のところに*をつけた。AB，AC をのぞきすべて有意となっている。S と全体の SS の結果はソフトでは打ち出していないが，この検定では直接必要がないものである。しかし，これらについては，通常の分析表と一致させるため手計算した*。

---

* 変動図 S は次式による。$\dfrac{\Sigma S^2}{abc} - \dfrac{T^2}{abcn}$。全体は，$\Sigma X^2 - \dfrac{T^2}{abcn}$。表7.7 の下部を見よ。

8章　3要因被験者内分散分析

入 力

(ア)

変数ビュー

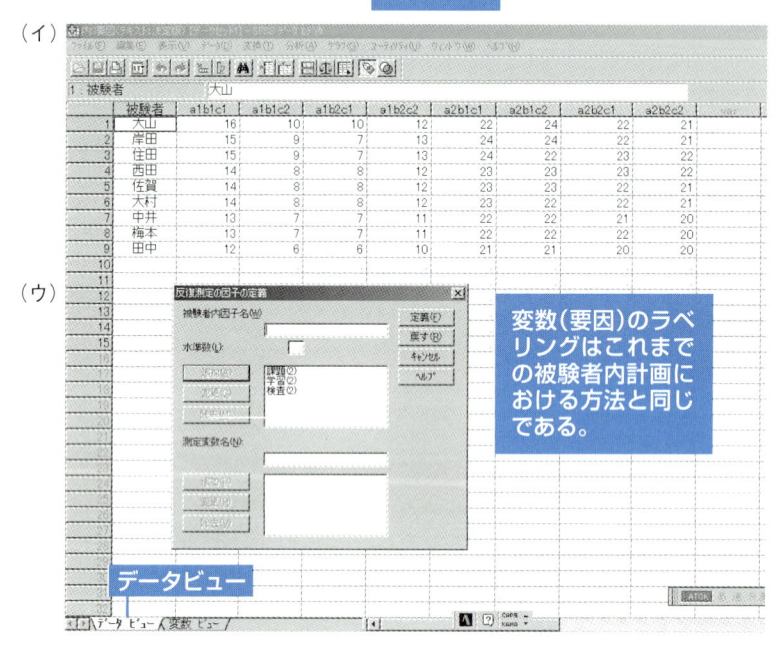

(イ)

(ウ)

> 変数（要因）のラベリングはこれまでの被験者内計画における方法と同じである。

データビュー

出 力

被験者内因子
(エ) 測定変数名：MEASURE_1

課題	学習	検査	従属変数
1	1	1	a1b1c1
		2	a1b1c2
	2	1	a1b2c1
		2	a1b2c2
2	1	1	a2b1c1
		2	a2b1c2
	2	1	a2b2c1
		2	a2b2c2

図8.3　SPSSによる入出力（その1）

8.2　3要因被験者内計画の用例とSPSSによるデータ処理　　　203

(オ)

記述統計量

			平均値	標準偏差	N
再生	陸上	陸上	14.00	1.225	9
再生	陸上	水中	8.00	1.225	9
再生	水中	陸上	7.56	1.130	9
再生	水中	水中	11.78	.972	9
再認	陸上	陸上	22.67	1.000	9
再認	陸上	水中	22.56	1.014	9
再認	水中	陸上	21.89	.928	9
再認	水中	水中	20.89	.782	9

(カ)

多変量検定[b]

効果		値	F値	仮説自由度	誤差自由度	有意確率
課題	Pillaiのトレース	.998	3733.333[a]	1.000	8.000	.000
	Wilksのラムダ	.002	3733.333[a]	1.000	8.000	.000
	Hotellingのトレース	466.667	3733.333[a]	1.000	8.000	.000
	Royの最大根	466.667	3733.333[a]	1.000	8.000	.000
学習	Pillaiのトレース	.897	69.950[a]	1.000	8.000	.000
	Wilksのラムダ	.103	69.950[a]	1.000	8.000	.000
	Hotellingのトレース	8.744	69.950[a]	1.000	8.000	.000
	Royの最大根	8.744	69.950[a]	1.000	8.000	.000
検査	Pillaiのトレース	.916	87.226[a]	1.000	8.000	.000
	Wilksのラムダ	.084	87.226[a]	1.000	8.000	.000
	Hotellingのトレース	10.903	87.226[a]	1.000	8.000	.000
	Royの最大根	10.903	87.226[a]	1.000	8.000	.000
課題×学習	Pillaiのトレース	.032	.262[a]	1.000	8.000	.622
	Wilksのラムダ	.968	.262[a]	1.000	8.000	.622
	Hotellingのトレース	.033	.262[a]	1.000	8.000	.622
	Royの最大根	.033	.262[a]	1.000	8.000	.622
課題×検査	Pillaiのトレース	.095	.842[a]	1.000	8.000	.386
	Wilksのラムダ	.905	.842[a]	1.000	8.000	.386
	Hotellingのトレース	.105	.842[a]	1.000	8.000	.386
	Royの最大根	.105	.842[a]	1.000	8.000	.386
学習×検査	Pillaiのトレース	.954	165.053[a]	1.000	8.000	.000
	Wilksのラムダ	.046	165.053[a]	1.000	8.000	.000
	Hotellingのトレース	20.632	165.053[a]	1.000	8.000	.000
	Royの最大根	20.632	165.053[a]	1.000	8.000	.000
課題×学習×検査	Pillaiのトレース	.994	1290.323[a]	1.000	8.000	.000
	Wilksのラムダ	.006	1290.323[a]	1.000	8.000	.000
	Hotellingのトレース	161.290	1290.323[a]	1.000	8.000	.000
	Royの最大根	161.290	1290.323[a]	1.000	8.000	.000

a.正確統計量
b.計画：Intercept
　被験者内計画：課題＋学習＋検査＋課題×学習＋課題×検査＋学習×検査＋課題×学習×検査

(キ) 測定変数名：MEASURE_1

Mauchlyの球面性検定[b]

					イプシロン[a]		
被験者内効果	MauchlyのW	近似カイ2乗	自由度	有意確率	Greenhouse-Geisser	Huynh-Feldt	下限
課題	1.000	.000	0	.	1.000	1.000	1.000
学習	1.000	.000	0	.	1.000	1.000	1.000
検査	1.000	.000	0	.	1.000	1.000	1.000
課題×学習	1.000	.000	0	.	1.000	1.000	1.000
課題×検査	1.000	.000	0	.	1.000	1.000	1.000
学習×検査	1.000	.000	0	.	1.000	1.000	1.000
課題×学習×検査	1.000	.000	0	.	1.000	1.000	1.000

正規直交した変換従属変数の誤差共分散行列が単位行列に比例するという帰無仮説を検定します。
　a.有意性の平均検定の自由度調整に使用できる可能性があります。修正した検定は、被験者内効果の検定テーブルに表示されます。
　b.計画：Intercept
　　被験者内計画：課題＋学習＋検査＋課題×学習＋課題×検査＋学習×検査＋課題×学習×検査

図8.3　SPSSによる入出力（その2）

被験者内効果の検定

(ク) 測定変数名：MEASURE_1

ソース		タイプIII平方和	自由度	平均平方	F値	有意確率
課題 (A)	球面性の仮定 Greenhouse-Geisser Huynh-Feldt 下限	2450.000 2450.000 2450.000 2450.000	1 1.000 1.000 1.000	2450.000 2450.000 2450.000 2450.000	3733.333 3733.333 3733.333 3733.333	.000 .000 .000 .000
誤差(課題) (AS)	球面性の仮定 Greenhouse-Geisser Huynh-Feldt 下限	5.250 5.250 5.250 5.250	8 8.000 8.000 8.000	.656 .656 .656 .656		
学習 (B)	球面性の仮定 Greenhouse-Geisser Huynh-Feldt 下限	29.389 29.389 29.389 29.389	1 1.000 1.000 1.000	29.389 29.389 29.389 29.389	69.950 69.950 69.950 69.950	.000 .000 .000 .000
誤差(学習) (BS)	球面性の仮定 Greenhouse-Geisser Huynh-Feldt 下限	3.361 3.361 3.361 3.361	8 8.000 8.000 8.000	.420 .420 .420 .420		
検査 (C)	球面性の仮定 Greenhouse-Geisser Huynh-Feldt 下限	9.389 9.389 9.389 9.389	1 1.000 1.000 1.000	9.389 9.389 9.389 9.389	87.226 87.226 87.226 87.226	.000 .000 .000 .000
誤差(検査) (CS)	球面性の仮定 Greenhouse-Geisser Huynh-Feldt 下限	.861 .861 .861 .861	8 8.000 8.000 8.000	.108 .108 .108 .108		
課題×学習 (AB)	球面性の仮定 Greenhouse-Geisser Huynh-Feldt 下限	.056 .056 .056 .056	1 1.000 1.000 1.000	.056 .056 .056 .056	.262 .262 .262 .262	.622 .622 .622 .622
誤差(課題×学習) (ABS)	球面性の仮定 Greenhouse-Geisser Huynh-Feldt 下限	1.694 1.694 1.694 1.694	8 8.000 8.000 8.000	.212 .212 .212 .212		
課題×検査 (AC)	球面性の仮定 Greenhouse-Geisser Huynh-Feldt 下限	.500 .500 .500 .500	1 1.000 1.000 1.000	.500 .500 .500 .500	.842 .842 .842 .842	.386 .386 .386 .386
誤差（課題×検査) (ACS)	球面性の仮定 Greenhouse-Geisser Huynh-Feldt 下限	4.750 4.750 4.750 4.750	8 8.000 8.000 8.000	.594 .594 .594 .594		
学習×検査 (BC)	球面性の仮定 Greenhouse-Geisser Huynh-Feldt 下限	98.000 98.000 98.000 98.000	1 1.000 1.000 1.000	98.000 98.000 98.000 98.000	165.053 165.053 165.053 165.053	.000 .000 .000 .000
誤差（学習×検査) (BCS)	球面性の仮定 Greenhouse-Geisser Huynh-Feldt 下限	4.750 4.750 4.750 4.750	8 8.000 8.000 8.000	.594 .594 .594 .594		
課題×学習×検査 (ABC)	球面性の仮定 Greenhouse-Geisser Huynh-Feldt 下限	138.889 138.889 138.889 138.889	1 1.000 1.000 1.000	138.889 138.889 138.889 138.889	1290.323 1290.323 1290.323 1290.323	.000 .000 .000 .000
誤差（課題×学習×検査) (ABCS)	球面性の仮定 Greenhouse-Geisser Huynh-Feldt 下限	.861 .861 .861 .861	8 8.000 8.000 8.000	.108 .108 .108 .108		

図8.3　SPSSによる入出力（その3）

8.2 3要因被験者内計画の用例とSPSSによるデータ処理

(ケ) 推定周辺平均

1. 課題
測定変数名:MEASURE_1

課題	平均値	標準誤差	95%信頼区間 下限	95%信頼区間 上限
1	10.333	.344	9.541	11.126
2	22.000	.260	21.400	22.600

2. 学習
測定変数名:MEASURE_1

学習	平均値	標準誤差	95%信頼区間 下限	95%信頼区間 上限
1	16.806	.333	16.038	17.573
2	15.528	.262	14.924	16.131

3. 検査
測定変数名:MEASURE_1

検査	平均値	標準誤差	95%信頼区間 下限	95%信頼区間 上限
1	16.528	.290	15.859	17.197
2	15.806	.294	15.128	16.483

4. 課題 * 学習
測定変数名:MEASURE_1

課題	学習	平均値	標準誤差	95%信頼区間 下限	95%信頼区間 上限
1	1	11.000	.408	10.059	11.941
	2	9.667	.289	9.001	10.332
2	1	22.611	.286	21.952	23.271
	2	21.389	.274	20.758	22.020

5. 課題 * 検査
測定変数名:MEASURE_1

課題	検査	平均値	標準誤差	95%信頼区間 下限	95%信頼区間 上限
1	1	10.778	.364	9.938	11.618
	2	9.889	.351	9.079	10.699
2	1	22.278	.302	21.582	22.974
	2	21.722	.252	21.142	22.302

6. 学習 * 検査
測定変数名:MEASURE_1

学習	検査	平均値	標準誤差	95%信頼区間 下限	95%信頼区間 上限
1	1	18.333	.333	17.565	19.102
	2	15.278	.355	14.460	16.096
2	1	14.722	.290	14.053	15.391
	2	16.333	.276	15.696	16.971

図 8.3 SPSS による入出力 (その 4)

7.課題＊学習＊検査

測定変数名：MEASURE_1

課題	学習	検査	平均値	標準誤差	95%信頼区間 下限	95%信頼区間 上限
1	1	1	14.000	.408	13.059	14.941
		2	8.000	.408	7.059	8.941
	2	1	7.556	.377	6.687	8.424
		2	11.778	.324	11.031	12.525
2	1	1	22.667	.333	21.898	23.435
		2	22.556	.338	21.776	23.335
	2	1	21.889	.309	21.176	22.602
		2	20.889	.261	20.288	21.490

図 8.3 SPSS による入出力（その 5）

表 8.7　表 8.4 のデータによる ANOVA 表

注意：本表はSPSSの出力を単に転写したもの。SS，したがってMSの桁数が小さく示されているので，Fは手計算によるものと末尾に多少の差が出ることに注意されたい。

変動因	SS	df	MS	F
被験者間　S	48.250†	$(n-1)=8$		
被験者内				
A（課題）	2450.000	$(a-1)=1$	2450.000	3733.33*
AS	5.250	$(a-1)(n-1)=8$	0.656	
B（学習文脈）	29.389	$(b-1)=1$	29.389	69.95*
BS	3.361	$(b-1)(n-1)=8$	0.420	
C（検査文脈）	9.389	$(c-1)=1$	9.389	87.23*
CS	0.861	$(c-1)(n-1)=8$	0.108	
AB	0.056	$(a-1)(b-1)=1$	0.055	0.62
ABS	1.694	$(a-1)(b-1)(n-1)=8$	0.212	
AC	0.500	$(a-1)(c-1)=1$	0.500	0.84
ACS	4.750	$(a-1)(c-1)(n-1)=8$	0.594	
BC	98.000	$(b-1)(c-1)=1$	98.000	165.05*
BCS	4.750	$(b-1)(c-1)(n-1)=8$	0.594	
ABC	138.889	$(a-1)(b-1)(c-1)=1$	138.889	1,290.32*
ABCS	0.861	$(a-1)(b-1)(c-1)(n-1)=8$	0.108	
全体	2,796.000†	$abcn-1=71$		

*$p<0.01$
†Sと全体はSPSSでは打ち出さず，手計算によった（青枠で示してある）。出し方はp.201の注に示した。しかし，必ずしもFの検定のためには必要ではない。

なお，話が前後したが，（カ）の多変量検定を吟味してみよう。課題（A）×学習（B）には1％水準で交互作用がなく，また，課題（A）×検査（C）も有意ではなかった。これらの交互作用がなかったことをのぞいて，他の場合には有意であり，多変量検定の結果は通常の ANOVA の結果と一致することが分かる。

8.3 単純効果の検定

単純交互作用の分析

本計画の場合の単純主効果および交互作用の分析は，5章と同様の発想で行う．加えて，前節で示した例では，3要因（2次）の交互作用が有意なので，5章でも述べたように，高次の交互作用のある所から分析するのが一般的なやり方である．

では，a_1（再生）とa_2（再認）において，B（学習文脈）とC（検査文脈）の交互作用を分析してみる．そのためには，まずa_1におけるB，a_1におけるCの効果，さらにa_2におけるそれらが必要なので前もって次のように検算を行いながら分析しておこう．

a_jにおけるBの一般式：

$$SS_{B(a_j)} = \frac{\sum\limits_{k}^{b}(AB_{jk})^2}{cn} - \frac{A_j^2}{bcn}$$

a_1におけるB：$SS_{B(a_1)} = \dfrac{198^2 + 174^2}{2(9)} - \dfrac{372^2}{2(2)(9)} = 16.000$

a_2におけるB：$SS_{B(a_2)} = \dfrac{407^2 + 385^2}{2(9)} - \dfrac{792^2}{2(2)(9)} = 13.444$

検算　$SS_B + SS_{AB} = 29.389 + 0.056 = 29.445 \approx \overline{29.444}$（計）

次いで，a_jにおけるCの一般式は，次のようになる．

$$SS_{C(a_j)} = \frac{\sum\limits_{l}^{c}(AC_{jl})^2}{bn} - \frac{A_j^2}{bcn}$$

a_1におけるC：$SS_{C(a_1)} = \dfrac{194^2 + 178^2}{2(9)} - \dfrac{372^2}{2(2)(9)} = 7.111$

a_2におけるC：$SS_{C(a_2)} = \dfrac{401^2 + 391^2}{2(9)} - \dfrac{792^2}{2(2)(9)} = 2.778$

検算　$SS_C + SS_{AC} = 9.389 + 0.500 = \overline{9.889}$（計）

以上の準備が出来たら，a_jにおけるBCの式を立てる（これらの式は5.4節で示した）．　本書 p.157.

a_jにおけるBC：$SS_{BC(a_j)} = \dfrac{\sum\limits_{k}^{b}\sum\limits_{l}^{c}(ABC)^2}{n} - \dfrac{A_j^2}{b(c)(n)} - SS_{B(aj)} - SS_{C(a_j)}$

（この2つの項はすでに上で求めた）

では，a_1とa_2について具体的に単純交互作用を算出してみる．

$$SS_{BC(a_1)} = \frac{126^2 + 72^2 + 68^2 + 106^2}{9} - \frac{372^2}{36} - 16.000 - 7.111 = 235.111$$

$$SS_{BC(a_2)} = \frac{204^2 + 203^2 + 197^2 + 188^2}{9} - \frac{792^2}{36} - 13.444 - 2.778 = 1.778$$

$$\text{検算} \quad SS_{BC} + SS_{ABC} = 98.000 + 138.889 = \overline{236.889} \,(\text{計})$$

これらの自由度は，$(b-1)(c-1) = 1(1) = 1$ となる．問題は誤差項である．その MS と df は，合併したものとして求めなければならない．MS と，合併した df つまり f' は，表 8.9 に示した．なおこの表には，他の単純効果のケースも示した．

誤差項 MS は，上式の BC と ABC の効果の誤差項を合併したものとして求める．

$$\text{誤差}_{(合併)} = \frac{SS_{BCS} + SS_{ABCS}}{df_{BCS} + df_{ABCS}} \tag{8.3.1}$$

$$= \frac{4.750 + 0.861}{8 + 8} = 0.351$$

すでに述べたように，誤差項の df は単に合併したものではない．次の f' で表値の df として求める．

$$f' = \frac{(4.750 + 0.861)^2}{\frac{4.750^2}{8} + \frac{0.861^2}{8}} = 11.60 \approx 12$$

以上を作表して示すと，表 8.8 のようになる．

表 8.8　$BC_{(a_i)}$ の単純交互作用の検定結果

	SS	df	MS	F
$SS_{BC(a_1)}=$235.111		1	235.111	669.83*
$SS_{BC(a_2)}=$1.778		1	1.778	5.07
誤差（BCS と ABCS 項の合併）	0.351			

*$p<0.01$，ただし誤差の自由度は $f'=12$ として求める．

臨界値は付表 D より，$F_{0.01, 1, 12} = 9.33$．平均値より作成した図 8.2 を視察すれば，確かに a_1（再生）において BC の交互作用は有意であり，学習・検査文脈で一致した場合，すなわち陸上で学習し（b_1）同じく陸上で再生した場合（c_1）と，水中で学習し（b_2），水中で再生した場合（c_2）において，いちじるしく高い得点を得ている（図 8.2 も参照）．しかし，再認法（a_2）での BC の交互作用は有意ではなかった．そこで，a_1 についてはさらに詳細に，単純・単純主効果の検定に進んでいくことにしたい．

■ **単純・単純主効果の検定例**

一つの分析は，次のようである．

いま，陸上で学習し，陸上で検査した場合（$a_1b_1c_1$）これは符号化文脈が一致している——と，水中で学習し陸上で検査した場合（$a_1b_2c_1$）——文脈が一致していない——とを比較してみよう．

表8.9 単純効果検定のための誤差項のMSとf'(自由度の補正値)

	単純効果の変動因	誤差項のMS	F検定のためのf'
単純主効果	b_kにおける $A：A_{(b_k)}$	$\dfrac{SS_{AS}+SS_{ABS}}{df_{AS}+df_{ABS}}$	$\dfrac{(SS_{AS}+SS_{ABS})^2}{\dfrac{SS^2_{AS}}{df_{AS}}+\dfrac{SS^2_{ABS}}{df_{ABS}}}$
	c_lにおける $A：A_{(c_l)}$	$\dfrac{SS_{AS}+SS_{ACS}}{df_{AS}+df_{ACS}}$	$\dfrac{(SS_{AS}+SS_{ACS})^2}{\dfrac{SS^2_{AS}}{df_{AS}}+\dfrac{SS^2_{ACS}}{df_{ACS}}}$
	a_jにおける $B：B_{(a_j)}$	$\dfrac{SS_{BS}+SS_{ABS}}{df_{BS}+df_{ABS}}$	$\dfrac{(SS_{BS}+SS_{ABS})^2}{\dfrac{SS^2_{BS}}{df_{BS}}+\dfrac{SS^2_{ABS}}{df_{ABS}}}$
	c_lにおける $B：B_{(c_l)}$	$\dfrac{SS_{BS}+SS_{BCS}}{df_{BS}+df_{BCS}}$	$\dfrac{(SS_{BS}+SS_{BCS})^2}{\dfrac{SS^2_{BS}}{df_{BS}}+\dfrac{SS^2_{BCS}}{df_{BCS}}}$
	a_jにおける $C：C_{(a_j)}$	$\dfrac{SS_{CS}+SS_{ACS}}{df_{CS}+df_{ACS}}$	$\dfrac{(SS_{CS}+SS_{ACS})^2}{\dfrac{SS^2_{CS}}{df_{CS}}+\dfrac{SS^2_{ACS}}{df_{ACS}}}$
	b_kにおける $C：C_{(b_k)}$	$\dfrac{SS_{CS}+SS_{BCS}}{df_{CS}+df_{BCS}}$	$\dfrac{(SS_{CS}+SS_{BCS})^2}{\dfrac{SS^2_{CS}}{df_{CS}}+\dfrac{SS^2_{BCS}}{df_{BCS}}}$
単純・単純主効果(右下にずらして書いているのがf'である)	bc_{kl}における $A：A_{(bc_{kl})}$	$\dfrac{SS_{AS}+SS_{ABS}+SS_{ACS}+SS_{ABCS}}{df_{AS}+df_{ABS}+df_{ACS}+df_{ABCS}}$	$\dfrac{(SS_{AS}+SS_{ABS}+SS_{ACS}+SS_{ABCS})^2}{\dfrac{SS^2_{AS}}{df_{AS}}+\dfrac{SS^2_{ABS}}{df_{ABS}}+\dfrac{SS^2_{ACS}}{df_{ACS}}+\dfrac{SS^2_{ABCS}}{df_{ABCS}}}$
	ac_{jl}における $B：B_{(ac_{jl})}$	$\dfrac{SS_{BS}+SS_{ABS}+SS_{BCS}+SS_{ABCS}}{df_{BS}+df_{ABS}+df_{BCS}+df_{ABCS}}$	$\dfrac{(SS_{BS}+SS_{ABS}+SS_{BCS}+SS_{ABCS})^2}{\dfrac{SS^2_{BS}}{df_{BS}}+\dfrac{SS^2_{ABS}}{df_{ABS}}+\dfrac{SS^2_{BCS}}{df_{BCS}}+\dfrac{SS^2_{ABCS}}{df_{ABCS}}}$
	ab_{jk}における $C：C_{(ab_{jk})}$	$\dfrac{SS_{CS}+SS_{ACS}+SS_{BCS}+SS_{ABCS}}{df_{CS}+df_{ACS}+df_{BCS}+df_{ABCS}}$	$\dfrac{(SS_{CS}+SS_{ACS}+SS_{BCS}+SS_{ABCS})^2}{\dfrac{SS^2_{CS}}{df_{CS}}+\dfrac{SS^2_{ACS}}{df_{ACS}}+\dfrac{SS^2_{BCS}}{df_{BCS}}+\dfrac{SS^2_{ABCS}}{df_{ABCS}}}$
単純交互作用効果	c_lにおける $AB：AB_{(c_l)}$	$\dfrac{SS_{ABS}+SS_{ABCS}}{df_{ABS}+df_{ABCS}}$	$\dfrac{(SS_{ABS}+SS_{ABCS})^2}{\dfrac{SS^2_{ABS}}{df_{ABS}}+\dfrac{SS^2_{ABCS}}{df_{ABCS}}}$
	b_kにおける $AC：AC_{(b_k)}$	$\dfrac{SS_{ACS}+SS_{ABCS}}{df_{ACS}+df_{ABCS}}$	$\dfrac{(SS_{ACS}+SS_{ABCS})^2}{\dfrac{SS^2_{ACS}}{df_{ACS}}+\dfrac{SS^2_{ABCS}}{df_{ABCS}}}$
	a_jにおける $BC：BC_{(a_j)}$	$\dfrac{SS_{BCS}+SS_{ABCS}}{df_{BCS}+df_{ABCS}}$	$\dfrac{(SS_{BCS}+SS_{ABCS})^2}{\dfrac{SS^2_{BCS}}{df_{BCS}}+\dfrac{SS^2_{ABCS}}{df_{ABCS}}}$

この場合，ac_{11} における B の単純・単純主効果の検定を行うことになるから，

$$SS_{B(ac_{11})} = \frac{126^2 + 68^2}{9} - \frac{194^2}{2(9)} = 186.889$$

(式の形式は，5.4 節ですでに述べた。また，126 と 68 は，表 8.4 の下部の集計表より得られる。)

この項の自由度は，$b - 1 = 2 - 1 = 1$ となるので，SS の 186.889 がそのまま MS となる。

次に，水中で学習し水中で検査を受ける ($a_1b_2c_2$)――文脈が一致している場合――と，陸上で学習し水中で検査を受ける ($a_1b_1c_2$)――文脈は不一致――場合を比較してみる。表 8.4 の集計表より，SS は次のようになる。

$$SS_{B(ac_{12})} = \frac{106^2 + 72^2}{9} - \frac{178^2}{2(9)} = 64.222$$

自由度は 1 であるから，MS は同一の値となる。

問題は誤差項と df である。表 8.9 の $B_{(ac_{jl})}$ より，4 つの誤差を合併するものとなることが分かる。したがって，

$$MS_{誤差(合併)} = \frac{3.361 + 1.694 + 4.750 + 0.861}{8 + 8 + 8 + 8} = 0.3333$$

自由度は次の f' となる。

$$f' = \frac{(3.361 + 1.694 + 4.750 + 0.861)^2}{\frac{3.361^2}{8} + \frac{1.694^2}{8} + \frac{4.750^2}{8} + \frac{0.861^2}{8}} = 24.29 \approx 24$$

$df = 1, 24$ の臨界値は，1％水準で 7.82。

以上を作表してまとめると，表 8.10 のようになる。

表 8.10　$B_{(ac_{jl})}$ の単純・単純効果の検定結果

	SS	df	MS	F	(使用した臨界値)†
$SS_{B(ac_{11})}=$	186.889	1	186.889	560.72*	> 7.82
$SS_{B(ac_{12})}=$	64.222	1	64.222	192.69*	> 7.82
誤差 (4項の合併)			0.3333		

*$p < 0.01$。†本文参照。誤差の自由度は $f' = 24$。

臨界値は付表 D より，$F_{0.01, 1, 24} = 7.82$。よって，いずれの場合も有意と判定された。こうして，以上の結果より学習と検査の文脈の一致した場合は，そうでない場合よりも，記憶の成績は有意に高まっており，符号化特殊性原理に一致した結果となっている。

一方，再認 (a_2) の場合はどうであろうか。この場合，BC の交互作用は 1％で有意ではなかった。ゆえに，次の単純主効果の検定に入ることになる。

● 単純主効果の検定

目下の例では 2 つのケースが考えられる。1 つは a_2 における B の効果，他は C の効果である。

a_2 における B は，次式の SS となる。このことは，陸上での学習と水中での学習の効果を吟味することを意味する。5.4 節 a_j における B の式より，それはまず次の SS を得る。値は，表 8.5

の集計表より得る．式の形は，5.4節で示した．　　　　　　　　　　　　　　　　　本書 p.154.

$$SS_{B(a_2)} = \frac{407^2 + 385^2}{2(9)} - \frac{792^2}{2(2)(9)} = 13.444 \qquad (この式の形式は前に示した)$$

この場合の自由度は，$b-1 = 2-1 = 1$ であるから，MS は SS と同一の値となる．問題は誤差項である．表8.9 の $B_{(a_j)}$ のところの MS と f' の立て方より，$B_{(a_2)}$ の場合は，

$$MS_{誤差(合併)} = \frac{3.361}{8} + \frac{1.694}{8} = 0.3159$$

$$f' = \frac{(3.361 + 1.694)^2}{\frac{3.361^2}{8} + \frac{1.694^2}{8}} = 14.43 \approx 14$$

したがって，$F = \dfrac{13.444}{0.3159} = 42.56$．

臨界値 $F_{0.01,\,1,\,14} = 8.86$．42.56 は，この値を超えているので有意であるから，陸上で学習したほうが水中で行うよりも成績は高いことになる．

ついでに，a_2 における c_1 と c_2，すなわち陸上での検査と水中での検査の差もしらべておく．表8.5 の計より，　　　　　　　　　　　　　　　　　　　　　　　　　　　　　　　本書 p.154.

$$SS_{C(a_2)} = \frac{401^2 + 391^2}{2(9)} - \frac{792^2}{2(2)(9)} = 2.778 \qquad (この式の形式は前に示した)$$

C の自由度は 1 であるから，MS の値と 2.778 と同一になる．

誤差項については，表8.9 の $C_{(a_j)}$ の立て方に従う．ゆえに，$C_{(a_2)}$ の場合は，

$$MS_{誤差(合併)} = \frac{0.861 + 4.750}{8 + 8} = 0.3507$$

$$f' = \frac{(0.861 + 4.750)^2}{\frac{0.861^2}{8} + \frac{4.750^2}{8}} = 10.81 \approx 11$$

$$F = \frac{2.778}{0.3507} = 7.92$$

臨界値 $F_{0.01,\,1,\,11} = 9.65$．上記の F 値はそれに達していないので，ここでは陸上・水中の検査法間の差は有意ではないことになる．

以上の結果を表でまとめたものが表8.11 である．

本章の各要因の水準は 2 であるから，これ以上の多重比較は行わない．しかしながら，2 以上の場合の多重比較については，他の 3 要因の計画についてその論理を学んでいただきたい．

表8.11 a_2 における B と C の単純主効果の検定結果

変動因	SS	df	MS	F	(使用した臨界値)[†]
$B_{(a_2)}$	13.444	1	13.444	42.56*	> 8.86
$C_{(a_2)}$	2.778	1	2.778	7.92	< 9.65
誤差(2項の合併)			0.3507		

*$p < 0.01$．[†]本文参照．

8.4 3要因被験者内分散分析の仮定

6, 7章で述べたように, この計画において正当な F を成立させるための必要かつ十分条件は, 各要因において分散・共分散行列が球面性（循環性）をそなえていることである。すなわち,

$$
\begin{aligned}
&A\text{に関する } \Sigma a \cdots\cdots \hat{\Sigma} a \quad AB\text{に関する}\quad \Sigma ab \cdots\cdots \hat{\Sigma} ab \\
&B\text{に関する } \Sigma b \cdots\cdots \hat{\Sigma} b \quad AC\text{に関する}\quad \Sigma ac \cdots\cdots \hat{\Sigma} ac \\
&C\text{に関する } \Sigma c \cdots\cdots \hat{\Sigma} c \quad BC\text{に関する}\quad \Sigma bc \cdots\cdots \hat{\Sigma} bc \\
&\qquad\qquad\qquad\qquad ABC\text{に関する}\, \Sigma abc \cdots\cdots \hat{\Sigma} abc
\end{aligned}
$$

ここで, Σ は母集団の球面性を示し, $\hat{\Sigma}$ は標本による推定値を示す。モークリーの検定のSPSSによる出力結果を, ここでは表示していない。なぜなら, 2水準の場合には球面性を問う必要がないからである。したがって, 本章の場合は球面性の検定も必要ないし, エプシロンの修正値もすべて1となっているのである。

3水準およびそれ以上の場合に, はじめて球面性が問われることになるが, このことは6, 7章で記した通りである。また, 別のデータで成立しない場合の処理の方法は, 6, 7章ですでに示したところによる。ただ, かくも多くの仮定をクリアーしなければならないことは, 注目すべきことであるし, SPSSなど大きいソフトの出番なのである。

1要因が被験者間，他の1要因が被験者内の分散分析──（混合 a・b 計画）

混合 a・b 計画の意味と構成

　私たちはすでに，2および3要因の被験者間 ANOVA および被験者内 ANOVA について，それらの多要因計画の実施・分析法を見てきた。しかしながら，同じ多要因であっても，被験者間要因と被験者内要因が同居する，いわゆる混合計画（mixed design）について，これからの9, 10, 11章で述べたいと思う。これらは，他の科学，たとえば農事や生産といった領野でもよく用いられ，分割法（split-plot）要因計画という名で呼ばれてきた。実際，カーク（1995）は，その用語を直接使用している。

　本章では，心理・教育の研究者でよく知られ，またよく使用されている，一つが1要因被験者間，他の一つが1要因被験者内の2要因 ANOVA について説明していくことにする。すなわち，A を被験者間，B を被験者内だとすれば，$(a \cdot b)$ というように表示*し，ポイント以前を被験者間，ポイント以後が被験者内となる。それを計画表として例示すれば表9.1のようになる（$a=2$, $b=3$, 特定の a_j の下での $n=3$）。

表9.1 a・b 計画の配置

		被験者内（$b=3$）		
	被験者	b_1	b_2	b_3
被験者間（$a=2$）	a_1 S_1	X_{111}	X_{121}	X_{131}
	S_2	X_{112}	X_{122}	X_{132}
	S_3	X_{113}	X_{123}	X_{133}
	a_2 S_4	X_{214}	X_{224}	X_{234}
	S_5	X_{215}	X_{225}	X_{235}
	S_6	X_{216}	X_{226}	X_{236}

最初の添え字は特定の a_j 水準，2番目は特定の b_k, 3番目は特定の被験者 S_i のものであることを示す。

　もちろん，a と b の水準数はこれより多くてもよいが，分かりやすい範例を示したものである。ここで，$S_1 \sim S_3$ の被験者は a_1 のみの処理を受け，$S_4 \sim S_6$ は a_2 のみの処理を受ける。つまり被験者は特定の a_j の下にネスト（入れ子）（nest）されている。しかし，要因 B は全員に施行されるものであるから，交差（cross）しているといえる。

---
* この表示法は，カーク（1995）にならったもの。ただし，氏は $a \cdot b$ ではなく，$p \cdot q$ としている。

表9.2 2要因混合計画の分析
（AとBは固定，Sはランダムのモデルとする）

変動因	SS	df	E(MS)
被験者間	$SS_間$	$an-1$	
A	SS_A	$a-1$	$\sigma_\varepsilon^2 + b\sigma_\pi^2 + nb\sigma_\alpha^2$
S/A〔誤差（間）〕	$SS_{S/A}$	$a(n-1)$	$\sigma_\varepsilon^2 + b\sigma_\pi^2$
被験者内	$SS_内$	$an(b-1)$	
B	SS_B	$b-1$	$\sigma_\varepsilon^2 + \sigma_{\beta\pi}^2 + na\sigma_\beta^2$
AB	SS_{AB}	$(a-1)(b-1)$	$\sigma_\varepsilon^2 + \sigma_{\beta\pi}^2 + n\sigma_{\alpha\beta}^2$
B×S/A〔誤差（内）〕	$SS_{B\times S/A}$	$a(b-1)(n-1)$	$\sigma_\varepsilon^2 + \sigma_{\beta\pi}^2$
全体	SS_T	$abn-1$	

（間）は被験者間，（内）は被験者内のことを示す。

これまでの章を見られた読者は，すぐにお分かりと思うが，この計画においても A と B の交互作用効果を検定することになる。後で説明するように，この計画の場合の誤差項についてはやや工夫をこらす必要がある。また，この分析の根底にある仮定もまた，いままでよりもさらに複雑なものである。しかし，高次なソフトが開発された今日においては，複数の仮定を吟味することができるという便利さにも注目される。

構造式は複雑なものとなるので割愛することとして，この2要因の分析は，二段構えで，それぞれ別の誤差項をもって行う。まず，ANOVAの一般表を書くと，表9.2のようになる。同表に，分散の期待値 $E(MS)$ も示した。読み方はこれまでの章と同様である。たとえば，被験者間の要因 A は，他の被験者間要因の場合と同様と考えてよい。ただ，$E(MS)$ を見ると，π（パイ）の添え字があるが，これは被験者に関する変動で，個人差が取り入れられていることを意味している。これまでと同様の論理により，A の適切な誤差項は，S/A の MS であることが分かる。なぜならもし A の効果がなかったならば，$nb\sigma_\alpha^2$ は 0 となり，A と S/A の双方の値は $\sigma_\varepsilon^2 + b\sigma_\pi^2$ と同一となるからである。同様の論理により，B と AB の誤差項は $B \times S/A$ の MS である。

表9.2は，A と B を固定要因，S（被験者）をランダム要因とした場合のケースを示している。ここで注意すべきは，被験者間と被験者内の2つの下位に SS と df が分化していることである。わずらわしさをおそれ，以後，単に間と内と略して示すこともある。すぐに分かるように，得られるべき F 比をより形式的に示せば，A の効果の F 値は，

$$F_A = \frac{MS_A}{MS_{S/A}}$$

B と AB の場合は，

$$F_B = \frac{M_B}{MS_{B\times S/A}}$$

$$F_{AB} = \frac{M_{AB}}{MS_{B\times S/A}}$$

となる。

なおこの計画で，A と B との交互作用効果の検定は，被験者内で行うことに注意する必要が

ある。

また例により，SS と df の分化の模様を図 9.1 に示した。

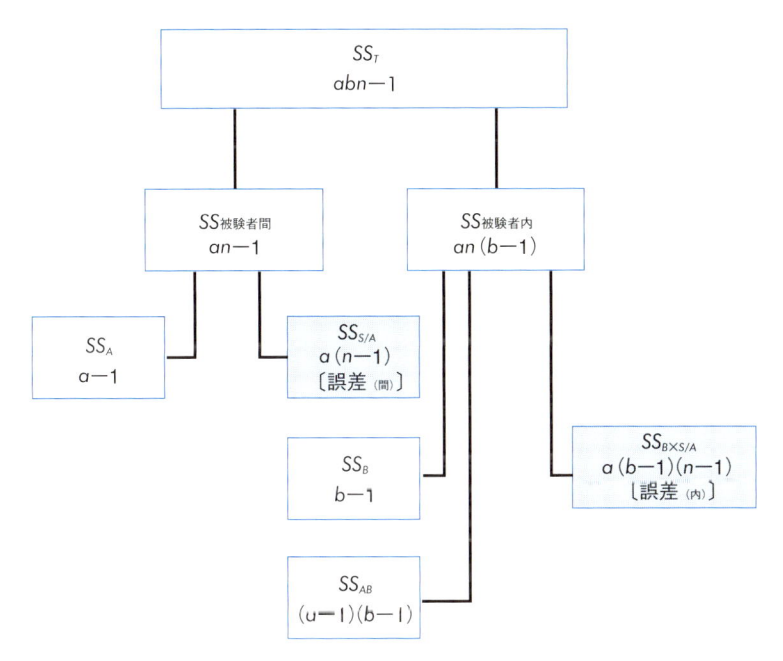

図 9.1 混合計画 $(a \cdot b)$ における SS と df の分化

9.2 混合計画 $(a \cdot b)$ の用例

被験者数を大きくすることが難しく，また学習・発達の分野のように，経時的変化を軸としたデータを採ることが多い心理学の領域では，この混合計画は，大いに活用されている。A を被験者間，B を被験者内とした場合，A の分析には 2 章，B の分析には 6 章で述べた仮定が満たされなくてはならないという，2 つのハードルをクリアしなければならないという問題も残っている。しかしこの節では，まず 1 つの学習実験の例をあげて計算過程を示すことにする。

例題 要因 A を 2 水準，すなわち a_1（連続強化），a_2（部分強化）とし，そのような条件の下でラットを使用し，ある条件づけの訓練を行うこととする。試行 1 (b_1)，試行 2 (b_2)，試行 3 (b_3) の 3 水準からなる要因を B とする。ただし，ここでは，試行 (b_k) とは 10 試行をブロックにしたもので，実際にはその正反応数を合体したものとする。a_1，a_2 内のラット数はいずれも 3 匹である。分散分析（混合計画による）を施し，結果を述べよ。

解 表 9.3 に要因を，表 9.4 にデータを，表 9.5 と表 9.6 に集計表および平均値表を示した。また，これまでの章の分析方法と同様に，SS と df の計算方法を示し（表 9.7 と表 9.8），分散分析表を作成した（表 9.9）。

9章 1要因が被験者間，他の1要因が被験者内の分散分析——（混合 $a \cdot b$ 計画）

表9.3 要因表

要因	特定水準	全水準
被験体間：A	j	$a=2$
被験体内：B	k	$b=3$
被 験 体：S	i	$n=3$

表9.4 データ表

	被験体	b_1	b_2	b_3	計
	S_1	2	4	11	17
a_1	S_2	4	5	13	22
	S_3	5	6	15	26
	S_4	2	4	8	14
a_2	S_5	1	1	5	7
	S_6	4	5	6	15

表9.5 集 計 表

AB集計表

	b_1	b_2	b_3	計
a_1	11	15	39	65
a_2	7	10	19	36
計	18	25	58	101

表9.6 AB平均値表

	b_1	b_2	b_3	周辺平均値
a_1	3.67	5.00	13.00	7.22
a_2	2.33	3.33	6.33	4.00
周辺平均値	3.00	4.17	9.67	

表9.7 SSの計算

基礎項目の計算

(1) $\dfrac{T^2}{abn} = \dfrac{101^2}{2(3)(3)} = 566.722$

(2) $\Sigma X^2 = 2^2+4^2+11^2+\cdots\cdots+5^2+6^2 = 825.000$

(3) $\dfrac{\Sigma A^2}{bn} = \dfrac{65^2+36^2}{3(3)} = 613.444$

(4) $\dfrac{\Sigma B^2}{an} = \dfrac{18^2+25^2+58^2}{2(3)} = 718.833$

(5) $\dfrac{\Sigma (AB)^2}{n} = \dfrac{11^2+15^2+39^2+7^2+10^2+19^2}{3} = 792.333$

(6) $\dfrac{\Sigma S^2}{b} = \dfrac{17^2+22^2+26^2+14^2+7^2+15^2}{3} = 639.667$

$SS_{被験体間} = (6)-(1) = 639.667-566.722 = 72.945$

$SS_A = (3)-(1) = 613.444-566.722 = 46.722$

$SS_{S/A[誤差(間)]} = (6)-(3) = 639.667-613.444 = 26.223$

$SS_{被験体内} = (2)-(6) = 825.000-639.667 = 185.333$

$SS_B = (4)-(1) = 718.833-566.722 = 152.111$

$SS_{AB} = (5)-(3)-(4)+(1) = 792.333-613.444-718.833+566.722 = 26.778$

$SS_{B \times S/A[誤差(内)]} = (2)-(5)-(6)+(3) = 825.000-792.333-639.667+613.444 = 6.444$

$SS_T = (2)-(1) = 825.000-566.722 = 258.278$

表 9.8　df の計算

$df_{被験体間} = an - 1 = 2(3) - 1 = 5$

$df_A = a - 1 = 2 - 1 = 1$

$df_{S/A〔誤差（間）〕} = a(n-1) = 2(3-1) = 4$

$df_{被験体内} = an(b-1) = 2(3)(3-1) = 12$

$df_B = (b-1) = 3 - 1 = 2$

$df_{AB} = (a-1)(b-1) = (2-1)(3-1) = 2$

$df_{B \times S/A〔誤差（内）〕} = a(n-1)(b-1) = 2(3-1)(3-1) = 8$

$df_T = abn - 1 = 2(3)(3) - 1 = 17$

表 9.9　分散分析表

変動因	SS	df	MS	F
被験体間	72.945	5		
A（強化）	46.722	1	46.722	7.13
S/A〔誤差（間）〕	26.223	4	6.556	
被験体内	185.333	12		
B（試行）	152.111	2	76.056	94.41*
AB	26.778	2	13.389	16.62*
B×S/A〔誤差（内）〕	6.444	8	0.8056	
全　体	258.278	17		

*$p < 0.05$

　付表 D により，A について検定するため，$\alpha = 0.05$，自由度 1 と 4 の F 臨界値（$F_{0.05,\,1,\,4}$ として示す）は，7.71 であり，7.13 はこれを超えていないので H_0 を棄却できない。また，B と AB については，$F_{0.05,\,2,\,8} = 4.46$ なので，共にこの値を超えており H_0 を棄却して有意と判定した。

　データを図示したものが図 9.2 である。これより，有意な B（試行）は，全体として得点のいちじるしい上昇が見られることにより，納得できよう。また，A（強化）と B（試行）の交互作用は，とりわけ後の試行において得点の開きが大きくなっていることで生じていると，直観的に了解できるであろう。しかしながら，より詳細な分析は，次節で行うこととする。

　一見，a_1 と a_2 において差があるように思えるが A は有意ではない。このことは，実は計画 $(a \cdot b)$ の誤差が被験者間・内の 2 つに分割され，たいていの場合，被験者内よりも間のほうが，誤差項が大きくなるということによってもいる。このことは，目下の例の分散分析表内の 2 つの誤差の値を見ても分かるであろう。ゆえに，より大きな検定力で差を吟味する場合，学習実験だけではなく，たとえば一定の錯視図の錯視量をしらべる場合，――この場合，提示の順序はランダムにしなければならないが――被験者内の要因として配置するといった配慮が行われることも，賢明な策である。

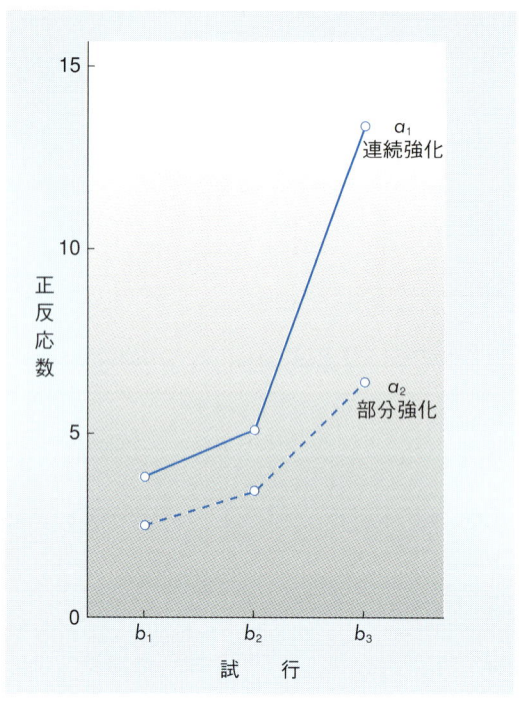

図 9.2　正反応数の図表示

9.3 単純効果の検定と多重比較

単純効果の検定

目下の計画の単純主効果の分析において，F の上辺の MS の出し方は本質的に 4, 7 章の 2 要因の場合と同様である．しかし，誤差項の出し方には，若干の考慮が必要である．すなわち，すでに多要因被験者内計画（7, 8 章）で生じたように，「合併」を行うことが必要になってくるからである．目下の場合では，b_k における A の効果という単純主効果の場合がそれである．

ではまず，その場合の SS の出し方から始めよう．

$$b_k \text{ における } A \text{ の一般式}: SS_{A(b_k)} = \frac{\sum\limits_{j}^{a}(AB_{jk})^2}{n} - \frac{B_k^2}{an}$$

$$b_1 \text{ における } A: SS_{A(b_1)} = \frac{11^2 + 7^2}{3} - \frac{18^2}{2(3)} = 2.667$$

$$b_2 \text{ における } A: SS_{A(b_2)} = \frac{15^2 + 10^2}{3} - \frac{25^2}{2(3)} = 4.166$$

$$b_3 \text{ における } A: SS_{A(b_3)} = \frac{39^2 + 19^2}{3} - \frac{58^2}{2(3)} = 66.666$$

検算　$SS_A + SS_{AB} = 46.722 + 26.778 = 73.500 \approx 73.499$（計）

A の自由度は，$a - 1 = 2 - 1 = 1$ であるから，MS の値は SS と同一になる．また，7, 8 章の場合と同様に合併が必要であり，次の MS——つまり，誤差（間）と誤差（内）とを合併した

9.3 単純効果の検定と多重比較

$MS_{(合併)}$ を，誤差として用いる．

$$MS_{合併} = \frac{SS_{誤差(間)} + SS_{誤差(内)}}{df_{誤差(間)} + df_{誤差(内)}} \tag{9.3.1}$$

$$= \frac{26.223 + 6.444}{4 + 8} = 2.722$$

ゆえに，

$$F_{A(b_1)} = \frac{2.667}{2.722} = 0.98$$

$$F_{A(b_2)} = \frac{4.166}{2.722} = 1.53$$

$$F_{A(b_3)} = \frac{66.666}{2.722} = 24.49$$

すでに述べたように，F 検定の自由度は，上辺は $a-1 = 2-1 = 1$ であるが，下辺（誤差）としては，次の合併 f' を求めなければならない．すなわち，7章の式 (7.3.1) で述べたような修正式を適用する．

$$f' = \frac{[SS_{誤差(間)} + SS_{誤差(内)}]^2}{\dfrac{SS^2_{誤差(間)}}{df_{誤差(間)}} + \dfrac{SS^2_{誤差(内)}}{df_{誤差(内)}}} \tag{9.3.2}$$

$$f' = \frac{(26.223 + 6.444)^2}{\dfrac{26.223^2}{4} + \dfrac{6.444^2}{8}} = 6.03 \approx 6 \quad \text{（小数点以下四捨五入して 6 とする．）}$$

なお，この f' の範囲は，

$$a(n-1) \leq f' \leq a(n-1) + a(b-1)(n-1)$$

の間にあり，$MS_{S/A} = MS_{B \times S/A}$，つまり $MS_{誤差(間)}$ と $MS_{誤差(内)}$ が等しいときのみ最大値の $a(n-1) + a(b-1)(n-1)$ をとる．本例では，$4 \leq f' \leq 12$ となる．

なお，すでに7.3節で述べたように，この方法は両項の自由度が大きいときは（いちおうの目安として30以上），たとえ異質な MS の合併であるとしても F の歪みは小さいので修正を行わなくてもよい（ワイナー，1991）．目下の例では，それより低いので，修正をほどこすことになる．付表 D より，$F_{0.05(1,6)}$ の臨界値の F は，5.99 と得られる．$F_{A(b_3)}$ のみこの値を超えているので，試行3においてのみ，連続・部分強化の間に有意差が認められることになる．

一方，$B_{(a_i)}$ は（一般式は省略），次のようになることはすぐに分かるであろう．

$$a_1 \text{における } B: SS_{B(a_1)}: \frac{11^2 + 15^2 + 39^2}{3} - \frac{65^2}{3(3)} = 152.889$$

$$a_2 \text{における } B: SS_{B(a_2)}: \frac{7^2 + 10^2 + 19^2}{3} - \frac{36^2}{3(3)} = \underline{26.000}$$

$$\text{検算} \quad SS_B + SS_{AB} = 152.111 + 26.778 = 178.889 \text{（計）}$$

この場合は，SS_B と SS_{AB} 共に，被験者内要因なので誤差項は合併の必要はなく単に

本書 p.188.

$MS_{誤差(内)} = 0.8056$ だけを用いればよい。

B の自由度は，$b - 1 = 3 - 1 = 2$ であるから MS と F は次のようになる。

$$MS_{B(a_1)} = \frac{152.889}{2} = 76.445 \qquad F_{B(a_1)} = \frac{76.445}{0.8056} = 94.89$$

$$MS_{B(a_2)} = \frac{26.000}{2} = 13.000 \qquad F_{B(a_2)} = \frac{13.000}{0.8056} = 16.14$$

MS_B と $MS_{誤差(内)}$ の自由度はそれぞれ 2 と 8 であるから，付表 D より $F_{0.05(2, 8)} = 4.46$。この場合はいずれも有意となっている。

● 単純効果に関する多重比較

特定の a_j における $\overline{B}_k$ と $\overline{B}_{k'}$ の差の検定については，考え方は簡単で，次のようになる。

$$q = \frac{|B_{k(a_j)} - B_{k'(a_j)}|}{\sqrt{\dfrac{MS_{誤差(内)}}{n}}}, \quad b, \quad a(n-1)(b-1) \qquad (9.3.3)$$

平均値数　誤差の自由度

以下の式もこのように読む。

いま，a_1 における $\overline{B}_1$ と $\overline{B}_3$ を比較すると，

$$q = \frac{|3.67 - 13.00|}{\sqrt{\dfrac{0.8056}{3}}} = \frac{9.33}{0.518} = 18.01$$

付表 E より平均値数 $b = 3$，$df = 8$ は 4.04。計算された q 値はこの値以上であるから H_0 を棄却する。

B は 3 水準であるから，もちろん，次のような臨界差，HSD を使用して各水準間の差を検定してもよい。すなわち，この場合は HSD は $4.04 \cdot \sqrt{0.8055/3} = 4.04(0.518) = 2.09$ となるので，この値を超える差は有意と判定される。

しかしながら，一方，特定の b_k における $\overline{A}_j$ と $\overline{A}_{j'}$ 間の差の検定は，合併項の誤差を使用しなければならない。ただし，本章の例は A の水準は 2 であるから，単純効果の検定で事足り，必要はないものの，一般式のみを示しておきたい。すなわち，

$$q = \frac{|\overline{A}_{j(b_k)} - \overline{A}_{j'(b_k)}|}{\sqrt{\dfrac{MS_{(合併)}}{n}}}, \quad a, \quad f' \qquad (9.3.4)$$

下辺に特に注意いただきたい。すでに式 (9.3.1) で示した $MS_{(合併)}$ を使用しているのだが，付表 E を引くときは平均値数 a と，式 (9.3.2) で定義した f'（df の修正式）を使用している。

ルールは次のようになる。「親」としての単純主効果の $MS_{合併}$ と f' を「子」としての多重比較もまた使用していることである。このことは，以下の章でもあてはまるので，覚えておくと便利である。

上述したように，$a = 2$ であるから，多重比較の必要はないものの，いま，例に b_1 における 2 つの $\overline{A}_1$，$\overline{A}_2$ の差を吟味する例として，平均値表により次式を得る。

$$q = \frac{|3.67 - 2.33|}{\sqrt{\frac{2.722}{3}}} = 1.41$$

$a = 2$, $f' = 6$ である5％の臨界値を付表Eより求めると，3.46。1.41 はそれ以下であるから，有意差は認められない。しかし，b_3 における $\overline{A}_1$ と $\overline{A}_2$ では，

$$q = \frac{|13.00 - 6.33|}{\sqrt{\frac{2.722}{3}}} = 7.00$$

と臨界値以上であるので，有意差ありとする。

● 主効果に関する多重比較

主効果の検定後の特定の $\overline{A}_j$ と $\overline{A}_{j'}$ の比較は，これまでの章のやり方と同様に行う。A は2要因であるから，目下の例ではこれ以上の比較は必要でないものの，もし $a > 2$ であれば，テューキー法の場合，次の q 値を使用する（形式のみ示す）。

$$q = \frac{|\overline{A}_j - \overline{A}_{j'}|}{\sqrt{\frac{MS_{誤差(間)}}{bn}}}, \quad a, \quad a(n-1) \tag{9.3.5}$$

2つの $\overline{B}_k$ と $\overline{B}_{k'}$ の間の場合は，

$$q = \frac{|\overline{B}_k - \overline{B}_{k'}|}{\sqrt{\frac{MS_{誤差(内)}}{an}}}, \quad b, \quad a(b-1)(n-1) \tag{9.3.6}$$

目下の場合，$b = 3$ であるから，例として表9.6の平均値 $\overline{B}_1$ と $\overline{B}_2$ の，それぞれ3.00と4.17の平均値の差の検定を行えば，

$$q = \frac{|3.00 - 4.17|}{\sqrt{\frac{0.8055}{2(3)}}} = 3.19$$

付表Eの $r = b = 3$，と誤差の自由度8の5％の q 臨界値は4.04。3.19 はそれ以下なので，有意差なしとする。

SPSSによるデータ処理

本章の計画 $(a \cdot b)$ では，いうまでもなく被験者間要因 A と被験者内要因 B の合体した計画であるから，入力の仕方もそれなりの注意が必要である。

変数ビューの1行目は，被験体を示す。番号で入れるのでスケールとする。2行目は，被験体間の「強化」である（入れ方は2.7節参照）。3〜5行は，被験体内の「試行」をそれぞれ入れる。以上が（ア）である（図9.3）。

本書 p.60.

（イ）では，2章（1要因）の場合と同様に，値ラベルを入れる。つまり，値（U）に1，ラベ

222　9章　1要因が被験者間，他の1要因が被験者内の分散分析——（混合 $a \cdot b$ 計画）

ル（L）に「連続」と入れ確定して 追加 をクリック。2は「部分」を入れてまた確定して 追加 をクリックする。最後に OK する。

次に，データビュー にし，現れる各枠に，データを入れる。すると，次の（ウ）のようになる。

つづいて，（エ）のように，分析（A） → 一般線型モデル（G） → 反復測定（R） を選び，最後にクリックする。

本書 p.176.　次に 反復測定の因子の定義 が出るので，6.8節で行ったように，因子名を「試行」水準数を3として 追加 をクリックする。すると，（オ）のようになる。

入　力

（ア）（イ）

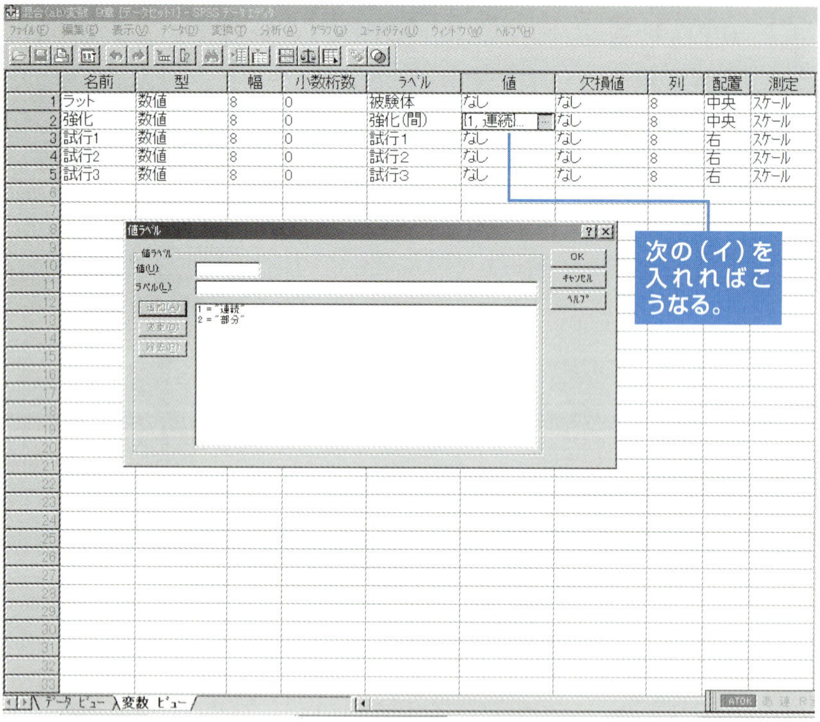

（ウ）

	ラット	強化	試行1	試行2	試行3
1	1	連続	2	4	11
2	2	連続	4	5	13
3	3	連続	5	6	15
4	4	部分	2	4	8
5	5	部分	1	1	5
6	6	部分	4	5	6

図9.3　SPSSによる入出力（その1）

9.4 SPSSによるデータ処理

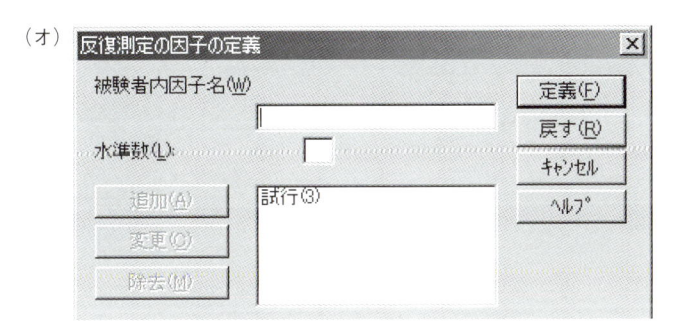

図9.3 SPSSによる入出力（その2）

定義 をクリックすると，(カ) のダイアログボックスが出るので，「強化」を青色にして，線で示したように▶を使用して被験者間因子に移し，「試行1～3」を青色にして同様に被験者内変数に移す。(キ) を得る。

このままでもよいのだが，オプション としてこれまでの章と同様に，記述統計 と 周辺平均値を出しておくほうがよい。続行 ，OK すると，出力を得る。

出力については，(シ) から (セ) までは，被験者内要因の分析と同様に読むことができる。このソフトでは最初に被験者内が出る。

(シ) のモークリーの検定では5％で有意でなく，球面性の仮定は一応保持するとする。すでに本章で述べたように，交互作用 強化 × 試行 ($A \times B$) は，被験者内の誤差項を使用していることに注意すること。なお，通常の検定では，この交互作用は有意であったが，(サ) の多変量検定（MANOVA）ではそうではない。MANOVA は，球面性を前提としないものの，検出力は落ちることが分かる。

(ソ) において，はじめて被験者間効果が出力されていて，これまで述べた手計算による作表と順序が逆になっている。変わった感じがするので，初学者はとまどいやすい（強化要因は有意ではない）。

例により手計算と対応する部分を青色で彩色しておいたので，表9.6 と対照して吟味されたい。

(タ) において，周辺平均値が示されている。表9.6 に対応するものである。

(カ)

(キ)

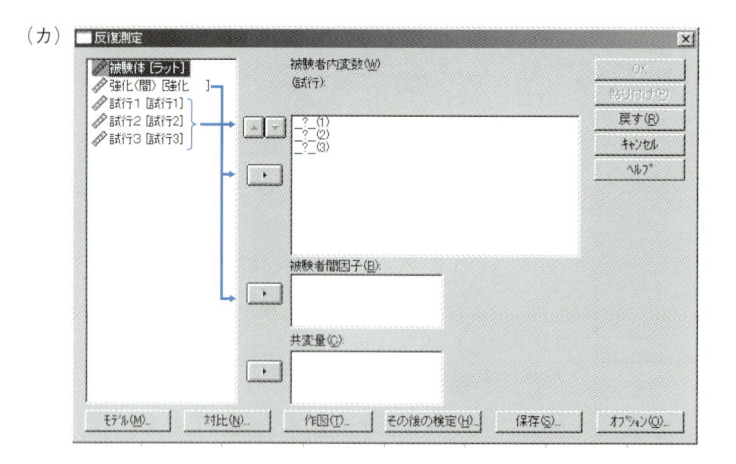

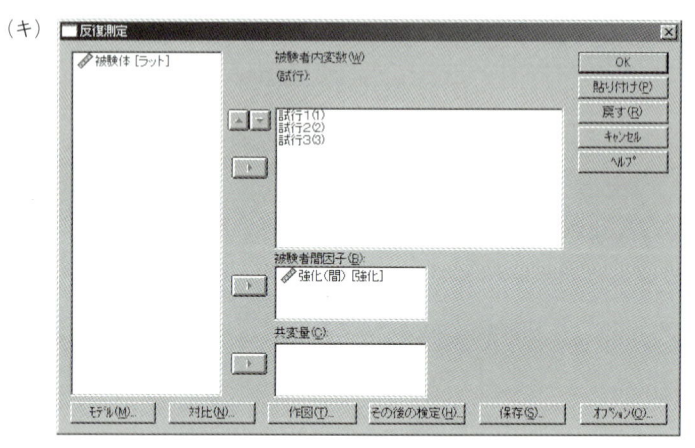

出　力

一般線形モデル

(ク)　　　　　　　被験者内因子

測定変数名：MEASURE_1

試行	従属変数
1	試行1
2	試行2
3	試行3

(ケ)　　　　　　　被験者間因子

		値ラベル	N
強化	1	連続	3
	2	部分	3

図9.3　SPSSによる入出力（その3）

(コ)　記述統計量

	強化	平均値	標準偏差	N
試行1	連続	3.67	1.528	3
	部分	2.33	1.528	3
	総和	3.00	1.549	6
試行2	連続	5.00	1.000	3
	部分	3.33	2.082	3
	総和	4.17	1.722	6
試行3	連続	13.00	2.000	3
	部分	6.33	1.528	3
	総和	9.67	3.983	6

(サ)　多変量検定[b]

効果		値	F値	仮説自由度	誤差自由度	有意確率
試行	Pillaiのトレース	.969	46.205[a]	2.000	3.000	.006
	Wilksのラムダ	.031	46.205[a]	2.000	3.000	.006
	Hotellingのトレース	30.803	46.205[a]	2.000	3.000	.006
	Royの最大根	30.803	46.205[a]	2.000	3.000	.006
試行×強化	Pillaiのトレース	.839	7.844[a]	2.000	3.000	.064
	Wilksのラムダ	.161	7.844[a]	2.000	3.000	.064
	Hotellingのトレース	5.230	7.844[a]	2.000	3.000	.064
	Royの最大根	5.230	7.844[a]	2.000	3.000	.064

a.正確統計量
b.計画：Intercept＋強化
　　被験者内計画：試行

Mauchlyの球面性検定[b]

(シ)　測定変数名：MEASURE_1

被験者内効果	MauchlyのW	近似カイ2乗	自由度	有意確率
試行	.653	1.279	2	.527

正規直交した変換従属変数の誤差共分散行列が単位行列に比例するという帰無仮説を検定します。

Mauchlyの球面性検定[b]

(ス)　測定変数名：MEASURE_1

被験者内効果	イプシロン[a]		
	Greenhouse-Geisser	Huynh-Feldt	下限
試行	.712	1.000	.500

正規直交した変換従属変数の誤差共分散行列が単位行列に比例するという帰無仮説を検定します。
　a.有意性の平均検定の自由度調整に使用できる可能性があります。修正した検定は，被験者内効果の検定テーブルに表示されます。
　b.計画：Intercept＋強化
　　被験者内計画：試行

図9.3　SPSSによる入出力（その4）

被験者内効果の検定

(セ) 測定変数名:MEASURE_1

ソース		タイプIII平方和	自由度	平均平方	F値	有意確率
試行	球面性の仮定	152.111	2	76.056	94.414	.000
	Greenhouse-Geisser	152.111	1.485	102.462	94.414	.000
	Huynh-Feldt	152.111	2.000	76.056	94.414	.000
	下限	152.111	1.000	152.111	94.414	.001
試行×強化	球面性の仮定	26.778	2	13.389	16.621	.001
	Greenhouse-Geisser	26.778	1.485	18.038	16.621	.005
	Huynh-Feldt	26.778	2.000	13.389	16.621	.001
	下限	26.778	1.000	26.778	16.621	.015
誤差（試行）	球面性の仮定	6.444	8	.806		
	Greenhouse-Geisser	6.444	5.938	1.085		
	Huynh-Feldt	6.444	8.000	.806		
	下限	6.444	4.000	1.611		

被験者間効果の検定

(ソ) 測定変数名:MEASURE_1
変換変数:平均

ソース	タイプIII平方和	自由度	平均平方	F値	有意確率
Intercept	566.722	1	566.722	86.449	.001
強化	46.722	1	46.722	7.127	.056
誤差	26.222	4	6.556		

推定周辺平均

1.強化

(タ) 測定変数名:MEASURE_1

強化	平均値	標準誤差	95%信頼区間 下限	95%信頼区間 上限
連続	7.222	.853	4.853	9.592
部分	4.000	.853	1.630	6.370

2.試行

測定変数名:MEASURE_1

試行	平均値	標準誤差	95%信頼区間 下限	95%信頼区間 上限
1	3.000	.624	1.269	4.731
2	4.167	.667	2.316	6.018
3	9.667	.726	7.650	11.684

3.強化＊試行

測定変数名:MEASURE_1

強化	試行	平均値	標準誤差	95%信頼区間 下限	95%信頼区間 上限
連続	1	3.667	.882	1.218	6.115
	2	5.000	.943	2.382	7.618
	3	13.000	1.027	10.147	15.853
部分	1	2.333	.882	−.115	4.782
	2	3.333	.943	.716	5.951
	3	6.333	1.027	3.481	9.186

図9.3　SPSSによる入出力（その5）

各群の観測値数が不揃いの場合の重みづけられない平均値分析法

群内の被験者数，n が不揃いの場合は，難しい問題となる。すでに 4.7 節で述べたように，偶発的な理由でそうなった場合，仕方なく使用する方法として，各マス内の平均値を出し，そこから分析していく「重みづけられない平均値分析法」がある。その方法についてここでは述べていきたい。

いま，表 9.10 のように不揃いになったケースを例にとると，表 9.11 の平均値の集計表を作成し，以下に述べる手順を踏む。

表 9.10 マス内の被験者数 (n) が不揃いの場合の混合 ($a \cdot b$) 計画のデータの例

	s	b_1	b_2	b_3	計
a_1	1	6	21	13	40
	2	11	23	17	51
	3	8	18	12	38
	4	4	17	9	30
計		29	79	51	159
n_{1k}		4	4	4	
平均値		7.25	19.75	12.75	
a_2	5	8	9	17	34
	6	11	17	25	53
	7	1	2	7	10
	8	2	5	7	14
	9	7	11	14	32
計		29	44	70	143
n_{2k}		5	5	5	
平均値		5.80	8.80	14.00	
a_3	10	8	14	18	40
	11	9	14	17	40
	12	5	9	12	26
計		22	37	47	106
n_{3k}		3	3	3	
平均値		7.33	12.33	15.67	

表 9.11 マス内平均値についての集計表

	b_1	b_2	b_3	計
a_1	7.25	19.75	12.75	39.75
a_2	5.80	8.80	14.00	28.60
a_3	7.33	12.33	15.67	35.33
計	20.38	40.88	42.42	103.68

平均値の SS 計算のために，4.7 節で行ったように，次のダッシュ付きの項目についての SS を算出する。

$$(1)' \quad \frac{(T')^2}{ab} = \frac{(7.25 + 19.75 + \cdots + 12.33 + 15.67)^2}{3(3)} = 1,194.39$$

$$\cdots\cdots\cdots\cdots$$

$$(3)' \quad \frac{\Sigma(A')^2}{b} = \frac{39.75^2 + 28.60^2 + 35.33^2}{3} = 1,215.41$$

$$(4)' \quad \frac{\Sigma(B')^2}{a} = \frac{20.38^2 + 40.88^2 + 42.42^2}{3} = 1,295.33$$

$$(5)' \quad \Sigma(AB')^2 = 7.25^2 + 19.75^2 + \cdots + 12.33^2 + 15.67^2 = 1,363.57$$

$$\text{調和平均}: \tilde{n} = \frac{a}{\Sigma\left(\frac{1}{n_j}\right)} = \frac{3}{\left(\frac{1}{4}\right) + \left(\frac{1}{5}\right) + \left(\frac{1}{3}\right)} = 3.8298$$

上記のアミカケの中の記号は，n が等しい場合に対応させてある。

なお，誤差項を算出するためには，次の4つの項を算出する。これは，分子は異なるものの，通常の分析法を展開したものと考えればよい。

$$\cdots\cdots\cdots\cdots$$

$$(2) \quad \Sigma X^2 = 6^2 + 21^2 + \cdots + 9^2 + 12^2 = 5,870.00$$

$$(3) \quad \Sigma \frac{A_j^2}{bn_j} = \frac{159^2}{3(4)} + \frac{143^2}{3(5)} + \frac{106^2}{3(3)} = 4,718.46$$

$$\cdots\cdots\cdots\cdots$$

$$(5) \quad \Sigma \frac{(AB)_{jk}^2}{n_{jk}} = \frac{29^2}{4} + \frac{79^2}{4} + \cdots + \frac{37^2}{3} + \frac{47^2}{3} = 5,310.15$$

$$(6) \quad \Sigma \frac{S_i^2}{b} = \frac{40^2}{3} + \frac{51^2}{3} + \cdots + \frac{40^2}{3} + \frac{26^2}{3} = 5,235.33$$

こうして得られた要因の SS の計算式は，次の通りである。

$$SS_A = \tilde{n}[(3)' - (1)'] = 3.8298(1,215.41 - 1,194.39) = 80.50$$

$$SS_B = \tilde{n}[(4)' - (1)'] = 3.8298(1,295.33 - 1,194.39) = 386.58$$

$$SS_{AB} = \tilde{n}[(5)' - (3)' - (4)' + (1)']$$
$$= 3.8298(1,363.57 - 1,215.41 - 1,295.33 + 1,194.39) = 180.84$$

誤差値については，

$$SS_{S/A[(誤差間)]} = (6) - (3) = 5,235.33 - 4,718.46 = 516.87$$

$$SS_{B \times S/A[(被験者内)]} = (2) - (5) - (6) + (3)$$
$$= 5,870.00 - 5,310.15 - 5,235.33 + 4,718.46 = 42.98$$

分析結果は，表9.12 に示した。A の効果はもちろん検定の必要なく有意ではないが，B につい

9.6 混合 ($a \cdot b$) 計画の仮定

表9.12　n が不揃いの場合の分散分析表

変動因	SS	df	MS	F
被験者間		$N-1=11$		
A	80.50	$a-1=2$	40.25	0.70
S/A〔(誤差間)〕	516.87	$N-a=9$	57.43	
被験者内		$N(b-1)=24$		
B	386.58	$(b-1)=2$	193.29	80.94*
AB	180.84	$(a-1)(b-1)=4$	45.21	18.93*
B×S/A〔(誤差内)〕	42.98	$(N-a)(b-1)=18$	2.388	

*$p<0.05$

ては，付表 D より臨界値 $F_{0.05, 2, 18} = 3.55$ であり，この値を得られた F 値は超えているので有意である。AB についても，$F_{0.05, 4, 18} = 2.93$ であるので，有意と判定された。

混合 ($a \cdot b$) 計画の仮定

一般的に，要因数が多くなるほど，クリアしなければならない仮定は多くなるものだが，この $a \cdot b$ 計画については，被験者間と内の 2 種の仮定が問題となってくる。

まず，$SS_{S/A}$ と $SS_{B \times SA}$ は，各 a_j 群（水準）における $SS_{S/A}$ と $SS_{B \times SA}$ を合併したものであるので等質でなければならないことである。表 9.7 を各 a_j 水準について分解すれば，表 9.13 のようになるのは，明らかである。たとえば，$(6a_1)$ というのは，a_1 群における被験者の得点の 2 乗和を 3 で割ったものである，等。

次に，これら 2 種類の分散の等質性を，$F_{\max}$ 検定でしらべてみよう（正しくは MS で行うが，上・下両辺の分母が同一になるので，直接 SS をもって行ってよい）。

$$SS_{S/A} : F_{\max} = \frac{13.556}{12.667} = 1.07$$

5％水準で，平均値数 $a = 2$，自由度は $(n-1) = (3-1) = 2$ の $F_{\max}$ 臨界値は，巻末付表 F の「$F_{\max}$ の検定表」より，39.0。1.07 はこれに及ばないので，等質性に矛盾しない。

$$SS_{B \times S/A} : F_{\max} \frac{5.333}{1.111} = 4.80$$

表より臨界値は，$a = 2$，$(b-1)(n-1) = (3-1)(3-1) = 4$。表値は 9.60。この場合も H_0 を棄却できないので，等質と置く。

本章の計画は，以上のように誤差に関する仮定だけではなく，群内要因（B）に関する，球面性も問われることになる。SPSS の検定結果は，0.527 というかなり大きい確率を示しており（SPSS の（シ）），いちおう，球面性は受け入れられる。グリーンハウス–ガイサーの ε も，0.742 となっており（ス），一応球面性は成立していると見てよいかと思われる。

表9.13 各a_j水準における$SS_{S/A}$と$SS_{B×S}$の等質性の検定

a_1水準

$$(6a_1) = \frac{\left(\sum_{a_1} S^2\right)}{b}$$
$$= \frac{17^2 + 22^2 + 26^2}{3} = 483.000$$

a_2水準

$$(6a_2) = \frac{\left(\sum_{a_2} S^2\right)}{b}$$
$$= \frac{14^2 + 7^2 + 15^2}{3} = 156.667$$

(6)計 = 639.667

$$(3a_1) = \frac{\sum A_1^2}{nb} = \frac{65^2}{3(3)} = 469.444 \qquad (3a_2) = \frac{\sum A_2^2}{nb} = \frac{36^2}{3(3)} = 144.000$$

(3)計 = 613.444

$$(5a_1) = \frac{\sum_{a_1}(AB)^2}{n} \qquad (5a_2) = \frac{\sum_{a_2}(AB)^2}{n}$$
$$= \frac{11^2 + 15^2 + 39^2}{3} = 622.333 \qquad = \frac{7^2 + 10^2 + 19^2}{3} = 170.000$$

(5)計 = 792.333

$(2a_1) = \sum_{a_1} X^2 = 2^2 + 4^2 + 11^2 + \cdots + 6^2 + 15^2$　　$(2a_2) = \sum_{a_2} X^2 = 2^2 + 4^2 + 8^2 + \cdots + 5^2 + 6^2$
$\qquad = 637.000 \qquad\qquad\qquad\qquad\qquad\qquad = 188.000$

(2)計 = 825.000

$SS_{S/A(a_1)} = (6a_1) - (3a_1) = 483.000 - 469.444 = 13.556$
$SS_{S/A(a_2)} = (6a_2) - (3a_2) = 156.667 - 144.000 = 12.667$
$\qquad\qquad\qquad\qquad\qquad SS_{S/A} \cdots\cdots 計 = 26.223$
$SS_{B×S/A(a_1)} = (2a_1) - (5a_1) - (6a_1) + (3a_1)$
$\qquad\qquad = 637.000 - 622.333 - 483.000 + 469.444 = 1.111$
$SS_{B×S/A(a_2)} = (2a_2) - (5a_2) - (6a_2) + (3a_2)$
$\qquad\qquad = 188.000 - 170.000 - 156.667 + 144.000 = 5.333$
$\qquad\qquad\qquad\qquad\qquad SS_{B×S/A} \cdots\cdots 計 = 6.444$

9.7　$a \cdot b$計画における実際的有意性

カーク（1995）によれば，実際的有意性の一つであるオメガ2乗（$\hat{\omega}^2$）は，次式によって与えられる。

B, ABの効果を除去したAの$\hat{\omega}^2$は，

$$\hat{\omega}^2_{A[B.AB]} = \frac{(a-1)(F_A - 1)}{(a-1)(F_A - 1) + abn} \tag{9.7.1}$$

例により，$[B.AB]$はBとABの要因を除去したことを示す。
表9.9のデータによれば，

$$\hat{\omega}^2_{A[B.AB]} = \frac{(2-1)(7.13-1)}{(2-1)(7.13-1) + 2(3)(3)} = 0.25$$

B, ABについても，次式により算出する。

$$\hat{\omega}^2_{B\,[A.AB]} = \frac{(b-1)(F_B-1)}{(b-1)(F_B-1)+abn} \tag{9.7.2}$$

$$= \frac{(3-1)(94.42-1)}{(3-1)(94.42-1)+2(3)(3)} = 0.82$$

$$\hat{\omega}^2_{AB\,[A.B]} = \frac{(a-1)(b-1)(F_{AB}-1)}{(a-1)(b-1)(F_{AB}-1)+abn} \tag{9.7.3}$$

$$= \frac{(2-1)(3-1)(16.62-1)}{(2-1)(3-1)(16.62-1)+2(3)(3)} = 0.63$$

これらの結果を 2.9 節で示した「コーエンの ω^2 の指針」に照らしてみれば，要因 A はやや小さい関連の強さであり，B と AB は明らかに大きな関連性と見ることができる。　本書 p.69.

2要因が被験者間，他の1要因が被験者内の分散分析──（混合ab・c計画）

10.1 混合ab・c計画の構成

　私たちが9章で見てきた計画は，被験者間と被験者内が，それぞれ1要因から成るa・b計画であったが，本章では被験者間要因が1つ増えた場合の計画について説明する。被験者間はA，Bの2要因，被験者内はCの1要因であるから，ab・cと表記する。したがってこの計画は，前章のa・b計画をさらに被験者間の1要因を増加して，進展させたものにすぎない。しかし，交互作用が増える分，多少複雑になっている。例によって，図10.1でSSとdfの分化の模様を検討してみよう。前章同様，この計画では全体のSSはSS被験者間とSS被験者内に分岐している。誤差項は2種類あることが分かる。1つは$MS_{S/AB}$──これを持って要因A，B，交互作用ABを検定する──は，$MS_{誤差(間)}$ともよばれ，他の1つは$MS_{C \times S/AB}$──これを持ってC，AC，BC，ABCの諸要因・交互作用を吟味する──は，$MS_{誤差(内)}$ともよばれる。行われた結果のANOVAは，表10.1に示される形態となる。

表10.1　混合（ab・c）計画の分散分析表

変動因	SS	df	MS	F
被験者間	$SS_{間}$	$abn-1$		
A	SS_A	$(a-1)$	MS_A	$MS_A/MS_{S/AB}$
B	SS_B	$(b-1)$	MS_B	$MS_B/MS_{S/AB}$
AB	SS_{AB}	$(a-1)(b-1)$	MS_{AB}	$MS_{AB}/MS_{S/AB}$
S/AB〔誤差（間）〕	$SS_{S/AB}$	$ab(n-1)$	$MS_{S/AB}$	
被験者内	$SS_{内}$	$abn(c-1)$		
C	SS_C	$(c-1)$	MS_C	$MS_C/MS_{C \times S/AB}$
AC	SS_{AC}	$(a-1)(c-1)$	MS_{AC}	$MS_{AC}/MS_{C \times S/AB}$
BC	SS_{BC}	$(b-1)(c-1)$	MS_{BC}	$MS_{BC}/MS_{C \times S/AB}$
ABC	SS_{ABC}	$(a-1)(b-1)(c-1)$	MS_{ABC}	$MS_{ABC}/MS_{C \times S/AB}$
C×S/AB〔誤差（内）〕	$SS_{C \times S/AB}$	$ab(n-1)(c-1)$	$MS_{C \times S/AB}$	
全体	SS_T	$abcn-1$		

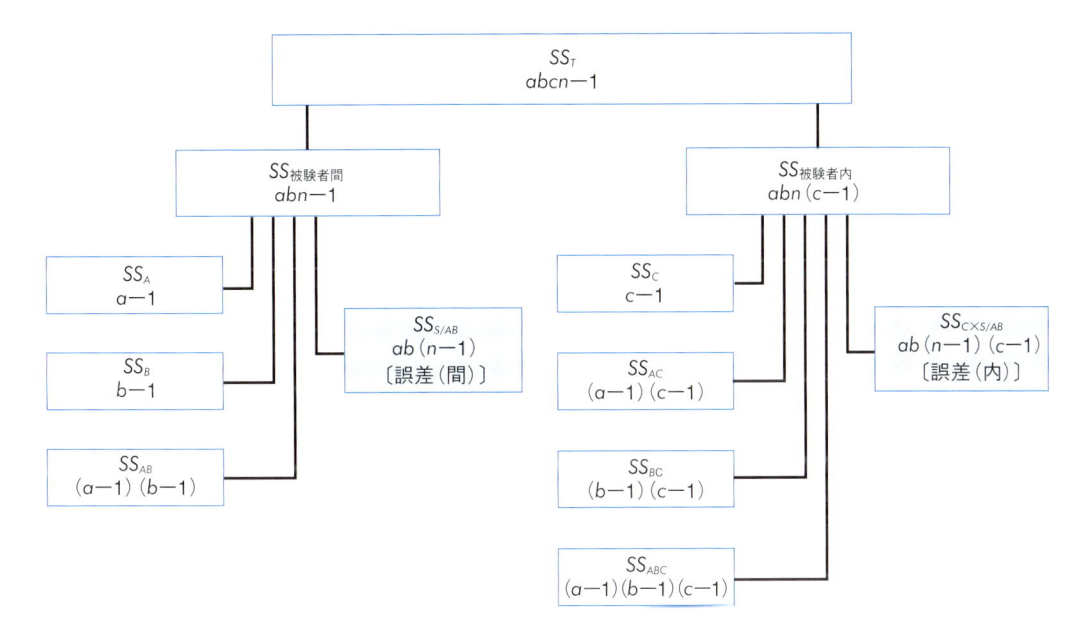

図10.1　混合計画（ab・c）における SS と df の分化を示す図
青色の部分が誤差となる。

混合 ab・c 計画の用例と SPSS によるデータ処理

例題　小学生（6年生）と中学生（1年生）を対象に関連可能な，しかし提示の場合はバラバラにした20系列の短文が速い速度で与えられ，後で再生するよう求めた。小・中学生それぞれ6人が無作為に3人からなる下位群に分けられ，1つの下位群は関連の仕方の教示が与えられ，他の下位群には与えられなかった。そして，4セッション（時間）について正再生数が観測された。

したがって，この実験では，被験者間として学年 A（a_1 = 中学生，a_2 = 小学生），教示の有無 B（b_1 = 教示なし，b_2 = 教示あり）があり，4回の「時間」（$c_1 \sim c_4$）は，被験者内として処理されたことになる。要因の名称は表10.2のようであり，データは表10.3に示した。また，表10.3には，集計の一部を示し，表10.3には集計も示した。表10.4は平均値表である。SPSSによりANOVAを施行し，諸項目を解読せよ。

表10.2　要因表

	要因	特定水準	全水準
被験者間：	A（学年）	j	$a=2$
	B（教示）	k	$b=2$
被験者内：	C（試行）	l	$c=4$
被 験 者：	S	i	$n=3$

234 　10章　2要因が被験者間，他の1要因が被験者内の分散分析——（混合 $ab \cdot c$ 計画）

表10.3　データ表・ABS集計表

学年	教示	s	c₁	c₂	c₃	c₄	計
a_1（中学生）	b_1（無）	s_1	4	9	9	11	33
		s_2	1	7	8	10	26
		s_3	2	6	6	8	22
	b_2（有）	s_4	3	8	13	16	40
		s_5	3	8	13	14	38
		s_6	2	7	9	10	28
a_2（小学生）	b_1（無）	s_7	2	2	5	9	18
		s_8	2	2	5	11	20
		s_9	3	4	8	13	28
	b_2（有）	s_{10}	3	3	8	14	28
		s_{11}	3	3	9	13	28
		s_{12}	4	3	11	16	34
計			32	62	104	145	343

表10.4　平　均　値　表

ABC平均値表

		c₁	c₂	c₃	c₄	周辺平均値
a_1	b_1	2.33	7.33	7.67	9.67	6.75
	b_2	2.67	7.67	11.67	13.33	8.83
a_2	b_1	2.33	2.67	6.00	11.00	5.50
	b_2	3.33	3.00	9.33	14.33	7.50
周辺平均値		2.67	5.17	8.67	12.08	

AB平均値表

	b_1	b_2	周辺平均値
a_1	6.75	8.33	7.79
a_2	5.50	7.50	6.50
周辺平均値	6.13	8.17	

AC平均値表

	c₁	c₂	c₃	c₄	周辺平均値
a_1	2.50	7.50	9.67	11.50	7.79
a_2	2.83	2.83	7.67	12.67	6.50
周辺平均値	2.67	5.17	8.67	12.08	

BC平均値表

	c₁	c₂	c₃	c₄	周辺平均値
b_1	2.33	5.00	6.83	10.33	6.13
b_2	3.00	5.33	10.50	13.83	8.17
周辺平均値	2.67	5.17	8.67	12.08	

解　SPSSによるデータ処理と分散分析表の作成

ここでは，ディスプレイの枠のみ示してあるが，変数ビューは図10.2（ア）のようになる。データビューは，図10.2（イ）のようである（手順については，特に4.6，9.4節参照）。

被験者間の入れ方は，これまでと同じ手順で行う。そして値をつけた結果が，学年については，

10.2 混合 $ab \cdot c$ 計画の用例と SPSS によるデータ処理　　235

(ア)

	名前	型	幅	小数桁数	ラベル	値	欠損値	列	配置	測定
1	被験者	文字型	8	0	被験者	なし	なし	8	中央	名義
2	学年	数値	8	0	学年	{1,中学生}…	なし	8	中央	スケール
3	教示	数値	8	0	教示	{1,教示無し}…	なし	8	中央	スケール
4	時間1	数値	8	0	時間1	なし	なし	8	右	スケール
5	時間2	数値	8	0	時間2	なし	なし	8	右	スケール
6	時間3	数値	8	0	時間3	なし	なし	8	右	スケール
7	時間4	数値	8	0	時間4	なし	なし	8	右	スケール

変数ビュー　　**ラベルを付ければこのようになる。**

(イ)

	被験者	学年	教示	時間1	時間2	時間3	時間4
1	西田	中学生	教示無し	4	9	9	11
2	朝長	中学生	教示無し	1	7	8	10
3	柿元	中学生	教示無し	2	6	6	8
4	海野	中学生	教示有り	3	8	13	16
5	大村	中学生	教示有り	3	8	13	14
6	岸本	中学生	教示有り	2	7	9	10
7	斉藤	小学生	教示無し	2	2	5	9
8	清水	小学生	教示無し	2	2	5	11
9	船田	小学生	教示無し	3	4	8	13
10	村山	小学生	教示有り	3	3	8	14
11	園田	小学生	教示有り	3	3	9	13
12	鐘尾	小学生	教示有り	4	3	11	16

データビュー

図 10.2　SPSS による入出力（その 1）

$$1 = \text{"中学生"}$$
$$2 = \text{"小学生"}$$

教示については，

$$1 = \text{"教示なし"}$$
$$2 = \text{"教示あり"}$$

となっていればよい。

次いで，分析（A）→ 一般線型モデル（G）→ 反復測定（R）と進んでいき，最後にクリックする。反復測定の要因は，「時間」，水準数は「4」を入れ 追加 をクリックする。

$$\text{時間 (4)}$$

となればよい。定義 して，前章同様に反測測定のダイアログボックスを操作する（被験者因子と被験者内因子を分けて入れる）。また，オプション もこれまでと同様な方法による。最後に 続行 ，OK で出力を得る。

出　力

オプションの出力は省略した（周辺平均値はすでに，表 10.4 に示してある）。すぐに検定の部分を見ると，次のようになる。

(ウ) 多変量検定[b]

効果		値	F値	仮説自由度	誤差自由度	有意確率
時間	Pillaiのトレース	.981	105.101[a]	3.000	6.000	.000
	Wilksのラムダ	.019	105.101[a]	3.000	6.000	.000
	Hotellingのトレース	52.551	105.101[a]	3.000	6.000	.000
	Royの最大根	52.551	105.101[a]	3.000	6.000	.000
時間×学年	Pillaiのトレース	.966	56.457[a]	3.000	6.000	.000
	Wilksのラムダ	.034	56.457[a]	3.000	6.000	.000
	Hotellingのトレース	28.229	56.457[a]	3.000	6.000	.000
	Royの最大根	28.229	56.457[a]	3.000	6.000	.000
時間×教示	Pillaiのトレース	.748	5.936[a]	3.000	6.000	.032
	Wilksのラムダ	.252	5.936[a]	3.000	6.000	.032
	Hotellingのトレース	2.968	5.936[a]	3.000	6.000	.032
	Royの最大根	2.968	5.936[a]	3.000	6.000	.032
時間×学年＊教示	Pillaiのトレース	.127	.290[a]	3.000	6.000	.831
	Wilksのラムダ	.873	.290[a]	3.000	6.000	.831
	Hotellingのトレース	.145	.290[a]	3.000	6.000	.831
	Royの最大根	.145	.290[a]	3.000	6.000	.831

a.正確統計量
b.計画：Intercept＋学年＋教示＋学年＊教示
　被験者内計画：時間

Mauchlyの球面性検定[b]

(エ) 測定変数名：MEASURE_1

被験者内効果	MauchlyのW	近似カイ2乗	自由度	有意確率
時間	.206	10.610	5	.062

正規直交した変換従属変数の誤差共分散行列が単位行列に比例するという帰無仮説を検定します。

Mauchlyの球面性検定[b]

測定変数名：MEASURE_1

被験者内効果	イプシロン[a]		
	Greenhouse-Geisser	Huynh-Feldt	下限
時間	.508	.839	.333

正規直交した変換従属変数の誤差共分散行列が単位行列に比例するという帰無仮説を検定します。
　a.有意性の平均検定の自由度調整に使用できる可能性があります。修正した検定は，被験者内効果の検定テーブルに表示されます。
　b.計画：Intercept＋学年＋教示＋学年＊教示
　　被験者内計画：時間

図10.2　SPSSによる入出力（その2）

時間（C）についてモークリーの球面性仮説の検定（エ）を見ると，0.062と5％以上なので，一応球面性を受け入れるものの，危険と考えれば修正値を見る。たとえば，グリーンハウス–ガイサー（G–G）の修正（オ）では，自由度も低くなっており，好ましくないとも考えられるが，球面性の仮定の場合の検定結果と同様に正確確率は低く，したがって「時間」は有意とし，また，「時間×学年」「時間×教示」は同様に有意になっているので安心してよいかと思う。3要因の交互作用（時間×学年×教示）は有意ではなかった。なお，（ウ）の多変量検定もそれらは，一致した傾向となっている。

例によって被験者間の検定が後になって出る（カ）。学年差および学年×教示は有意ではないが，教示の差は有意となっている。

以上を通常の分散分析表にまとめれば，表10.5 のようになる。

被験者内効果の検定

（オ） 測定変数名：MEASURE_1

ソース		タイプIII平方和	自由度	平均平方	F値	有意確率
時間	球面性の仮定	608.063	3	202.688	237.293	.000
(C)	Greenhouse-Geisser	608.063	1.524	398.904	237.293	.000
	Huynh-Feldt	608.063	2.516	241.690	237.293	.000
	下限	608.063	1.000	608.063	237.293	.000
時間×学年	球面性の仮定	61.729	3	20.576	24.089	.000
(AC)	Greenhouse-Geisser	61.729	1.524	40.496	24.089	.000
	Huynh-Feldt	61.729	2.516	24.536	24.089	.000
	下限	61.729	1.000	61.729	24.089	.001
時間×教示	球面性の仮定	28.729	3	9.576	11.211	.000
(BC)	Greenhouse-Geisser	28.729	1.524	18.847	11.211	.003
	Huynh-Feldt	28.729	2.516	11.419	11.211	.000
	下限	28.729	1.000	28.729	11.211	.010
時間×学年*教示	球面性の仮定	.729	3	.243	.285	.836
(ABC)	Greenhouse-Geisser	.729	1.524	.478	.285	.699
	Huynh-Feldt	.729	2.516	.290	.285	.802
	下限	.729	1.000	.729	.285	.608
誤差（時間）	球面性の仮定	20.500	24	.854		
(C×S/AB)	Greenhouse-Geisser	20.500	12.195	1.681		
	Huynh-Feldt	20.500	20.127	1.019		
	下限	20.500	8.000	2.563		

被験者間効果の検定

（カ） 測定変数名：MEASURE_1
　　　変換変数：平均

ソース	タイプIII平方和	自由度	平均平方	F値	有意確率
切片	2451.021	1	2451.021	349.107	.000
学年（A）	20.021	1	20.021	2.852	.130
教示（B）	50.021	1	50.021	7.125	.028
学年*教示（AB）	.021	1	.021	.003	.958
誤差（S/AB）	56.167	8	7.021		

図10.2　SPSSによる入出力（その3）
A，B，C……等の文字は筆者が加えたもの。

10章　2要因が被験者間，他の1要因が被験者内の分散分析——（混合 $ab \cdot c$ 計画）

表10.5　混合計画（$ab \cdot c$）の分散分析表

変動因	SS	df	MS	F
被験者間	126.230†	$abn-1=11$		
A（学年）	20.021	$a-1=1$	20.021	2.852
B（教示）	50.021	$b-1=1$	50.021	7.13*
AB	0.021	$(a-1)(b-1)=1$	0.021	0.003
S/AB〔誤差（間）〕	56.167	$ab(n-1)=8$	7.021	
被験者内	719.750†	$abn(c-1)=36$		
C（時間）	608.063	$(c-1)=3$	202.688	237.29*
AC	61.729	$(a-1)(c-1)=3$	20.576	24.09*
BC	28.729	$(b-1)(c-1)=3$	9.576	11.21*
ABC	0.729	$(a-1)(b-1)(c-1)=3$	0.243	0.29
C×S/AB〔誤差（内）〕	20.500	$ab(n-1)(c-1)=24$	0.854	
全体	845.980†	$abcn-1=47$		

*$p<0.05$

†被験者内SSと間SSおよび全体のSSは直接検定に上らずソフトでは打ち出さないので，手計算とした。すなわち，

$$SS_{間} = \frac{\Sigma(ABS)^2}{c} - \frac{T^2}{abcn} \quad SS_{内} = \Sigma X^2 - \frac{\Sigma(ABS)^2}{c}$$

$$SS_{全体} = \Sigma X^2 - \frac{T^2}{abcn}$$

により得たものである。dfも式通りに出す。しかし，これらは実際のFの計算には必ずしも必要ではない。

　学年（A）×時間（C），教示（B）×時間（C）の交互作用が有意となったので，それぞれ図10.3と図10.4に図示してみた。

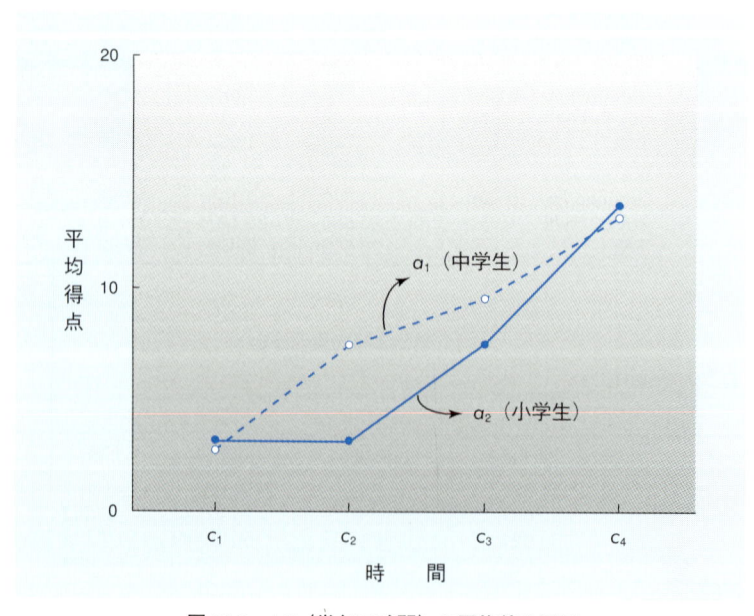

図10.3　AC（学年×時間）の平均値の図示

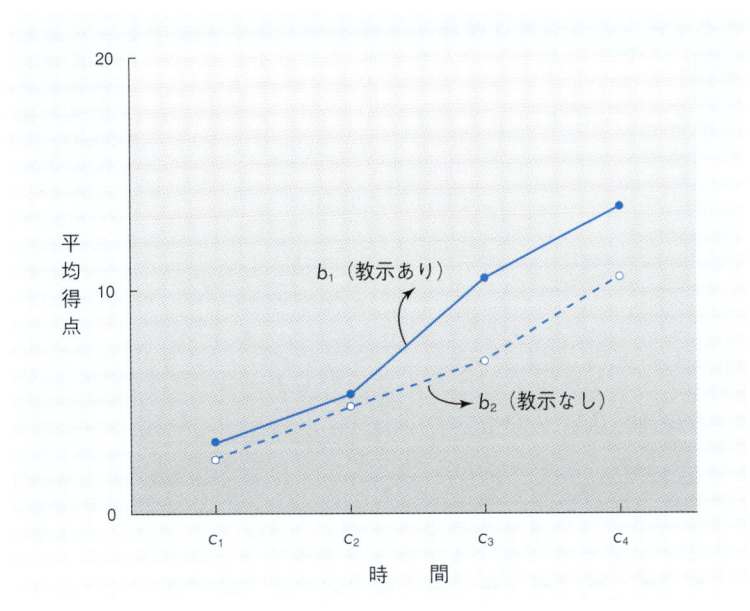

図10.4　BC（教示×時間）の平均値の図示

　交互作用 AC を示唆するかのように，c_2, c_3 の水準で a_1（中）と a_2（小）の水準差が大になっている（このことについては，次節の分析で明らかになる）。また，交互作用 BC も，図から納得のいくものである。

　主効果 B と C の有意なことは，図からもほぼ読み取れるであろう。

単純効果の検定と多重比較

　単純効果の検定および多重比較は，これまで述べたようにやればよい。すなわち，MS の分子の作り方はこれまでの3要因の場合と同様である。ただ，分母（誤差）の立て方は，3つの場合があることに注意しなければならない。つまり，本章の例から，

$$MS_{誤差(間)} = 7.02$$

$$MS_{誤差(内)} = 0.85$$

そして，次に示す $MS_{誤差(合併)}$ である。すなわち，本章の場合は，誤差項は，被験者間と被験者内の2種類であるから，合併誤差の MS は，

$$MS_{誤差(合併)} = \frac{SS_{誤差(間)} + SS_{誤差(内)}}{df_{誤差(間)} + df_{誤差(内)}} \tag{10.3.1}$$

$$= \frac{56.17 + 20.50}{8 + 24} = 2.396$$

　しかしながら，異質の誤差の合併なのですでにこれまでの合併項を使用する場合で述べたように，いずれかの df がおよそ30以下の場合には，次式の形の df つまり f' を，誤差項の df とし

240　10章　2要因が被験者間，他の1要因が被験者内の分散分析——（混合 $ab \cdot c$ 計画）

て用いなければならない。次にそれを計算した。

$$\text{合併誤差の自由度：} f' = \frac{[SS_{\text{誤差(間)}} + SS_{\text{誤差(内)}}]^2}{\left(\dfrac{SS^2_{\text{誤差(間)}}}{ab(n-1)}\right) + \left(\dfrac{SS^2_{\text{誤差(内)}}}{ab(n-1)(c-1)}\right)} \tag{10.3.2}$$

$$= \frac{(56.17 + 20.50)^2}{\left(\dfrac{56.17^2}{8}\right) + \left(\dfrac{20.50^2}{24}\right)}$$

$$= 14.27 \approx 14$$

単純効果の検定のための誤差項の MS と df あるいは f' のすべてを表10.6に示した。使用法は，これまで合併の必要であった各章の例と同様である。交互作用 AC が有意であったので，試みに，c_l における A の SS，つまり $SS_{A(c_l)}$ を算出して，単純主効果の検定を行ってみよう。この場合，誤差項 f' を使用することになる。

まず分子の SS の計算の仕方は，次のようになる。

$$c_l \text{における} A \text{の一般式：} SS_{A(c_l)} = \frac{\sum\limits_{j}^{a}(AC_{jl})^2}{bn} - \frac{C_l^2}{abn}$$

本書 p.153.　この式の形式は，すでに5.4節で示したものと同一である。

表10.6　単純効果検定のための誤差項の MS および df または f' *

	単純効果の変動因	誤差項のMS	F検定のためのdfまたはf'
単純主効果	b_k における A：$A_{(b_k)}$	$MS_{\text{誤差(間)}}$	$df_{\text{誤差(間)}}$
	c_l における A：$A_{(c_l)}$	$MS_{\text{誤差(合併)}}$	f'
	a_j における B：$B_{(a_j)}$	$MS_{\text{誤差(間)}}$	$df_{\text{誤差(間)}}$
	c_l における B：$B_{(c_l)}$	$MS_{\text{誤差(合併)}}$	f'
	a_j における C：$C_{(a_j)}$	$MS_{\text{誤差(内)}}$	$df_{\text{誤差(内)}}$
	b_k における C：$C_{(b_k)}$	$MS_{\text{誤差(内)}}$	$df_{\text{誤差(内)}}$
単純・単純主効果	bc_{kl} における A：$A_{(bc_{kl})}$	$MS_{\text{誤差(合併)}}$	f'
	ac_{jl} における B：$B_{(ac_{jl})}$	$MS_{\text{誤差(合併)}}$	f'
	ab_{jk} における C：$C_{(ab_{jk})}$	$MS_{\text{誤差(内)}}$	$df_{\text{誤差(内)}}$
単純交互作用効果	c_l における AB：$AB_{(c_l)}$	$MS_{\text{誤差(合併)}}$	f'
	b_k における AC：$AC_{(b_k)}$	$MS_{\text{誤差(内)}}$	$df_{\text{誤差(内)}}$
	a_j における BC：$BC_{(a_j)}$	$MS_{\text{誤差(内)}}$	$df_{\text{誤差(内)}}$

*f' は合併項の場合の補正された df を示す。本文参照。

$$c_1 \text{ における } A : SS_{A(c_1)} = \frac{15^2 + 17^2}{2(3)} - \frac{32^2}{2(2)(3)} = 0.333$$

$$c_2 \text{ における } A : SS_{A(c_2)} = \frac{45^2 + 17^2}{2(3)} - \frac{62^2}{2(2)(3)} = 65.333$$

$$c_3 \text{ における } A : SS_{A(c_3)} = \frac{58^2 + 46^2}{2(3)} - \frac{104^2}{2(2)(3)} = 12.000$$

$$c_4 \text{ における } A : SS_{A(c_4)} \frac{= 69 + 76^2}{2(3)} - \frac{145^2}{2(2)(3)} = 4.083$$

検算　$SS_A + SS_{AC} = 20.021 + 61.729 = 81.750 \approx \overline{81.749}$（計）

A の分子の自由度は，$a - 1 = 2 - 1 = 1$ であるから，MS の値は SS と同一となる。そして，これまでの章の論理と同様に，A と AC にかかわる誤差項を合併して誤差項を作ることになるが，すでに示したように，$MS_{誤差(合併)}$ は，2.396 となる。

ゆえに，

$$F_{A(c_1)} = \frac{0.333}{2.396} = 0.139$$

$$F_{A(c_2)} = \frac{65.333}{2.396} = 27.27^*$$

$$F_{A(c_3)} = \frac{12.000}{2.396} = 5.01^*$$

$$F_{A(c_4)} = \frac{4.083}{2.396} = 1.70$$

5％水準で検定するとし，df_A と $f'_{(合併)}$ の自由度はそれぞれ 1 と 14 であるので，付表 D より $F_{(1,\ 14)} = 4.60$。したがって上記 * 印で示したように，試行 (c_2) と試行 (c_3) において，この値を超えているので H_0 を棄却して有意差ありとする。なおこの結果は，図 10.3 を見ても納得がいくであろう。

この場合，A は 2 水準であるから，事後検定は必要はないが，もし $a > 2$ の場合は，多重比較を行うことになるかもしれない。したがって，テューキー法の式のみを示すと，次のようになる。

$$q = \frac{|\overline{A}_{j(c_l)} - \overline{A}_{j'(c_l)}|}{\sqrt{\dfrac{MS_{誤差(合併)}}{bn}}} \qquad (10.3.3)$$

この場合，いうまでもなく，平均値数，a と f' を持って表値を引くことになる。

主効果についての多重比較

主効果についての多重比較も，これまでと同様にすればよい。$\overline{A}_j$ と $\overline{A}_{j'}$ は，2 水準の比較となるので本章の例では行わなくてもよいが，もし $a > 2$ ならば，次式を使用する。

10章 2要因が被験者間，他の1要因が被験者内の分散分析――（混合 $ab \cdot c$ 計画）

$$\overline{A}_j と \overline{A}_{j'} : q = \frac{|\overline{A}_j - \overline{A}_{j'}|}{\sqrt{\frac{MS_{誤差(間)}}{bcn}}} \tag{10.3.4}$$

臨界値は，平均値数 a と誤差 df である $ab(n-1)$ を持って，付表 E より得られる。

$\overline{C}_l$ と $\overline{C}_{l'}$ については，

$$\overline{C}_l と \overline{C}_{l'} : q = \frac{|\overline{C}_l - \overline{C}_{l'}|}{\sqrt{\frac{MS_{誤差(内)}}{abn}}} \tag{10.3.5}$$

ゆえに本章の例では，たとえば，$\overline{C}_1$ と $\overline{C}_3$ では，

$$q = \frac{|2.67 - 8.67|}{\sqrt{\frac{0.854}{2(2)(3)}}} = \frac{6.00}{0.267} = 22.47$$

となる。平均値数，$c = 4$，$ab(c-1)(n-1) = 24$ で 5% のところの付表 E を引くと，3.90。したがって，これを q の観測値は超えているので，両者間は有意差ありとする。

本例では c は 4 水準なので，HSD を出しておいて，4 水準間の検定をしてもよい。この場合，

$$HSD = 3.90(0.267) = 1.04$$

表 10.7 を作って検定する。

表 10.7 表 10.4 のデータによる平均値表

平均値	$\overline{C}_1$ 2.67	$\overline{C}_2$ 5.17	$\overline{C}_3$ 8.67	$\overline{C}_4$ 12.08
$\overline{C}_1$ 2.67	―	2.50*	6.00*	9.41*
$\overline{C}_2$ 5.17		―	3.50*	6.91*
$\overline{C}_3$ 8.67			―	3.41*
$\overline{C}_4$ 12.08				―

*$p < 0.05$

すべての平均値の差は，いずれも HSD を超えているので有意差ありと判定した。

しかしながら，要因 C は系列的な連続変数であるから，計画によっては（本計画もそうである），「傾向分析」（12章参照）によって，1次，2次，……といった成分を析出することもよい。実際 SPSS ではこうした被験者間変数の多重比較を行わず，すぐに「傾向分析」を行っている。

1要因が被験者間，他の2要因が被験者内の分散分析──（混合a・bc計画）

混合a・bc計画の構成

　本章では，1要因が被験者間であり，他の2要因が被験者内である分散分析──混合$a \cdot bc$計画について説明する。実質的には，9章の混合$a \cdot b$計画を拡張したものであり，Cという被験者内要因が付加されたものにすぎない。すなわち，被験者はAのどれかの水準に入れ子にされている（たとえば，a_1かa_2のいずれかの水準に属しており，他の水準は体験しない）。しかし，全被

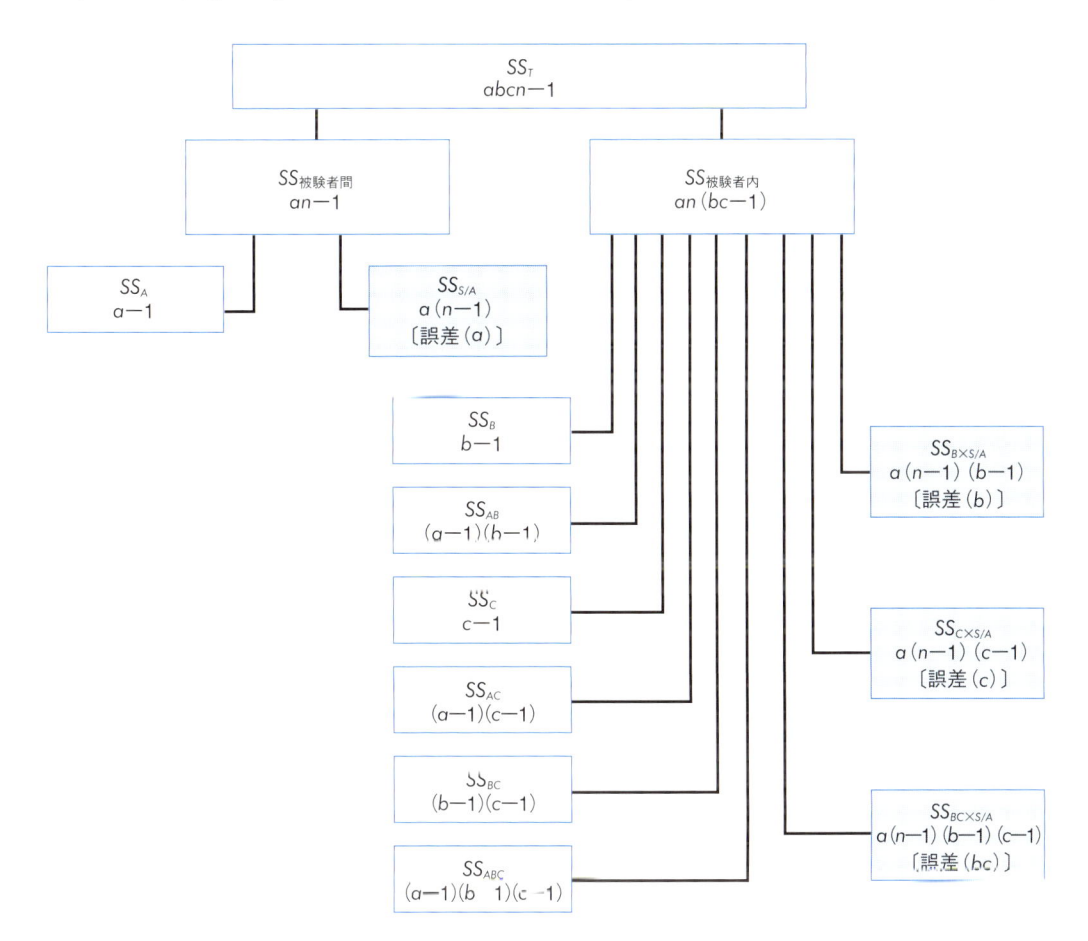

図11.1　混合計画（$a \cdot bc$）におけるSSとdfの分化

表11.1 混合 a・bc 計画の分散分析表

変動因	SS	df	MS	F
被験者間	$SS_{被験者間}$	$an-1$		
A（知識の有無）	SS_A	$(a-1)$	MS_A	$MS_A/MS_{S/A}$
S/A〔誤差(a)〕	$SS_{S/A}$	$a(n-1)$	$MS_{S/A}$	
被験者内	$SS_{被験者内}$	$an(bc-1)$		
B（形）	SS_B	$(b-1)$	MS_B	$MS_B/MS_{B\times S/A}$
AB	SS_{AB}	$(a-1)(b-1)$	MS_{AB}	$MS_{AB}/MS_{B\times S/A}$
B×S/A〔誤差(b)〕	$SS_{B\times S/A}$	$a(b-1)(n-1)$	$MS_{B\times S/A}$	
C（種類）	SS_C	$(c-1)$	MS_C	$MS_C/MS_{C\times S/A}$
AC	SS_{AC}	$(a-1)(c-1)$	MS_{AC}	$MS_{AC}/MS_{C\times S/A}$
C×S/A〔誤差(c)〕	$SS_{C\times S/A}$	$a(n-1)(c-1)$	$MS_{C\times S/A}$	
BC	SS_{BC}	$(b-1)(c-1)$	MS_{BC}	$MS_{BC}/MS_{BC\times S/A}$
ABC	SS_{ABC}	$(a-1)(b-1)(c-1)$	MS_{ABC}	$MS_{ABC}/MS_{BC\times S/A}$
BC×S/A〔誤差(bc)〕	$SS_{BC\times S/A}$	$a(n-1)(b-1)(c-1)$	$MS_{BC\times S/A}$	
全体	SS_T	$abcn-1$		

験は B と C 要因の全部の条件は体験するという形のものである。

　計画は9, 10章のように,「被験者間」と「被験者内」の2部構成になる。被験者間の部は, 比較的単純であるが, 被験者内の部は, 要因 B, C に加えて, A との交互作用が含まれてくるので複雑になり, その分誤差項も増えてくることになる。実際, 図11.1に示すように, 被験者間の誤差項は1個であるが, 被験者内では3個の誤差項を立てなくてはならない。

　表11.1に, 作成されるべきANOVA表を示した。この表の F から分かるように, 要因 A の検定には S/A（誤差(a)と示す）が, B と AB には $B\times S/A$（誤差(b)）が, C と AC には $C\times S/A$（誤差(c)）が, BC と ABC には $BC\times S/A$（誤差(bc)）が, それぞれかかわってくるのである。

混合 a・bc 計画の用例と SPSS によるデータ処理

例題 いま，ある錯視図形（たとえば，7 章で示されたようなもの）を 2 つの群に提示して，錯視量を測定したとする。

一つの群は，錯視のメカニズムについて特別の知識は与えられなかった群（a_1），他の一つはそのメカニズムについてあらかじめ知識を与えておいた群（a_2）の錯視量を測定したとする。この条件は被験者間（A）とよぶ。被験者 8 人はあらかじめ無作為に折半して 2 群に配置されていたとする。

錯視図形は，課題の形（B）の b_1 と b_2 の 2 つ，その種類（C）の c_1, c_2, c_3 の 3 つの水準から成る $B(2) \times C(3) = BC(6)$ の 6 個の図形であった。それらの組合せすべてが，上記の群に無作為に提示されたとする。したがって B と C は，被験者内要因ということになる。要因の名称は表 11.2 に示されており，表 11.3 にはデータと集計の一部，表 11.4 には集計表，表 11.5 には平均値を示した。

表 11.3 のデータについて，ANOVA を行え。

表 11.2　要因表

	要因	特定水準	全水準
被験者間：	A（知識の有無）	j	$a=2$
被験者内：	B（形）	k	$b=2$
	C（種類）	l	$c=3$
被 験 者：	S	i	$n=4$

表 11.3　データ表：AC 集計表

	被験者	b_1			b_2			計
		c_1	c_2	c_3	c_1	c_2	c_3	
a_1（知識無）	s_1	2	7	16	2	6	12	45
	s_2	3	8	17	3	8	13	52
	s_3	4	9	18	4	9	14	58
	s_4	3	8	18	3	8	13	53
a_2（知識有）	s_1	4	7	8	4	7	14	44
	s_2	4	8	9	5	9	15	50
	s_3	3	7	8	4	6	14	42
	s_4	2	6	7	3	5	12	35
	計	25	60	101	28	58	107	379

表11.4 集計表

ABC集計表

	b₁ c₁	b₁ c₂	b₁ c₃	b₂ c₁	b₂ c₂	b₂ c₃	計
a_1	12	32	69	12	31	52	208
a_2	13	28	32	16	27	55	171
	25	60	101	28	58	107	379

AB集計表

	b_1	b_2	計
a_1	113	95	208
a_2	73	98	171
計	186	193	379

AC集計表

	c_1	c_2	c_3	計
a_1	24	63	121	208
a_2	29	55	87	171
計	53	118	208	379

BC集計表

	c_1	c_2	c_3	計
b_1	25	60	101	186
b_2	28	58	107	193
計	53	118	208	379

ABS集計表

	S	s_1	s_2	計
a_1	S_1	25	20	45
a_1	S_2	28	24	52
a_1	S_3	31	27	58
a_1	S_4	29	24	53
a_2	S_5	19	25	44
a_2	S_6	21	29	50
a_2	S_7	18	24	42
a_2	S_8	15	20	35
	計	186	193	379

ACS集計表

	S	c_1	c_2	c_3	計
a_1	S_1	4	13	28	45
a_1	S_2	6	16	30	52
a_1	S_3	8	18	32	58
a_1	S_4	6	16	31	53
a_2	S_5	8	14	22	44
a_2	S_6	9	17	24	50
a_2	S_7	7	13	22	42
a_2	S_8	5	11	19	35
	計	53	118	208	379

11.2 混合 $a \cdot bc$ 計画の用例と SPSS によるデータ処理

表 11.5 平均値表

ABC平均値表

	\multicolumn{3}{c	}{b_1}	\multicolumn{3}{c	}{b_2}	周辺平均値
	c_1	c_2	c_3	c_1	c_2	c_3	
a_1	3.00	8.00	17.25	3.00	7.75	13.00	8.67
a_2	3.25	7.00	8.00	4.00	6.75	13.75	7.13
周辺平均値	3.13	7.50	12.63	3.50	7.25	13.38	

AB平均値表

	b_1	b_2	周辺平均値
a_1	9.42	7.92	8.67
a_2	6.08	8.17	7.13
周辺平均値	7.75	8.04	

AC平均値表

	c_1	c_2	c_3	周辺平均値
a_1	3.00	7.88	15.13	8.67
a_2	3.63	6.88	10.88	7.13
周辺平均値	3.31	7.38	13.00	

BC平均値表

	c_1	c_2	c_3	周辺平均値
b_1	3.13	7.50	12.63	7.75
b_2	3.50	7.25	13.38	8.04
周辺平均値	3.31	7.38	13.00	

解 まず，SPSS の変数ビューに記入する。それは，以下のようになる（枠のみを示した）。

(ア)

	名前	型	幅	小数桁数	ラベル	値	欠損値	列	配置	測定
1	被験者	文字型	8	0	被験者名	なし	なし	8	中央	名義
2	知識	数値	8	0	知識（間）	{1,知識無し}…	なし	8	中央	スケール
3	b1c1	数値	4	0	b1c1（内）	なし	なし	8	右	スケール
4	b1c2	数値	4	0	b1c2（内）	なし	なし	8	右	スケール
5	b1c3	数値	4	0	b1c3（内）	なし	なし	8	右	スケール
6	b2c1	数値	4	0	b2c1（内）	なし	なし	8	右	スケール
7	b2c2	数値	4	0	b2c2（内）	なし	なし	8	右	スケール
8	b2c3	数値	4	0	b2c3（内）	なし	なし	8	右	スケール

変数ビュー
ラベルを付ければこのようになる。

図 11.2 SPSS による入出力（その 1）

知識（の有無）は，唯一の被験者間要因であり，2 行目にしるしてある。これまでの被験者間と混合 $a \cdot b$（9 章）の入れ方に従って値をつける。その結果が，

$$1 = 知識なし$$
$$2 = 知識あり$$

となっていればよい。次いで OK して後データビューを出し，測定値を入れる（図 11.2（その 2））。

次いで前章同様に，分析（A）→ 一般線型モデル（G）→ 反復測定（R）と進み，最後にクリックする。現れた反復測定のパレットには，2 要因あるのでまず B 要因について，「b」，水準

数は 2 として 追加．次の要因も同じ手順で，「c」として，水準数 3 を 追加し，中央の枠内が

$\left.\begin{array}{l}\text{b(2)}\\\text{c(3)}\end{array}\right\}$ b を「形」，c を「種類」としてもよいのだが，ここではそのまま b と c とした．

となればよい．定義 をクリックして，これまでの 9 章，10 章と同様にダイアログボックスを操作する．オプションもこれまでと同様な方法で行い，最後に，続行 ， OK すれば，出力を得る（後に出るオプションの部分は省略した）．

(イ)

被験者	知識	b1c1	b1c2	b1c3	b2c1	b2c2	b2c3
1 国枝	知識無し	2	7	16	2	6	12
2 大井	知識無し	3	8	17	3	8	13
3 梅田	知識無し	4	9	18	4	9	14
4 佐久間	知識無し	3	8	18	3	8	13
5 荒木	知識有り	4	7	8	4	7	14
6 金子	知識有り	4	8	9	5	9	15
7 大山	知識有り	3	7	8	4	6	14
8 高橋	知識有り	2	6	7	3	5	12

データビュー

図 11.2　SPSS による入出力（その 2）

例によって，まず多変量検定（ウ）が先に出るが，本例ではまず（エ）のモークリーの球面性検定を先に見ると，c と bc については有意確率も高く 5 ％をはるかに超えているので球面性を受け入れてよいであろう．実際，修正値の c のグリーンハウス–ガイサーでも 0.855 と修正値はかなり高い．$b \times c$ も 0.915 と高い．もちろん，b は 2 水準なので検定の必要はない．ゆえに，球面性はすべての場合に成立すると見てよいかと思う．こうして，上述の結果と（オ）の結果により，すべての被験者内要因が 5 ％水準で有意と判定された．

しかしながら，（ウ）の多変量検定においては，表記の $b \times c$ は 5 ％に達しえず，これのみが通常の ANOVA の場合と異なる結果を生じた．しかし，すでに述べたように球面性の仮定を受け入れているので，多変量検定の結果には，左右される必要はあるまい．

被験者間の A については（カ），有意ではなく，したがって錯視量は図形の知識の有無に左右されなかったことになる．

以上の出力結果を，通常の ANOVA 表にまとめたのが，表 11.6 である．

この ANOVA の結果と，錯視量を示した 図 11.3 を照合してみると，上記の結果がよく理解できるであろう．とりわけ，a_1 と a_2 の $B \times C$ のパターンの大きな差異——a_1 では 2 本の線はほぼ平行だが，a_2 においては c_3 において b_j 水準の差は大きいことに注目される．

11.2 混合 $a \cdot bc$ 計画の用例と SPSS によるデータ処理

出 力

(ウ)

多変量検定[b]

効果		値	F値	仮説自由度	誤差自由度	有意確率
b	Pillaiのトレース	.516	6.391[a]	1.000	6.000	.045
	Wilksのラムダ	.484	6.391[a]	1.000	6.000	.045
	Hotellingのトレース	1.065	6.391[a]	1.000	6.000	.045
	Royの最大根	1.065	6.391[a]	1.000	6.000	.045
b×知識	Pillaiのトレース	.976	241.174[a]	1.000	6.000	.000
	Wilksのラムダ	.024	241.174[a]	1.000	6.000	.000
	Hotellingのトレース	40.196	241.174[a]	1.000	6.000	.000
	Royの最大根	40.196	241.174[a]	1.000	6.000	.000
c	Pillaiのトレース	.999	4518.750[a]	2.000	5.000	.000
	Wilksのラムダ	.001	4518.750[a]	2.000	5.000	.000
	Hotellingのトレース	1807.500	4518.750[a]	2.000	5.000	.000
	Royの最大根	1807.500	4518.750[a]	2.000	5.000	.000
c×知識	Pillaiのトレース	.992	295.750[a]	2.000	5.000	.000
	Wilksのラムダ	.008	295.750[a]	2.000	5.000	.000
	Hotellingのトレース	118.300	295.750[a]	2.000	5.000	.000
	Royの最大根	118.300	295.750[a]	2.000	5.000	.000
b×c	Pillaiのトレース	.672	5.125[a]	2.000	5.000	.062
	Wilksのラムダ	.328	5.125[a]	2.000	5.000	.062
	Hotellingのトレース	2.050	5.125[a]	2.000	5.000	.062
	Royの最大根	2.050	5.125[a]	2.000	5.000	.062
b×c×知識	Pillaiのトレース	.989	216.125[a]	2.000	5.000	.000
	Wilksのラムダ	.011	216.125[a]	2.000	5.000	.000
	Hotellingのトレース	86.450	216.125[a]	2.000	5.000	.000
	Royの最大根	86.450	216.125[a]	2.000	5.000	.000

a. 正確統計量
b. 計画：Intercept＋知識
　被験者内計画：b＋c＋b×c

Mauchlyの球面性検定[b]

(エ)　測定変数名：MEASURE_1

被験者内効果	MauchlyのW	近似カイ2乗	自由度	有意確率
b	1.000	.000	0	
c	.830	.929	2	.628
b×c	.907	.486	2	.784

正規直交した変換従属変数の誤差共分散行列が単位行列に比例するという帰無仮説を検定します

Mauchlyの球面性検定[b]

測定変数名：MEASURE_1

被験者内効果	イプシロン[a]		
	Greenhouse-Geisser	Huynh-Feldt	下限
b	1.000	1.000	1.000
c	.855	1.000	.500
b×c	.915	1.000	.500

正規直交した変換従属変数の誤差共分散行列が単位行列に比例するという帰無仮説を検定します。
　a. 有意性の平均検定の自由度調整に使用できる可能性があります。修正した検定は，被験者内効果の検定テーブルに表示されます。
　b. 計画：Intercept＋知識
　　被験者内計画：b＋c＋b×c

図 11.2　SPSS による入出力（その 3）

被験者内効果の検定

(オ) 測定変数名：MEASURE_1

ソース		タイプIII平方和	自由度	平均平方	F値	有意確率
b	球面性の仮定	1.021	1	1.021	6.391	.045
	Greenhouse-Geisser	1.021	1.000	1.021	6.391	.045
	Huynh-Feldt	1.021	1.000	1.021	6.391	.045
	下限	1.021	1.000	1.021	6.391	.045
b×知識	球面性の仮定	38.521	1	38.521	241.174	.000
	Greenhouse-Geisser	38.521	1.000	38.521	241.174	.000
	Huynh-Feldt	38.521	1.000	38.521	241.174	.000
	下限	38.521	1.000	38.521	241.174	.000
誤差(b)	球面性の仮定	.958	6	.160		
	Greenhouse-Geisser	.958	6.000	.160		
	Huynh-Feldt	.958	6.000	.160		
	下限	.958	6.000	.160		
c	球面性の仮定	757.292	2	378.646	3207.353	.000
	Greenhouse-Geisser	757.292	1.710	442.845	3207.353	.000
	Huynh-Feldt	757.292	2.000	378.646	3207.353	.000
	下限	757.292	1.000	757.292	3207.353	.000
c×知識	球面性の仮定	49.292	2	24.646	208.765	.000
	Greenhouse-Geisser	49.292	1.710	28.825	208.765	.000
	Huynh-Feldt	49.292	2.000	24.646	208.765	.000
	下限	49.292	1.000	49.292	208.765	.000
誤差(c)	球面性の仮定	1.417	12	.118		
	Greenhouse-Geisser	1.417	10.260	.138		
	Huynh-Feldt	1.417	12.000	.118		
	下限	1.417	6.000	.236		
b×c	球面性の仮定	2.042	2	1.021	6.391	.013
	Greenhouse-Geisser	2.042	1.830	1.115	6.391	.016
	Huynh-Feldt	2.042	2.000	1.021	6.391	.013
	下限	2.042	1.000	2.042	6.391	.045
b×c×知識	球面性の仮定	62.042	2	31.021	194.217	.000
	Greenhouse-Geisser	62.042	1.830	33.894	194.217	.000
	Huynh-Feldt	62.042	2.000	31.021	194.217	.000
	下限	62.042	1.000	62.042	194.217	.000
誤差(b×c)	球面性の仮定	1.917	12	.160		
	Greenhouse-Geisser	1.917	10.983	.175		
	Huynh-Feldt	1.917	12.000	.160		
	下限	1.917	6.000	.319		

被験者間効果の検定

(カ) 測定変数名：MEASURE_1
変換変数：平均

ソース	タイプIII平方和	自由度	平均平方	F値	有意確率
切片	2992.521	1	2992.521	536.641	.000
知識(A)	28.521	1	28.521	5.115	.064
誤差	33.458	6	5.576		

図11.2　SPSSによる入出力（その4）

表11.6 分散分析表

変動因	SS	df	MS	F
被験者間				
A	28.521	1	28.521	5.12
S/A 〔誤差(a)〕	33.458	6	5.576	
被験者内				
B	1.021	1	1.021	6.39*
AB	38.521	1	38.521	241.17*
B×S/A 〔誤差(b)〕	0.958	6	0.160	
C	757.292	2	378.646	3207.35*
AC	49.292	2	24.646	208.77*
C×S/A 〔誤差(c)〕	1.417	12	0.118	
BC	2.042	2	1.021	6.39*
ABC	62.042	2	31.021	194.22*
BC×S/A 〔誤差(bc)〕	1.917	12	0.160	
全体	976.479	47		

*$p<0.05$

注：なお全体のSSは，ソノトでは打ち出さないが，前章と同様の式で算出することができる。
　被験者間・内，全体のSS，dfはSPSSでは打ち出さないが，しかしこれらは，Fの検定には直接必要のないものである。ここでは，全体のみ示した。すなわち，この全体は，上記項目の計でもある。
　手計算したMS，Fは，末尾が表中の値と異なることがあるが，このSPSSの値は多くの桁を取り，まるめたものであるから，そうなるのである。

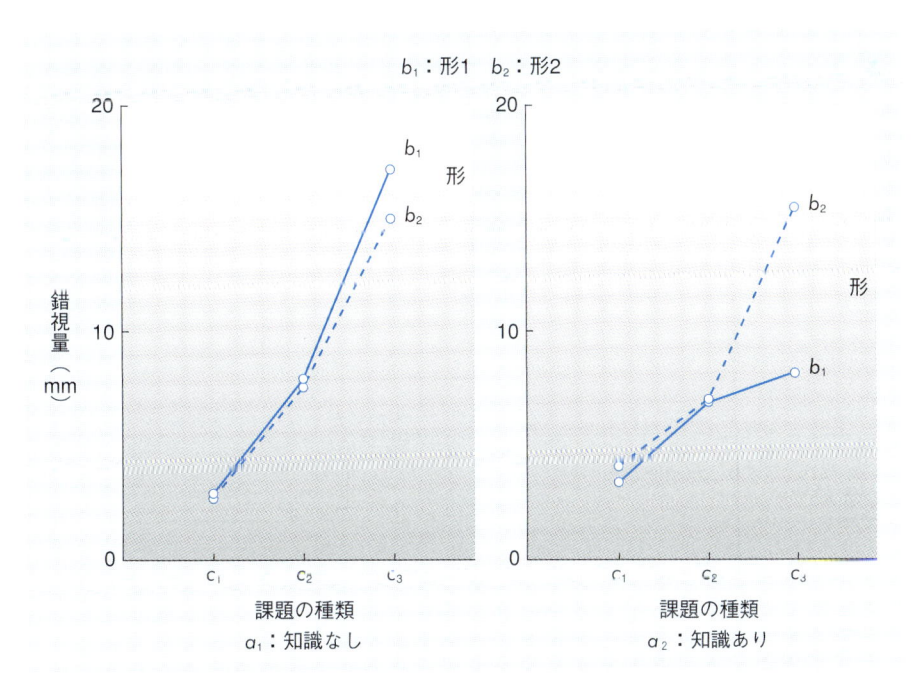

図11.3 混合計画 $a \cdot bc$ の下における平均錯視量

11.3 単純効果の検定と多重比較

■ 単純効果の検定

表 11.7 に，計画 $a \cdot bc$ の単純効果の誤差項の MS およびそれらを検定するための MS，そして必要なところでは，これまでの章と同様な合併 df つまり，f' についての作り方を示した。これは F 検定のための下辺の自由度となるものであるが，上辺の SS と df の作り方は，すでに5.4節で詳しく説明した方法と同一である。

表 11.7 単純効果検定のための誤差項の MS と df または f'（自由度の補正）

	単純効果の変動因	誤差項の MS	F 検定のための df または f'
単純主効果	b_k における A：$A_{(b_k)}$	$\dfrac{SS_{誤差(a)}+SS_{誤差(b)}}{df_{誤差(a)}+df_{誤差(b)}}$	$\dfrac{(SS_{誤差(a)}+SS_{誤差(b)})^2}{\dfrac{SS^2_{誤差(a)}}{df_{誤差(a)}}+\dfrac{SS^2_{誤差(b)}}{df_{誤差(b)}}}$
	c_l における A：$A_{(c_l)}$	$\dfrac{SS_{誤差(a)}+SS_{誤差(c)}}{df_{誤差(a)}+df_{誤差(c)}}$	$\dfrac{(SS_{誤差(a)}+SS_{誤差(c)})^2}{\dfrac{SS^2_{誤差(a)}}{df_{誤差(a)}}+\dfrac{SS^2_{誤差(c)}}{df_{誤差(c)}}}$
	a_j における B：$B_{(a_j)}$	$MS_{誤差(b)}$	$df_{誤差(b)}$
	c_l における B：$B_{(c_l)}$	$\dfrac{SS_{誤差(b)}+SS_{誤差(bc)}}{df_{誤差(b)}+df_{誤差(bc)}}$	$\dfrac{(SS_{誤差(b)}+SS_{誤差(bc)})^2}{\dfrac{SS^2_{誤差(b)}}{df_{誤差(b)}}+\dfrac{SS^2_{誤差(bc)}}{df_{誤差(bc)}}}$
	a_j における C：$C_{(a_j)}$	$MS_{誤差(c)}$	$df_{誤差(c)}$
	b_k における C：$C_{(b_k)}$	$\dfrac{SS_{誤差(c)}+SS_{誤差(bc)}}{df_{誤差(c)}+df_{誤差(bc)}}$	$\dfrac{(SS_{誤差(c)}+SS_{誤差(bc)})^2}{\dfrac{SS^2_{誤差(c)}}{df_{誤差(c)}}+\dfrac{SS^2_{誤差(bc)}}{df_{誤差(bc)}}}$
単純・単純主効果	bc_{kl} における A：$A_{(bc_{kl})}$	$\dfrac{SS_{誤差(a)}+SS_{誤差(b)}+SS_{誤差(c)}+SS_{誤差(bc)}}{df_{誤差(a)}+df_{誤差(b)}+df_{誤差(bc)}}$	$\dfrac{(SS_{誤差(a)}+SS_{誤差(b)}+SS_{誤差(c)}+SS_{誤差(bc)})^2}{\dfrac{SS^2_{誤差(a)}}{df_{誤差(a)}}+\dfrac{SS^2_{誤差(b)}}{df_{誤差(b)}}+\dfrac{SS^2_{誤差(c)}}{df_{誤差(c)}}+\dfrac{SS^2_{誤差(bc)}}{df_{誤差(bc)}}}$
	ac_{jl} における B：$B_{(ac_{jl})}$	$\dfrac{SS_{誤差(b)}+SS_{誤差(bc)}}{df_{誤差(b)}+df_{誤差(bc)}}$	$\dfrac{(SS_{誤差(b)}+SS_{誤差(bc)})^2}{\dfrac{SS^2_{誤差(b)}}{df_{誤差(b)}}+\dfrac{SS^2_{誤差(bc)}}{df_{誤差(bc)}}}$
	ab_{jk} における C：$C_{(ab_{jk})}$	$\dfrac{SS_{誤差(c)}+SS_{誤差(bc)}}{df_{誤差(c)}+df_{誤差(bc)}}$	$\dfrac{(SS_{誤差(c)}+SS_{誤差(bc)})^2}{\dfrac{SS^2_{誤差(c)}}{df_{誤差(c)}}+\dfrac{SS^2_{誤差(bc)}}{df_{誤差(bc)}}}$
単純交互作用効果	c_l における AB：$AB_{(c_l)}$	$\dfrac{SS_{誤差(b)}+SS_{誤差(bc)}}{df_{誤差(b)}+df_{誤差(bc)}}$	$\dfrac{(SS_{誤差(b)}+SS_{誤差(bc)})^2}{\dfrac{SS^2_{誤差(b)}}{df_{誤差(b)}}+\dfrac{SS^2_{誤差(bc)}}{df_{誤差(bc)}}}$
	b_k における AC：$AC_{(b_k)}$	$\dfrac{SS_{誤差(c)}+SS_{誤差(bc)}}{df_{誤差(c)}+df_{誤差(bc)}}$	$\dfrac{(SS_{誤差(c)}+SS_{誤差(bc)})^2}{\dfrac{SS^2_{誤差(c)}}{df_{誤差(c)}}+\dfrac{SS^2_{誤差(bc)}}{df_{誤差(bc)}}}$
	a_j における BC：$BC_{(a_j)}$	$MS_{誤差(bc)}$	$df_{誤差(bc)}$

11.3 単純効果の検定と多重比較

表 11.7 の使用方法は，すでにこれまでの 2, 3 要因の合併項の用い方から類推しうるものの，復習のために，仮に b_k における A，つまり最初の行の $A_{(b_k)}$ をとりあげて表 11.4 の集計例から算出してみよう。すなわち，分子の $SS_{A_{(b_k)}}$ は，b_1, b_2 について次のようになる（式は 5.4 節に示したものと同様）。　本書 p.153.

$$SS_{A(b_1)} = \frac{113^2 + 73^2}{3(4)} - \frac{186^2}{2(3)(4)} = 66.667$$

$$SS_{A(b_2)} = \frac{95^2 + 98^2}{3(4)} - \frac{193^2}{2(3)(4)} = 0.375$$

検算　$SS_A + SS_{AB} = 28.521 + 38.521 = \overline{67.042}$ （計）

自由度は，$a - 1 = 2 - 1 = 1$ であるから，MS はすべて SS と同一の値となる。すなわち，$MS_{A(b_1)} = SS_{A(b_1)}/(2-1) = MS_{A(b_1)}$。$MS_{A(b_2)}$ の場合も同じである。

次に誤差項は，表 11.7 の 1 行目に従って作成する。

$$MS_{誤差a と誤差b の合併} = \frac{SS_{誤差(a)} + SS_{誤差(b)}}{df_{誤差(a)} + df_{誤差(b)}} \tag{11.3.1}$$

$$= \frac{33.458 + 0.958}{6 + 6} = 2.868$$

ゆえに，

$$F_{A(b_1)} = \frac{66.667}{2.868} = 23.25$$

$$F_{A(b_2)} = \frac{0.375}{2.868} = 0.13$$

異質の合併項であるから，次のように f' を算出する。

$$f' = \frac{(SS_{誤差(a)} + SS_{誤差(b)})^2}{\dfrac{SS^2_{誤差(a)}}{df_{誤差(a)}} + \dfrac{SS^2_{誤差(b)}}{df_{誤差(b)}}} \tag{11.3.2}$$

$$= \frac{(33.458 + 0.958)^2}{\left(\dfrac{33.458^2}{6} + \dfrac{0.958^2}{6}\right)} = 6.343 \approx 6$$

すなわち，分母の自由度は 6 という低い値で，F の臨界値を求めることになる。そこで，付表 D の「F の表」より，5 % で分子の自由度 1 と分母の自由度 6 の臨界値を求めると，5.99 となる。したがってこの値を超える $F_{A(b_1)}$ のみが有意と判定された。

単純効果検定後の多重比較

上例は，いわゆる単純主効果の一例を示したことになるが，さらに進んで b_k における A の平均値の分析を行うという，多重比較に至る場合もあろう。たとえばテューキー法を施行することがあるかもしれない。

特定の b_k における，$\overline{A}_j$ と $\overline{A}_{j'}$ の差の検定は，次式による。

$$q = \frac{|\overline{A}_{j(b_k)} - \overline{A}_{j'(b_k)}|}{\sqrt{\dfrac{MS_{(a と b の合併誤差)}}{cn}}} \tag{11.3.3}$$

で検定のための付表Eを引く場合は，補正された df つまり f' を使用しなければならない。この a と b の誤差項の合併項は，すでに上に示したように6であった。A も B も2水準であるから，単純主効果の検定で事足りるものの，いま仮に，$\overline{A}_{1(b_1)}$ と $\overline{A}_{2(b_1)}$ 差を検定してみると，

$$q = \frac{|9.42 - 6.08|}{\sqrt{\dfrac{2.868}{3(4)}}} = \frac{3.34}{0.489} = 6.83$$

5％，平均値数，$a = 2$，$f' = 6$ 場合の臨界値は，付表Eより3.46。6.83はこの値を超えているので b_1 における $\overline{A}_1$ と $\overline{A}_2$ の差は有意と判定された。

以上は，単純主効果の一例であったが，単純・単純主効果と同交互作用の場合も，同一の方法で分析すればよいので，一応のルールを会得していただきたい。

ただし，単純主効果の $B_{(a_j)}$ と単純交互作用の $BC_{(a_j)}$ は，表11.7に示すように単一の誤差項を使用しているので，それらに関する多重比較もまた単一の誤差項を使用してよいこととなる。

● 主効果に関する多重比較

主効果 A, B, C に関する多重比較は，これまでと同様に，q 型では次のようになり，それぞれの誤差項より採り出すことになることは，容易に理解できると思う。たとえば，要因 A については，

$$\overline{A}_j と \overline{A}_{j'} : q = \frac{|\overline{A}_j - \overline{A}_{j'}|}{\sqrt{\dfrac{MS_{誤差(a)}}{bcn}}},\ a,\ df_{誤差(a)} \tag{11.3.4}$$

平均値数は a，$df_{誤差(a)}$ を使用する。ただし，本章の場合は2水準であるので，必ずしも必要のないことである。2水準以上の場合に用いられる。

要因 B，C についても，同様にそれぞれの固有の誤差項を持って検定することになる。たとえば，$\overline{B}_k$ と $\overline{B}_{k'}$ では，

$$\overline{B}_k と \overline{B}_{k'} : q = \frac{|\overline{B}_k - \overline{B}_{k'}|}{\sqrt{\dfrac{MS_{誤差(b)}}{acn}}},\ b,\ df_{誤差(b)} \tag{11.3.5}$$

となることは，すぐに理解できよう。$\overline{C}_l$ と $\overline{C}_{l'}$ の場合は，3水準であるから有用なことである。式の形式はすぐに類推できよう。

12 傾向分析

12.1 傾向分析とは何か——その概念

　私たちはこれまでの計画における要因の分析において，各要因，すなわち独立変数の水準をそれぞれ分離した一つひとつのものとして分析してきた。

　たとえば，教授法 A と教授法 B というように質的変数の場合には，当然そうなるであろうし，また試行 1，試行 2，試行 3，…… といった量的変数（とりわけ被験者内計画ではそうした変数が，かなり多い）の場合でも，それを一系列のものとしてではなく，別々の水準として検討してきた。すなわち，1 試行と 2 試行の間に差があるか，2 試行と 3 試行の間に差があるか，といったことを問うてきた。

　しかし，こうした一系列の変数は，それ自体としてどういった関数あるいは傾向になるかを問うことは，一定の間隔で並んだ水準を分析してみることになり，学習・発達・認知の諸領域の研究に有意義な営みであろう。いま，分かりやすい例として，拙書（1975）において問うた線形（1次）の例をあげてみよう。図 12.1 は，小学校 3 年から中学校 3 年までの各年齢段階において，有意味綴り 20 個を覚えさせて直後に想起させた場合の平均綴り数を示した結果である。5 回の試行を実施した。点線が実際のデータであり，これに「最小 2 乗法*」を適用して得られた線形（1次）の式を線で示した。視察により，ほぼ 1 次の成分が，発達傾向をかなりよく説明していることが分かる。一番よくあてはまっているのは，第 1 試行である。

　しかしながら，試行が進むと紆余曲折がやや多く見られ，あるいは 1 次以外の成分もまた伏在しているかもしれないと感じられないではない。では，そのようなことを分析するには，どうしたらよいか。分散分析とかかわりつつ，複数次の成分を分析する傾向分析に進んでいきたい。

　実際，連続的で定量的な変数の場合，連続的な関数関係に興味を持つことが多いであろう。たとえば，投与するある薬物，0.1 gr., 0.2 gr., 0.3 gr., …… によって動物の行動がどのように変化していくか，加齢と共にある知覚の対象への反応はどのように変わっていくか，また，いうまでもないことだが，学習・認知の領域では，研究者たちは試行回数ごとに被験者（体）の学習量の変化に着目するであろう。いま，その場合に得られるであろう傾向（3 次まで）を例示すると，図 12.2 のようになる。

---

*　実測値と予測された値の差の 2 乗和が最小になるようにパラメータを求める方法。

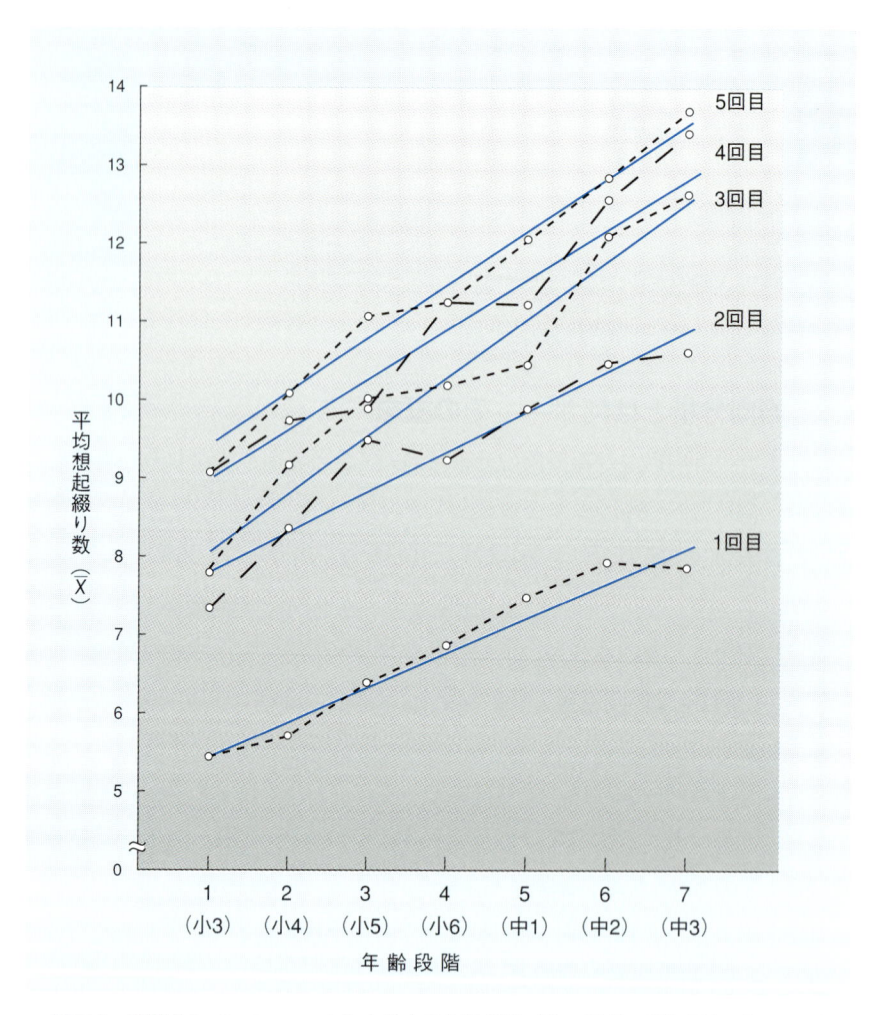

図12.1 学齢を1, 2, 3, ……とした場合の各試行数ごとの綴りの想起量(山内, 1975)
直線は, 最小自乗法によりあてはめられた1次式である。

3次の関数も, 心理学のデータに見られなくはないが（たとえば, 山内（2009）のp.14参照）, たいていは線形または2次の傾向が伏在する場合が多い。

傾向分析（trend analysis）とは, 一系列の変数に正規直交の係数*を付与して, いかなる次数の傾向が存在するかを決定する方法である。

ここでの係数は, <u>直交的</u>（orthogonal）である性質をもった係数である。平均値がa個の場合, $(a-1)$個のそうした係数が得られる。具体的には, 次節で説明するが, 3水準（3つの平均値）では, たとえば次のようになる。

					Σc_{ij}
線形（1次）	c_{1j}	-1	0	$+1$	0
2次	c_{2j}	$+1$	-2	$+1$	0

---

* 後で詳しく説明する。

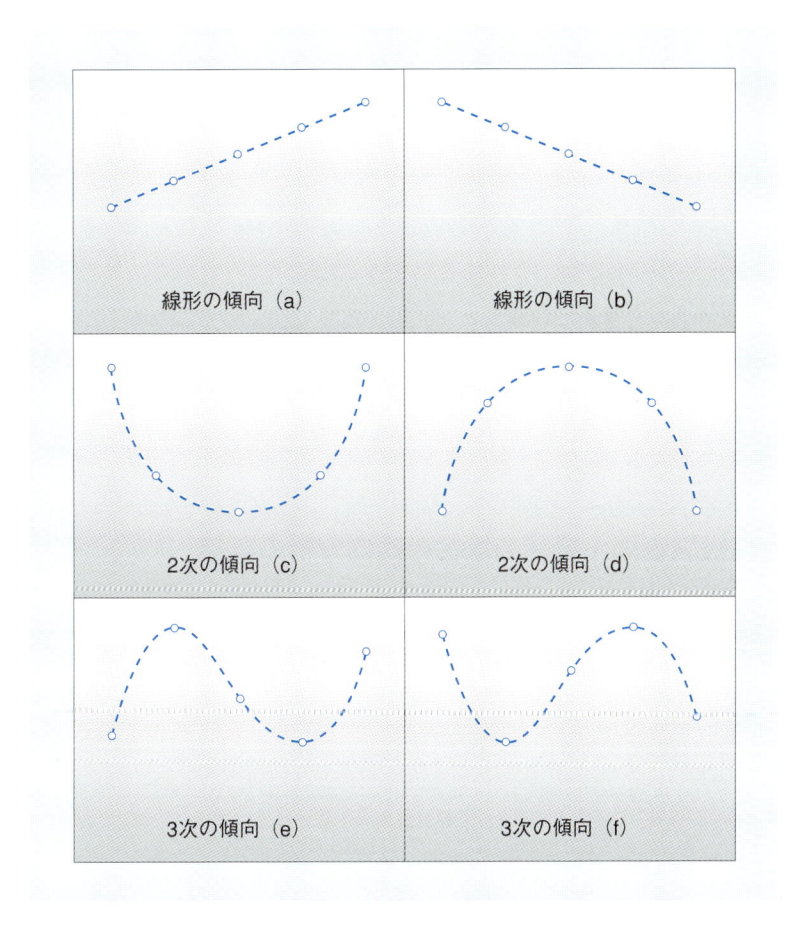

12.1 傾向分析とは何か——その概念

図12.2　3次までの傾向の曲線の例

ここで，$\Sigma c_{1j} = \Sigma c_{2j}$ つまり各次の計は 0 となり，また，各水準の係数を掛けたものも 0 となる。つまり，$\Sigma(c_{1j})(c_{2j}) = (-1)(+1) + (0)(-2) + (+1)(+1) = 0$ となる。このような直交性の性質は，すでに 3.4 節で説明した比較のための係数と同様の性質を持ったものであることに気付かれると思う。なお，線形の係数は直線，2次のそれは，下降してまた上がる形式（またはその逆）になっている。

本書 p.75.

次に 4 群（水準）の係数では，次のようになる。

$$
\begin{array}{llrrrr}
\text{線形} & c_{1j} & -3 & -1 & +1 & +3 \\
\text{2次} & c_{2j} & +1 & -1 & -1 & +1 \\
\text{3次} & c_{3j} & -1 & +3 & -3 & +1 \\
\end{array}
$$

この場合も，$\Sigma c_{1j} = \Sigma c_{2j} = \Sigma c_{3j} = 0$ であるばかりでなく，それぞれの係数を相互に掛けて集めたものもまた 0 である。

たとえば，$\Sigma(c_{1j})(c_{2j}) = (-3)(+1)+(-1)(-1)+(+1)(-1)+(+3)(+1) = -3+1-1+3 = 0$ のようになる。すなわち，一般式では，$\Sigma(c_{1j})(c_{2j}) = \Sigma(c_{1j})(c_{3j}) = \Sigma(c_{2j})(c_{3j}) = 0$ となり，これらは，直交多項式（orthopolynominal）の係数とよばれる。

もちろん，3次以上の場合についても，本章で使用する係数はすべて直交的であり，その係数の個数は，群の数 (a) の，$a-1$ となる。ゆえに，最初の例では平均値は $a=3$ であるから $3-1=2$，次例では $a=4$ であるから $4-1=3$ というように係数の数は決まってくるわけである。このことを言いかえれば，自由度 ($a-1$) に対応するように係数系列があること，どの次数でも自由度は1となるということになる。また，ANOVA 全体の2乗和 SS もまた，$a-1$ 個の SS に各次数に従って分解されることになるが，これは次節の例を見ればよく分かることと思う。そして，各次の MS を求め，何次が有意かということを，F 検定していくことになる。どの系列の分析においても，自由度は1となるので，$SS/1=MS$ となり，この場合は SS は即 MS という簡単な構造となる。

12.2 被験者間1要因の場合の傾向分析の実例

傾向分析の例として，雑音下において作業する場合，各人のデータ (X) が得られたとしよう。この場合，強度は 1，2，……，6 まで，等間隔であるとする。計と平均値は表12.1 に示されている。これについて1要因被験者間の分散分析を SPSS で求めて，通常のように表示したものが，表12.2 である。1％水準で検定を行ったとする。

表 12.1　異なった雑音強度の下における作業量[†]
（個人のデータは割愛した）

	雑音の強度 (A)						全体
	1	2	3	4	5	6	
Xの合計	270	370	420	320	220	140	2,900
Xの平均値	27.0	37.0	42.0	32.0	22.0	14.0	29.00

表 12.2　上記のデータの分散分析の結果

変動因	SS	df	MS	F
A（強度）	5,200	5	1,040.00	27.37*
S/A（誤差）	2,052	34	38.00	
全体	7,252	59		

*$p<0.01$

[†]このデータ（仮例）は，ヘイズ（Hays, 1994, p.782-783）によるものである。各群 a_i における $n=10$ の被験者のデータを示す。

ここで，群間（A と示す）の差があることはすぐに分かるが，傾向分析では，水準 a_1, a_2, ……，a_a には，どういった傾向の成分があるかを分析していくことになる。

● 線形（1次）の分析

まず，付表Ⅰより，$k=6$（$a=6$ であるから）のところを見ると，線形（linear）（1次）の係数は，

12.2 被験者間1要因の場合の傾向分析の実例

$$c_j = -5, \ -3, \ -1, \ +1, \ +3, \ +5$$

と得られる。これらは2単位の間隔を持って直線上に並ぶ列であることが分かる。次にこれらの係数にそれぞれ対応するデータの平均値 $\overline{X}_j$ を掛けて，次の $\hat{\Psi}$（プシー・ハット）を求める。

$$\hat{\Psi}_{線形} = \Sigma(c_j)\overline{X}_j \tag{12.2.1}$$

$$= (-5)(27.0) + (-3)(37.0) + (-1)(42.0) + (+1)(32.0) + (+3) + (+5)(14.0)$$

$$= -120$$

今度は，この値を次式に代入して，線形の SS を得る。

$$SS_{線形} = \frac{n\hat{\Psi}^2_{線形}}{\Sigma c_j^2} \tag{12.2.2}$$

$$= \frac{10(-120)^2}{(-5)^2 + (-3)^2 + (-1)^2 + (+1)^2 + (+3)^2 + (+5)^2}$$

$$= \frac{144,000}{70} = 2,057.14$$

↑この値は付表Ⅰの右端に出ている。

多項対比の各次の自由度は1であるから，すでに述べたように $MS_{線形} = \frac{SS_{線形}}{1} = SS_{線形}$ となって，SS はそのまま $MS_{線形}$ となる。次に，表12.2の誤差の MS を下辺に置き，線形の F を得る。

$$F_{線形} = \frac{MS_{線形}}{MS_{誤差}} \tag{12.2.3}$$

$$= \frac{2,051.14}{38.00} = 54.10$$

分子の $df = 1$，分母の df は通常の分散分析の誤差項の場合と同じく，54である。したがって，$F_{0.01, 1, 54} = 7.13$（付表でもだいたい見当はつく。エクセル関数（FINV）で得られた臨界値である）。したがって，得られた54.10は臨界値を超えているので，線形成分は有意と判定される。有意であったので，各群平均値にあてはまる線形の方程式，つまり線形回帰式（linear regression equation）を作ってみる。

$$\overline{X}_j' = \overline{X} + (b_{線形})(c_j) \tag{12.2.4}$$

ここで，$\overline{X}_j' =$ この式で推測される値

$\overline{X} =$ 全平均値（ここでは，29.00）

$b_{線形} =$ 線形（直線）の勾配

この値は，すでに得られた $\hat{\Psi}$ 線形と Σc_j にもとづき，以下で述べる式で得られる。

$c_j =$ 直交係数

最適合直線の式を得るためには，まず次の項を求める。

$$b_{線形} = \frac{\hat{\Psi}_{線形}}{\Sigma c_j^2} \tag{12.2.5}$$

すでに得られた値にもとづき，代入する。

$$b_{線形} = \frac{-120}{70} = -1.71$$

したがって，この場合の線形の回帰式は，

$$\overline{X}'_j = 29.00 - 1.71(c_j)$$

この式は，雑音の強度と作業量の間の関係を表す。いま c_j について $\overline{X}'_j$ を計算してみると，

$$\overline{X}'_1 = 29.00 + (1.71)(-5) = 37.55$$
$$\overline{X}'_2 = 29.00 + (1.71)(-3) = 34.13$$
$$\overline{X}'_3 = 29.00 + (1.71)(-1) = 30.71$$
$$\overline{X}'_4 = 29.00 + (1.71) + (+1) = 27.29$$
$$\overline{X}'_5 = 29.00 + (1.71) + (+3) = 23.87$$
$$\overline{X}'_6 = 29.00 + (1.71) + (+5) = 20.49$$

図 12.3 に，実測値平均値（点線で結んだ点）と，上記の推測値（実線）を示した。線形成分は有意であっても，よくあてはまっているとは言い難い。

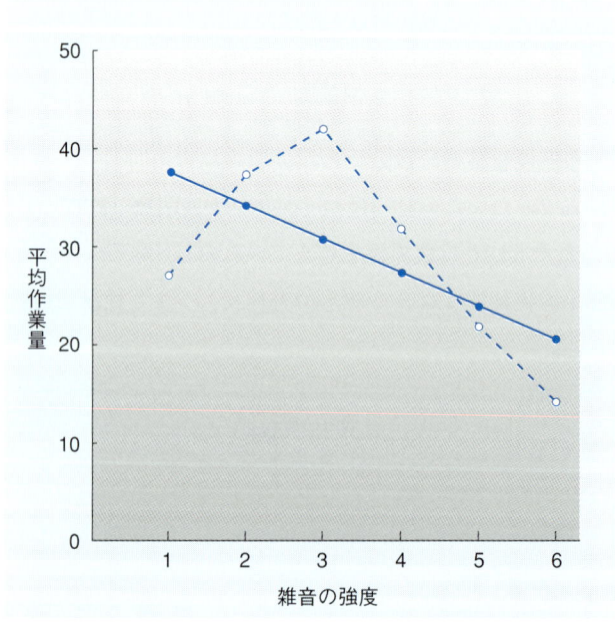

図12.3 雑音の強度の関数としての平均作業量；線形の場合
点線で結んだ点が実測値。実線は推測値。

2次の分析

上例において，線形の傾向は有意であるものの，それだけでは独立変数と従属変数の関係を十分に説明することができないことが分かった。そこで，次に **2次の**（quadratic）関係について分析していくことにする。実際，実測値の形は逆U字形をなしており，2次の成分が伏在することがうかがえる。

手続きの論理は，線形の場合に似ている。まず，**付表 I** により，2次の係数は，+5，−1，−4，−4，−1，+5 と読み取れる。まず，$\hat{\Psi}_{2次}$ を計算する。

$$\hat{\Psi}_{2次} = \Sigma(c_j)\overline{X}_j \tag{12.2.6}$$

$$= (+5)(27.0) + (-1)(37.0) + (-4)(42.0) + (-4)(32.0) + (-1)(22.0) + (+5)(14.0)$$

$$= -150$$

次に式 (12.2.2) と同様に，2次の傾向を求める。

$$SS_{2次} = \frac{n\hat{\Psi}_{2次}^2}{\Sigma c_j^2} \tag{12.2.7}$$

$$= \frac{10(-150)^2}{\underbrace{84}_{\text{この値は\textbf{付表 I}にある。}}}$$

$$= \frac{225,000.00}{84} = 2678.57$$

ゆえに，

$$F_{2次} = \frac{2,678.57}{38.00} = 70.49$$

線形の場合と同様に，$F_{0.01,\,1,\,54} = 7.13$ を超えているので，2次の成分も有意となった。

次に，線形の場合と同様に，2次の回帰を求める。すなわち，2次の回帰式は，

$$X'_{2次} = X + (b_{2次})(c_j) \tag{12.2.8}$$

2次の $b_{2次}$ は，線形の場合と同様に，

$$b_{2次} = \frac{\hat{\Psi}_{2次}}{\Sigma c_j^2} \tag{12.2.9}$$

線形の場合のように，上辺・下辺はすでに得られているから，

$$b_{2次} = \frac{-150}{84} = -1.79$$

また，回帰式は次のようになる。

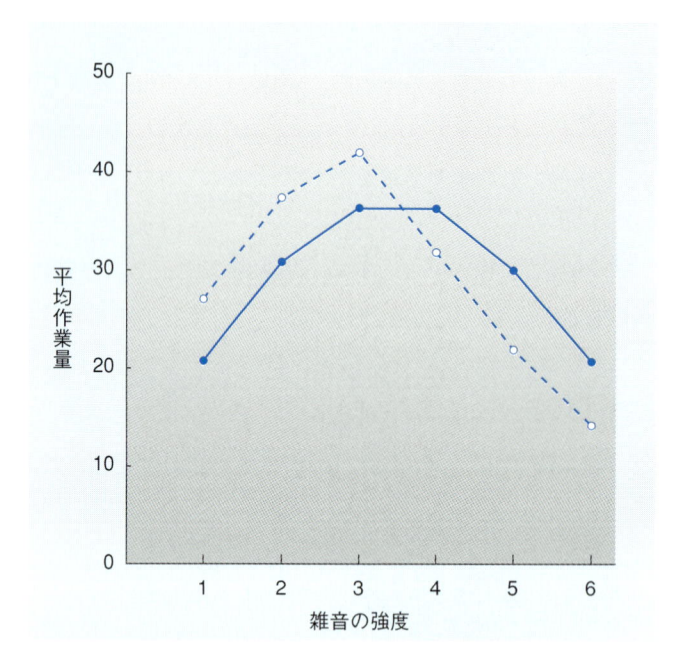

図12.4 雑音の強度の関数としての平均作業量；2次の場合
点線で結んだ点は実測値。実線が推測値。

$$\overline{X}'_1 = 29.00 + (-1.79)(+5) = 20.05$$

$$\overline{X}'_2 = 29.00 + (-1.79)(-1) = 30.79$$

$$\overline{X}'_3 = 29.00 + (-1.79)(-4) = 36.16$$

$$\overline{X}'_4 = 29.00 + (-1.79)(-4) = 36.16$$

$$\overline{X}'_5 = 29.00 + (-1.79)(-1) = 30.79$$

$$\overline{X}'_6 = 29.00 + (-1.79)(+5) = 20.05$$

これら $\overline{X}'_j$ を実測値にあてはめたものが，図 12.4 である。両曲線は近くなっているものの，2次の成分全体でも十分には説明しきれてはいない。ただ，$SS_{2次} > SS_{線形}$ となっているので，線形よりはやや好ましいといえよう。

より高次の分析

これまで行ってきた分析により，1次の成分と2次の成分が有意であることが分かった。すでに述べたように，水準数から1を引いた次数の分析が可能であるから，さらに3，4，5次の成分の分析も行うこともできよう。

しかしながら若干の例外はあるものの，たいていの心理学の成分分析では，2次までの分析が有意であることが多い。本章の例でもそうであろうが，念のため3次について計算を行い，結果を見ていこう。方式はこれまで述べたものと同様である。付表Iより係数を求めれば，−5，7，4，−4，−7，5であるから，

$$\hat{\Psi}_{3次} = (-5)(27.0) + (+7)(37.0) + (+4)(42.0)$$
$$+ (-4)(32.0) + (-7)(22.0) + (+5)(14.0)$$
$$= 80$$

$$SS_{3次} = MS_{3次} = \frac{10(80)^2}{180}$$
$$= \frac{6400}{180} = 35.56$$

$$F_{3次} = \frac{35.56}{38.00} = 0.94$$

と1以下であり,もちろん有意とはならない。付表Iにおいても,4次までの係数が掲げてはあるが,5次は示されていない。心理・教育のデータでもせいぜい3次までが有用であり,付表の係数で十分である。

そこで,SS 全体から有意であった線形,2次の成分を引いて残差と置く。

$$SS_A - SS_{線形} - SS_{2次} = 残差$$
$$5{,}200.00 - 2{,}057.14 - 2{,}678.57 = 464.29$$

これまでの結果を要約したものが表12.3 である。

表12.3　分散分析表

変動因	SS	df	MS	F
A(強度)	(5,200.00)	(5)		
線形	2,057.14	1	2,057.14	54.14*
2次	2,678.57	1	2,678.57	70.49*
残差	464.29	3	154.76	4.09
S/A(誤差)	2,052.00	54	38.00	
全体	7,252.00	59		

*$p<0.01$

傾向分析の結合

以上の分析結果より,線形と2次の成分が有意であったので,それらを合体して回帰式を作ってみよう。

$$\overline{X}'_j = \overline{X} + (b_{線形})(c_{線形\ j}) + (b_{2次j})(c_{2次j}) \tag{12.2.10}$$

ここで,$\overline{X}'_j = j$ 水準における $\overline{X}_j$ の推測値

　　　　$\overline{X} = $ 全平均,すなわちここでは 29.00

　　　　$b_{線形} = $ 線形の回帰係数,-1.71

　　　　$c_{線形\ j} = a_j$ 水準の線形係数

$b_{2次} = 2$ 次の回帰係数，-1.79

$c_{2次j} = a_j$ 水準の 2 次の係数

本章のデータの場合は，回帰式は次のようになる。

$$\overline{X}'_1 = 29.00 + (-1.71)(-5) + (-1.79)(+5) = 28.60$$

$$\overline{X}'_2 = 29.00 + (-1.71)(-3) + (-1.79)(-1) = 35.92$$

$$\overline{X}'_3 = 29.00 + (-1.71)(-1) + (-1.79)(-4) = 37.87$$

$$\overline{X}'_4 = 29.00 + (-1.71)(+1) + (-1.79)(-4) = 34.45$$

$$\overline{X}'_5 = 29.00 + (-1.71)(+3) + (-1.79)(-1) = 25.66$$

$$\overline{X}'_6 = 29.00 + (-1.71)(+5) + (-1.79)(+1) = 13.00$$

このような各水準の推測値の平均は図 12.5 に示されている。線形と 2 次を合体すれば，かなりよい適合性を示すものとなっている。理論的には，さらに高次の成分を含ませてやれば，より適合性はよくなるであろうが，ここでは有意な 2 成分を選んで式を立ててみた。

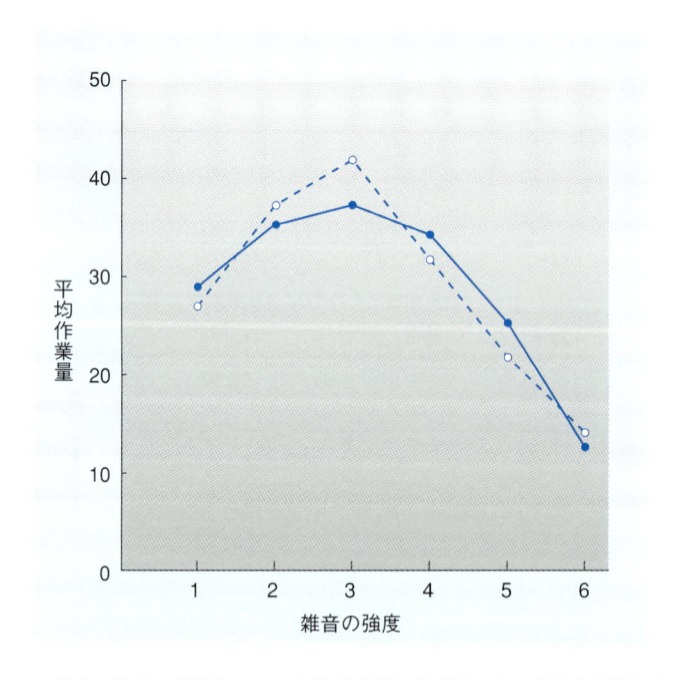

図12.5 雑音の強度の関数としての平均作業量；線形と2次の成分を合体した場合
点線で結ばれた点は実測値。実線は推測値。

被験者内要因の場合の傾向分析——SPSSの用例

これまで説明してきた傾向分析は，いわゆる被験者間変数についての分析である。誤差項さえ間違えなければ，被験者内変数についての分析も同様な論理で展開することができる。むしろ被験者内の場合に，直線・曲線の性質を問わなければならないことが多い。その理由からであろうが，SPSSでは，被験者内の変数について分散分析を行えば，デフォルトとして傾向分析をも，共に打ち出してくる。

いま一例として，2要因被験者内計画の7.2節のデータについて取り出すと，図7.4のような結果も付随して出てくる（SPSS出力より再録）。長さ（3水準）は間隔の等しい定量的な変数であるとする。これは，線形が1％以下となって有意である。

本書 p.195.

被験者内対比の検定

測定変数名：MEASURE_1

ソース	角度	長さ	タイプⅢ平方和	自由度	平均平方	F値	有意確率
角度	線型		504.300	1	504.300	98.240	.001
誤差（角度）	線型		20.533	4	5.133		
長さ		線型	96.800	1	96.800	82.383	.001
		2次	9.600	1	9.600	17.194	.014
誤差（長さ）		線型	4.700	4	1.175		
		2次	2.233	4	.558		
角度×長さ	線型	線型	20.000	1	20.000	22.857	.009
		2次	2.49E-014	1	2.49E-014	.000	1.000
誤差（角度×長さ）	線型	線型	3.500	4	.875		
		2次	1.167	4	.292		

図12.6　2要因被験者内計画のSPSSによる出力

図12.7の点線からも，その様子はうかがえる。

ここで，角度×長さの間の交互作用の読み取りに注意しよう。

出力に角度×長さの交互作用に線形の有意性があることが分かる。このことは，同じ線形でも，角度の小さいほうが，傾斜が大でかつやや線形より逸脱していることから生じることが，図からも読み取れるであろう。

なお，被験者間，被験者内およびそれらの混合計画の分析は，コンピュータ・ソフトが利用できるし，多要因の傾向分析の意義については上級のテキスト（たとえば，カーク，1995の多要因に関する各章；リンドマン，1974の11章）に詳細に説明してある。

傾向分析の若干の問題点

これまで用いた直交比較の係数は，すべて間隔の等しい独立変数について使用されたものであった。

たとえば，独立変数が，学習試行1回，2回，3回，……とか，あるいは薬物の投与量が1mg，

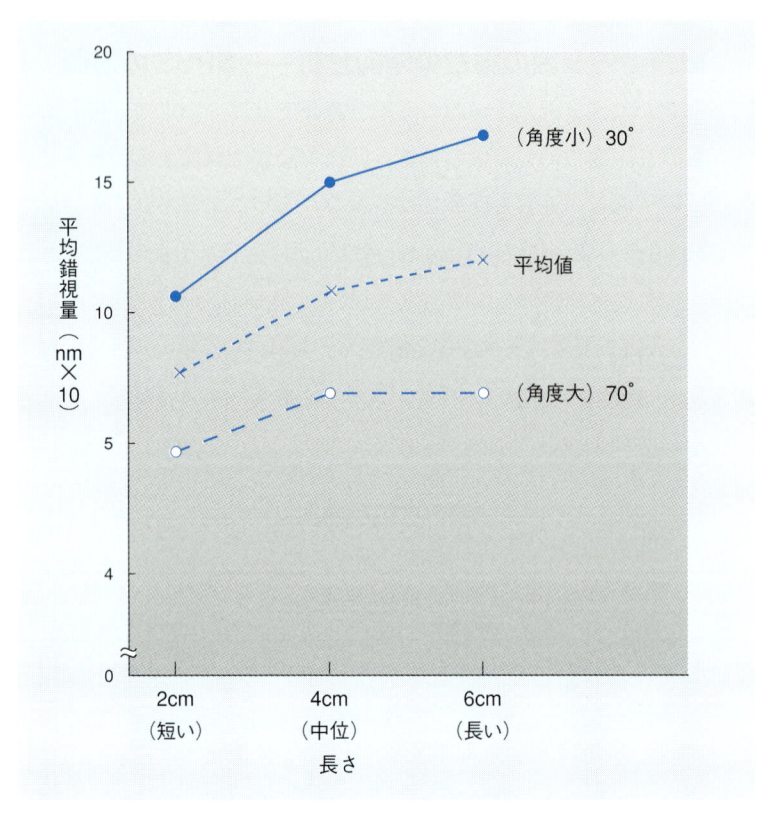

図12.7 2要因被験者内計画における平均値
角度と長さの交互作用に線形が有意であることに注意される。

3 mg, 5 mg, …… といった等間隔の場合であった。しかも各水準群の被験者数が n と等しい場合について説明した。もしそうでなければ，付表Iの係数を使用しても結果は歪曲したものとなってしまう。

しかしながら，心理・教育の領域でのデータがすべて等間隔で n が等しい場合であるとは限らない。たとえば，小学校1年，3年，6年といったように，間隔も等しくないこともあるし，n も等しくない場合も少なくない。こういった場合は特別の計算をして係数を作らなくてはならない。等間隔でない場合についての係数の問題とその作り方については，カーク（1995, 付録 D）やメイヤーズとウェル（Myers & Well, 1991, p.227–229）等の上級書を参照しなければならない。

この章で行われたような傾向分析について，なお2つの点に注意しなければならない。

1つは，直線・曲線の直交多項式による分析はあくまで経験的なものであるから，分析した独立変数の間のみに妥当なものと見なされなければならないということである。ゆえに，所与の式を外挿によって一般化することは，避けねばならない。

たとえば，初期の知能の発達が直線であると傾向分析して分かっても，知能の発達には一定年齢に至ると停止または衰退することがあるので，その後も直線とする外挿は誤りであることは明らかである。

12.4 傾向分析の若干の問題点

ゆえに，一般的に，直交多項式による傾向分析は，あくまで，分析した範囲のみ妥当であると考えるのが適切である。

第二に，心理・教育のデータには，学習・発達の曲線など，時系列的な多くのものが含まれている。直交多項式による分析は，統計学的には納得がいくものであるにしても，他の関数を排除するものではない。他の対数関数，指数関数，ゴンペルツ関数など，データによくあてはまる場合も少なしとしない。そういった場合，直交多交式による分析は，一つの近似とし見なしたほうがよいかもしれない。

本章で述べたような分析方法，すなわち，分散分析を行ってみて有意なのを見て傾向分析するというのは，事後検定（非計画的検定）であり，アプリオリな事前検定ではないことも念頭に置いていただきたい。 本書 p.75.

付表目次

A. 標準正規分布の面積（上側確率）の表 ··· 270
B. 乱　数　表 ··· 272
C. t　の　表 ··· 274
D. F　の　表 ··· 275
E. ステューデント化された範囲の表 ··· 281
F. $F_{\max}$ の検定表 ··· 282
G. シダックの検定表 ··· 283
H. ダネットの検定表（両側） ··· 285
I. 直交多項式の係数 ··· 286

付表 A 標準正規分布の面積（上側確率）の表

z		z		z	
0.00	.5000	0.55	.2912	1.10	.1357
0.01	.4960	0.56	.2877	1.11	.1335
0.02	.4920	0.57	.2843	1.12	.1314
0.03	.4880	0.58	.2810	1.13	.1292
0.04	.4840	0.59	.2776	1.14	.1271
0.05	.4801	0.60	.2743	1.15	.1251
0.06	.4761	0.61	.2709	1.16	.1230
0.07	.4721	0.62	.2676	1.17	.1210
0.08	.4681	0.63	.2643	1.18	.1190
0.09	.4641	0.64	.2611	1.19	.1170
0.10	.4602	0.65	.2578	1.20	.1151
0.11	.4562	0.66	.2546	1.21	.1131
0.12	.4522	0.67	.2514	1.22	.1112
0.13	.4483	0.68	.2483	1.23	.1093
0.14	.4443	0.69	.2451	1.24	.1075
0.15	.4404	0.70	.2420	1.25	.1056
0.16	.4364	0.71	.2389	1.26	.1038
0.17	.4325	0.72	.2358	1.27	.1020
0.18	.4286	0.73	.2327	1.28	.1003
0.19	.4247	0.74	.2296	1.29	.0985
0.20	.4207	0.75	.2266	1.30	.0968
0.21	.4168	0.76	.2236	1.31	.0951
0.22	.4129	0.77	.2206	1.32	.0934
0.23	.4090	0.78	.2177	1.33	.0918
0.24	.4052	0.79	.2148	1.34	.0901
0.25	.4013	0.80	.2119	1.35	.0885
0.26	.3974	0.81	.2090	1.36	.0869
0.27	.3936	0.82	.2061	1.37	.0853
0.28	.3897	0.83	.2033	1.38	.0838
0.29	.3859	0.84	.2005	1.39	.0823
0.30	.3821	0.85	.1977	1.40	.0808
0.31	.3783	0.86	.1949	1.41	.0793
0.32	.3745	0.87	.1922	1.42	.0778
0.33	.3707	0.88	.1894	1.43	.0764
0.34	.3669	0.89	.1867	1.44	.0749
0.35	.3632	0.90	.1841	1.45	.0735
0.36	.3594	0.91	.1814	1.46	.0721
0.37	.3557	0.92	.1788	1.47	.0708
0.38	.3520	0.93	.1762	1.48	.0694
0.39	.3483	0.94	.1736	1.49	.0681
0.40	.3446	0.95	.1711	1.50	.0668
0.41	.3409	0.96	.1685	1.51	.0655
0.42	.3372	0.97	.1660	1.52	.0643
0.43	.3336	0.98	.1635	1.53	.0630
0.44	.3300	0.99	.1611	1.54	.0618
0.45	.3264	1.00	.1587	1.55	.0606
0.46	.3228	1.01	.1562	1.56	.0594
0.47	.3192	1.02	.1539	1.57	.0582
0.48	.3156	1.03	.1515	1.58	.0571
0.49	.3121	1.04	.1492	1.59	.0559
0.50	.3085	1.05	.1469	1.60	.0548
0.51	.3050	1.06	.1446	1.61	.0537
0.52	.3015	1.07	.1423	1.62	.0526
0.53	.2981	1.08	.1401	1.63	.0516
0.54	.2946	1.09	.1379	1.64	.0505

付表 A 標準正規分布の面積（上側確率）の表（続き）

z		z		z	
1.65	.0495	2.22	.0132	2.79	.0026
1.66	.0485	2.23	.0129		
1.67	.0475	2.24	.0125	2.80	.0026
1.68	.0465			2.81	.0025
1.69	.0455	2.25	.0122	2.82	.0024
		2.26	.0119	2.83	.0023
1.70	.0446	2.27	.0116	2.84	.0023
1.71	.0436	2.28	.0113		
1.72	.0427	2.29	.0110	2.85	.0022
1.73	.0418			2.86	.0021
1.74	.0409	2.30	.0107	2.87	.0021
		2.31	.0104	2.88	.0020
1.75	.0401	2.32	.0102	2.89	.0019
1.76	.0392	2.33	.0099		
1.77	.0384	2.34	.0096	2.90	.0019
1.78	.0375			2.91	.0018
1.79	.0367	2.35	.0094	2.92	.0018
		2.36	.0091	2.93	.0017
1.80	.0359	2.37	.0089	2.94	.0016
1.81	.0351	2.38	.0087		
1.82	.0344	2.39	.0084	2.95	.0016
1.83	.0336			2.96	.0015
1.84	.0329	2.40	.0082	2.97	.0015
		2.41	.0080	2.98	.0014
1.85	.0322	2.42	.0078	2.99	.0014
1.86	.0314	2.43	.0075		
1.87	.0307	2.44	.0073	3.00	.0013
1.88	.0301			3.01	.0013
1.89	.0294	2.45	.0071	3.02	.0013
		2.46	.0069	3.03	.0012
1.90	.0287	2.47	.0068	3.04	.0012
1.91	.0281	2.48	.0066		
1.92	.0274	2.49	.0064	3.05	.0011
1.93	.0268			3.06	.0011
1.94	.0262	2.50	.0062	3.07	.0011
		2.51	.0060	3.08	.0010
1.95	.0256	2.52	.0059	3.09	.0010
1.96	.0250	2.53	.0057		
1.97	.0244	2.54	.0055	3.10	.0010
1.98	.0239			3.11	.0009
1.99	.0233	2.55	.0054	3.12	.0009
		2.56	.0052	3.13	.0009
2.00	.0228	2.57	.0051	3.14	.0008
2.01	.0222	2.58	.0049		
2.02	.0217	2.59	.0048	3.15	.0008
2.03	.0212			3.16	.0008
2.04	.0207	2.60	.0047	3.17	.0008
		2.61	.0045	3.18	.0007
2.05	.0202	2.62	.0044	3.19	.0007
2.06	.0197	2.63	.0043		
2.07	.0192	2.64	.0041	3.20	.0007
2.08	.0188			3.21	.0007
2.09	.0183	2.65	.0040	3.22	.0006
		2.66	.0039	3.23	.0006
2.10	.0179	2.67	.0038	3.24	.0006
2.11	.0174	2.68	.0037		
2.12	.0170	2.69	.0036	3.25	.0006
2.13	.0166			3.30	.0005
2.14	.0162	2.70	.0035	3.35	.0004
		2.71	.0034	3.40	.0003
2.15	.0158	2.72	.0033	3.45	.0003
2.16	.0154	2.73	.0032		
2.17	.0150	2.74	.0031	3.50	.0002
2.18	.0146			3.60	.0002
2.19	.0143	2.75	.0030	3.70	.0001
		2.76	.0029	3.80	.0001
2.20	.0139	2.77	.0028	3.90	.00005
2.21	.0136	2.78	.0027	4.00	.00003

付表 B　乱数表 (a)

55 21 78 91 08	71 01 16 14 83	99 26 14 00 14	64 54 70 89 74
25 32 19 99 74	31 96 33 42 11	17 71 25 17 23	05 16 91 08 31
58 79 68 91 95	72 95 78 72 15	82 38 31 01 75	63 67 26 15 47
73 31 97 35 43	12 16 69 71 61	65 94 51 23 86	54 26 41 25 92
40 59 75 00 87	71 30 26 60 70	83 60 54 00 28	97 11 05 59 32
76 80 19 06 43	17 53 66 05 10	04 53 56 52 17	13 91 89 84 38
51 13 99 72 32	18 05 08 27 99	50 43 30 48 23	69 85 60 70 78
35 78 34 16 23	96 59 75 44 06	38 49 43 05 16	34 12 87 86 21
44 92 42 56 84	67 28 81 26 02	36 90 14 46 62	27 89 88 99 86
98 75 42 11 84	49 82 95 90 03	64 83 60 35 32	17 38 34 31 42
67 45 01 00 92	13 91 38 55 81	40 97 01 92 95	22 75 41 98 05
18 21 92 43 25	76 22 77 90 00	33 01 06 86 66	60 68 29 68 97
69 21 29 56 53	58 96 81 14 82	62 15 44 37 19	01 89 67 12 87
42 16 35 11 46	28 32 21 46 46	45 58 85 13 20	67 56 74 49 91
03 73 26 75 72	53 46 62 54 58	51 96 43 81 35	20 84 17 94 79
21 60 20 16 97	01 06 24 55 38	98 49 91 12 88	83 46 17 70 70
16 96 38 53 93	95 85 28 72 05	06 36 46 73 94	23 08 40 43 31
54 00 47 05 77	50 00 89 70 80	44 76 27 34 74	10 92 58 34 84
58 44 68 43 19	36 18 79 69 78	29 88 02 14 96	12 63 37 10 95
43 41 16 31 37	21 59 64 88 19	81 89 42 30 27	47 41 97 39 33
29 13 63 91 49	24 42 16 47 22	19 99 14 01 88	86 46 56 43 69
85 30 28 94 27	16 37 52 13 58	62 88 88 49 98	96 96 35 39 70
81 58 78 03 86	63 60 91 56 43	28 74 32 91 25	48 61 52 96 57
85 68 84 43 48	86 33 52 94 97	86 25 66 95 88	08 07 24 82 95
15 78 11 78 78	51 21 01 95 87	54 61 56 79 55	97 56 71 16 55
39 56 81 79 98	29 46 12 28 83	01 98 72 13 95	81 74 60 66 04
77 71 62 13 26	88 25 50 64 55	98 58 34 15 27	82 81 62 01 64
48 91 21 50 29	95 26 83 18 68	10 06 59 54 68	65 94 45 93 51
69 87 79 08 27	72 70 33 62 95	59 16 17 99 40	01 85 78 06 34
61 25 02 58 89	85 73 15 12 00	60 51 74 18 07	59 19 28 12 82
41 76 63 66 34	05 06 00 89 08	36 34 53 32 96	58 19 67 28 16
80 59 78 00 29	00 89 59 62 35	54 82 21 58 68	15 00 61 74 51
93 40 15 83 44	37 36 56 97 97	81 14 94 63 93	99 82 79 16 57
00 39 94 80 98	36 70 63 65 15	39 98 96 69 93	31 35 41 77 55
75 76 84 62 61	18 59 48 85 07	44 04 42 43 84	78 26 16 23 61
30 69 03 47 99	48 71 29 75 46	67 53 02 56 37	10 26 22 24 46
88 38 72 03 33	98 25 27 03 46	26 10 46 24 69	44 00 77 48 77
15 00 57 00 30	35 89 07 90 25	89 93 89 16 49	51 72 51 14 74
31 74 78 06 10	28 84 92 54 56	76 75 55 02 47	98 57 13 42 04
04 29 02 41 42	95 76 48 62 55	54 72 07 52 30	54 75 31 48 39
55 34 52 21 43	05 85 94 33 91	42 51 68 32 67	87 43 72 51 94
99 06 42 17 33	79 30 49 87 32	10 84 55 10 76	66 30 06 72 89
58 66 41 96 80	32 28 31 42 48	75 38 85 06 78	11 06 54 28 43
98 32 71 28 53	35 99 10 16 57	58 82 81 41 40	39 91 32 89 75
39 72 99 81 71	06 63 03 30 29	76 36 59 82 32	71 51 60 73 02
00 56 93 75 53	15 37 32 50 80	48 17 36 96 71	24 05 55 48 46
52 52 23 28 18	30 91 13 48 33	45 45 86 04 28	18 25 39 35 75
11 80 08 10 34	20 93 66 91 03	33 89 74 76 71	21 78 79 51 56
45 06 17 38 21	03 13 61 48 63	82 68 71 29 69	02 32 45 16 10
76 54 68 82 47	50 68 64 88 78	11 48 42 31 89	30 55 52 96 01

付表 B　乱数表 (b)

69 52 36 97 96	85 53 75 64 21	33 37 16 00 68	46 46 70 03 26	
99 72 84 61 17	50 51 95 44 49	99 70 74 12 73	32 51 83 65 23	
69 05 20 87 21	23 30 69 52 80	41 12 54 19 95	59 22 85 38 54	
99 22 61 42 79	72 59 66 56 30	75 69 73 89 04	96 26 44 91 90	
04 88 75 44 06	14 04 03 25 68	22 62 52 42 70	12 32 29 93 99	
08 75 35 64 26	22 39 54 29 15	50 10 58 96 10	77 61 10 65 50	
78 51 57 70 55	62 30 83 85 87	27 31 62 70 94	60 80 55 74 11	
31 34 08 80 11	53 94 10 63 04	73 44 80 83 40	26 57 31 87 52	
37 44 61 63 14	64 52 03 31 36	06 18 33 03 67	49 63 10 78 41	
15 99 32 38 33	15 73 33 08 51	96 71 89 51 44	45 16 58 10 47	
83 17 39 23 84	22 74 67 14 15	60 22 66 42 38	31 33 44 04 38	
08 68 52 88 89	55 75 74 66 00	17 40 83 47 20	28 84 39 31 85	
14 20 91 51 16	34 45 73 33 24	86 43 59 85 58	55 39 10 56 53	
15 42 72 31 32	76 51 33 84 04	36 50 63 74 71	30 64 75 99 64	
81 52 15 96 58	51 13 71 37 13	86 32 14 83 77	22 31 04 31 86	
33 22 91 67 62	77 51 08 13 16	55 55 31 82 96	50 57 17 68 37	
36 67 16 60 62	24 32 12 29 32	60 38 30 86 45	32 60 30 30 86	
11 56 58 45 28	07 75 01 54 82	22 00 83 18 44	86 59 62 84 50	
75 06 87 38 75	98 96 93 03 78	55 59 55 92 07	31 72 32 00 51	
48 42 72 63 27	67 69 11 54 49	36 38 20 32 13	89 21 11 48 56	
50 29 83 86 00	80 10 19 67 57	76 50 93 55 73	75 22 66 95 85	
98 86 86 25 15	57 40 38 16 24	00 69 95 29 59	60 96 18 62 05	
13 82 02 00 88	17 74 37 17 16	22 10 43 23 37	12 60 81 66 88	
11 85 00 30 89	78 85 84 40 03	13 92 06 05 78	99 82 28 75 48	
62 15 97 33 37	59 38 98 54 04	41 86 54 96 50	41 83 77 10 58	
84 40 63 78 51	29 02 48 26 89	75 59 04 13 72	57 31 45 87 34	
97 78 65 34 97	05 49 00 26 24	83 80 77 24 61	13 43 00 77 45	
69 98 23 18 97	60 95 78 73 29	86 68 89 50 39	31 90 66 48 11	
69 21 57 52 69	59 10 98 35 23	50 92 11 58 72	78 90 06 68 50	
64 13 83 01 81	21 11 27 31 75	96 20 60 17 29	72 10 42 06 30	
26 94 22 87 51	16 69 36 30 52	90 20 04 96 30	84 21 42 33 72	
22 33 42 27 50	12 00 93 50 75	54 13 67 14 44	32 42 23 65 43	
20 47 12 90 45	28 77 17 62 11	55 67 12 89 88	34 90 05 72 62	
40 57 50 45 56	84 15 76 31 80	61 00 10 91 32	08 35 10 72 48	
51 80 25 61 00	46 34 90 29 50	43 81 79 38 94	26 95 00 84 69	
20 86 05 04 48	84 01 77 73 89	66 78 38 47 93	02 88 00 77 45	
16 92 61 98 67	17 89 05 83 19	53 12 57 90 99	10 35 76 20 94	
10 20 60 58 26	65 62 45 26 55	71 00 54 35 30	15 54 46 32 85	
19 35 71 53 44	94 42 64 22 17	38 60 97 48 53	37 12 81 30 36	
62 07 63 02 90	25 97 81 40 25	74 13 56 00 39	45 81 98 35 18	
59 59 56 77 83	27 46 65 99 47	48 27 49 62 05	06 77 16 65 47	
26 54 07 92 42	17 06 85 66 51	77 71 45 99 23	12 60 01 37 03	
84 12 14 17 84	64 98 08 12 05	81 61 61 31 07	19 77 82 23 75	
00 02 68 23 79	39 89 05 03 81	28 69 18 25 29	55 17 14 37 59	
94 44 95 24 94	04 47 44 08 44	36 62 84 53 06	72 62 76 02 19	
86 57 67 94 51	88 94 44 00 65	27 10 28 82 60	37 78 31 87 19	
43 57 51 50 67	53 46 22 94 13	66 31 69 31 56	69 33 00 57 81	
33 65 16 08 10	69 73 49 10 04	75 93 24 68 14	36 99 52 35 72	
77 50 80 43 00	05 95 94 16 83	21 18 65 14 54	59 43 05 37 11	
92 30 64 18 06	31 78 23 81 00	73 21 58 86 93	54 33 79 33 18	

付表C　tの表

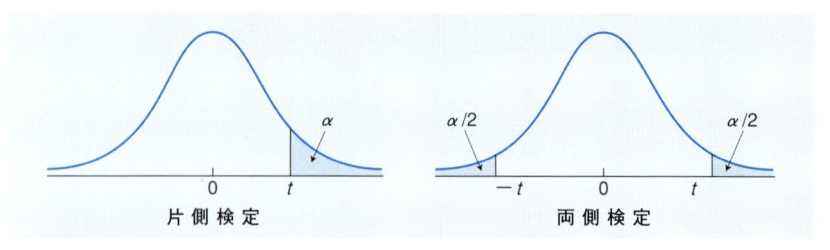

	片側検定の有意水準					
df	.10	.05	.025	.01	.005	.0005
	両側検定の有意水準					
	.20	.10	.05	.02	.01	.001
1	3.078	6.314	12.706	31.821	63.657	636.619
2	1.886	2.920	4.303	6.965	9.925	31.598
3	1.638	2.353	3.182	4.541	5.841	12.941
4	1.533	2.132	2.776	3.747	4.604	8.610
5	1.476	2.015	2.571	3.365	4.032	6.859
6	1.440	1.943	2.447	3.143	3.707	5.959
7	1.415	1.895	2.365	2.998	3.499	5.405
8	1.397	1.860	2.306	2.896	3.355	5.041
9	1.383	1.833	2.262	2.821	3.250	4.781
10	1.372	1.812	2.228	2.764	3.169	4.587
11	1.363	1.796	2.201	2.718	3.106	4.437
12	1.356	1.782	2.179	2.681	3.055	4.318
13	1.350	1.771	2.160	2.650	3.012	4.221
14	1.345	1.761	2.145	2.624	2.977	4.140
15	1.341	1.753	2.131	2.602	2.947	4.073
16	1.337	1.746	2.120	2.583	2.921	4.015
17	1.333	1.740	2.110	2.567	2.898	3.965
18	1.330	1.734	2.101	2.552	2.878	3.922
19	1.328	1.729	2.093	2.539	2.861	3.883
20	1.325	1.725	2.086	2.528	2.845	3.850
21	1.323	1.721	2.080	2.518	2.831	3.819
22	1.321	1.717	2.074	2.508	2.819	3.792
23	1.319	1.714	2.069	2.500	2.807	3.767
24	1.318	1.711	2.064	2.492	2.797	3.745
25	1.316	1.708	2.060	2.485	2.787	3.725
26	1.315	1.706	2.056	2.479	2.779	3.707
27	1.314	1.703	2.052	2.473	2.771	3.690
28	1.313	1.701	2.048	2.467	2.763	3.674
29	1.311	1.699	2.045	2.462	2.756	3.659
30	1.310	1.697	2.042	2.457	2.750	3.646
40	1.303	1.684	2.021	2.423	2.704	3.551
60	1.296	1.671	2.000	2.390	2.660	3.460
120	1.289	1.658	1.980	2.358	2.617	3.373
∞	1.282	1.645	1.960	2.326	2.576	3.291

付表 D F の表

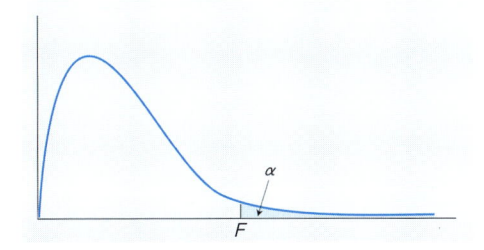

	α	1	2	3	4	5	6	7	8
1	.10	39.9	49.5	53.6	55.8	57.2	58.2	58.9	59.4
	.05	161	200	216	225	230	234	237	239
	.025	648	800	864	900	922	937	948	957
	.01	4052	5000	5403	5625	5764	5859	5928	5982
	.001	4053*	5000*	5404*	5625*	5764*	5859*	5929*	5981*
2	.10	8.53	9.00	9.16	9.24	9.29	9.33	9.35	9.37
	.05	18.5	19.0	19.2	19.3	19.3	19.3	19.4	19.4
	.025	38.5	39.0	39.2	39.3	39.3	39.3	39.4	39.4
	.01	98.5	99.0	99.2	99.3	99.3	99.3	99.4	99.4
	.001	999	999	999	999	999	999	999	999
3	.10	5.54	5.46	5.39	5.34	5.31	5.28	5.27	5.25
	.05	10.1	9.55	9.28	9.12	9.01	8.94	8.89	8.85
	.025	17.4	16.0	15.4	15.1	14.9	14.7	14.6	14.5
	.01	34.1	30.8	29.5	28.7	28.2	27.9	27.7	27.5
	.001	167	148	141	137	135	133	132	131
4	.10	4.54	4.32	4.19	4.11	4.05	4.01	3.98	3.95
	.05	7.71	6.94	6.59	6.39	6.26	6.16	6.09	6.04
	.025	12.2	10.6	9.98	9.60	9.36	9.20	9.07	8.98
	.01	21.2	18.0	16.7	16.0	15.5	15.2	15.0	14.8
	.001	74.1	61.2	56.2	53.4	51.7	50.5	49.7	49.0
5	.10	4.06	3.78	3.62	3.52	3.45	3.40	3.37	3.34
	.05	6.61	5.79	5.41	5.19	5.05	4.95	4.88	4.82
	.025	10.0	8.43	7.76	7.39	7.15	6.98	6.85	6.76
	.01	16.3	13.3	12.1	11.4	11.0	10.7	10.5	10.3
	.001	47.2	37.1	33.2	31.1	29.8	28.8	28.2	27.6
6	.10	3.78	3.46	3.29	3.18	3.11	3.05	3.01	2.98
	.05	5.99	5.14	4.76	4.53	4.39	4.28	4.21	4.15
	.025	8.81	7.26	6.60	6.23	5.99	5.82	5.70	5.60
	.01	13.8	10.9	9.78	9.15	8.75	8.47	8.26	8.10
	.001	35.5	27.0	23.7	21.9	20.8	20.0	19.5	19.0
7	.10	3.59	3.26	3.07	2.96	2.88	2.83	2.78	2.75
	.05	5.59	4.74	4.35	4.12	3.97	3.87	3.79	3.73
	.025	8.07	6.54	5.89	5.52	5.29	5.12	4.99	4.90
	.01	12.2	9.55	8.45	7.85	7.46	7.19	6.99	6.84
	.001	29.2	21.7	18.8	17.2	16.2	15.5	15.0	14.6
8	.10	3.46	3.11	2.92	2.81	2.73	2.67	2.62	2.59
	.05	5.32	4.46	4.07	3.84	3.69	3.58	3.50	3.44
	.025	7.57	6.06	5.42	5.05	4.82	4.65	4.53	4.43
	.01	11.3	8.65	7.59	7.01	6.63	6.37	6.18	6.03
	.001	25.4	18.5	15.8	14.4	13.5	12.9	12.4	12.0

分子の自由度 (ν_1)

分母の自由度 (ν_2)

*印の値は100倍すること。

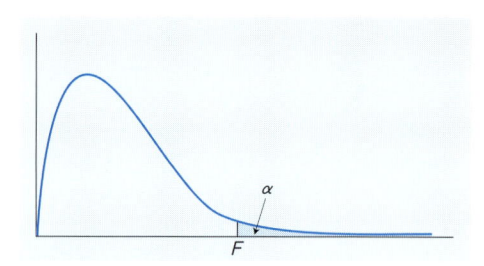

付表D　Fの表（続き）

		分子の自由度 (ν_1)									
		9	10	12	15	20	24	30	40	60	∞
分母の自由度 (ν_2)	1	59.9 240 963 6022 6023*	60.2 242 969 6056 6056*	60.7 244 977 6106 6107*	61.2 246 985 6157 6158*	61.7 248 993 6209 6209*	62.0 249 997 6235 6235*	62.3 250 1001 6261 6261*	62.5 251 1006 6287 6287*	62.8 252 1010 6313 6313*	63.3 254 1018 6366 6366*
	2	9.38 19.4 39.4 99.4 999	9.39 19.4 39.4 99.4 999	9.41 19.4 39.4 99.4 999	9.42 19.4 39.4 99.4 999	9.44 19.5 39.5 99.5 999	9.45 19.5 39.5 99.5 1000	9.46 19.5 39.5 99.5 1000	9.47 19.5 39.5 99.5 1000	9.47 19.5 39.5 99.5 1000	9.49 19.5 39.5 99.5 1000
	3	5.24 8.81 14.5 27.4 130	5.23 8.79 14.4 27.2 129	5.22 8.74 14.3 27.0 128	5.20 8.70 14.2 26.9 127	5.18 8.66 14.2 26.7 126	5.18 8.64 14.1 26.6 126	5.17 8.62 14.1 26.5 125	5.16 8.59 14.0 26.4 125	5.15 8.57 14.0 26.3 124	5.13 8.53 13.9 26.1 124
	4	3.94 6.00 8.90 14.7 48.5	3.92 5.96 8.84 14.6 48.0	3.90 5.91 8.75 14.4 47.4	3.87 5.86 8.66 14.2 46.8	3.84 5.80 8.56 14.0 46.1	3.83 5.77 8.51 13.9 45.8	3.82 5.75 8.46 13.8 45.4	3.80 5.72 8.41 13.8 45.1	3.79 5.69 8.36 13.6 44.8	3.76 5.63 8.26 13.5 44.0
	5	3.32 4.77 6.68 10.2 27.2	3.30 4.74 6.62 10.0 26.9	3.27 4.68 6.52 9.89 26.4	3.24 4.62 6.43 9.72 25.9	3.21 4.56 6.33 9.55 25.4	3.19 4.53 6.28 9.47 25.1	3.17 4.50 6.23 9.38 24.9	3.16 4.46 6.18 9.29 24.6	3.14 4.43 6.12 9.20 24.3	3.10 4.36 6.02 9.02 23.8
	6	2.96 4.10 5.52 7.98 18.7	2.94 4.06 5.46 7.87 18.4	2.90 4.00 5.37 7.72 18.0	2.87 3.94 5.27 7.56 17.6	2.84 3.87 5.17 7.40 17.1	2.82 3.84 5.12 7.31 16.9	2.80 3.81 5.07 7.23 16.7	2.78 3.77 5.01 7.14 16.4	2.76 3.74 4.96 7.06 16.2	2.72 3.67 4.85 6.88 15.8
	7	2.72 3.68 4.82 6.72 14.3	2.70 3.64 4.76 6.62 14.1	2.67 3.57 4.67 6.47 13.7	2.63 3.51 4.57 6.31 13.3	2.59 3.44 4.47 6.16 12.9	2.58 3.41 4.42 6.07 12.7	2.56 3.38 4.36 5.99 12.5	2.54 3.34 4.31 5.91 12.3	2.51 3.30 4.25 5.82 12.1	2.47 3.23 4.14 5.65 11.7
	8	2.56 3.39 4.36 5.91 11.8	2.54 3.35 4.30 5.81 11.5	2.50 3.28 4.20 5.67 11.2	2.46 3.22 4.10 5.52 10.8	2.42 3.15 4.00 5.36 10.5	2.40 3.12 3.95 5.28 10.3	2.38 3.08 3.89 5.20 10.1	2.36 3.04 3.84 5.12 9.92	2.34 3.01 3.78 5.03 9.73	2.29 2.93 3.67 4.86 9.33

*印の値は100倍すること。

付表 D　Fの表（続き）

分子の自由度 (ν_1)

ν_2	α	1	2	3	4	5	6	7	8
9	.10	3.36	3.01	2.81	2.69	2.61	2.55	2.51	2.47
	.05	5.12	4.26	3.86	3.63	3.48	3.37	3.29	3.23
	.025	7.21	5.71	5.08	4.72	4.48	4.32	4.20	4.10
	.01	10.6	8.02	6.99	6.42	6.06	5.80	5.61	5.47
	.001	22.9	16.4	13.9	12.6	11.7	11.1	10.7	10.4
10	.10	3.29	2.92	2.73	2.61	2.52	2.46	2.41	2.38
	.05	4.96	4.10	3.71	3.48	3.33	3.22	3.14	3.07
	.025	6.94	5.46	4.83	4.47	4.24	4.07	3.95	3.85
	.01	10.0	7.56	6.55	5.99	5.64	5.39	5.20	5.06
	.001	21.0	14.9	12.6	11.3	10.5	9.92	9.52	9.20
11	.10	3.23	2.86	2.66	2.54	2.45	2.39	2.34	2.30
	.05	4.84	3.98	3.59	3.36	3.20	3.09	3.01	2.95
	.025	6.72	5.26	4.63	4.28	4.04	3.88	3.76	3.66
	.01	9.65	7.21	6.22	5.67	5.32	5.07	4.89	4.74
	.001	19.7	13.8	11.6	10.4	9.58	9.05	8.66	8.35
12	.10	3.18	2.81	2.61	2.48	2.39	2.33	2.28	2.24
	.05	4.75	3.89	3.49	3.26	3.11	3.00	2.91	2.85
	.025	6.55	5.10	4.47	4.12	3.89	3.73	3.61	3.51
	.01	9.33	6.93	5.95	5.41	5.06	4.82	4.64	4.50
	.001	18.6	13.0	10.8	9.63	8.89	8.38	8.00	7.71
13	.10	3.14	2.76	2.56	2.43	2.35	2.28	2.23	2.20
	.05	4.67	3.81	3.41	3.18	3.03	2.92	2.83	2.77
	.025	6.41	4.97	4.35	4.00	3.77	3.60	3.48	3.39
	.01	9.07	6.70	5.74	5.21	4.86	4.62	4.44	4.30
	.001	17.8	12.3	10.2	9.07	8.35	7.86	7.49	7.21
14	.10	3.10	2.73	2.52	2.39	2.31	2.24	2.19	2.15
	.05	4.60	3.74	3.34	3.11	2.96	2.85	2.76	2.70
	.025	6.30	4.86	4.24	3.89	3.66	3.50	3.38	3.29
	.01	8.86	6.51	5.56	5.04	4.69	4.46	4.28	4.14
	.001	17.1	11.8	9.73	8.62	7.92	7.43	7.08	6.80
15	.10	3.07	2.70	2.49	2.36	2.27	2.21	2.16	2.12
	.05	4.54	3.68	3.29	3.06	2.90	2.79	2.71	2.64
	.025	6.20	4.77	4.15	3.80	3.58	3.41	3.29	3.20
	.01	8.68	6.36	5.42	4.89	4.56	4.32	4.14	4.00
	.001	16.6	11.3	9.34	8.25	7.57	7.09	6.74	6.47
16	.10	3.05	2.67	2.46	2.33	2.24	2.18	2.13	2.09
	.05	4.49	3.63	3.24	3.01	2.85	2.74	2.66	2.59
	.025	6.12	4.69	4.08	3.73	3.50	3.34	3.22	3.12
	.01	8.53	6.23	5.29	4.77	4.44	4.20	4.03	3.89
	.001	16.1	11.0	9.00	7.94	7.27	6.81	6.46	6.19
17	.10	3.03	2.64	2.44	2.31	2.22	2.15	2.10	2.06
	.05	4.45	3.59	3.20	2.96	2.81	2.70	2.61	2.55
	.025	6.04	4.62	4.01	3.66	3.44	3.28	3.16	3.06
	.01	8.40	6.11	5.18	4.67	4.34	4.10	3.93	3.79
	.001	15.7	10.7	8.73	7.68	7.02	6.56	6.22	5.96
18	.10	3.01	2.62	2.42	2.29	2.20	2.13	2.08	2.04
	.05	4.41	3.55	3.16	2.93	2.77	2.66	2.58	2.51
	.025	5.98	4.56	3.95	3.61	3.38	3.22	3.10	3.01
	.01	8.29	6.01	5.09	4.58	4.25	4.01	3.84	3.71
	.001	15.4	10.4	8.49	7.46	6.81	6.35	6.02	5.76

付表 D　Fの表（続き）

ν_2 \ ν_1	9	10	12	15	20	24	30	40	60	∞
9	2.44 3.18 4.03 5.35 10.1	2.42 3.14 3.96 5.26 9.89	2.38 3.07 3.87 5.11 9.57	2.34 3.01 3.77 4.96 9.24	2.30 2.94 3.67 4.81 8.90	2.28 2.90 3.61 4.73 8.72	2.25 2.86 3.56 4.65 8.55	2.23 2.83 3.51 4.57 8.37	2.21 2.79 3.45 4.48 8.19	2.16 2.71 3.33 4.31 7.81
10	2.35 3.02 3.78 4.94 8.96	2.32 2.98 3.72 4.85 8.75	2.28 2.91 3.62 4.71 8.45	2.24 2.85 3.52 4.56 8.13	2.20 2.77 3.42 4.41 7.80	2.18 2.74 3.37 4.33 7.64	2.16 2.70 3.31 4.25 7.47	2.13 2.66 3.26 4.17 7.30	2.11 2.62 3.20 4.08 7.12	2.06 2.54 3.08 3.91 6.76
11	2.27 2.90 3.59 4.63 8.12	2.25 2.85 3.53 4.54 7.92	2.21 2.79 3.43 4.40 7.63	2.17 2.72 3.33 4.25 7.32	2.12 2.65 3.23 4.10 7.01	2.10 2.61 3.17 4.02 6.85	2.08 2.57 3.12 3.94 6.68	2.05 2.53 3.06 3.86 6.52	2.03 2.49 3.00 3.78 6.35	1.97 2.40 2.88 3.60 6.00
12	2.21 2.80 3.44 4.39 7.48	2.19 2.75 3.37 4.30 7.29	2.15 2.69 3.28 4.16 7.00	2.10 2.62 3.18 4.01 6.71	2.06 2.54 3.07 3.86 6.40	2.04 2.51 3.02 3.78 6.25	2.01 2.47 2.96 3.70 6.09	1.99 2.43 2.91 3.62 5.93	1.96 2.38 2.85 3.54 5.76	1.90 2.30 2.72 3.36 5.42
13	2.16 2.71 3.31 4.19 6.98	2.14 2.67 3.25 4.10 6.80	2.10 2.60 3.15 3.96 6.52	2.05 2.53 3.05 3.82 6.23	2.01 2.46 2.95 3.66 5.93	1.98 2.42 2.89 3.59 5.78	1.96 2.38 2.84 3.51 5.63	1.93 2.34 2.78 3.43 5.47	1.90 2.30 2.72 3.34 5.30	1.85 2.21 2.60 3.17 4.97
14	2.12 2.65 3.21 4.03 6.58	2.10 2.60 3.15 3.94 6.40	2.05 2.53 3.05 3.80 6.13	2.01 2.46 2.95 3.66 5.85	1.96 2.39 2.84 3.51 5.56	1.94 2.35 2.79 3.43 5.41	1.91 2.31 2.73 3.35 5.25	1.89 2.27 2.67 3.27 5.10	1.86 2.22 2.61 3.18 4.94	1.80 2.13 2.49 3.00 4.60
15	2.09 2.59 3.12 3.89 6.26	2.06 2.54 3.06 3.80 6.08	2.02 2.48 2.96 3.67 5.81	1.97 2.40 2.86 3.52 5.54	1.92 2.33 2.76 3.37 5.25	1.90 2.29 2.70 3.29 5.10	1.87 2.25 2.64 3.21 4.95	1.85 2.20 2.59 3.13 4.80	1.82 2.16 2.52 3.05 4.64	1.76 2.07 2.40 2.87 4.31
16	2.06 2.54 3.05 3.78 5.98	2.03 2.49 2.99 3.69 5.81	1.99 2.42 2.89 3.55 5.55	1.94 2.35 2.79 3.41 5.27	1.89 2.28 2.68 3.26 4.99	1.87 2.24 2.63 3.18 4.85	1.84 2.19 2.57 3.10 4.70	1.81 2.15 2.51 3.02 4.54	1.78 2.11 2.45 2.93 4.39	1.72 2.01 2.32 2.75 4.06
17	2.03 2.49 2.98 3.68 5.75	2.00 2.45 2.92 3.59 5.58	1.96 2.38 2.82 3.46 5.32	1.91 2.31 2.72 3.31 5.05	1.86 2.23 2.62 3.16 4.78	1.84 2.19 2.56 3.08 4.63	1.81 2.15 2.50 3.00 4.48	1.78 2.10 2.44 2.92 4.33	1.75 2.06 2.38 2.83 4.18	1.69 1.96 2.25 2.65 3.85
18	2.00 2.46 2.93 3.60 5.56	1.98 2.41 2.87 3.51 5.39	1.93 2.34 2.77 3.37 5.13	1.89 2.27 2.67 3.23 4.87	1.84 2.19 2.56 3.08 4.59	1.81 2.15 2.50 3.00 4.45	1.78 2.11 2.44 2.92 4.30	1.75 2.06 2.38 2.84 4.15	1.72 2.02 2.32 2.75 4.00	1.66 1.92 2.19 2.57 3.67

付表 D　Fの表（続き）

分子の自由度 (ν_1)

ν_2	α	1	2	3	4	5	6	7	8
19	.10	2.99	2.61	2.40	2.27	2.18	2.11	2.06	2.02
	.05	4.38	3.52	3.13	2.90	2.74	2.63	2.54	2.48
	.025	5.92	4.51	3.90	3.56	3.33	3.17	3.05	2.96
	.01	8.18	5.93	5.01	4.50	4.17	3.94	3.77	3.63
	.001	15.1	10.2	8.28	7.26	6.62	6.18	5.85	5.59
20	.10	2.97	2.59	2.38	2.25	2.16	2.09	2.04	2.00
	.05	4.35	3.49	3.10	2.87	2.71	2.60	2.51	2.45
	.025	5.87	4.46	3.86	3.51	3.29	3.13	3.01	2.91
	.01	8.10	5.85	4.94	4.43	4.10	3.87	3.70	3.56
	.001	14.8	9.95	8.10	7.10	6.46	6.02	5.69	5.44
22	.10	2.95	2.56	2.35	2.22	2.13	2.06	2.01	1.97
	.05	4.30	3.44	3.05	2.82	2.66	2.55	2.46	2.40
	.025	5.79	4.38	3.78	3.44	3.22	3.05	2.93	2.84
	.01	7.95	5.72	4.82	4.31	3.99	3.76	3.59	3.45
	.001	14.4	9.61	7.80	6.81	6.19	5.76	5.44	5.19
24	.10	2.93	2.54	2.33	2.19	2.10	2.04	1.98	1.94
	.05	4.26	3.40	3.01	2.78	2.62	2.51	2.42	2.36
	.025	5.72	4.32	3.72	3.38	3.15	2.99	2.87	2.78
	.01	7.82	5.61	4.72	4.22	3.90	3.67	3.50	3.36
	.001	14.0	9.34	7.55	6.59	5.98	5.55	5.23	4.99
28	.10	2.89	2.50	2.29	2.16	2.06	2.00	1.94	1.90
	.05	4.20	3.34	2.95	2.71	2.56	2.45	2.36	2.29
	.025	5.61	4.22	3.63	3.29	3.06	2.90	2.78	2.69
	.01	7.64	5.45	4.57	4.07	3.75	3.53	3.36	3.23
	.001	13.5	8.93	7.19	6.25	5.66	5.24	4.93	4.69
30	.10	2.88	2.49	2.28	2.14	2.05	1.98	1.93	1.88
	.05	4.17	3.32	2.92	2.69	2.53	2.42	2.33	2.27
	.025	5.57	4.18	3.59	3.25	3.03	2.87	2.75	2.65
	.01	7.56	5.39	4.51	4.02	3.70	3.47	3.30	3.17
	.001	13.3	8.77	7.05	6.12	5.53	5.12	4.82	4.58
40	.10	2.84	2.44	2.23	2.09	2.00	1.93	1.87	1.83
	.05	4.08	3.23	2.84	2.61	2.45	2.34	2.25	2.18
	.025	5.42	4.05	3.46	3.13	2.90	2.74	2.62	2.53
	.01	7.31	5.18	4.31	3.83	3.51	3.29	3.12	2.99
	.001	12.6	8.25	6.60	5.70	5.13	4.73	4.44	4.21
60	.10	2.79	2.39	2.18	2.04	1.95	1.87	1.82	1.77
	.05	4.00	3.15	2.76	2.53	2.37	2.25	2.17	2.10
	.025	5.29	3.93	3.34	3.01	2.79	2.63	2.51	2.41
	.01	7.08	4.98	4.13	3.65	3.34	3.12	2.95	2.82
	.001	12.0	7.76	6.17	5.31	4.76	4.37	4.09	3.87
120	.10	2.75	2.35	2.13	1.99	1.90	1.82	1.77	1.72
	.05	3.92	3.07	2.68	2.45	2.29	2.17	2.09	2.02
	.025	5.15	3.80	3.23	2.89	2.67	2.52	2.39	2.30
	.01	6.85	4.79	3.95	3.48	3.17	2.96	2.79	2.66
	.001	11.4	7.32	5.79	4.95	4.42	4.04	3.77	3.55
∞	.10	2.71	2.30	2.08	1.94	1.85	1.77	1.72	1.67
	.05	3.84	3.00	2.60	2.37	2.21	2.10	2.01	1.94
	.025	5.02	3.69	3.12	2.79	2.57	2.41	2.29	2.19
	.01	6.63	4.61	3.78	3.32	3.02	2.80	2.64	2.51
	.001	10.8	6.91	5.42	4.62	4.10	3.74	3.47	3.27

付表 D　Fの表（続き）

分子の自由度（ν_1）

ν_2		9	10	12	15	20	24	30	40	60	∞
分母の自由度（ν_2）	19	1.98 2.42 2.88 3.52 5.39	1.96 2.38 2.82 3.43 5.22	1.91 2.31 2.72 3.30 4.97	1.86 2.23 2.62 3.15 4.70	1.81 2.16 2.51 3.00 4.43	1.79 2.11 2.45 2.92 4.29	1.76 2.07 2.39 2.84 4.14	1.73 2.03 2.33 2.76 3.99	1.70 1.98 2.27 2.67 3.84	1.63 1.88 2.13 2.49 3.51
	20	1.96 2.39 2.84 3.46 5.24	1.94 2.35 2.77 3.37 5.08	1.89 2.28 2.68 3.23 4.82	1.84 2.20 2.57 3.09 4.56	1.79 2.12 2.46 2.94 4.29	1.77 2.08 2.41 2.86 4.15	1.74 2.04 2.35 2.78 4.00	1.71 1.99 2.29 2.69 3.86	1.68 1.95 2.22 2.61 3.70	1.61 1.84 2.09 2.42 3.38
	22	1.93 2.34 2.76 3.35 4.99	1.90 2.30 2.70 3.26 4.83	1.86 2.23 2.60 3.12 4.58	1.81 2.15 2.50 2.98 4.33	1.76 2.07 2.39 2.83 4.06	1.73 2.03 2.33 2.75 3.92	1.70 1.98 2.27 2.67 3.78	1.67 1.94 2.21 2.58 3.63	1.64 1.89 2.14 2.50 3.48	1.57 1.78 2.00 2.31 3.15
	24	1.91 2.30 2.70 3.26 4.80	1.88 2.25 2.64 3.17 4.64	1.83 2.18 2.54 3.03 4.39	1.78 2.11 2.44 2.89 4.14	1.73 2.03 2.33 2.74 3.87	1.70 1.98 2.27 2.66 3.74	1.67 1.94 2.21 2.58 3.59	1.64 1.89 2.15 2.49 3.45	1.61 1.84 2.08 2.40 3.29	1.53 1.73 1.94 2.21 2.97
	28	1.87 2.24 2.61 3.12 4.50	1.84 2.19 2.55 3.03 4.35	1.79 2.12 2.45 2.90 4.11	1.74 2.04 2.34 2.75 3.86	1.69 1.96 2.23 2.60 3.60	1.66 1.91 2.17 2.52 3.46	1.63 1.87 2.11 2.44 3.32	1.59 1.82 2.05 2.35 3.18	1.56 1.77 1.98 2.26 3.02	1.48 1.65 1.83 2.06 2.69
	30	1.85 2.21 2.57 3.07 4.39	1.82 2.16 2.51 2.98 4.24	1.77 2.09 2.41 2.84 4.00	1.72 2.01 2.31 2.70 3.75	1.67 1.93 2.20 2.55 3.49	1.64 1.89 2.14 2.47 3.36	1.61 1.84 2.07 2.39 3.22	1.57 1.79 2.01 2.30 3.07	1.54 1.74 1.94 2.21 2.92	1.46 1.62 1.79 2.01 2.59
	40	1.79 2.12 2.45 2.89 4.02	1.76 2.08 2.39 2.80 3.87	1.71 2.00 2.29 2.66 3.64	1.66 1.92 2.18 2.52 3.40	1.61 1.84 2.07 2.37 3.15	1.57 1.79 2.01 2.29 3.01	1.54 1.74 1.94 2.20 2.87	1.51 1.69 1.88 2.11 2.73	1.47 1.64 1.80 2.02 2.57	1.38 1.51 1.64 1.80 2.23
	60	1.74 2.04 2.33 2.72 3.69	1.71 1.99 2.27 2.63 3.54	1.66 1.92 2.17 2.50 3.31	1.60 1.84 2.06 2.35 3.08	1.54 1.75 1.94 2.20 2.83	1.51 1.70 1.88 2.12 2.69	1.48 1.65 1.82 2.03 2.55	1.44 1.59 1.74 1.94 2.41	1.40 1.53 1.67 1.84 2.25	1.29 1.39 1.48 1.60 1.89
	120	1.68 1.96 2.22 2.56 3.38	1.65 1.91 2.16 2.47 3.24	1.60 1.83 2.05 2.34 3.02	1.55 1.75 1.94 2.19 2.78	1.48 1.66 1.82 2.03 2.53	1.45 1.61 1.76 1.95 2.40	1.41 1.55 1.69 1.86 2.26	1.37 1.50 1.61 1.76 2.11	1.32 1.43 1.53 1.66 1.95	1.19 1.25 1.31 1.38 1.54
	∞	1.63 1.88 2.11 2.41 3.10	1.60 1.83 2.05 2.32 2.96	1.55 1.75 1.94 2.18 2.74	1.49 1.67 1.83 2.04 2.51	1.42 1.57 1.71 1.88 2.27	1.38 1.52 1.64 1.79 2.13	1.34 1.46 1.57 1.70 1.99	1.30 1.39 1.48 1.59 1.84	1.24 1.32 1.39 1.47 1.66	1.00 1.00 1.00 1.00 1.00

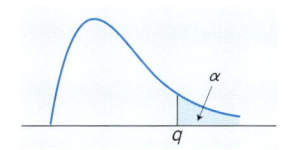

付表 E　ステューデント化された範囲の表

誤差 df	α	\multicolumn{10}{c}{r=平均値の数}
		2	3	4	5	6	7	8	9	10	11
5	.05	3.64	4.60	5.22	5.67	6.03	6.33	6.58	6.80	6.99	7.17
	.01	5.70	6.98	7.80	8.42	8.91	9.32	9.67	9.97	10.24	10.48
6	.05	3.46	4.34	4.90	5.30	5.63	5.90	6.12	6.32	6.49	6.65
	.01	5.24	6.33	7.03	7.56	7.97	8.32	8.61	8.87	9.10	9.30
7	.05	3.34	4.16	4.68	5.06	5.36	5.61	5.82	6.00	6.16	6.30
	.01	4.95	5.92	6.54	7.01	7.37	7.68	7.94	8.17	8.37	8.55
8	.05	3.26	4.04	4.53	4.89	5.17	5.40	5.60	5.77	5.92	6.05
	.01	4.75	5.64	6.20	6.62	6.96	7.24	7.47	7.68	7.86	8.03
9	.05	3.20	3.95	4.41	4.76	5.02	5.24	5.43	5.59	5.74	5.87
	.01	4.60	5.43	5.96	6.35	6.66	6.91	7.13	7.33	7.49	7.65
10	.05	3.15	3.88	4.33	4.65	4.91	5.12	5.30	5.46	5.60	5.72
	.01	4.48	5.27	5.77	6.14	6.43	6.67	6.87	7.05	7.21	7.36
11	.05	3.11	3.82	4.26	4.57	4.82	5.03	5.20	5.35	5.49	5.61
	.01	4.39	5.15	5.62	5.97	6.25	6.48	6.67	6.84	6.99	7.13
12	.05	3.08	3.77	4.20	4.51	4.75	4.95	5.12	5.27	5.39	5.51
	.01	4.32	5.05	5.50	5.84	6.10	6.32	6.51	6.67	6.81	6.94
13	.05	3.06	3.73	4.15	4.45	4.69	4.88	5.05	5.19	5.32	5.43
	.01	4.26	4.96	5.40	5.73	5.98	6.19	6.37	6.53	6.67	6.79
14	.05	3.03	3.70	4.11	4.41	4.64	4.83	4.99	5.13	5.25	5.36
	.01	4.21	4.89	5.32	5.63	5.88	6.08	6.26	6.41	6.54	6.66
15	.05	3.01	3.67	4.08	4.37	4.59	4.78	4.94	5.08	5.20	5.31
	.01	4.17	4.84	5.25	5.56	5.80	5.99	6.16	6.31	6.44	6.55
16	.05	3.00	3.65	4.05	4.33	4.56	4.74	4.90	5.03	5.15	5.26
	.01	4.13	4.79	5.19	5.49	5.72	5.92	6.08	6.22	6.35	6.46
17	.05	2.98	3.63	4.02	4.30	4.52	4.70	4.86	4.99	5.11	5.21
	.01	4.10	4.74	5.14	5.43	5.66	5.85	6.01	6.15	6.27	6.38
18	.05	2.97	3.61	4.00	4.28	4.49	4.67	4.82	4.96	5.07	5.17
	.01	4.07	4.70	5.09	5.38	5.60	5.79	5.94	6.08	6.20	6.31
19	.05	2.96	3.59	3.98	4.25	4.47	4.65	4.79	4.92	5.04	5.14
	.01	4.05	4.67	5.05	5.33	5.55	5.73	5.89	6.02	6.14	6.25
20	.05	2.95	3.58	3.96	4.23	4.45	4.62	4.77	4.90	5.01	5.11
	.01	4.02	4.64	5.02	5.29	5.51	5.69	5.84	5.97	6.09	6.19
24	.05	2.92	3.53	3.90	4.17	4.37	4.54	4.68	4.81	4.92	5.01
	.01	3.96	4.55	4.91	5.17	5.37	5.54	5.69	5.81	5.92	6.02
30	.05	2.89	3.49	3.85	4.10	4.30	4.46	4.60	4.72	4.82	4.92
	.01	3.89	4.45	4.80	5.05	5.24	5.40	5.54	5.65	5.76	5.85
40	.05	2.86	3.44	3.79	4.04	4.23	4.39	4.52	4.63	4.73	4.82
	.01	3.82	4.37	4.70	4.93	5.11	5.26	5.39	5.50	5.60	5.69
60	.05	2.83	3.40	3.74	3.98	4.16	4.31	4.44	4.55	4.65	4.73
	.01	3.76	4.28	4.59	4.82	4.99	5.13	5.25	5.36	5.45	5.53
120	.05	2.80	3.36	3.68	3.92	4.10	4.24	4.36	4.47	4.56	4.64
	.01	3.70	4.20	4.50	4.71	4.87	5.01	5.12	5.21	5.30	5.37
∞	.05	2.77	3.31	3.63	3.86	4.03	4.17	4.29	4.39	4.47	4.55
	.01	3.64	4.12	4.40	4.60	4.76	4.88	4.99	5.08	5.16	5.23

付表F　F_{max}の検定表

$$F_{max} = (S^2_{最大})/(S^2_{最小})$$

S^2_jの自由度	α	\\ 分散の個数 2	3	4	5	6	7	8	9	10	11	12
2	.05	39.0	87.5	142	202	266	333	403	475	550	626	704
	.01	199	448	729	1036	1362	1705	2063	2432	2813	3204	3605
3	.05	15.4	27.8	39.2	50.7	62.0	72.9	83.5	93.9	104	114	124
	.01	47.5	85	120	151	184	216	249	281	310	337	361
4	.05	9.60	15.5	20.6	25.2	29.5	33.6	37.5	41.4	44.6	48.0	51.4
	.01	23.2	37.	49.	59.	69.	79.	89.	97.	106.	113.	120.
5	.05	7.15	10.8	13.7	16.3	18.7	20.8	22.9	24.7	26.5	28.2	29.9
	.01	14.9	22.	28.	33.	38.	42.	46.	50.	54.	57.	60.
6	.05	5.82	8.38	10.4	12.1	13.7	15.0	16.3	17.5	18.6	19.7	20.7
	.01	11.1	15.5	19.1	22.	25.	27.	30.	32.	34.	36.	37.
7	.05	4.99	6.94	8.44	9.70	10.8	11.8	12.7	13.5	14.3	15.1	15.8
	.01	8.89	12.1	14.5	16.5	18.4	20.	22.	23.	24.	26.	27.
8	.05	4.43	6.00	7.18	8.12	9.03	9.78	10.5	11.1	11.7	12.2	12.7
	.01	7.50	9.9	11.7	13.2	14.5	15.8	16.9	17.9	18.9	19.8	21.
9	.05	4.03	5.34	6.31	7.11	7.80	8.41	8.95	9.45	9.91	10.3	10.7
	.01	6.54	8.5	9.9	11.1	12.1	13.1	13.9	14.7	15.3	16.0	16.6
10	.05	3.72	4.85	5.67	6.34	6.92	7.42	7.87	8.28	8.66	9.01	9.34
	.01	5.85	7.4	8.6	9.6	10.4	11.1	11.8	12.4	12.9	13.4	13.9
12	.05	3.28	4.16	4.79	5.30	5.72	6.09	6.42	6.72	7.00	7.25	7.48
	.01	4.91	6.1	6.9	7.6	8.2	8.7	9.1	9.5	9.9	10.2	10.6
15	.05	2.86	3.54	4.01	4.37	4.68	4.95	5.19	5.40	5.59	5.77	5.93
	.01	4.07	4.9	5.5	6.0	6.4	6.7	7.1	7.3	7.5	7.8	8.0
20	.05	2.46	2.95	3.29	3.54	3.76	3.94	4.10	4.24	4.37	4.49	4.59
	.01	3.32	3.8	4.3	4.6	4.9	5.1	5.3	5.5	5.6	5.8	5.9
30	.05	2.07	2.40	2.61	2.78	2.91	3.02	3.12	3.21	3.29	3.36	3.39
	.01	2.63	3.0	3.3	3.4	3.6	3.7	3.8	3.9	4.0	4.1	4.2
60	.05	1.67	1.85	1.96	2.04	2.11	2.17	2.22	2.26	2.30	2.33	2.36
	.01	1.96	2.2	2.3	2.4	2.4	2.5	2.5	2.6	2.6	2.7	2.7
∞	.05	1.00	1.00	1.00	1.00	1.00	1.00	1.00	1.00	1.00	1.00	1.00
	.01	1.00	1.00	1.00	1.00	1.00	1.00	1.00	1.00	1.00	1.00	1.00

Pearson, E. S., & Hartley, H.O. (Eds.) (1958). *Biometrika Tables for Statisticians,* vol.1, (2nd ed.) New York : Cambridge. による。

付表G　シダックの検定表

誤差 df	片側検定 α	両側検定 α	2	3	4	5	比較数 (m) 6	7	8	9	10	15
2	.05	.10	4.243	5.243	6.081	6.816	7.480	8.090	8.656	9.188	9.691	11.890
	.025	.05	6.164	7.582	8.774	9.823	10.769	11.639	12.449	13.208	13.927	17.072
	.005	.01	14.071	17.248	19.925	22.282	24.413	26.372	28.196	29.908	31.528	38.620
3	.05	.10	3.149	3.690	4.115	4.471	4.780	5.055	5.304	5.532	5.744	6.627
	.025	.05	4.156	4.826	5.355	5.799	6.185	6.529	6.842	7.128	7.394	8.505
	.005	.01	7.447	8.565	9.453	10.201	10.853	11.436	11.966	12.453	12.904	14.796
4	.05	.10	2.751	3.150	3.452	3.699	3.909	4.093	4.257	4.406	4.542	5.097
	.025	.05	3.481	3.941	4.290	4.577	4.822	5.036	5.228	5.402	5.562	6.214
	.005	.01	5.594	6.248	6.751	7.166	7.520	7.832	8.112	8.367	8.600	9.556
5	.05	.10	2.549	2.882	3.129	3.327	3.493	3.638	3.765	3.880	3.985	4.403
	.025	.05	3.152	3.518	3.791	4.012	4.197	4.358	4.501	4.630	4.747	5.219
	.005	.01	4.771	5.243	5.599	5.888	6.133	6.346	6.535	6.706	6.862	7.491
6	.05	.10	2.428	2.723	2.939	3.110	3.253	3.376	3.484	3.580	3.668	4.015
	.025	.05	2.959	3.274	3.505	3.690	3.845	3.978	4.095	4.200	4.296	4.675
	.005	.01	4.315	4.695	4.977	5.203	5.394	5.559	5.704	5.835	5.954	6.428
7	.05	.10	2.347	2.618	2.814	2.969	3.097	3.206	3.302	3.388	3.465	3.768
	.025	.05	2.832	3.115	3.321	3.484	3.620	3.736	3.838	3.929	4.011	4.336
	.005	.01	4.027	4.353	4.591	4.782	4.941	5.078	5.198	5.306	5.404	5.791
8	.05	.10	2.289	2.544	2.726	2.869	2.987	3.088	3.176	3.254	3.324	3.598
	.025	.05	2.743	3.005	3.193	3.342	3.464	3.569	3.661	3.743	3.816	4.105
	.005	.01	3.831	4.120	4.331	4.498	4.637	4.756	4.860	4.953	5.038	5.370
9	.05	.10	2.246	2.488	2.661	2.796	2.907	3.001	3.083	3.155	3.221	3.474
	.025	.05	2.677	2.923	3.099	3.237	3.351	3.448	3.532	3.607	3.675	3.938
	.005	.01	3.688	3.952	4.143	4.294	4.419	4.526	4.619	4.703	4.778	5.072
10	.05	.10	2.213	2.446	2.611	2.739	2.845	2.934	3.012	3.080	3.142	3.380
	.025	.05	2.626	2.860	3.027	3.157	3.264	3.355	3.434	3.505	3.568	3.813
	.005	.01	3.580	3.825	4.002	4.141	2.256	4.354	4.439	4.515	4.584	4.852
11	.05	.10	2.186	2.412	2.571	2.695	2.796	2.881	2.955	3.021	3.079	3.306
	.025	.05	2.586	2.811	2.970	3.094	3.196	3.283	3.358	3.424	3.484	3.715
	.005	.01	3.495	3.726	3.892	4.022	4.129	4.221	4.300	4.371	4.434	4.682
12	.05	.10	2.164	2.384	2.539	2.658	2.756	2.838	2.910	2.973	3.029	3.247
	.025	.05	2.553	2.770	2.924	3.044	3.141	3.224	3.296	3.359	3.416	3.636
	.005	.01	3.427	3.647	3.804	3.927	4.029	4.114	4.189	4.256	4.315	4.547
13	.05	.10	2.146	2.361	2.512	2.628	2.723	2.803	2.872	2.933	2.988	3.198
	.025	.05	2.526	2.737	2.886	3.002	3.096	3.176	3.245	3.306	3.361	3.571
	.005	.01	3.371	3.582	3.733	3.850	3.946	4.028	4.099	4.162	4.218	4.438
14	.05	.10	2.131	2.342	2.489	2.603	2.696	2.774	2.811	2.900	2.953	3.157
	.025	.05	2.503	2.709	2.854	2.967	3.058	3.135	3.202	3.261	3.314	3.518
	.005	.01	3.324	3.528	3.673	3.785	3.878	3.956	4.024	4.084	4.138	4.347
15	.05	.10	2.118	2.325	2.470	2.582	2.672	2.748	2.814	2.872	2.924	3.122
	.025	.05	2.483	2.685	2.827	2.937	3.026	3.101	3.166	3.224	3.275	3.472
	.005	.01	3.285	3.482	3.622	3.731	3.820	3.895	3.961	4.019	4.071	4.271

Games, P. A. (1977). An improved t table for simultaneous control on g contrasts. *Journal of the American Statistical Association*, 72, 531-534. のTable1による。m, df, α のより細かい値については，この論文を参照されたい。

付表G シダックの検定表（続き）

誤差 df	片側検定 α	両側検定 α	2	3	4	5	6	7	8	9	10	15
16	.05	.10	2.106	2.311	2.453	2.563	2.652	2.726	2.791	2.848	2.898	3.092
	.025	.05	2.467	2.665	2.804	2.911	2.998	3.072	3.135	3.191	3.241	3.433
	.005	.01	3.251	3.443	3.579	3.684	3.771	3.844	3.907	3.963	4.013	4.206
17	.05	.10	2.096	2.298	2.439	2.547	2.634	2.708	2.771	2.826	2.876	3.066
	.025	.05	2.452	2.647	2.783	2.889	2.974	3.046	3.108	3.163	3.212	3.399
	.005	.01	3.221	3.409	3.541	3.644	3.728	3.799	3.860	3.914	3.963	4.150
18	.05	.10	2.088	2.287	2.426	2.532	2.619	2.691	2.753	2.808	2.857	3.043
	.025	.05	2.439	2.631	2.766	2.869	2.953	3.024	3.085	3.138	3.186	3.370
	.005	.01	3.195	3.379	3.508	3.609	3.691	3.760	3.820	3.872	3.920	4.102
19	.05	.10	2.080	2.277	2.415	2.520	2.605	2.676	2.738	2.791	2.839	3.023
	.025	.05	2.427	2.617	2.750	2.852	2.934	3.004	3.064	3.116	3.163	3.343
	.005	.01	3.173	3.353	3.479	3.578	3.658	3.725	3.784	3.835	3.881	4.059
20	.05	.10	2.073	2.269	2.405	2.508	2.593	2.663	2.724	2.777	2.824	3.005
	.025	.05	2.417	2.605	2.736	2.836	2.918	2.986	3.045	3.097	3.143	3.320
	.005	.01	3.152	3.329	3.454	3.550	3.629	3.695	3.752	3.802	3.848	4.021
21	.05	.10	2.067	2.261	2.396	2.498	2.581	2.651	2.711	2.764	2.810	2.989
	.025	.05	2.048	2.594	2.723	2.822	2.903	2.970	3.028	3.080	3.125	3.300
	.005	.01	2.134	3.308	3.431	3.525	3.602	3.667	3.724	3.773	3.817	3.987
22	.05	.10	2.061	2.245	2.387	2.489	2.572	2.641	2.700	2.754	2.798	2.974
	.025	.05	2.400	2.584	2.712	2.610	2.889	2.956	3.014	3.064	3.109	3.281
	.005	.01	3.118	3.289	3.410	3.503	3.579	3.643	3.698	3.747	3.790	3.957
23	.05	.10	2.056	2.247	2.380	2.481	2.563	2.631	2.690	2.741	2.787	2.961
	.025	.05	2.392	2.574	2.701	2.798	2.877	2.943	3.000	3.050	3.094	3.264
	.005	.01	3.103	3.272	2.392	3.483	3.558	3.621	3.675	3.723	3.766	3.930
24	.05	.10	2.051	2.241	2.373	2.473	2.554	2.622	2.680	2.731	2.777	2.949
	.025	.05	2.385	2.566	2.692	2.788	2.866	2.931	2.988	3.037	3.081	3.249
	.005	.01	3.089	3.257	3.375	3.465	3.539	3.601	3.654	3.702	3.744	3.905
25	.05	.10	2.047	2.236	2.367	2.466	2.547	2.614	2.672	2.722	2.767	2.938
	.025	.05	2.379	2.558	2.683	2.779	2.856	2.921	2.976	3.025	3.069	3.235
	.005	.01	3.077	3.243	3.359	3.449	3.521	3.583	3.635	3.682	3.723	3.882
30	.05	.10	2.030	2.215	2.342	2.439	2.517	2.582	2.638	2.687	2.731	2.895
	.025	.05	2.354	2.528	2.649	2.742	2.816	2.878	2.932	2.979	3.021	3.180
	.005	.01	3.029	3.188	3.298	3.384	3.453	3.511	3.561	3.605	3.644	3.794
40	.05	.10	2.009	2.189	2.312	2.406	2.481	2.544	2.597	2.644	2.686	2.843
	.025	.05	2.323	2.492	2.608	2.696	2.768	2.827	2.878	2.923	2.963	3.113
	.005	.01	2.970	3.121	3.225	3.305	3.370	3.425	3.472	3.513	3.549	3.689
60	.05	.10	1.989	2.163	2.283	2.373	2.446	2.506	2.558	2.603	2.643	2.793
	.025	.05	2.294	2.456	2.568	2.653	2.721	2.777	2.826	2.869	2.906	3.049
	.005	.01	2.914	3.056	3.155	3.230	3.291	3.342	3.386	3.425	3.459	3.589
120	.05	.10	1.968	2.138	2.254	2.342	2.411	2.469	2.519	2.562	2.600	2.744
	.025	.05	2.265	2.422	2.529	2.610	2.675	2.729	2.776	2.816	2.852	2.987
	.005	.01	2.859	2.994	3.087	3.158	3.215	3.263	3.304	3.340	3.372	3.493
∞	.05	.10	1.949	2.114	2.226	2.311	2.378	2.434	2.482	2.523	2.560	2.697
	.025	.05	2.237	2.388	2.491	2.569	2.631	2.683	2.727	2.766	2.800	2.928
	.005	.01	2.806	2.934	3.022	3.089	3.143	3.188	3.226	3.260	3.289	3.402

付表 H　ダネットの検定表（両側）

誤差 df	α_{FW}	\multicolumn{9}{c}{k＝統制群を含め実験群の数}
		2	3	4	5	6	7	8	9	10
6	.05	2.45	2.86	3.10	3.26	3.39	3.49	3.57	3.64	3.71
	.01	3.71	4.21	4.51	4.71	4.87	5.00	5.10	5.20	5.28
7	.05	2.36	2.75	2.97	3.12	3.24	3.33	3.41	3.47	3.53
	.01	3.50	3.95	4.21	4.39	4.53	4.64	4.74	4.82	4.89
8	.05	2.31	2.67	2.88	3.02	3.13	3.22	3.29	3.35	3.41
	.01	3.36	3.77	4.00	4.17	4.29	4.40	4.48	4.56	4.62
9	.05	2.26	2.61	2.81	2.95	3.05	3.14	3.20	3.26	3.32
	.01	3.25	3.63	3.85	4.01	4.12	4.22	4.30	4.37	4.43
10	.05	2.23	2.57	2.76	2.89	2.99	3.07	3.14	3.19	3.24
	.01	3.17	3.53	3.74	3.88	3.99	4.08	4.16	4.22	4.28
11	.05	2.20	2.53	2.72	2.84	2.94	3.02	3.08	3.14	3.19
	.01	3.11	3.45	3.65	3.79	3.89	3.98	4.05	4.11	4.16
12	.05	2.18	2.50	2.68	2.81	2.90	2.98	3.04	3.09	3.14
	.01	3.05	3.39	3.58	3.71	3.81	3.89	3.96	4.02	4.07
13	.05	2.16	2.48	2.65	2.78	2.87	2.94	3.00	3.06	3.10
	.01	3.01	3.33	3.52	3.65	3.74	3.82	3.89	3.94	3.99
14	.05	2.14	2.46	2.63	2.75	2.84	2.91	2.97	3.02	3.07
	.01	2.98	3.29	3.47	3.59	3.69	3.76	3.83	3.88	3.93
15	.05	2.13	2.44	2.61	2.73	2.82	2.89	2.95	3.00	3.04
	.01	2.95	3.25	3.43	3.55	3.64	3.71	3.78	3.83	3.88
16	.05	2.12	2.42	2.59	2.71	2.80	2.87	2.92	2.97	3.02
	.01	2.92	3.22	3.39	3.51	3.60	3.67	3.73	3.78	3.83
17	.05	2.11	2.41	2.58	2.69	2.78	2.85	2.90	2.95	3.00
	.01	2.90	3.19	3.36	3.47	3.56	3.63	3.69	3.74	3.79
18	.05	2.10	2.40	2.56	2.68	2.76	2.83	2.89	2.94	2.98
	.01	2.88	3.17	3.33	3.44	3.53	3.60	3.66	3.71	3.75
19	.05	2.09	2.39	2.55	2.66	2.75	2.81	2.87	2.92	2.96
	.01	2.86	3.15	3.31	3.42	3.50	3.57	3.63	3.68	3.72
20	.05	2.09	2.38	2.54	2.65	2.73	2.80	2.86	2.90	2.95
	.01	2.85	3.13	3.29	3.40	3.48	3.55	3.60	3.65	3.69
24	.05	2.06	2.35	2.51	2.61	2.70	2.76	2.81	2.86	2.90
	.01	2.80	3.07	3.22	3.32	3.40	3.47	3.52	3.57	3.61
30	.05	2.04	2.32	2.47	2.58	2.66	2.72	2.77	2.82	2.86
	.01	2.75	3.01	3.15	3.25	3.33	3.39	3.44	3.49	3.52
40	.05	2.02	2.29	2.44	2.54	2.62	2.68	2.73	2.77	2.81
	.01	2.70	2.95	3.09	3.19	3.26	3.32	3.37	3.41	3.44
60	.05	2.00	2.27	2.41	2.51	2.58	2.64	2.69	2.73	2.77
	.01	2.66	2.90	3.03	3.12	3.19	3.25	3.29	3.33	3.37
120	.05	1.98	2.24	2.38	2.47	2.55	2.60	2.65	2.69	2.73
	.01	2.62	2.85	2.97	3.06	3.12	3.18	3.22	3.26	3.29
∞	.05	1.96	2.21	2.35	2.44	2.51	2.57	2.61	2.65	2.69
	.01	2.58	2.79	2.92	3.00	3.06	3.11	3.15	3.19	3.22

Dunnet, C.W.（1964）．New tables for multiple comparisons with a control. *Biometrics*, **20**, 482-491. よりの要約。

付表 I　直交多項式の係数

k	多項式	係数									Σc_j^2
3	線形	−1	0	1							2
	2次	1	−2	1							6
4	線形	−3	−1	1	3						20
	2次	1	−1	−1	1						4
	3次	−1	3	−3	1						20
5	線形	−2	−1	0	1	2					10
	2次	2	−1	−2	−1	2					14
	3次	−1	2	0	−2	1					10
	4次	1	−4	6	−4	1					70
6	線形	−5	−3	−1	1	3	5				70
	2次	5	−1	−4	−4	−1	5				84
	3次	−5	7	4	−4	−7	5				180
	4次	1	−3	2	2	−3	1				28
7	線形	−3	−2	−1	0	1	2	3			28
	2次	5	0	−3	−4	−3	0	5			84
	3次	−1	1	1	0	−1	−1	1			6
	4次	3	−7	1	6	1	−7	3			154
8	線形	−7	−5	−3	−1	1	3	5	7		168
	2次	7	1	−3	−5	−5	−3	1	7		168
	3次	−7	5	7	3	−3	−7	−5	7		264
	4次	7	−13	−3	9	9	−3	−13	7		616
	5次	−7	23	−17	−15	15	17	−23	7		2184
9	線形	−4	−3	−2	−1	0	1	2	3	4	60
	2次	28	7	−8	−17	−20	−17	−8	7	28	2772
	3次	−14	7	13	9	0	−9	−13	−7	14	990
	4次	14	−21	−11	9	18	9	−11	−21	14	2002
	5次	−4	11	−4	−9	0	9	4	−11	4	468
10	線形	−9	−7	−5	−3	−1	1	3	5	7	9	330
	2次	6	2	−1	−3	−4	−4	−3	−1	2	6	132
	3次	−42	14	35	31	12	−12	−31	−35	−14	42	8580
	4次	18	−22	−17	3	18	18	3	−17	−22	18	2860
	5次	−6	14	−1	−11	−6	6	11	1	−14	6	780

引用文献

American Psychological Association (2001). *Publication manual.* 4th ed. Washington, D.C.: American Psychological Association.
千野直仁 (1993). 反復デザイン概説——その1—— 愛知学院大学文学部紀要, **23**, 223-236.
千野直仁 (1994). 反復デザイン概説——その2—— 愛知学院大学文学部紀要, **24**, 103-119.
千野直仁 (1995). 教育や心理の分野における ANOVER, ANOCOVER, GMACOVER 適用上の問題点 愛知学院大学文学部紀要, **25**, 71-96.
千野直仁 (1998). 反復測定デザインの F—比等の歪の可能性
 http://www.aichi-gakuin.ac.jp/~chino/anova.bias.html
Cobb, G.W. (1997). *Introduction to design and analysis of experiments.* New York: Springer.
Cohen, J. (1977). *Statistical power analysis for the behavioral sciences.* 1st ed. Hillsdale, NJ: Erlbaum.
Cohen, J. (1988). *Statistical power analysis for the behavioral sciences.* 2nd ed. Hillsdale, NJ: Erlbaum.
Denenberg, V.H. (1976). *Statistics and experimental design for behavioral and biological researchers.* New York: Wiley.
Dunn, O.J. (1961). Multiple comparisons among means. *Journal of the American Statistical Association*, **56**, 52-64.
Eysenck, M.W. (2000). *Psychology: A student's handbook.* Hove, UK: Psychology Press.
 (山内光哉日本語版監修 (2008). アイゼンク教授の心理学ハンドブック ナカニシヤ出版)
Field, A. (2000). *Discovering statistics using SPSS for windows.* 2nd ed. London: Sage.
Godden, D.R., & Baddely, A.D. (1975). Context dependent memory in two natural environments: On land and water. *British Journal of Psychology*, **66**, 325-331.
Godden, D.R., & Baddely, A.D. (1981). When does context influence recognition memory. *British Journal of Psychology*, **71**, 99-104.
Hays, W.H. (1994). *Statistics.* 5th ed. New York: Harcourt Brace.
Howell, D.D. (2002). *Statistical methods of psychology.* 5th ed. Pacific Grove, CA: Duxbury.
Keppel, G. (1991). *Design and analysis: A researcher's handbook.* 3rd ed. Englewood Cliffs, NJ: Prentice Hall.
Keppel, G., Saufley, Jr., W.H., & Tokunaga, H. (1992). *Introduction to design and analysis: A student's handbook.* New York: W.H.Freeman.
Keppel, G., & Wickens, T.D. (2004). *Design and analysis: A researcher's handbook.* 4th ed. Upper Sadle River: Pearson Education International.
Kirk, R.E. (1968). *Experimental design: Procedures for the behavioral sciences.* 1st ed. Pacific Grove. Belmont, CA: Brooks/Cole.
Kirk, R.E. (Ed.) (1972). *Statistical issues: A reader for the behavioral sciences.* Belmont, CA: Brooks/Cole.
Kirk, R.E. (1995). *Experimental design: Procedures for the behavioral sciences.* 3rd ed. Pacific Grove, NJ: Brooks Cole.
Kirk, R.E. (1999). *Statistics: An introduction.* 4th ed. Forth Worth: Harcourt Brace.

Kirk, R.E.（2001）. Promoting good statistical practice. *Educational and Psychological Measurement*, **61**, 113–218.

Kirk, R.E.（2003a）. Experimental design. In J.A.Shinka, & W.F.Velicer（Eds.）, *Research method in psychology. Handbook of psychology*. Vol.2. New York：Wiley.

Kirk, R.E.（2003b）. The importance of effect magnitude. In S.F.Davis（Ed.）, *Handbook of research methods in experimental psychology*. Oxford, UK：Blackwell.

Laurencelle, L., & Dupuis, F-A.（2002）. *Statistical tables：Explained and applied*. NJ：Word Scientic.

Lindman, R.L.（1974）. *Analysis of variance in complex designs*. San Francisco：W.H.Freeman.

Maxwell, S.E., & Delaney, H.D.（1990）. *Designing experiments and analysing data：A model comparison perspective*. Mahwah, NJ：Lawrence Erlbaum.

蓑田千凰彦（1988）. 推定と検定の話　東京図書

森　敏昭・吉田寿夫（編著）（1990）. 心理学のためのデータ解析テクニカルブック　北大路書房

Myers, J.L., & Well, A.D.（1991）. *Research design and statistical analysis*. 3rd ed. New York：Harper Collins.

永田　靖・吉田道弘（1997）. 統計的多重比較法の基礎　サイエンティスト社

Omi, Y., & Komata, S.（2005）. The evolution of data analysis in Japanese psychology. *Japanese Psychological Research*, **47**, 137–143.

Page, M.C., Braver, S.L., & MacKinnon, D.P.（2003）. *Levine's guide to SPSS for analysis of variance*. 2nd ed. Hillsdale, NJ：Lawrence Erlbaum.

Satterthwaite, F.R.（1946）. An approximate distribution of estimates of variance component. *Biometrica Bulletin*, **2**, 110–114.

Sheskin, D.J.（2000）. *Handbook of parametric and nonparametric statistical procedures*. 2nd ed. New York：Hall/CRC.

Stevens, J.（2002）. *Applied multivariate statistics for the social sciences*. 4th ed. Mahwah, NJ：Erlbaum.

Welch, B.L.（1938）. The significance of the difference between two means when the population differences are unequal. *Biometrica*, **29**, 350–362.

Winer, B.J., Brown, D.R., & Michels, K.M.（1991）. *Statistical principles of experimental design*. 3rd ed. New York：McGraw-Hill.

山内光哉（1972）. 3要因混合計画における重みづけられない平均値分析法について——1要因が繰り返しの平均値分析法について——　九州大学教育学部紀要（教育心理学部門），**16**（2），53–58.

山内光哉（1975）. 単一試行および多試行言語自由想起の数量的分析——個人差，材料差，及び教示方法の差異に関して——　広島大学博士論文（未公刊）

山内光哉（1978）. 3要因混合計画（1要因が繰り返しの測定値の場合）における重みづけられない平均値分析法の単純効果の検定について　九州大学教育学部紀要（心理学部門），**22**（2），133–147.

山内光哉（1998）. 発達心理学（上）（第2版）——周産・新生児・乳児・幼児・児童期——　ナカニシヤ出版

山内光哉（2009）. 心理・教育のための統計法（第3版）　サイエンス社

吉沢康代・石村貞夫（2003）. Point 統計学——t 分布・F 分布・カイ2乗分布——　東京図書

索　引

f は次の頁にわたることを示し，ff は 3 頁またはそれ以上にわたることを示す。

ア　行
アノーヴァ　　1, 38
アルファ（α）　　14

一般線形モデル　　125

エクセル　　6ff, 20ff, 59, 116f
エクセル関数　　6ff
エクセルで出せる F 臨界値　　118
エクセルによるアプローチ　　20
エクセルによる基本的な統計量の求め方　　6ff
エクセルによる共分散の算出　　13

オメガ 2 乗（$\hat{\omega}^2$）　　179, 230ff
重みづけられない平均値分析法　　125f

カ　行
各群の観測値数の等しくない場合の被験者間 1 要因の分散分析　　65
片側検定　　14, 15f
完全無作為化 1 要因分析　　38
完全無作為化分散分析　　27
関連した標本についてのエクセルによるアプローチ　　25f
関連した標本の t 検定　　22ff
関連の強さの測度　　68f, 131

棄却域　　15
危険率　　15
期待値　　52
帰無仮説　　14, 37
球曲性　　169ff, 173
共分散　　3, 12f, 170

グリーンハウス–ガイサーの $\hat{\varepsilon}$　　170ff, 176

傾向分析　　32f
傾向分析の実例　　258ff
傾向分析の定義　　255ff
検出力　　26, 48, 50f

効果の大きさ　　68
交互作用　　29, 108f
交互作用の意味　　110ff
交絡　　22, 53
固定要因　　103
混合 $a \cdot b$ 計画　　30f, 213ff
混合（$a \cdot b$）計画における各群の観測値数が不揃いの場合の重みづけられない平均値分析法　　227ff
混合 $a \cdot b$ 計画における実際的有意性　　230ff
混合 $a \cdot b$ 計画における単純効果の検定と多重比較　　218ff
混合 $a \cdot b$ 計画の意味と構成　　213ff
混合（$a \cdot b$）計画の仮定　　229f
混合 $a \cdot bc$ 計画　　32, 243ff
混合 $a \cdot bc$ 計画における単純効果の検定と多重比較　　252ff
混合 $a \cdot bc$ 計画の SPSS によるデータ処理　　245ff
混合 $a \cdot bc$ 計画の構成　　243ff
混合 $a \cdot bc$ 計画の用例　　245ff
混合 $ab \cdot c$ 計画　　32, 232ff
混合 $ab \cdot c$ 計画における単純効果の検定と多重比較　　239ff
混合 $ab \cdot c$ 計画の構成　　232ff
混合 $ab \cdot c$ 計画の用例　　233ff
混合計画　　30ff
混合計画（$a \cdot b$）の用例　　215ff

サ　行
サタースウェイトの修正　　188ff

シェフェイ法　　88ff
シグマ Σ　　4
事後検定の比較　　92
事後比較　　74f, 85ff

事前比較　　74ff, 75ff, 80ff
シダック法　　83ff
実験　　1
実験群　　2
実験計画　　3
実験の計画と分析　　1ff
実際的有意性　　68
尺度　　2f
　　間隔—　　2f
　　順序—　　2f
　　比例—　　2
　　名義—　　2
従属変数　　2
自由度　　14, 43f
自由度の概念　　20
循環性　　169ff
準実験　　35f
処理　　1, 39
処理母集団の正規性の仮定　　53

水準　　1, 39
ステューデントの t 分布　　14

正確確率　　47
正規分布　　53
正 20 面体乱数　　34

相対的参照　　7

タ　行

対立仮説　　15, 37
第 1 種の誤り　　48
第 1 種の過りの確率　　15
第 2 種の誤り　　48, 50
多重比較　　32, 71ff, 112ff
多重比較（検定）　　72
多重比較に伴う確率事態　　79f
多重比較の SPSS によるアプローチ　　96ff
多重比較の検定機能の比較　　95
ダネット法　　93f
多変量分散分析　　174
多要因被験者間分散分析　　27ff
単純効果の分析と多重比較　　188ff
単純交互作用　　144, 150

単純・単純主効果の検定　　147

直交的な　　77
直交比較　　75f

対比較　　73

テューキー–クラマーの式　　87
テューキー法　　85ff

統計量　　5
統制群　　1f
得点の独立性の仮定　　53
独立した標本の t 検定　　18ff
独立した標本のエクセルによるアプローチ　　20ff
独立変数　　1

ハ　行

ハートレーの $F_{\max}$ 法　　55f
ハイン–フェルトの $\tilde{e}$　　170ff, 176
パラメータ　　3, 5
反復測定計画　　160

比較係数　　73f
被験者間 1 要因のエクセルによるデータ処理　　59
被験者間 2 要因計画の仮定　　130f
被験者間 3 要因分散分析の仮定　　159
被験者内要因の場合の傾向分析　　265ff
非直交比較　　80ff
非対比較　　73
標準偏差　　5, 11
標本　　3, 17

ファミリー　　79
フィッシャー–ハイター法　　91f
複合比較　　73
フリードマンの χ_r^2 検定　　173
ブロック　　30
分散　　3ff, 4f, 11
分散・共分散行列　　168
分散の等質性　　54f
分散の不等質性に対処する方法　　56
分散分析　　1ff, 1, 3

分散分析（計画法）の種類　26ff
分散分析とt検定の関係　48
分散分析の基本的概念　38

平均　11
平均値　3f, 5
平均平方　44f
平方和　41ff
ヘッジスのg統計量　179
変数　1f
変数の変換　57f

包括的検定　71
母集団　3, 17
ボンフェローニ法　81ff

マ　行
マス内の観測値数が不揃いの場合の分析　125ff
マッチング　22
マッチングによるブロックの作成　167f

無作為化　33ff
無作為要因　103

メタ分析　70

モークリー（Mauchly）の球面性の検定　176
持ち越し効果　22
モンテカルロ実験　54

ヤ　行
有意水準　50f
有意性　47
有効な大きさの測度　69, 132

良い検定法の特色　95
要因　1, 39
要因計画　101

ラ　行
乱塊法　30
乱数表　35

両側検定　14, 15f

臨界値　15, 47

レーヴェン法　56

数字・欧字
1元配置法　27, 38
1要因の被験者間分散分析　37ff
1要因被験者間計画のモデルと仮定　51f
1要因被験者間分散分析　26ff
1要因被験者内計画の仮定　168ff
1要因被験者内計画の構造モデルと分散比　161ff
1要因被験者内計画の実例　163ff
1要因被験者内における多重比較の手順　166f
1要因被験者内の実質的有意性　179f
1要因被験者内分散分析　29f, 160ff

2つの平均値の差の検定　14ff
2要因の被験者間分散分析　27ff
2要因被験者間計画の用例　104
2要因被験者間における実際的有意性　131
2要因被験者間のエクセルによるデータ処理　116ff
2要因被験者間の単純効果の検定　112
2要因被験者間分散分析　101ff
2要因被験者間分散分析のモデル　102f
2要因被験者内計画のモデル　181ff
2要因被験者内計画の用例　184ff
2要因被験者内分散分析　181ff
2要因被験者内分散分析の仮定　196

3要因のすべての単純効果についての検定　153ff
3要因の交互作用（2次の交互作用）　134
3要因被験者間のfによるデータ処理　135ff
3要因被験者間の単純効果の検定と多重比較　144ff
3要因被験者間分散分析　133ff
3要因被験者間分散分析のモデルと計画　133ff
3要因被験者間分散分析の用例　135f
3要因被験者内計画の構成　197f
3要因被験者内計画の用例とSPSSによるデータ処理　199ff
3要因被験者内の単純効果の検定　207ff
3要因被験者内分散分析　197ff
3要因被験者内分散分析の仮定　212

F 45ff
F 分布 45, 47f

SPSS における混合 $a \cdot b$ 計画におけるデータ処理 221ff
SPSS による混合 $a \cdot bc$ 計画のデータ処理 245ff
SPSS による混合 $ab \cdot c$ 計画のデータ処理 233ff
SPSS による処理 65ff
SPSS による被験者間1要因のデータ処理 60ff
SPSS による1要因被験者内のデータ処理 174ff
SPSS による2要因被験者間のデータ処理 119ff
SPSS による2要因被験者内のデータ処理 191ff
SS 44

t 分布 14

著者略歴

山内光哉
（やまうち みつや）

1953年　広島大学教育学部心理学科卒業
現　在　九州大学名誉教授　文学博士

主要編著書・訳書
エヴェリット「質的データの解析」（監訳）
「学習と教授の心理学」（編著）
「記憶と思考の発達心理学」（編著）
「グラフィック学習心理学」（共編著）
「心理・教育のための統計法〈第3版〉」
「アイゼンク教授の心理学ハンドブック」（日本語版監修）

心理・教育のための
分散分析と多重比較
――エクセル・SPSS 解説付き

| 2008年4月25日 © | 初 版 発 行 |
| 2010年5月10日 | 初版第2刷発行 |

著者　山内光哉　　　　発行者　木下敏孝
　　　　　　　　　　　印刷者　杉井康之
　　　　　　　　　　　製本者　関川安博

発行所　**株式会社　サイエンス社**

〒151-0051　東京都渋谷区千駄ヶ谷1丁目3番25号
〔営業〕TEL（03）5474-8500（代）　振替　00170-7-2387
〔編集〕TEL（03）5474-8700（代）　FAX（03）5474-8900

組版　ビーカム
印刷　（株）ディグ　　製本　関川製本所

《検印省略》

本書の内容を無断で複写複製することは，著作者および出版者
の権利を侵害することがありますので，その場合にはあらかじ
め小社あて許諾をお求め下さい。

ISBN978-4-7819-1187-8
PRINTED IN JAPAN

サイエンス社のホームページのご案内
http://www.saiensu.co.jp
ご意見・ご要望は
jinbun@saiensu.co.jp　まで

心理・教育のための
統計法 〈第3版〉

山内光哉 著

A5判・288ページ・本体2,550円（税抜き）

本書は，初学者に分かりやすいと定評のベストセラーテキストの第3版です．これまでやや詳しすぎた箇所を思い切って割愛し，中・後章部分に筆を加えました．とくに分散分析の部分は一層分かりやすいよう稿を改め，「2要因被験者内分散分析」を新たに加えました．また，多重比較もより分かりやすくし，他書ではあまりふれられていない「ノンパラメトリック法」も追加しました．各章末の練習問題も，これまで解答が省略されていたものについて解を与えました．同著者による『心理・教育のための分散分析と多重比較』と併せて学習することにより，統計法の初歩から実践までを習得できるよう工夫されています．

【主要目次】
1章　序論――統計法と測定値の取り扱い
2章　度数分布と統計図表
3章　中心傾向の測度
4章　得点の散布度
5章　正規分布と相対的位置の測度
6章　直線相関と直線回帰
7章　母集団と標本
8章　統計的仮説の検定と区間推定
　　　――理論と基本的な考え方
9章　2つの平均値の差の検定
10章　分散分析入門
　　　――1要因被験者間分散分析と多重比較
11章　もっとすすんだ分散分析
　　　――要因計画と被験者内分散分析
12章　カイ2乗検定
13章　順位による検定法
14章　ピアソンのrの検定と種々な相関係数

サイエンス社

本書で説明する分析（計画）法

t検定
- 独立した標本（1章5節）
- 関連した標本（1章6節）

被験者間 ANOVA
- 1要因（2章）
- 2要因（4章）
- 3要因（5章）

被験者内 ANOVA
- 1要因（6章）
- 2要因（7章）
- 3要因（8章）

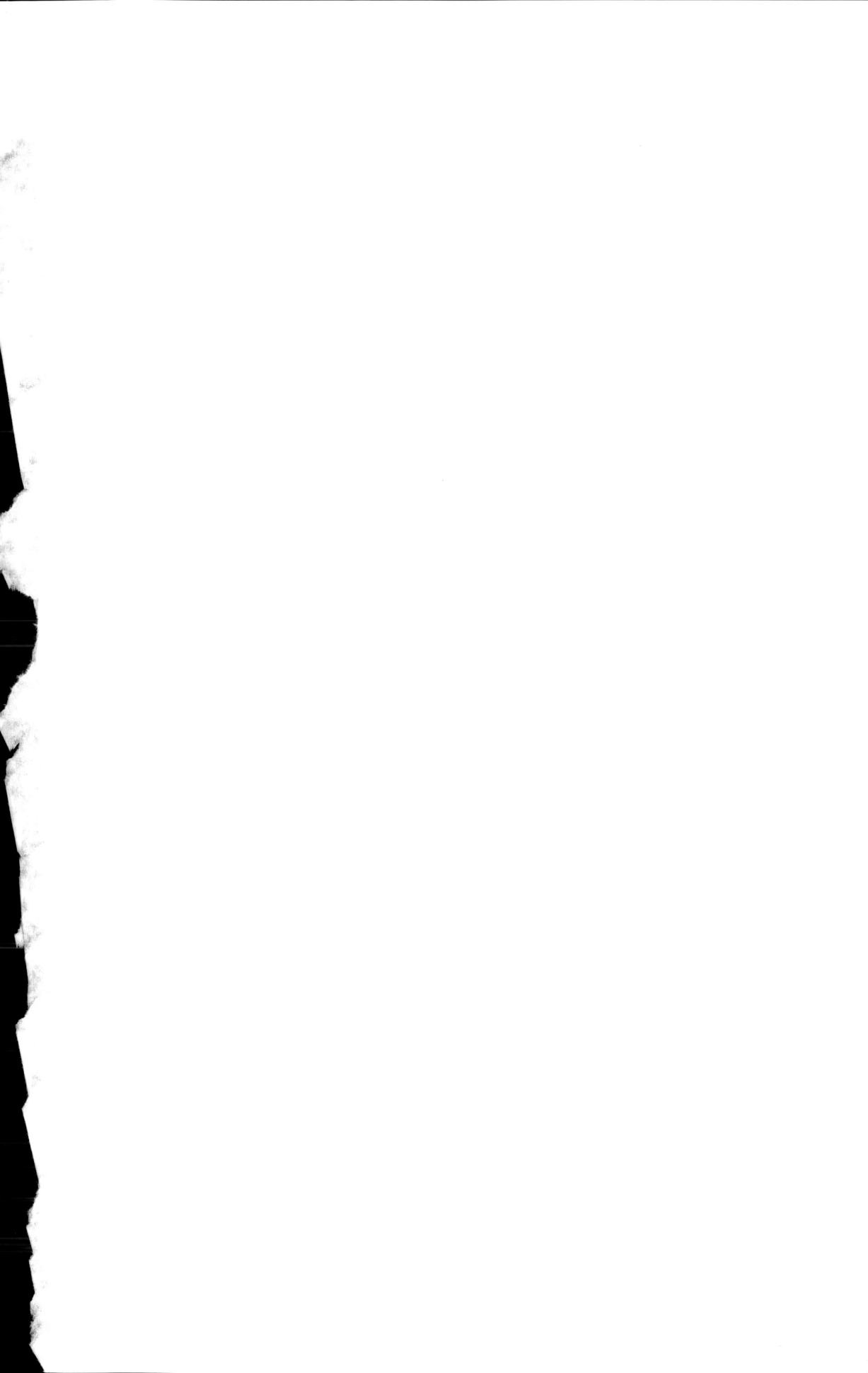

混合型 ANOVA

a・b（9章）
1要因が被験者間、他の1要因は被験者内

ab・c（10章）
2要因が被験者間、他の1要因は被験者内

a・bc（11章）
1要因が被験者間、他の2要因は被験者内

傾向分析（12章）

多重比較（3章）
（各章でも説明する）

使用するソフト

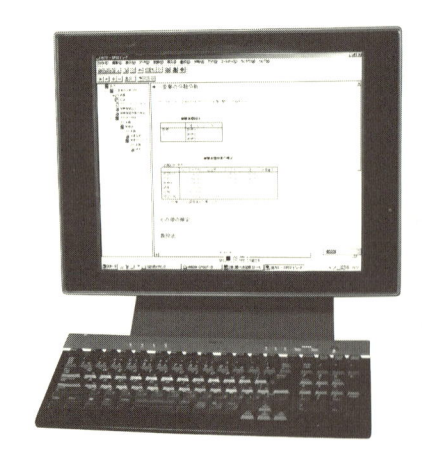

- エクセル
- SPSS